全球网络
前沿报告

伍　刚　张亚然　张春梅　主编

清华大学出版社
北　京

内 容 简 介

本书集中围绕如何建设中国特色社会主义网络文化强国目标，探讨了谷歌、脸谱、微软、雅虎、百度、维基、推特、腾讯、苹果、亚马逊等全球十大互联网公司的发展模式，其间课题组开展的"网络文化建设"专题研讨会集合了来自中国社会科学院、新华社、中央人民广播电台和各大高校的专家进行了深入研讨，并进行了深入分析。

图书在版编目（CIP）数据

全球网络前沿报告/伍刚，张亚然，张春梅主编 . —北京：清华大学出版社，2014
ISBN 978-7-302-38243-0

Ⅰ . ①全… 　Ⅱ . ①伍… ②张… ③张… 　Ⅲ . ①计算机网络—文化研究—中国
Ⅳ . ①TP393-05

中国版本图书馆 CIP 数据核字（2014）第 235430 号

责任编辑：刘美玉
封面设计：傅瑞学
责任校对：宋玉莲
责任印制：杨　艳

出版发行：清华大学出版社
　　　网　　　址：http://www.tup.com.cn，http://www.wqbook.com
　　　地　　　址：北京清华大学学研大厦 A 座　　　邮　　编：100084
　　　社　总　机：010-62770175　　　　　　　　邮　　购：010-62786544
　　　投稿与读者服务：010-62776969，c-service@tup.tsinghua.edu.cn
　　　质　量　反　馈：010-62772015，zhiliang@tup.tsinghua.edu.cn
印　装　者：三河市中晟雅豪印务有限公司
经　　　销：全国新华书店
开　　　本：170mm×240mm　　印　　张：30.25　　字　　数：513 千字
版　　　次：2014 年 12 月第 1 版　　　　　　　印　　次：2014 年 12 月第 1 次印刷
定　　　价：65.00 元

产品编号：055175-01

本成果《全球网络前沿报告》系全国哲学社会科学规划办公室国家社科基金重大项目《网络文化建设研究》（项目批准号 12＆ZD016）、国家社科基金一般项目课题《提升中国互联网国际传播力研究》（项目批准号 10BXW018）、国家广播电影电视总局部级社科研究项目《全球十大网络传媒集团发展特点、趋势研究及启示》的阶段成果。

总监制：王　求

总策划：王晓晖　姜海清

统　筹：李　涛　陶　磊

主　编：伍　刚　张亚然　张春梅

序
世界眼光看网络　开放胸怀向未来

中央人民广播电台副台长　王晓晖

互联网改变了世界,作为一种新生产工具,它带来新的生产方式革命,引发传统社会与文化的变革。1998 年全球网民平均每月使用流量才 1MB(兆字节),2000 年达到 10MB,2003 年增长到 100MB,2008 年增长到 1GB(1GB 等于 1024MB),2014 年将达到 10GB。在短短的二十年间从拨号上网到今天光纤到户,带宽提升 1 000 倍。全球固定互联网用户量超过 20 亿,移动互联网达到 10 亿用户量级,而且移动互联网仅用了 5 年,其发展速度是固定互联网的两倍。

全球互联网全网流量累计达到 1EB(即 10 亿 GB 或 1 000PB)的时间在 2001 年时需要一年,在 2004 年时是一个月,在 2007 年时是一周,而在 2013 年仅需一天,即一天产生的信息量可刻满 1.88 亿张 DVD 光盘。

互联网是 21 世纪的新兴产业,互联网能够增强中国的软实力,拉动传统产业发展,提升人类的生活品质。

中国互联网与时俱进,中国网络公司已经出现在全球十大网络公司排名中,中国网民数量居世界之首,每天产生的数据量位于世界前列。

2012 年 12 月 7 日下午,中共中央总书记、中共中央军委主席习近平到腾讯公司参观考察时指出:"现在人类已进入互联网时代这样一个历史阶段,这是一个世界潮流,而且这个互联网时代对人类的生活生产、生产力的发展都具有很大的进步推动作用。"①

跻身世界十大网络公司的百度公司收录超过 150 亿中文网页,面对数目如此庞大的中文网页,一些国外公司的 CEO 也承认,未来五年,中文有可能成为

---

① 中共中央总书记、中共中央军委主席习近平考察腾讯,2012 年 12 月 7 日,腾讯网,http://www.tencent.com/zh-cn/at/pr/detail.shtml?id=at_2012_20121218。

世界上第一大互联网语言。

正如沃尔特·文萨克森的《史蒂夫·乔布斯传》评论：乔布斯"对完美的狂热以及积极的追求彻底变革了六大产业：个人电脑、动画电影、音乐、移动电话、平板电脑和数字出版。此外，他通过开发应用程序，为数字内容开辟了一个全新的市场"，"全世界都在努力建设创造性的数字时代经济，乔布斯成为了创造力、想象力以及持续创新的终极标志"。

互联网是一场类似18世纪的蒸汽机引发的工业革命，有专家说，互联网作为一种新的生产力，引发生产关系的变革，关乎国家命运的兴盛、衰落、变迁，需要各国从战略层面审视。

在这个日新月异的数字化时代，历史正从"人人听广播，人人看电视"的时代进入"人人用上计算机，人人享受数字化"的信息社会。

中央人民广播电台提出了"世界眼光，开放胸怀，内合外联，多元发展"的发展战略，正努力打造一个面向全球信息化条件下建设有世界影响的全媒体现代传媒集团。中央人民广播电台承担国家级社科基金项目《全球十大网络传媒集团发展特点、趋势研究及启示》并成立课题组，历时一年对全球公认的十大网络传媒集团进行实证研究，试图用世界眼光研究全球网络传媒发展的新趋势，探索中国特色网络新媒体面向的未来。

全球十大网络公司发展特点、趋势研究对全球化信息化背景下的中国新闻出版广播电视网络发展提升核心竞争力和国际传播力带来了有益的启示。

中共十八大报告已将提升国家文化软实力提到战略高度。2013年3月，李克强总理在第十二届全国人大一次会议所作的《政府工作报告》中指出，要积极推动信息化和工业化融合，加快建设新一代信息基础设施，促进信息网络技术广泛应用。

他山之石，可以攻玉。愿这份管中窥豹式的个案研究报告对我们大家有所启迪。

目　录

综述：全球网络概况

1. 全球互联网现状

网络传播其实就是指通过计算机网络的人类信息（包括新闻、知识等信息）传播活动。在网络传播中，信息以数字形式存储在光、磁等存储介质上，通过计算机网络高速传播，并通过计算机或类似设备供阅读使用。网络传播以计算机通信网络为基础，进行信息传递、交流和利用，从而达到其社会文化传播的目的。

人类的信息传播迄今可分为 5 个阶段：口头传播阶段、文字传播阶段、印刷传播阶段、电子传播阶段、网络传播阶段。前一个阶段向后一个阶段的跃升无不以信息技术的革命性进步为前提。

课题组汇总美国 www.pingdom.com 网站对全球互联网 2012 年统计数据如下：

邮件

22 亿——全球 E-mail 用户总数

1 440 亿——全球每天发出的邮件总数

61%——被视为非必需的 E-mail 比例

43 亿——全球邮件客户端总数

35.6%——最流行的邮件客户端(iOS 客户端)用户比例

4.25 亿——全球 Gmail 活跃用户总数(Gmail 是全球规模最大的 E-mail 提供商)

68.8%——垃圾邮件比例

50.76%——垃圾邮件中有关药物的邮件比例

0.22%——全球包含网络钓鱼攻击内容的 E-mail 比例

网页、网站

43%——全球排名前 100 万的网站在美国的比例

48%——全球排名前 100 的博客中使用 WordPress 的比例

75%——全球排名前 1 万的网站中使用开源软件服务的比例

8 780 万——Tumblr 博客总数

178 亿——Tumblr 的综合浏览量

5 940 万——全球 WorldPress 网站总数

35 亿——用 WordPress 搭建的网站平均月 PV

370 亿——2012 年 reddit.com 上的页面总数

35%——2012 年网页平均变大的比例

4%——2012 年网页平均加载变慢的比例

1.91 亿——2012 年 11 月份 Google 网站的访客总数

服务器

−6.7%——2012 年 Apache 网站减少比例

32.4%——2012 年 IIS 网站增长比例

36.4%——2012 年 NGINX 网站增长比例

15.9%——2012 年 Google 网站增长比率

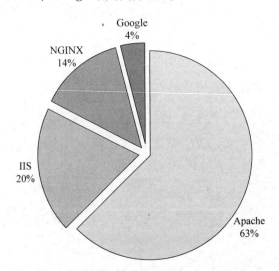

图 1　2012 年 12 月互联网所占市场份额

域名

2.46 亿——顶级域名注册总数

1.049 亿——国别域名注册总数

329——顶级域名个数

1 亿——至 2012 年年底.com 域名总数

1 410 万——至 2012 年年底.net 域名总数

970 万——至 2012 年年底.org 域名总数

670 万——至 2012 年年底.info 域名总数

220 万——至 2012 年年底.biz 域名总数

32.44％——GoDaddy.com（全球最大的域名供应方）市场份额

245 万——investing.com 售价（2012 年成交价最高的域名）

网民

24 亿——全球网民总数

11 亿——亚洲网民总数

5.19 亿——欧洲网民总数

2.74 亿——北美网民总数

2.55 亿——拉丁美洲/加勒比海地区网民总数

1.67 亿——非洲网民总数

9 000 万——中东网民总数

2 430 万——大洋洲/澳大利亚地区网民总数

5.65 亿——中国网民总数（全球第一）

42.1％——中国互联网普及率

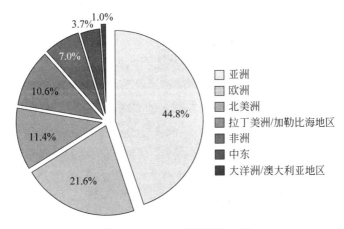

图 2　2012 年 6 月网民分布图

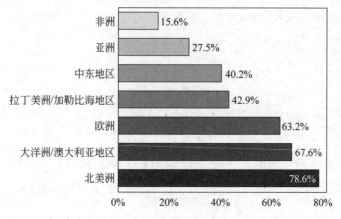

图 3　2012 年 6 月互联网普及率

社交媒体

85 962——巴西 Facebook 上 836 个页面月均更新消息数（巴西是 Facebook 上最活跃的国家）

10 亿——进入 10 月份后 Facebook 月活跃用户总数

47%——Facebook 女性用户比例

40.5 岁——Facebook 用户平均年龄

27 亿——Facebook 上每天的"喜欢"次数

24.3%——排名前 1 万的网站中带有 Facebook 功能的网站的比例

2 亿——进入 10 月份后 Twitter 月活跃用户总数

819 000——奥巴马推文《Four More Years》被转发的次数（史上被转发最多的推文）

327 452——奥巴马连任后平均每分钟的推文数（同样为史上最多）

729 571——新浪微博在 2012 年跨年当晚平均每分钟的消息数

966 万——2012 年伦敦奥运会开幕式期间的推文数

1.75 亿——2012 年平均每天发布的推文数

37.3 岁——Twitter 用户平均年龄

307——Twitter 用户的人均推文数

51——Twitter 用户的人均粉丝数

1 630 亿——Twitter 创办至今共发布的推文总数（7 月）

123——拥有 Twitter 账户的国家元首人数

1.87 亿——LinkedIn 用户数（9 月）

44.2 岁——LindedIn 用户平均年龄

1.35 亿——Google 月活跃用户总数

50 亿——每天 Google 上的 1 按钮被单击次数

20.8%——全球前 100 的社交媒体管理工具中 HootSuite 用户所占比例

浏览器

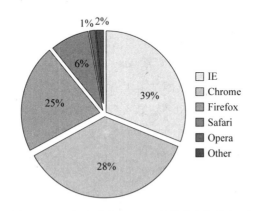

图 4　2012 年全球桌面 Web 浏览器市场份额图

搜索

1.2 万亿——2012 年 Google 检索次数

67%——Google 在美国搜索市场所占份额（2012 年 12 月）

1——Ask.com 上排名第一的问题："Rob 和 Kristen 会一起回来吗？"
（Rob 和 Kristen 为电影《暮光之城》的男女主角）

手机

11 亿——全球智能手机用户数

67 亿——全球手机订阅数

50 亿——全球手机用户数

13 亿——2012 年使用中的智能手机总数

4.65 亿——2012 年售出的 Android 智能手机总数，占据 66% 市场份额

31%——美国网民中使用平板或电子阅读设备的比例

13%——全球网络流量中手机流量所占比例

50 亿——移动宽带用户数

1.3 exabytes(1 exabytes＝10 亿 GB)——2012 年全球每月手机数据流量总数(估值)

59%——全球手机数据流量中视频流量所占比例

500 metabytes(即 500MB)——平均每台智能手机每月耗费的数据流量

504kbit/s——全球手机平均网络连接速率

1 820kbit/s——全球智能手机平均网络连接速率

视频

1 400 万——Vimeo 用户总数

200 petabytes(1 petabytes＝100 万 GB)——2012 年 Vimeo 上的视频总大小

150 648 303——在 Google 网站上观看视频的独立访客总数(2012 年 9 月)

10 亿——鸟叔的《江南 style》是第一个播放次数达到 10 亿的在线视频(最近已经超过了 11 亿),并且只用了不到 5 个月的时间

27 亿——2012 年美国大选期间,YouTube 上有关奥巴马和罗姆尼的视频评论总数

250 万小时——YouTube 上新闻类视频的总时长

800 万——Baumgartner 的破纪录太空跳伞视频在同一时间的观看人数,YouTube 史上最高

40 亿小时——我们每月在 YouTube 上观看的视频总时长

6 000 万——Ustream 每月的全球观众总数

1 680 万——Ustream 上单个视频 24 小时内被观看总次数,Ustream 史上最高

1.82 亿——12 月份全美网络视频独立访客总数

2. 全球传播发展趋势

(1) 全球进入宽带互联网和无线移动互联网并行的新时代,全球信息通过数字网络空间向全球物理空间实时交互传播。

2010 年 10 月 20 日,国际电信联盟发布《世界 2010：ICT 事实与数据》表明,全球互联网用户数量在五年内翻了一番,在 2010 年年底超过 20 亿,其中 12 亿来自发展中国家。中国是世界上最大的互联网市场,拥有超过 4.2 亿互联网用户。一些国家,包括爱沙尼亚、芬兰和西班牙,已宣布将互联网接入权列为其公民的法定权利。世界总人口的 90%以上能够接入移动网络,这使得移动电话真正变得无处不在。国际电联数据显示,目前全球移动电话签约用户数量估

计达 53 亿人次，其中有 9.4 亿属于第三代(3G)移动业务(也称为 IMT-2000)。从语音转向(移动)数据应用的趋势可以从移动电话发送短信数量的增长窥其一斑。2007 年至 2010 年，全球发送的短信数量增长了两倍，从约 1.8 万亿条增长至惊人的 6.1 万亿条，这相当于每秒钟发送短信近 20 万条。[①]

经过单机电脑、局域网与互联网三大时代后，全球科技产业进入宽带互联网和无线互联网并行的新时代。截至 2012 年年底，全球网民的数量已经超过 24 亿，占全球人口总数的 34% 还要多，并且每年仍然以 8% 的速度增长，而智能手机用户达到 11 亿，相比 2011 年，增长了 42%。

普华永道发布报告称，全球移动互联网用户 2016 年将突破 29 亿，比目前移动互联网用户多出两倍多，其中超过 10 亿的用户将来自中国。

2012 年 5 月底，被称为"互联网女皇"的 Mary Meeker 在 AllthingsD 大会上发布了《2012 互联网趋势报告》，用明确的数据向世界展示互联网、移动互联网的发展和演变，传递了移动互联网、智能终端、各式创新科技应用正在颠覆着人们的生活习惯这一事实："Any where, Any time, Any device, Any way."

2013 年 2 月 19 日，据市场调查机构 Flurry 最新报告指出，中国已正式超越美国，成为全球最大的智能移动设备市场。截至 2013 年 1 月，中国市场已激活的 iOS 和 Android 设备总数达到了 2.21 亿台，基本与美国市场的 2.22 亿台持平。

(2) 人类进入云计算和大数据时代。

"信息电厂"的"云计算"时代到来。用户不再需要购买昂贵的软件和硬件等基础设施，只需要通过网络/Internet 连接"云"，就可以获得所需服务，这好比我们今天方便地使用电力，而无须自己购买发电机。随着移动互联网、电子商务、物联网以及社交媒体的快速发展，全球的数据正在以几何速度呈爆炸性增长。根据 IDC[②] 的调研，全球数据量大约每两年翻一番，预计到 2020 年，全球将总共拥有 35ZB 的数据量(中国经济网)。我们已经进入大数据时代。

在这个信息爆炸的年代，2012 年全球产生 2.4ZB 的数据，相当于 3Trillion (万亿)张的 DVD 容量，到 2020 年，数据还将增加 14 倍，达到 40ZB。

---

① 国际电信联盟. 世界 2010：移动签约用户数量估计达 53 亿，互联网用户超过 20 亿. http://www. itu. int/net/itunews/issues/2010/10/04-zh. aspx.

② IDC 即互联网数据中心，全称为 Internet Data Center.

美国政府 2012 年 3 月 29 日发布了《大数据研究和发展计划》。以美国为代表的发达国家在其国家顶层推动下,正在通过大数据将综合国力向更高的现代化水平推进。

云计算平台建设与大数据分析是信息化在信息服务、信息资源虚拟配置和动态优化领域以及大数据分析领域的主要战线。面向公共云、局域云和私有云的云数据平台建设以及面向海量富媒体数据的深度信息分析技术,将使企业和区域拥有更多可获得的资源和数据服务,进而提升其信息利用和决策能力。

大数据通过物联网、智能地图、智能交通、智能物流、智能社区、智能医疗、智能教育等新的方式,带动宽带基础设施建设,带动大数据产业发展。

百度公司目前数据总量接近 1 000PB,存储网页数量接近 1 万亿页,每天大约要处理 60 亿次搜索请求,几十 PB 数据。一个 8Mbit/s(兆比特每秒)的摄像头一小时能产生 3.6GB 数据,一个城市若安装几十万个交通和安防摄像头,每月产生的数据量将达几十 PB。

根据存储行业社区 Wikibon 最近发布的报告,大数据市场正处在井喷式增长的前夕,未来 5 年全球大数据市场价值将达 500 亿美元。

(3) 数字世界和物理世界深度融合,科学技术与人文艺术深度融合,硬件与软件深度融合。

人类社会发展的历史也是一部科学技术发展的历史,科学技术发展的根本在于突破人类自身"体力和脑力"的极限,在于突破时间和空间的限制。

从写信到电子邮件、即时消息、社区网络,从新闻和广播到无处不在、无时不在的网络新闻,从大英百科全书到随时获得维基百科和互动问答,超越了时间和空间的限制,极大地丰富了人类交流与传播的手段和形式。

过去几十年,从通信(如电报、电话、广播等)、家庭娱乐(如电视等),再到计算机和互联网,信息技术掀起了一波又一波数字化的浪潮,成为驱动全球经济发展的火车头,也深刻地改变着人们的生活方式和生产方式。我们的社会已经从"车轮上社会"扩展到"网络上社会",但信息化仍然处于"辅助工具和支撑系统"的阶段,数字世界和物理世界基本上还处于一个平行的状态。现在,数字世界和物理世界开始融合,人机相联的互联网和物物相关的物联网,把信息化提升到一个全新高度,将给人类社会带来深刻的变革。

（4）数字洪水解构传统行业，数字媒体内容构建多屏的数字分发渠道。

数字时代的本质特征是比特。此前，人类 5 000 年的文字记载总共是 5 艾①(1018)；而仅 2006 年这一年，全球产生的数字内容字节数就超过 280 艾。在"高清、三维、用户创造内容(UGC)"的驱动下，海量信息的产生引发数字洪水的来临。今后，人类每年都将产生超过 1 000 艾字节的数字内容。

美国麻省理工学院媒体实验室主任尼古拉·尼葛洛庞蒂曾指出：信息社会，其基本要素不是原子，而是比特。比特与原子遵循着完全不同的法则。比特没有重量，易于复制，可以以极快的速度传播。在它传播时，时空障碍完全消失。原子只能由有限的人使用，使用的人越多其价值越低；比特可以由无限的人使用，使用的人越多其价值越高。

在历经 125 年后，移动电话的数量于 2002 年第一次超过了固定电话的数量；在历经 244 年后，《大英百科全书》于 2012 年停止了印刷；在历经 305 年后，报纸广告收入于 2010 年被互联网广告所超越。

在这轮信息浪潮中，数字化内容极度繁荣，网络成为数字媒体分发的渠道。这种模式是对传统渠道的颠覆。整合数字媒体内容，实现跨屏幕（手机/PC/TV/PAD）的 On-Demand 的用户体验，这将是未来媒体的发展趋势，也是一个重要的战略机遇。

网民数量剧增，网络消费群体不断扩大；大量新兴技术、新型信息产品、新颖网络应用形式的出现，深刻影响着人们的社会生活和组织的运营方式。当前，信息技术应用与其传统模式相比，呈现移动性（如泛在互联、移动商务）、虚拟性（如虚拟体验、赛博空间）、个性化（如精准营销、推荐服务）、社会性（如社交媒体、社会商务）、复杂数据（如富媒体、大数据）等鲜明的新特征。

互联网媒体是一种名副其实的全球化传播媒体。互联网媒体打破了传统媒体的传播范围多限于本地、本国的束缚，其受众遍及全世界。互联网媒体的这一特征，有利于地方性媒体和全国性媒体、弱势媒体与强势媒体的竞争。甚至个人网站亦可以在一夜之间成为全世界网民关注的对象。网络媒体可以按照不同的时间梯度发布信息，即时更新、日更新、周更新、月更新会并存于一个网站中。以往的传媒特别是报刊媒体的刊期界线，在网际信息传播中已经开始消失。

正像原子是构成物质世界的基本单元一样，比特是构成信息世界的基本单

---

① 艾：十万亿.

元(比特,英文 bit,意为位,仅存在 0 和 1 两种状态)。在互联网上,无论是色彩缤纷的图像,还是美妙悦耳的声音,归根到底都是通过"0"和"1"这两个数字信号的不同组合来表达的。这使得信息第一次不仅在内容上,而且在形式上获得了同一性。数字化的革命意义不仅是便于复制和传送,更重要的是方便不同形式的信息之间的相互转换(如将文字转换为声音)。无论是报纸、广播、电视,在单位时间(节目)和空间(版面)中所传播的信息,都是有限的,而互联网媒体储存和发布的信息容量巨大,被形象地比喻为"海量"。

在传统的"沙漏式"传播模式下,传方站在"把关人"的岗位上,控制着信息的生产与传播。在网络时代,受众拥有前所未有的权利:不仅可以自由选取自己感兴趣的信息,而且可以在网上自由地发布信息;信息的重要与否,不再完全由传方决定,而是可以由受众自己决定。

在网络传播中是人人均可发声,任何人上网后都可以找到自己发布消息的空间。目前,新闻单位、网络信息公司和个人构成网络传播的三大主要传播方。新闻机构垄断发布新闻的专权被打破,但仍是核实新闻和进行深度报道的权威。传播者的多元化在造就大量个性化网站的同时,也导致网上色情泛滥和假新闻流传。

网络传播能集报纸、广播、电视三者之长于一体,实现文字、图片、声音、图像等报道手段的有机结合。报道同一新闻事件,报纸用文字、图片,广播用声音,电视主要用图像,而网络传播三者皆用。多媒体化融合了报纸、广播和电视的报道手段,使受众在网上同时拥有读报纸、听广播、看电视的诸般乐趣。而且通过网上超文本链接,可以极为方便地由这种符号跳到那种符号,从而多侧面、多样化地传播信息、接收信息。

在网络传播技术方面,其宽带化、移动化、互动性等技术特征得到进一步强化;在网络内容发展方面呈现出参与性、创造性、视频化等特征;在网络传播发展方面热点迭出,博客传播、手机媒体、媒介融合、网络实名制等不断成为社会和研究界所持续关注的焦点,而关于如何加强互联网管理的问题,网络侵权、网络恶搞、网络示丑等现象也成为争论焦点。

3. 全球网络媒体发展特点

(1)新闻与信息服务的界限越来越模糊。

网络媒体注重与受众进行互动,除提供新闻之外,还提供快捷、有用的服务性信息,这与传统媒体有很大不同。比如美国彭博新闻社汇集了全球各地的分析机构和预测机构的数据,建立了庞大的数据库,为全球 30 多万用户提供终端信息服务。这些终端信息既包含宏观、微观的经济数据分析,相关产业、行业数据分析,还包括有关公司、企业的数据分析。从某种意义上说,彭博新闻社的记者也可被称作信息搜集者。"用户生产内容"是网络媒体的一个重要特点,受众的需求决定了网络媒体的报道内容。作为报纸、广播、电视之后的"第四媒体",网络媒体已经不再仅仅是一种单一的新闻传播形式,而是与传统媒体、社交媒体及其他新兴媒体加速融合,向"全媒体"方向发展。如雅虎公司已经开始与脸谱、推特等社交媒体进行合作,利用其优势,找到受众的关注点,从而提供更多用户感兴趣的、有价值的信息。而谷歌公司也与《纽约时报》《华盛顿邮报》等传统媒体的新闻网站携手,利用主流媒体具有的新闻内容方面的优势,通过自己的技术平台加以整合,为受众提供更好的信息服务。

(2)传播技术不断创新。

无论哪一家网络媒体,无论其推出了什么样的产品与服务,归根结底是技术创新在推动着网络媒体向前发展。谷歌和雅虎的搜索引擎曾带来网络传播的大变革,用户通过搜索引擎可以轻松链接到各大新闻网站。同样,近年来兴起的脸谱、推特等社交网站可以说引起了网络传播领域的海啸,美国超过 90% 的报纸允许读者在脸谱和 Digg 等社交网站上分享内容,这与传统报纸被传阅的方式不可同日而语。互联网已进入 Web 3.0 时代,网络传播技术的创新决定着网络媒体的发展方向。

在 Gartner 举办的 2012 年度 Symposium/ITxpo 会议上,专家预测 2013 年十大战略性技术趋势。一、移动设备大战:到 2013 年,手机将超过 PC 成为全球最通用的 Web 接入设备;到 2015 年,手机中超过 80% 的将是智能手机。二、移动应用和 HTML 5:随着 HTML 5 的日益普及,将出现一个本地应用向 Web 应用转移的长期过程。当然本地应用并不会就此消失,因为它们可以为用户提供最好的体验、最完备的功能。此外,开发人员还需要设计新的功能来优化移动应用的触控体验。三、物联网:未来的关键要点在于嵌入各种移动设备中的传感器,智能手机和其他智能设备不仅使用蜂窝网络,也可通过 Wi-Fi、蓝牙、NFC、LTE 等与各类设备实现通信,如腕表、健康监测感应器、智能广告招贴和家庭娱乐系统等,这将开启各种新的应用和服务。四、个人云:对用户来说,未来生活越来越多地跟专业领域之外的社区、家庭和各种活动有关。称为个人云的新兴领域将逐步取代 PC 时代,个人云将成为各种服务、Web 网站和数据连接的唯一收集地,成为用户的计算与沟通活动的中心,用户将视之为一个可携带、永远可用的场所,用以满足其所有的数字需求。个人云将从客户端设备向跨设备、基于云交付的服务转变。五、混合 IT 与云计算:当 IT 部门意识到,他们有责任为企业内部用户和外部业务合作伙伴改善分布、异构,通常也是很复杂的云服务时,内部云服务经济人(CSB)的角色就浮现出来。未来,当企业越来越多地采用云作为 IT 消费的方式并面临诸多新需求带来的新挑战时,IT 部门要想成为一个价值中心,CSB 是一种手段。六、内存计算:如果能将数小时时长的批处理进程压缩为几分钟、甚至几秒钟,以实时或近实时的方式提供这些进程,便可以以云服务的方式为内部和外部用户提供计算服务,数以百万计的事件将可以用数十微秒的时间进行扫描,并在“事件发生时”便可检测其相关性,指出可能出现的新机会或新威胁,这将给业务创新带来前所未有的机遇。预计在未来两年内,将有众多厂商会提供基于内存计算的解决方案,并推动这一趋势成为主流。七、战略性大数据:单一的企业数据仓库包容所有决策信息的时代正在远去,今后的做法是将多个系统,包括内容管理、数据仓库、数据集市和文件系统等与数据服务和元数据相结合,组成“逻辑的”企业数据仓库。大数据所涉及的数量、速度和复杂性将迫使很多传统的数据处理方法必须加以改变,以适应新形势的需要。八、可转化为行动的数据分析:在对业务活动中的每个人、每个行动进行分析方面,已逐步走到了一个性能大大提升而成本也能负担得起的关键点。不仅数据中心可以做到这一点,就连移动设备也将可以访问数据,并有足够的分析能力,从而可以随时随地对业务活动进行分析和优化。无论是通过 CRM、ERP 或其他应用,只要能在正确的时间提供正确的信息,然后再辅以固定的规则和事先准备好的策略,就能为更明智地决策铺平道路,为决策提供更大的灵活性。未来,高级的数据分析还将涉及各种非结构化内容的搜索和其他功能更强大的搜索新技术。九、集成生态系统:这一市场正从较宽松的异构系统向更集成的生态系统方向发展,预计未来两年 HP、IBM 这样的大厂商将展开生态系统之战。对用户而言,推动这一趋势的是对低成本、简单性和更安全的需求;对厂商而言,推动这一趋势的是想获得更多掌控解决方案堆栈①的能力,并在销售中获得更大利润的渴望。基于云的应用商店和

---

① 在计算机领域,堆区(heap)和栈区(stack)是两种数据结构.

云代理、各种移动应用的发展等将推动跨生态系统和端到端生态系统的发展，并将生态系统延伸到客户端。十、企业应用商店：预计到 2014 年，每年从应用商店下载的移动应用将超过 700 亿个，大多数组织将通过私有应用商店为员工交付移动应用。有了企业应用商店，IT 部门的角色将从一个中央规划者转变为一个为用户提供治理结构和代理服务的"市场"管理者，从而建立一种生态系统，以支持所谓的"应用企业家"，为用户创造更好的体验。①

（3）未来信息存储难题及解决探索：DNA 存储信息能达数万年之久？

据物理学家组织网近日报道，欧洲分子生物学实验室-欧洲生物信息学研究所(EMBL-EBI)的研究人员创建了一种可将数字化信息存储数万年之久的新技术。其采用 DNA 作为介质，储存规模远远超出全球所有的信息量。该技术可以在大约一杯 DNA 里存储至少 1 亿小时的高清视频文件。相关研究结果发表在 2013 年 1 月 23 日《自然》杂志在线版上。②

世界上的数字信息将近 3 泽字节，即 30 万亿亿个字节。新的数字内容不断汇集，对档案工作者构成了挑战。而硬盘价格昂贵且需要不断的电力供应，即使是最好的"无动力"归档材料如磁带，也会在 10 年之内"失忆"老化。这在生命科学领域更是一个日益凸显的问题，包括记录大量 DNA 序列的科学数据卷宗。

这种新方法需要合成 DNA 的编码信息，总部位于加州的安捷伦科技公司自愿提供此服务。他们用分子形式创建了一个容错代码，可以保存数万年，在适当的条件下或可能持续更长时间。只要有人知道代码是什么，并有一台机器可以读出 DNA，就能够将原信息读回。

理论分析表明，以 DNA 为基础的存储方案在规模上远远超出了目前的全球信息量，并为大规模、长期和不经常访问的数字典藏提供了一个理想的存储技术。事实上，目前技术进步的趋势是减少 DNA 合成在速度上的成本，计划在 10 年内实现 50 年归档的成本效益。虽然还有很多实际中有待解决的问题，但是 DNA 固有的密度和"长寿"优势，使之成为一个具有吸引力的存储介质。研究人员的下一步是完善编码方案，并探究其实用性，为商业上可行的 DNA 存储模型铺平道路。

---

① http://www.ccf.org.cn/sites/ccf/nry.jsp?contentId=2704812565621.

② http://www.nature.com/nature/journal/vaop/ncurrent/full/nature11875.html.

4. 走向无线 4G 时代①

4G 是第四代移动通信及其技术的简称,是集 3G 与 WLAN 于一体并能够传输高质量视频图像以及图像传输质量与高清晰度电视不相上下的技术产品。4G 系统能够以 100Mbit/s 的速度下载,比拨号上网快 2 000 倍,上传的速度也能达到 20Mbit/s,并能够满足几乎所有用户对于无线服务的要求。简单的比较,4G 的下行速率为 100Mbit/s,3G 时代最高速率为 21Mbit/s,目前广泛应用的 3G 速率为 7.2Mbi/ts,4G 下载是目前 3G 最高速率的 5 倍,最低速率的 50 倍,2G 就更不用说了,速率超过 2G 时代数百倍。另外,由于技术的先进性确保了成本投资的大大减少,未来的 4G 通信费用也要比 2009 年时的通信费用低。

有人曾经拿交通方式来形容 2G、3G、4G 之间的区别,"如果说 2G 就是普通的公路,那么 3G 就是高速公路,4G 就是坐飞机了"。从严格意义上说,4G 手机的功能,已不能简单划归"电话机"的范畴,毕竟语音资料的传输只是 4G 移动电话的功能之一而已,未来的 4G 手机更应该算得上一台小型电脑了。未来的 4G 通信将使我们不仅可以随时随地通信,更可以双向下载传递资料、图画、影像,当然更可以和从未谋面的陌生人网上联线对打游戏。

5. 抢占下一代互联网制高点

2012 年 12 月 25 日,中国"教育科研基础设施 IPv6 升级和应用示范"项目在北京通过验收,标志着我国下一代互联网应用成功走出了"第一步",为下一步在全国大规模发展奠定了重要基础。经过几年努力,项目组研制完成了具有管控、网络服务等功能的 IPv6 网络运行管理与服务支撑系统,在国内率先建成了 100 个完成升级改造并实现 IPv6 普遍覆盖的校园网,IPv6 用户规模超过 200 万,为公众互联网的 IPv6 升级改造及大规模商用进行了必要的技术准备,还重点开发了包括高等学校网上招生等 20 个教育科研重大应用。基于互联网 IPv4 地址在全球已分配完毕,近年来,发达国家纷纷出台下一代互联网过渡计划与时间表。我国也加快发展下一代互联网产业,发布了相关路线图和时间表。中

---

① 3G 到 4G 高速公路和飞机的区别. 2013 年 2 月 2 日,中国广播网,http://www.cnr.cn/gundong/201302/t20130202_511910631.shtml.

国《教育科研基础设施 IPv6 升级和应用示范》项目成功验收,成为下一代互联网从研究室走向寻常百姓家重要的一步。项目总体专家组组长、清华大学教授吴建平说,发展下一代互联网,没有成功经验可以借鉴。研究团队将继续攻克下一代互联网关键技术,开发下一代互联网创新示范应用,为我国在网络空间国际竞争中占据主动地位作出更大贡献。①

---

① 我国下一代互联网大规模应用成功走出"第一步". 新华社 2012 年 12 月 25 日消息,http://www. ipv6cngi2008. edu. cn/zixun_12475/20121230/t20121230_887748. shtml.

从虚拟新航路到数字地球村

——1969—2012 年全球网络传播大事记

课题组①

【摘要】 从 1969 年"阿帕网"的建立到 2012 年全球超过 20 亿人拥有和使用网络,全球互联网传播走过了 43 年的历程。其中有冷战阴云的阻隔,也有一体化进程加快后的迅速发展;有泡沫破灭后的严冬,更有严冬退去后网络技术升级带来的大繁荣。全球互联网不仅走进了千家万户,更在短时间内改变了人们认识世界和改造世界的方式,加速了全球化的进程。与此同时,我们也必须面对在技术主导的全球化进程中保持文化多样性和均衡发展的机遇和挑战。

【关键词】 互联网 网络传播 全球化

互联网四十年:从实验室到百姓家

人们也许很难想到,现如今与人们生活的每一个细节息息相关的互联网诞生于 20 世纪冷战与核危机的阴云之中。20 世纪 60 年代,美国国防部为了防止其指挥中心被苏联的核武器彻底摧毁,考虑建立一个既相互分散又能信息互通的指挥系统网络。1969 年 11 月,美国国防部高级研究计划署(Defence Advanced Research Projects Agency, DARPA)建立了一个名为"阿帕网"(ARPAnet)的网络,将加州大学洛杉矶分校、圣巴巴拉分校、斯坦福大学、犹他州大学的四台计算机作为四个节点连为一体,成为了互联网的雏形。

阿帕网在设立之初还只是连接四台计算机。对外界高度保密的军事设备,然而随着时间的推移,越来越多研究机构的计算机连入阿帕网,TCP/IP 的开发与发展,也奠定了互联网进一步发展的技术基础。与此同时,网络的军事用途逐渐淡出,其科研的用途与价值逐渐凸显,推动了局域网和广域网的进一步发

---

① 中国青年政治学院戴苏越执笔.

展。80 年代中期,阿帕网的军用部分与母网脱离,美国国家科学基金会(National Science Foundation,NSF)在全美国建立了按地区划分的计算机广域网,并将这些地区的网络和超级计算机中心互联起来,众多科研机构和大学纷纷将自己的计算机连入 NSFnet。到 1990 年,NSFnet 正式取代阿帕网成为互联网的主流。NSFnet 是面向全社会开放的互联网,自此之后,网络的力量不再被政府和军方所垄断。

与此同时,大洋彼岸刚刚走上开放道路的中国也在加紧追赶互联网发展的脚步。"越过长城 走向世界"——1987 年 9 月 20 日,中国成功发送了第一封电子邮件,第一次在互联网世界发出自己友好的声音。此后,中国相继注册了自己的互联网顶级域名"CN",启动了连接清华大学、北京大学、中国科学院等科研机构的 NCFC 网络(中关村地区教育与科研示范网络)。中国的互联网构架和技术在不断孕育、发展,1994 年 4 月 20 日,NCFC 工程通过美国 Sprint 公司连入国际互联网的 64Kbit/s 国际专线开通,实现了与国际互联网的全功能连接。从此,中国被国际上正式承认为真正拥有全功能 Internet 的国家。

随之而来的互联网商业化浪潮,使商业网络的发展真正走向了独立发展的道路。

1991 年 8 月 6 日,英国科学家蒂姆·伯纳斯·李和他的同事们在欧洲粒子物理研究所的一部 NeXT 计算机上开通了人类历史上的第一个互联网网站,这种"所见即所得"的超文本浏览和编辑技术就是我们今天耳熟能详的 WWW(World Wide Web)。从此,互联网之于人们不再是枯燥复杂的命令,网络技术被赋予了强大的生命力,一扇通向多彩世界的大门被正式打开了。1993 年,第一个被广泛应用的图形界面浏览器 Mosaic 问世,网景公司和微软也相继推出了自己的互联网浏览器,简单的操作和亲切的界面为互联网进入千家万户、成为公司与个人必不可少的工具铺平了道路。

从 20 世纪 90 年代中期到新千年,国际互联网以惊人的速度发展,据美国《电脑工业年鉴》记载,到 2000 年,全球互联网用户数已突破四亿[①],截至 1999 年 12 月 31 日,中国共有上网计算机 350 万台,上网用户数约 890 万,CN 下注册的

---

① 全球因特网用户去年突破四亿. 新华网, http://news. xinhuanet. com/it/2001-04/25/content_18014. htm.

域名 48 695 个,WWW 站点约 15 153 个,国际出口带宽 351M。① 然而,人们对于互联网前景的乐观展望以及风险投资对于这种不可限量的商业模式的推崇最终导致了新千年波及世界的互联网泡沫的破灭。2000 年 3 月,美国以技术股为主体的纳斯达克指数冲上 5 048 点的新高后很快急转直下,一路跌至 1 088 点,一系列连锁反应使得众多在资本市场一夜暴富的网络公司迅速倒闭和被兼并。根据 Welmergers 统计,全球至少有 4 854 家互联网公司因此倒闭,互联网从此进入了自蓬勃发展以来的第一个寒冬,中国刚刚起步的互联网产业也在一股掘金热潮后受到了极大冲击。

应运而变:从智能工具到智慧源泉

然而,正如人类历史上众多具有重大意义的新生事物一样,经历了泡沫危机洗礼后的互联网变得更加成熟,那些在危机中生存下来的互联网公司都是真正具有竞争力和创新精神的代表,在之后 10 年,他们发展成为影响世界的互联网巨头,引领着未来互联网发展的方向:

门户网站先驱雅虎缔造了世纪末的互联网奇迹;

世界最大的社交网站 Facebook 短短数年便跻身世界品牌;

推特用 140 个字符改变世界;

软件帝国微软在互联网世界依然不断创造历史;

搜索巨头谷歌成为了移动互联网时代耀眼的弄潮儿;

电商鼻祖亚马逊改变了世界的消费方式;

维基百科让知识和创造离每一个人不再遥远;

苹果公司一路推动网络的繁荣并且定义了网络时代的精神;

百度与腾讯立足中文,终成具有世界影响力的网络巨头。

互联网应用统计网站 Internetworldstats.com 的数据显示,截至 2012 年年初,全球互联网用户数达到了 23 亿人,占全球总人口的 32.7%,相比于 2000 年增长了 528.1%。② 而根据中国互联网络信息中心的数据,截至 2012 年 6 月,中

---

① 第五次中国互联网络发展状况统计报告. 2000(1):1.

② WORLD INTERNET USAGE AND POPULATION STATISTICS. http://internetworldstats.com/stats.htm.

国互联网用户数已达 5.38 亿,网站总数达到 250 万个①,互联网络经济规模达到了 2 452.6 亿元,增长率达到了 62.7%。②

从连接四台计算机到联通世界的每一个角落,全球互联网传播经历了从军用、学术到商业化直至全民拥有的过程,数十年的蓬勃发展使得网络从一项秘密的军事高技术一步步走入寻常百姓家,这一过程中虽有波澜起伏但不改其汹涌强劲的趋势,而它在人类历史中扮演的角色也不仅仅局限于数据的联通和空间的共享,更为重要的是在传播技术和商业拓展的过程中给人们的生活方式以及思维方式带来了巨大转变。

1993 年,美国正式宣布开始建设"国家信息基础设施"计划,即"信息高速公路"计划。数字化大容量的光纤网络的引入使得海量的信息资源能够通过互联网在国家、机构和个人计算机之间畅通无阻地传播。互联网络中传播的信息不再局限于文字和数据,而是包含了图像、语音、视频、软件等,大大便利了人们通过网络处理各种日常工作和娱乐需求,使得互联网从一种工具逐渐转变为一种不可或缺的生活方式。以 1993 年美国《电信法》为标志,旨在将电信网、广播电视网和互联网通过统一的 TCP/IP 协议整合为一体的"三网融合"开始在全球起步和推广。中国在 2001 年 3 月 15 日通过的第十个五年计划纲要,第一次明确提出"三网融合",并于 2010—2011 年正式在部分城市开始试运行。三网融合进一步拓宽了网络传播的范围,将业已形成的多种交流传播方式都以互联网络的基本形式融合发展,预示着互联网的不断升级和推广不仅对日常生活的影响日渐加深,而且必将成为未来人类传播信息的主流形式。

互联网的深入发展改变着人们的生活,与此同时 Web 2.0 时代的到来也改变了人们对于互联网的使用方式。Web 2.0 的概念诞生于互联网泡沫破灭之后,并成为了互联网重新走向繁荣的转折点。它改变了 Web 1.0 时代用户单纯通过浏览器获取信息的模式,使"交互"成为了互联网最突出的特征。Web 2.0 模式下,用户不仅是互联网信息的接收者,同时也是生产者,互联网诞生之初的搜索功能和门户网站模式让位于以用户关注和分众传播为标准的网络论坛和社交网站。以"用户编辑内容"为主要特色的维基百科到 2011 年月访问量已达

---

① 第 30 次中国互联网络发展状况统计报告. 2012(7):19.
② 艾瑞咨询. 中国互联网经济解读. 2011(4):3.

4.2亿,位居全球网站访问量的第五名。① 维基媒体基金会表示,计划到2015年达到用户10亿。百科文章5 000万篇以上的目标。② 全球最大社交网站Facebook在上市前的月活跃用户达8.45亿人,日均活跃用户4.83亿人,在Facebook的网络平台上有多达1 000亿好友关系,日均评论数量达到27亿次。③ 紧随其后的即时通信网站Twitter的用户数量也达到了5.17亿人,其中约70%的流量来自美国以外的地区。④ 截至2012年6月,中国的微博用户已达2.8亿人,对网民的渗透率已经超过50%,社交网站和论坛的用户数量分别是2.5亿和1.5亿⑤,交互型的上网方式已经成为了人们使用互联网的主流。

无限可能：网络传播主导下的全球化

互联网新浪潮在全球范围的蓬勃发展使得用户不再是被动地接收外界世界的知识、新闻和观点,而是利用互联网创造、分享着信息和议题,这使得我们能采取比以往任何时候更加自信的态度来面对整个世界,并且给新一代年轻人提供了更多的机会来改变世界。正如创立之初的原始构想一样,互联网在今天真正实现了"四通八达",而每一个普通用户正是网络大千世界之中的一个节点。从世界领袖到普通市民,信息的渠道不再是特权的标志,依托于互联网的信息传播打破了传统的金字塔形的传播结构,信息的平等潜移默化地消弭现实中的等级和阶层,也在影响着世界的格局,这也许是互联网在几十年的发展中给人类带来的最为深远的改变。

也许,当丝绸之路上响起阵阵驼铃,人类就开始了打破地域阻隔,走向交流和融合的尝试。然而从打破阻隔到融为一体,人类经历了漫长而痛苦的过程:地理大发现开启了汹涌的闸门;工业革命的铁血碰撞将整个世界卷入激荡的时代潮流;冷战的铁幕又将全球化的进程强制地阻隔,然而压抑和对抗中孕育的新生力量——互联网加速将全球不同肤色、不同信仰、不同文化的人们融合在

---

① 维基百科月访问量达4.2亿 排名全球第五. http://www.199it.com/archives/17879.html.
② 维基媒体基金会：预计2015年维基百科用户突破10亿. http://www.199it.com/archives/7600.html.
③ Facebook招股说明书.6.
④ 小鸟展翅高飞：Twitter用户数突破五亿,仅次于Facebook. http://www.ifanr.com/news/126043.
⑤ 第30次中国互联网络发展状况统计报告.2012(7)：25.

一起。人类迄今为止的五种传播形态（口头传播、文字传播、印刷传播、电子传播、网络传播）无一不是以信息技术革命性的进步为前提，借由前一阶段技术的革命性提升而逐渐消减了人类世界信息时间和空间上的距离[①]。加拿大传播学者马歇尔·麦克卢汉在其著作《理解媒介：人的延伸》中提出了地球村（Global Village）的概念，指出即时电子媒介将整个世界捆绑起来形成一个大的社会、政治和文化体系。[②] 如果说这一思想在提出之初还略显前卫，那么今天的互联网通过进一步统一人们的认知差异和思维方式将这一构想变成了真实。

然而，享受着新世纪互联网技术的跃进和全球化狂欢的同时，我们不得不面对的现实是互联网传播不断推进全球化的同时也在侵蚀着文化的多样性和思想的独立性，在互联网领域处于领先地位的国家凭借互联网将软实力渗透到全球的每一个角落，发展中国家面临着文化霸权的冲击。

数据显示，2011年，占世界人口16％的北美和欧洲，互联网用户占到了全世界互联网用户的35％，而美国和欧洲的互联网占有率分别达到78.6％和61.3％。占世界人口第一和第二的两个大洲——亚洲和非洲，互联网使用率只有26.2％和13.5％。[③] 世界十大网络公司绝大多数诞生于互联网的兴起之地美国，作为网络后起之秀的中国，虽然拥有世界第一的网民人口数，但是难以在世界互联网的平台上发出自己的声音。

全球网络传播从萌芽到飞速发展再到今天的繁荣，其间不过短短40年时间，未来的网络世界必将酝酿更富革命性意义的大发展、大变革。而作为创新典范和技术先驱的世界网络公司将继续引领变革的发生。新的时代呼唤网络传播的均衡和平等，也呼唤更多新锐的力量引领时代的潮头，世界十大互联网公司的成功案例和运作模式也必将给同辈和后来者带来借鉴与激励，从而完成时代赋予的使命，给互联网创造更加繁荣的未来。

---

① 匡文波. 论网络传播学. 国际新闻界. 2001(2)：46.

② 斯坦利·巴兰，丹尼斯·戴维斯. 大众传播理论：基础、争鸣和未来. 北京：清华大学出版社，2008：296.

③ http://www.internetworldstats.com/stats.htm.

苹果 iOS、谷歌 Android、微软 Windows Phone 三大移动互联网系统开发策略比较研究

课题组①

【摘要】 面向智能终端的操作系统开发是移动互联网发展最为重要的一环。智能终端的软件、硬件设计都必须紧密围绕着系统开发进行,构成了移动互联网开发的整个产业链。面对日益增长的移动互联网市场,iOS、Android、Windows Phone 这三大不同"出身"的系统分别利用具有差异性的开发策略进行自身发展。本文从四个层面研究了目前国际主流移动互联网系统的开发策略。

【关键词】 移动互联网 操作系统 iOS Android Windows Phone

一、移动互联网时代的操作系统

2012 年是手持移动终端设备发展史上具有重要意义的一个年份。这一年,全球移动设备的总数首次超过了全球人口总数——也就是说,平均每人手中拥有多部移动设备已成为未来的趋势。伴随着移动设备的迅猛发展,移动互联网、移动应用的演进也呈现出井喷势头。在我国,移动互联网正向二、三线城市蔓延,移动互联网用户正以桌面互联网用户 3 倍以上的速度扩散生长:用户总数从 1 000 万增长至 7 500 万,在桌面互联网时代历时 44 个月,而在移动互联网时代只用了 14 个月。按照这样的发展速度,可以预见,中国的移动互联网用户人数将在 2014 年 5 月前后增至 4 亿(如图 1 所示)。②

移动互联网为经济转型带来的冲击同样引人瞩目。在英国《金融时报》公

---

① 北京工商大学李晓珊执笔.
② 数据与表格形式均来自创新工场董事长兼首席执行官李开复在 2012 年"移动开发者大会"上所作报告.

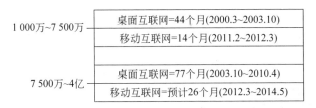

图 1　中国桌面互联网与移动互联网用户扩散速度比较

布的 2012 年全球企业市值 500 强名单中,与移动互联网相关的公司市值增长可观:近年来一直遥遥领先的苹果公司跃居首位;微软公司凭借其在 2012 年开始的移动互联网业务从第 10 名跃升至第 4 名;谷歌公司排名从第 28 名上升至第 25 名;另有传统电信企业也借力移动互联网获得新生,如中国移动、美国 AT&T 公司的市值都出现了不同程度的攀升。同时,在 500 强榜单中 IT 企业排名前 20 位中,至少 15 家企业都已涉足智能终端的开发,这表明智能终端被看作下一个利润增长点和突破点,成为继 PC 之后一个新的"金矿"。① 此外,传统 PC 行业的厂商近年来纷纷在智能手机开发方面布局,比如惠普、联想、戴尔,以及其他配套厂商等。

面向智能终端的操作系统开发是移动互联网发展最为重要的一环。智能终端的软件、硬件设计都必须紧密围绕着系统开发进行,它们一起构成了移动互联网开发的整个产业链。

目前全球市场的移动操作系统主要有 Android、iOS、Windows Phone、Symbian、RIM 五种。近年来,随着早期的 Symbian 系统逐步退出,以及黑莓公司的 RIM 系统风光不再,谷歌公司的 Android、苹果公司的 iOS 系统正形成"二分江山"的竞争态势,而微软公司正在起步中的 Windows Phone,依仗微软自身雄厚的系统开发实力,正在与传统手机制造商不断合作,是移动互联网系统中不可小觑的新生力量。与其他实体经济不同的是,移动互联网系统很容易奠定"全球化"发展的基础。在全球市场中,各系统所占市场份额呈现出近似的分割比率。例如,对比 2012 年第二季度中国及 2012 年 9 月美国智能手机市场操作系统市场占有率(参见图 2),可以看出,"全球"、"主流"已成为移动操作系统的开发方向,而逆于此方向,过于追求本土化和小众化的系统则面临发展困境,例

---

① 以上数据来自英国《金融时报》2012 年度 ft500 公布表单。

如 RIM。

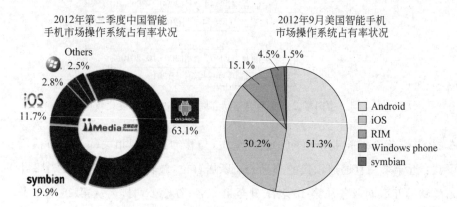

图 2 中美移动互联网系统市场占有率比较

（资料来源：中国：艾媒咨询/美国：ComScore）

目前三大系统基本面的差异可以从表 1 中看出。

表 1 三大移动互联操作系统基本信息比较

	Android	iOS	Windows Phone
设备数量	上百款	十余款	二十余款
硬件制造商	三星、HTC、摩托罗拉、索尼爱立信等	苹果	诺基亚、HTC 等
应用程序总数	400 000 余款	650 000 余款	100 000 余款
是否支持第三方应用	支持	不支持	不支持
是否推出云计算服务	仅限通过第三方应用	支持，通过 iCloud	支持，通过 SkyDrive
是否提供智能语音服务	第三方应用可模拟	支持	不提供
是否支持多任务	支持	支持	支持
导航服务	与谷歌地图结合的 GPS 导航十分完备	通过第三方应用提供	通过第三方应用提供
是否需要专门软件与计算机实现数据互通	不需要	需要，通过 iTunes	需要，通过 Zune

注：以上数据截至 2012 年 10 月，来自各方统计集成

面对日益增长的移动互联网市场，Android、iOS、Windows Phone 这三大不同"出身"的系统分别利用具有差异性的开发策略进行自身发展。中国是全球移动互联网开发商公认的具有极强潜质的市场。据 2012 年 6 月信息化与工业化融合成果展览会统计数据显示，中国计算机、移动电话、电视机等电子产品产

量已居世界第一。这表明在移动互联网领域中,中国的硬件发展已走在前列。但与之相对应的系统开发、应用设计等软件方面却形成了巨大的落差。且不论代加工产品,中国自主研发生产的终端设备亦仍主要依靠搭载国外开发的移动互联网系统作为软件部分,使得产能长期处于低端,可持续盈利的空间狭窄。因此,研究目前国际主流移动互联网系统的开发策略,将对中国移动互联网产业软件的自主创新,使产能从"中国制造"延伸为"中国智造"起到重要的借鉴作用。

二、系统开发策略四层面比较研究

相对于传统的桌面系统,面向移动互联网的系统开发涉及更多研究层面。第一,移动操作系统特别强调差异化发展,力求建立独特的、迥异于他者的开发设计理念,而不像桌面操作系统那样经常性地相互借鉴。第二,移动操作系统的开发与硬件的开发呈现出相辅相成的发展趋势,软件、硬件共同创新成为移动互联网时代系统开发的重要方面。第三,移动操作系统对于软件(即移动应用)的开发者有着更为统一的规范与要求。比起桌面互联网时代,移动操作系统软件的设计门槛降低了,小型、甚至个人的应用开发团队遍及世界各地,因此,三大移动操作系统总是无一例外地在推出新版本操作系统的同时发布相应的"设计指南",供广大应用开发者使用。第四,移动互联网时代带来了特殊的盈利模式,使得移动操作系统的管理方式也成为影响系统开发的因素之一。

基于以上特点,对移动操作系统的研究需要围绕理念、美学、体验和管理四个层面同时进行,才能够体现出开发策略的完整构成模式。

(一) 理念

曾有业内人士这样总结手机与移动互联网的发展关系:"诺基亚在每个人的口袋里放入了一部能上网的手机,微软放入的则是一台 PC,苹果放入的是一种生活,谷歌放入的则是一张互联网。"无形中也标明了开发商不同的背景和理念。作为开发的哲学、设计的源头,理念是构成移动操作系统的先决条件。

随着触摸屏技术的成熟,相关产品的发展也进入到一个平稳期。目前,不同厂商之间的产品硬件已差距不大,外观设计也呈现出趋同的态势,唯有系统、软件方面体现出理念上的本质不同。

一贯以令人惊艳的产品设计著称的苹果公司,对待移动操作系统的开发秉持了自己的细腻和优雅的风格。在 iOS 系统的《人机界面指导手册》中不止一次地在要旨概览中强调"用户体验是至高无上的"[①]。"直接操控"和"一致性"构成了 iOS 系统理念的首要条件。iOS 系统从宏观到微观的细节上均追求完美。根据尼尔森移动传媒 2011 年 12 月针对 18 岁以上用户使用平台的报告显示,iOS 系统在 65 岁以上老龄用户中的渗透率高于其他年龄层;另有外媒发表以"再见课本,你好 iPad"为题著文称,目前 iPad 作为教学工具已经风靡美国校园,大有取代和终结纸质教科书的势头[②]。低龄与老龄用户中对 iOS 系统的认可,反映出其系统好理解、易操作的优势。同时,为了减少用户的学习负担,提高设备的一致性,仅有苹果公司生产的硬件产品可以搭载 iOS 系统。

Android 股份有限公司于 2003 年在美国加州成立,2005 年被谷歌收购后,呈现出更为清晰的发展方向。在互联网公司基础上发展起来的 Android 系统,现已成为全球最受欢迎的智能手机平台。与 iOS 不同,Android 是伴随着硬件的成熟而不断成熟的系统,每一个版本的系统都有较大的革新。Android 也会声明"易用性"、"界面的美感"等与 iOS 类似的理念,但其核心理念却体现在不断强调的"个性化"诉求上。"兼容"、"满足用户的个体需要"、"记住人们的使用习惯"等语句多次出现在 Android 系统的设计指南中。不同手机厂商的 Android 系统会呈现出个性的风貌,例如 HTC 和三星的 Android 手机就有不同的界面。比起其他操作系统,Android 是一个真正意义上的开放性移动设备综合平台。

尽管 Windows Phone 系统起步伊始,发展前景却被十分看好。其一是缘于它依仗微软这个在 IT 领域经验丰富的强大后盾;其二是与老牌手机制造商 Nokia 的强强联合令人期待;其三在于其提出了指向更为清晰的开发理念。Windows Phone 意识到移动互联网时代社交网络对传统通信的重要意义,因此在其设计指南中开宗明义地表态,要为用户在"个性化"、"关联性"和"连接性"三个方面提供更高效的体验,此外,特别强调了"真实性",即虚拟的操作系统与现实生活之间的联系,作为其设计哲学的根本。

可以看出,iOS 的封闭性带来了局限,但也强化了统一的开发理念,相比之

---

① 参见 *iOS Human Interface Guidelines*.
② David Worthington. Goodbye Textbooks. Hello iPad. *Technologizer*. 2011:12-12.

下,其完整度和成熟度是最高的;Android 的开源带来了更多的"个性",虽分散了作为一个系统的一致性,但呈现出更有生命力的发展态势;Windows Phone 则正在强化自身的开发哲学诉求,树立标杆式的理念。

(二)美学

美学元素是开发理念和设计哲学最直观的表现。界面的用色、图标的设计与表达、边框、线条、高光和阴影的使用……所有这些都构成了操作系统独立的美学世界。逐一分析与比较将会带来冗长与重复的研究结果,本文将从最能体现界面美学的三个方面进行研究。

1. 桌面布局

桌面布局是系统界面布局中最为直观的元素,也最能够体现系统设计的美学要旨。在 iOS 系统中,无论 iPhone、iPod 还是 iPad,都体现出了绝对一致的桌面布局形式,即应用图标均匀地分布在桌面上。这一沿用多年的桌面布局,配合自带应用图标样式,已成为 iOS 系统的标志,简洁、优雅、细腻,同时也免去了用户再次打开菜单寻找应用的过程,成为衡量体验是否优秀的一大标杆。

由于 Android 是开源系统,因此,不同的硬件供应商会呈现出不同的桌面布局。其中最有代表性的是 HTC 和三星。"时间"与"任务"这两种类型内容在界面显示中占据了重要位置。当前时间显示往往处于界面的上方或右上方,常用的任务(用户可自定义)摆放在桌面上,其他的应用则被放置在需要点开的菜单中。时间显示字体、方式等已成为区别各硬件商的标志。此外,动态效果的天气信息成为点缀桌面的炫彩元素。比起 iOS 系统,Android 的桌面会显得有些"凌乱",不过,随着智能终端的触摸屏尺寸逐渐增大,动态天气的效果更加绚丽,Android 系统的桌面的丰富多彩的优点也愈加明显。

"Windows Phone OS 7 的用户界面是基于一个叫作 Metro 的内部项目。其设计和字体灵感来源于机场和地铁系统的指示系统所使用的视觉语言。"[①]基于这样的理念,Windows Phone 呈现出与其他二者大为不同的界面样式,的确非常接近路面交通指引系统导向设计牌。微软自信地声称 Metro 将是最适用于触摸屏使用的操作系统,因此也被应用到其最新发布的桌面系统中。Windows Phone 的桌面被一种被称之为"瓦片"的,由 6 个正方形和 1 个矩形的

---

① 参见《Windows Phone OS 7 用户界面与交互设计指南》.

单色调色块构成,文字和数字在每一块瓦片中占据着重要位置。一部分瓦片则用来显示设备内的图片,或是推送信息。另一部分瓦片由于没有过多的色彩与图案,整体桌面布局非常简约大方,的确成为触摸屏时代系统桌面的突破性作品。Windows Phone 简约、高效的美学追求一望即知。

2. 图标设计

图标虽小,但却是界面美学元素中最为重要的部分。应用图标是通往每一个应用程序的窗口,也是在应用使用过程中最直观的操作元素。目前所有的智能终端系统中,图标都是桌面最主要的呈现元素。

iOS 系统的图标一致性最强。以应用启动图标为例,只要设计者上传正方形的图标文件(最小分辨率尺寸为 57×57dpi)后,系统会自动将其修正为圆角,并为其添加高光和阴影(除非禁用)。因此,iOS 系统的应用图标都拥有相同大小和样式的外观。相比之下,Android 系统的启动图标显得五花八门。Android 的启动图标尺寸更小(48×48dpi),最重要的是,它允许有不同轮廓外观的应用图标。由于不同轮廓的图标会增加用户反应速度,因此,Android 的桌面不如iOS 那样整洁优雅,但更具活力,图标辨识反应程度更高。但是同时也应看到,因为图标较小,使得界面显示不够大气;同时不同设计水准的图标也会造成凌乱的视觉效果。

Windows Phone 开创的独特美学风格同样体现在图标设计中。桌面图标被放置在"瓦片"中,其指向性更强,更为简洁利落。Windows Phone 的工具图标设计亦遵循 Metro 的设计内涵,使用类似路面交通指引系统中的 Isotype[①] 设计风格,同时用圆形线框将设计精巧的图标包含其中。

Android、iOS、Windows Phone 工具栏图标对比参见图 3。

3. 细节表现

在细节表现上,iOS 系统呈现的是"细腻",Android 系统可以用"明朗"概括,Windows Phone 系统则是"简约"。

在 iOS 系统中,苹果公司的桌面系统 Macintosh 保持的"金属与水滴"的视觉效果随处可见。例如在 Tab 栏上,系统会自动添加高光效果,使各个应用看起来更为统一。

---

① Isotype：the International System of Typographic Picture Education,即国际印刷图教系统(国际标准公共信息图形符号).

图 3　Android、iOS、Windows Phone 工具栏图标对比

　　比较 iOS 和 Android 系统工具栏图标的设计，可以看到，iOS 拥有更细腻丰富的光影设计，使得整个图标看上去像是"镶嵌"在工具栏中；而工具栏本身也显得更为凸起，更加富有质感（见图 4）。

图 4　iOS 和 Android 系统工具栏图标样式比较

　　iOS 的细腻美学风格在其系统自带的应用程序中随处可见，任意一款应用的背景都必须是经过效果处理的图片，即便菜单拉至尽头显示出的底图毫无操作上的意义，也会被设计为淡雅的布纹效果。"美"、"优雅"这一整体感觉正是通过这些细节呈现的。

　　Android 系统的设计不追求细节的完美，却有一种明朗简练的风格。比起 iOS 系统，Android 的图标往往没那么圆润，有更多的直角和锐角。此外，Android 倾向于用尽可能简洁明了的语意来做表现，Android 的图标往往是图标语意设计的典范；另如"线"在其导航中的应用——利用一根线条显示当前选中的选项卡，清晰明了（见图 5）。

　　Windows Phone 明确提出"要内容，而不是质感"的设计方向。因此，在细节表现上，Windows Phone 强调更多的是如何保持 Metro 风格的统一性，于是，细节部分则是通过透明度的处理、字体的把控来实现的。尤其是字体细节，相较于其他两个操作系统，提出了更为严格的要求。正如其在设计指南中明确表示的："Metro 设计原则的核心思想在于用文字设计贯穿始终。"系统默认字体叫作 Segoe WP（见图 6），还提供了一套东亚阅读字体，支持中文、日文以及韩文。

图 5　Android 系统的明朗风格　　图 6　字体设计在 Windows Phone

系统中的重要性

（三）体验

用户体验，正如工业设计学者唐纳德·诺曼曾定义的："用户体验设计处理的是用户与产品交互时的所有方面：产品如何理解、如何学习、如何使用"①，是涵盖了包括界面设计、交互设计和信息架构等多个方面的综合体验设计。在移动互联网时代，操作系统的用户体验被提升到一个前所未有的高度。随着智能终端硬件的发展，技术可支持的体验类型也在逐步升级。

重视用户体验，是苹果公司自桌面时代就有的长期传统。因此，相比之下，iOS 仍是拥有最直观的用户体验的系统。即便是第一次使用 iOS 设备的人，通常也可以很快地理解和掌握大量的功能用法。当用户选择一款 iOS 设备时，可以清楚地了解自己将得到什么。苹果公司特别强调应用设计者在设计时保持

---

① 　Donald Norman. The Invisible Computer：Why Good Products Can Fail. the Personal Computer Is So Complex，and Information Appliances Are the Solution. MIT Press. 1999.

设备体验的一致性，同时鼓励其开发更多、更新鲜和具有独创性的体验方式。正如其在人机界面设计指南中说的那样："例如，用户可以用手指姿势直接缩放一块内容区域，而非通过放大缩小按钮。在一个游戏中，玩家可以直接移动或操纵物体。再例如，游戏里会出现一只锁，用户可以旋转钥匙来打开它。"细腻、一致既是 iOS 系统的美学风格，也是其体验设计的风格所在。

　　Android 系统往往需要用户花上一定的时间才能够适应，第三方应用的使用方法也缺乏一致性。此外，很多搭载 Android 系统的智能手机都还有硬件按钮存在（即设备底端导航栏的功能按钮），这些按钮在部分应用中的作用与软件中的按钮有重复现象，也会给用户带来一些迷惑，增加了学习负担。Android 在不断改善这些状况，更加注重用户体验。在 Android 4.0 版本中，特别将导航栏由之前的物理按键导航变成了嵌入屏幕的虚拟按键，同时将菜单和搜索从导航栏中删除，同时将之前通过长按主页键才出现的最近任务直接展示在导航栏中。

图 7　Android 4.0 系统与之前版本的导航栏设计对比

（图片来自 Android Design）

　　起步较晚的 Windows Phone 设计伊始就将用户体验作为其主攻方向。目前看来，在体验的细节层面上，Windows Phone 的确为用户带来了许多惊喜。尤其是"瓦片"之间的翻动动画效果，使用户体验到了"手指舞蹈"的愉悦快感，令初上手的用户连呼"好滑"！此外，Windows Phone 也充分考虑到了触摸屏用户的使用特点，在其设计指南中对一些体验设计的细节进行了严格规范："通话过程中被遮盖的上一个应用程序要在手机屏幕靠近电源键的一边露出至少 75 像素，以便单击切换。这个区域内不应该存在可触控的界面元素。"但是，为了保持美学上的一致性，Windows Phone 牺牲了一些很重要的用户体验。例如其应用选项，由于不能在桌面上有太多的应用显示，因此必须放在其他菜单中，Windows Phone 用字母顺序排序应用，保持了与整个系统美学的一致性，但深藏的应用却令用户寻找起来颇费周折。如何在美与良好体验中寻找一个平衡点，仍是 Windows Phone 未来需要努力的方向。

图 8　Windows Phone 顺滑的屏幕过渡动画效果

　　除了上述直观的用户体验，多任务处理方式也是重要的体验部分之一。为了提供更多的内存以供运转，iOS 系统并不能提供真正的多任务处理。应用的后台驻留程序并不是指执行中的程序，而是最近使用过的程序。在打开一些程序后，按 Home 键返回主界面，然后重启手机，用户就会发现先前那些程序还是出现在后台。所以开启后的程序并不是常驻内存，当应用到达一定数量后会自动把部分程序挤掉。Android 在此方面的体验更好，只要用户没有退出程序，系统就可以保证开启的程序常驻后台，当进入后台界面单击某一软件后，还会恢复到之前使用的状态。Windows Phone 允许用户进入手机设置中对软件是否开启后台进行控制，但后台界面并不支持手动关闭某个软件进程，只能不断按返回键退出，此种体验设计略欠缺人性化。

（四）管理

　　移动互联网操作系统的开发商均不同程度地对外开放代码，以吸引更多的应用开发者为本系统的用户提供更多更好的应用软件。本文论及的管理就是指系统开发商针对开放系统的管理方式。

就开放程度而言,Android 系统无疑是最高的。作为一款真正的开源系统,其最大的优势就在于厂商和开发者可以对系统界面进行美化。因此,几乎每个厂商都对旗下的 Android 手机界面做了一定优化设计,在共性中保持了个性,实现了系统开发商与硬件开发商的共赢。Windows Phone 的系统开源程度不及 Android,但其目前与传统手机开发商,尤其是 Nokia 保持的良好合作关系,与 Android 类似。

苹果公司对硬件管理严格,iOS 系统至今仍仅适配于苹果自身设备,可选择余地小,硬件价格偏高,因此,市场占有率亦不及 Android。但正因为相对封闭,苹果公司能够为用户提供从硬件到软件的一体化服务,用户就不必为出现问题时搞不清究竟该找硬件服务商还是软件服务商而纠结了。

应用程序带来的受益是系统持续盈利的重要方面。目前的移动开发商都采取与应用开发方分成的方式进行。通过审核后,应用开发方的产品就会出现在该系统的应用商店中,终端每售出一份应用,系统开发商和应用开发方就会分享相应的分成。这种利润分享的模式现已成为 IT 业,尤其是小型开发团队的新契机。最著名的例子就是基于图片滤镜和分享的应用 Instagram,虽然这款应用本身是免费的,但却因此使这个仅 9 人的小团队成为与纽约时报具有相同市值的媒体公司。

根据 Vision Mobile 网站 2012 年《移动开发者经济》报告统计数据①显示,从开发者体验的角度来看,Android 仍是最受欢迎的平台,有近 60% 的受访开发者最近从事过 Android 相关开发。iOS 是第二受欢迎的平台,但却拥有数量最多、质量最高的应用。2012 年 7 月,苹果公司在第三财季财报电话会议上称,目前其应用商店 App Store 内的应用数量已超 65 万个,领先于 Android 系统应用商店谷歌 Play Store 的 40 万个应用。相比之下,微软应用商店推出时间最迟,目前应用数量大约为 10 万个。

这得益于苹果公司严格的审核机制。同时,App Store 的分成和盈利模式更容易吸引开发者,苹果 CFO 彼得·奥本海默称,苹果已为开发者带来超过 55

---

① Vision Mobile 是一家跨国电信咨询公司,总部设在英国,其每年第一季度末发布的《移动开发者经济》系列报告囊括了包括系统开发商、应用开发者在内的多项数据分析与调查结果.

亿美元的收入。每个 iOS 活跃用户为开发者带来的营收大约是 Android 用户的 4 倍。苹果的系列产品对应用的支持是一致的,开发者为 iPhone 开发的应用在 iPod 或 iPad 上也运行自如。这种"一次开发,随处运行"的价值主张能够让开发者以最低的成本获得最多的用户,实现同一产品多次获益。

Android 系统的应用开发尽管收获了更高的认可度,但也暴露出更多的问题。过多的机型使 Android 系统存在比较严重的分化,应用设计面临碎片化倾向。更重要的是,谷歌公司迄今仍未能找出一种强有力的分配渠道。中国拥有大量的 Android 应用开发者,"中国移动现在还没有为 Android 平台开发计费系统"。一位中移动的供应商透露,其中一个原因是适配机型太多,这既是一个时间问题也是一个工作量的问题。在欧洲,Android 开发者同样怨声不断。2012 年,欧洲软件开发者在谷歌论坛上发布了数百个帖子,声称他们并未如期在 3 月 7 日收到 2 月份的应用程序营收分成——按照谷歌之前的声明,开发者在 Play Store 中销售的应用程序应可提取 70% 的营收分成。

Windows Phone 还在起步阶段,就目前的管理而言,其起始状态是经过精心规划的。例如针对中国市场,微软就联合中国电信开启了应用征集计划,而 Windows Phone 别出心裁的美学与体验设计也已吸引一些乐于挑战的开发者参与其中。

三、发展的终端与前进的系统

移动互联网仍在发展,并将带来终端的不断升级。目前,上述三大系统开发商均已有意进军智能电视市场,这意味着又一个新领域将搭载移动操作系统。"根据市场研究机构 iSuppli 预估,搭载联网功能的数字电视、机顶盒(STB)与游戏机的合计出货量将自 2009 年的 9 930 万台,增加至 2014 年的 4.3 亿台,年复合成长率(CAGR)高达 34.1%,相较之下,同时期个人电脑与智能手机等联网装置的 CAGR 则分别为 12.1% 与 22.7%。"[①]这将是一个更大的市场机会。我国传统电视生产厂商,如长虹电器等也在朝此方向发展。可以想见,未来 3~5 年,移动操作系统的布局将会更大,谁能在开发策略上不断推陈出新,谁将会赢得更多的用户和利润。

---

① EEFOCUS、非网网站. 新电子. 2010(12).

智能电视仅为一个开端，紧随着移动互联网、云计算的将是物联网时代——意味着将有更多的产品融入数字时代，将有更多的产品搭载操作系统，拥有操作界面，产品硬件、操作系统、应用软件将构成一个密不可分的经济共同体，终端将会不断发展演变。

在目前的市场环境中，三大系统已趋成熟，但并不意味着稳坐江山，新的系统、新的开发商仍有机会，中国本土的系统开发商也许机会更大。正如我国工程院院士潘云鹤所言："当前的互联网，已从数据为王转变为用户为王。"[1]用户已成为互联网企业争夺的主要目标。我国不断发展的经济实力和二、三线城市蓬勃发展的用户群，就是潜在的巨大商机。在信息时代的开端，传统计算机和桌面互联网时代，由于种种历史原因，中国未能够把握先机，如今中国在世界经济中的地位已发生了翻天覆地的变化，因此，完全有理由期待，移动互联网开启的新时代，会成为中国信息产业的天赐良机。

参 考 文 献

[1]　Vision Mobile：Developer Economics：The economics of mobile development.

[2]　Donald Norman，The Invisible Computer：Why Good Products Can Fail，the Personal Computer Is So Complex，and Information Appliances Are the Solution.

---

①　摘自潘云鹤院士 2011 年 11 月在全国高等院校工业设计教育研讨会暨国际学术论坛上的讲话.

透过全球十大网络传媒发展趋势看
中国互联网软实力赤字与对策建议

课题组[①]

【摘要】 中国在经济全球化进程中日益深入融入世界经济体系,中国经过三十年的改革发展,成为世界第二大经济体,综合国力大幅提升,中国文化尤其是互联网软实力却面临巨大的贸易赤字。本文就中国如何缩小国际互联网软实力贸易赤字、建设网络文化软实力强国提出相关对策建议。

【关键词】 中国 互联网软实力 对策

美国学者、"软实力理论之父"约瑟夫·奈率先提出"Soft Power"的概念,国内目前通称"软实力",其实应译为"软权力"。它是指一国所倡导或奉行的价值理念、政策战略、制度安排的正当性或合法性获得他国的自愿认同而在国际事务中无须通过命令或强制等方式赢得他国支持与合作的能力,构成一国软实力的权力资源包括本国的文化和意识形态的吸引力、多国公司的数量和实力、自身主导的国际机制的规则和制度等资源。

中国在实现民族伟大复兴进程中和平崛起成世界第二大经济体。2008年7月26日,美国《纽约时报》记者戴维·巴博萨发表文章指出:中国网民数量达到2.53亿,超过美国成为世界最大的互联网市场。2012年1月17日,约瑟夫·奈在《纽约时报》发表题为"中国的软实力为何脆弱(Why China is Weak on Soft Power)"一文指出,和平崛起的中国近年来十分重视打造"软实力"和文化魅力,并且为此投入了大量的资金,但是总体来看,中国总体软实力依然很弱小。[②]

---

① 伍刚负责课题报告执笔,杨余、戴苏越负责数据分析,此文分别刊发于国家广电总局《决策参考》,国务院新闻办、中国外文局主办的《网络传播》杂志,参加中国第十一届互联网与音视频广播研讨会、美国南加州大学第十届中国互联网大会交流.

② JOSEPH S. NYE JR.. Why China Is Weak on Soft Power. http://www.nytimes.com/2012/01/18/opinion/why-china-is-weak-on-soft-power.html.

中国完成了大国崛起的硬件储备之后，软实力建设还存在巨大的贸易赤字。提升中华文化软实力分别写进中共十七大和十八大报告。但是，中华文化在世界文化市场在相当长一段时期面临巨大赤字，如何应对全球信息化的挑战，如何抓住经济全球化、世界信息革命的机遇，全面提升中华民族文化软实力，真正实现中华民族的伟大复兴？值得深思。

一、全球进入大发展大变革大调整时期

从 20 世纪末到 21 世纪以来，世情、国情发生深刻变化，世界进入一个重要历史时期，全球进入大发展、大变革、大调整时期，经济全球化、世界多极化加速发展。

1. 政治、经济和技术三股力量推动世界多极化发展

在 20 世纪 90 年代短短的 10 年时间里，政治、经济和技术三个方面均发生了根本性变化，这在人类历史上是十分罕见的。时间集中，意味着这些变化同步进行。在同一时间里，政治、经济和技术的变化相互作用、相互激荡、相互促进，加速推动了世界政治、经济和科学技术的发展。90 年代成为世界经济飞速发展的十年。

1985 年 3 月 4 日，中国改革总设计师邓小平同志指出：现在世界上真正大的问题，带全球性的战略问题，一个是和平问题，一个是经济问题或者说发展问题。和平问题是东西问题，发展问题是南北问题。

20 世纪 80—90 年代，中国从"以阶级斗争为纲"转向"以经济建设为中心"，隔断东德西德的柏林墙倒塌，长期坚持经济意识形态化的苏联解体，东西两大阵营从冷战状态进入总体和平时代。

全球从冷战时期的零和博弈转变为和平发展的正和博弈阶段，以战争与革命转变为和平与发展时代的思维，各国从全球市场、全球公司和全球产业的思路看本国企业和产业的发展，促进经济全球化致力于合作共赢。

2. 科技革命驱动经济全球化深入发展

人类文明发展到现在，共有五次科技革命。第一次科技革命大概在 16 世纪和 17 世纪，以哥白尼、伽利略、牛顿力学等为代表的近代科学诞生。第二次科技革命在 18 世纪中后期，标志是蒸汽机与机械革命。第三次科技革命是在 19 世纪中后期，标志是内燃机与电力革命，出现了内燃机、电机、电信技术。第

四次科技革命是在 19 世纪中后期至 20 世纪中叶,以进化论、相对论、量子论等为代表。第五次科技革命是在 20 世纪中后期,以电子计算机的发明、信息网络为标志,表现为电子技术、计算机、半导体、自动化乃至信息网络的产生[①]。

在中古世纪的中国就曾经有与西方通商贸易的概念,借由输出丝绸和茶叶来赚取大量外汇,18 世纪的德国学者因此将这条道路取名为丝路,西欧国家纷纷海上探险寻找新丝路,史称地理大发现,此为早期全球化。

第一、二次科技革命引发第一次工业革命,英国发明蒸汽机,迅速崛起为全球化的日不落帝国。

美国率先开启电气原子时代,抢占第二次工业革命的先机,取代英国成为世界第一大经济体,20 世纪时代后半期进入后工业时代,掀起信息革命。20 世纪 90 年代以来,以信息技术革命为中心的高新技术迅猛发展,从美国向全球发展,不仅冲破了国界,而且缩小了各国和各地的距离,使世界经济越来越融为整体,信息、商品、服务、劳动、资本,特别是金融资本的全球流动为主要内容的经济全球化和区域化(超国家与次国家经济群体)并行发展,相互促进。

3. 科技与文化深度融合,各国创意文化产业欣欣向荣

按国际经验,人均 GDP 跨越 1 000 美元,第三产业应该占到 GDP 总量的 40% 以上,文化消费类支出开始大大上升。

如果人均 GDP 达到 3 500 美元,恩格尔系数将下降到 30% 以下,文化消费将占到个人生活总消费的 20% 以上。

美国文化产业、英国创意产业、韩国文化产业呈几何级数增长。美国文化产业占 GDP 的 1/5,音像制品出口超过航空航天业,是全美第一大出口贸易产品,占据全球音像市场 40%。美国控制世界 75% 的电视节目、60% 以上的广播节目、电影票房收入的 2/3。有效的知识产权保护政策、尖端技术、雄厚资本、全球化市场造就了美国文化产业。美国文化产业既是国民经济的支柱产业和经济增长的主要动力,又是美国价值观向全球传播的有效载体。

英国是第一个政策性推动创意产业的国家,创意产业产值占 GDP 的 9%,创意文化产业年产值达 600 亿英镑。

韩国在经济起飞基础上于 1998 年正式提出"文化立国"方针,随后颁布了一系列扶持和振兴文化产业的法律法规。2005 年韩国政府决定,以民间为主导

[①] 白春礼. 新科技革命的拂晓. 中国科学报,2012-01-01.

推进"韩流",政府为其开展活动创造便利条件。文化产业实现海外出口100亿美元,达到世界市场份额的5%,跻身世界文化产业五强。

以知识经济为代表的新经济成为世界发展新引擎,世界银行在1999—2000年《世界发展报告》中指出,当今世界国家经济发展水平的差距,实际上是知识的差距。经济的科技文化含量越来越重,科技文化的经济功能越来越强,世界经合组织主要成员国的国内生产总值的50%以上是以知识为基础获得的。

4. 信息化、数字化、网络化、智能化引发人类信息传播革命

信息科学技术日新月异的发展对人类信息传播、文化交流带来深刻影响。世界先进科技加速从科技军用向科学应用、商业应用转化,全球知识信息、思想文化的载体、渠道、终端进入比特时代。

网络化成为近十年来信息技术发展的最大推动力,而且在未来相当长的一段时期内,发展基于网络、惠及大众的信息技术仍将是各国信息技术领域的主线。随着各种信息网络(包括互联网、电信网、移动网、传感网等)加速了和计算机系统、各种关键行业嵌入式处理器和控制器的融合,不仅信息世界和物理世界相融合而形成了物联网,而且信息技术和人与人之间社会网络也开始交叉融合,一种"人—机—物"三元和谐共生的新型网络计算环境正在形成。

全球网络加速从个人电脑向移动手机覆盖,传统的通信网络加速完成数字化转型,从传统语音业务转型为增值数据业务。所有的传播媒介加速信息化,告别铅与火,实现通过光纤以光速在全球互联网上实时互动传播。人类信息纳入1与0两进制数字化标准实现碎片化,实现了所有人面向所有人随时随地传播。人类的信息传播和接收终端通过自媒体、博客、播客、微博、社交网络实现图片、文字、音视频全功能的分享传播,一次采集可实现图文音频视频全媒体终端的发布。

二、转型期中国经济大国地位与文化软实力弱国赤字现状的矛盾

(一)中国软实力赤字的历史原因

从漫长的历史角度看,21世纪中国的崛起是一种回归——过去2000年大部分时间中国拥有"中华"(明亮中心)的地位,是东亚的经济和军事巨头,亚

洲儒家文化圈科技和精英文化的指路明灯。中国曾经是世界上最大的经济体，作坊和纺织厂最多可以占到全球制造业的 1/3。不过，19 世纪时，由于统治者拒绝引入西方技术，中国走上了下坡路。20 世纪 30 年代前，中国的制造业产量只占全球的百分之几。[①]

1662 年到 1795 年是史称的"康乾盛世"。在这个时期，中国的经济水平在世界上是领先的。乾隆末年，中国经济总量居世界第一位，人口占世界 1/3，对外贸易长期出超。也正是在这一时期，西方发生了工业革命，科学技术和生产力快速发展。清朝闭关自守，拒绝学习先进的科学技术，最后，在短短一百多年的时间里，就大大落后于西方国家。[②]

中国错失前四次科技革命，以社会生产力（按购买力平价计算的人均国内生产总值）为指标，中国的世界排名在 1700 年排第 18 位，1820 年第 48 位，1900 年排第 71 位，1950 年排第 99 位。以上数据充分说明，由于我们错失了前四次科技革命的机遇，人均国民生产总值的指标急剧下降。到了 20 世纪后半叶，我们抓住了第五次科技革命的机遇，发展成为工业化和经济增长较快的国家。中国于 2001 年正式加入世界贸易组织，中国经济融入世界经济全球化浪潮，2010 年 8 月数据显示，中国经济规模超过日本，成为世界第二。2011 年中国国内生产总值 471 564 亿元，比上年增长 9.2%，超过预期目标 1.2 个百分点。[③] 随着经济的高速发展，中国逐渐走向世界舞台的中心，中国的发展已经与世界密不可分，而世界的变化也开始体现越来越多的"中国因素"。用一位驻京外国记者的话来说，"全世界都渴望听到中国故事"。[④]

经过三十多年的改革开放，解决完温饱问题，正全面建设小康社会的中国已经具备雄厚的物质基础，开放型经济达到新水平，进出口总额跃居世界第二位。

---

① 华尔街日报.中国能否超越美国成世界第一经济体？2010 年 8 月 2 日,http://cn.wsj.com/gb/20100802/chw092134.asp?source=article.

② 中共中央文献编辑委员会.江泽民文选.第三卷.北京：人民出版社,2006：48.

③ 关于 2011 年国民经济和社会发展计划执行情况与 2012 年国民经济和社会发展计划草案的报告,新华网,2012 年 3 月 16 日,http://www.cnr.cn/gundong/201203/t20120316_509297516.shtm.

④ 人民日报社社长张研农：引领时代变革的舆论先声——对胡锦涛总书记在人民日报社发表重要讲话的时代背景的体会,2009 年 6 月 18 日人民网·《新闻战线》,http://politics.people.com.cn/GB/8198/158422/158435/9501201.html.

表 1　1978—2010 年历年中国主要指标居世界的位次[1]

指　　标	1978 年	2008 年	2010 年
国内生产总值居世界位次	10	3	2
人均国民总收入居世界位次		127	120
进出口贸易额居世界位次	29	3	2
主要工业产品产量	1 种产品全球第一	8 种产品全球第一	

世界银行早在 2010 年 6 月份就预测说,中国的总产出最早可在 2020 年达到与美国相当的水平,到时人均收入只有美国的 1/4,与马来西亚或拉丁美洲国家相当。世界银行等机构警告说,如果不培养出一支有文化、有创造力的劳动力队伍,并打造支持创新的法律体系,那么中国和墨西哥等发展中国家很容易在达到中等收入时停滞不前。[2]

中国和美国现在日益成为全球舆论关注的焦点和中心。谷歌搜索显示,有关中国的词条有 62.5 亿,有关美国的为 37 亿,此外,没有一个国家超过这两个数字。也就是说,世界有 100 亿人次关心中美两个大国。中美两国已经成为利益攸关的命运共同体,你中有我,我中有你,密不可分。中美两国国内生产总值加在一起,差不多是世界的 1/3。

表 2　美国、中国软实力发展主要数据比较(2010 年数据)

人口/亿	美国 3	中国 13.5
博物馆	17 500	2 500
图书馆 报纸	16 600 10 023	2 850 1 937
刊物	11 000	9 837
出版社 电视台、电台	37 000 11 200 (电台 10 000,电视台 1 200)	580 2 638 (电台 227,电视台 247,教育电视台 44, 广播电视台 2120)

---

① 国家统计局网站.

② 美联社. 中国能否超越美国成世界第一经济体? 华尔日报中文版网站,2010 年 8 月 2 日,http://cn.wsj.com/gb/20100802/chw092134.asp?source=article.

表 3 中美信息化主要指标的对比①

序号	指标名称	美国 2005 年（每百人数）	中国 2005 年（每百人数）	中国 2005 年总量/万	中国 2020 年总量/万	备注
1	计算机（PC）	66.00	2.80	3 640	85 800	
2	互联网主机	37.29	0.68	884	48 477	以 2002 年数据为基数
3	固定电话	62.38	20.90	27 170	81 094	
4	移动电话	54.58	21.48	27 924	70 954	
5	电视机	84.40	29.10	37 830	109 720	
6	互联网用户	55.60	6.30	8 190	72 280	

通过上述比较，中美两国软实力的基础设施及信息化对比悬殊巨大，中国软实力基础设施建设还有很长的路要走。

（二）中国互联网软实力赤字的现实原因

为建设与中国国际地位和国际影响力相匹配的中国互联网软实力，必须变"防御型国际传播模式"为"主动型国际传播模式"，探究导致中国互联网的国际传播力现状不佳局面的主体原因显得至为重要。

1. 中国软实力赤字源自体制、技术和市场落后

由于互联网技术发展日新月异，全球互联网市场无国界渗透，对传统管理体制提出了严峻的挑战，相关顶层设计、立法修法滞后于技术、市场发展，成为制约我国互联网软实力的重要因素之一。

美国的互联网接入平均速度基本上是中国的 5 倍，基本上都是采用宽带接入。2011 年，美国互联网的普及率达到 77.3%，中国互联网普及率仅为31.6%。

比较中美两国互联网，中国互联网普遍跟随着美国模式，缺乏自主创新的技术服务经营体制和资本运作模式，缺少与一流跨国媒体的合作与沟通，客观上不利于整合资本和人才，难以真正形成具有国际影响力的传媒集团。其次内部机制有待创新，国家重点网络媒体有待形成一个主业突出、结构优化、职能明确、协调有序的运行机制，有待建立一个鼓励创新、激发活力、有利于优秀人才

---

① 周宏仁.信息化论.北京：人民出版社，2008.

脱颖而出的选人用人机制。从而完善全天候、多语种、全媒体覆盖的信息传播网络，在瞬息万变的网络空间占据先机。

2. 中国软实力赤字源自全球覆盖不足、公信力不足

2004 年郭可教授调查发现，来华外国受众真正相信我国外文媒体的仅占1/4，完全不相信的有 15%。八年过去了，相关数据表明，我国国际传播网络媒体的公信力不足的局面还是没有改变。

最新的联合国人权发展报告显示，工业化国家只占了 15% 的世界人口，却占了整个互联网用户的 88%。现在全球 80% 以上的网上信息和 95% 以上的服务信息由美国提供。中国的重点媒体国际传播能力不足，尚未形成具有国际竞争力的传媒集团，中国对外传播的信息产品海外覆盖率和落地水平不高。

截至 2012 年 11 月 30 日，全球知名的第三方测评机构 Alexa[①] 公布的全球十大互联网公司名单中，中国仅有百度、腾讯两家入围，分别位列第六与第八，其余均被美国公司所垄断，且中国的这两家公司业务以搜索和即时通信为主，信息服务对象主要在国内。

2010 年谷歌广告系统全球 20 强网络公司前 10 中，第一名为美国社交网站Facebook，唯一身份访问者用户 8.8 亿，全球网络覆盖面达 51.5%，浏览量 1 万亿；第二名为美国谷歌在线视频网站 YouTube，唯一身份访问者用户 8 亿，全球网络覆盖面达 46.9%，浏览量 1 000 亿；第三名为美国网络门户雅虎网，唯一身份访问者用户 5.9 亿，全球网络覆盖面达 34.5%，浏览量 770 亿；第四名为美国微软搜索引擎 LIVE 网站，唯一身份访问者用户 4.9 亿，全球网络覆盖面达28.8%，浏览量 840 亿；第五名为美国微软网络门户 MSN 网站，唯一身份访问者 4.4 亿，全球网络覆盖面达 26.9%，浏览量 200 亿；第六名为美国字典与百科全书维基百科网站，唯一身份访问者用户 4.1 亿，全球网络覆盖面达 23.8%，浏览量 60 亿；第七名为美国谷歌博客服务 Blogspot 网站，唯一身份访问者用户3.4 亿，全球网络覆盖面达 19.6%，浏览量 49 亿；第八名为中国搜索引擎百度，唯一身份访问者用户 3 亿，全球网络覆盖面达 17.6%，浏览量 1 100 亿；第九名为美国微软软件 Microsoft 网站，唯一身份访问者用户 2.5 亿，全球网络覆盖面达 14.6%，浏览量 25 亿；第十名为中国腾讯 QQ 网站，唯一身份访问者用户2.5 亿，全球网络覆盖面达 14.8%，浏览量 390 亿。

---

① Alexa 是互联网首屈一指的免费提供网站流量信息的公司.

造成这一不利局面的原因主要有：一方面,体制内网络媒体受国际传播政策方面的限制比较多,对外信息发布以正面报道为主,报喜不报忧等老问题依然存在。"刻板印象"使国内受众转向境外媒体寻求多元化信息,而国外受众往往给中国打上"共产主义"的标签,对所有来自中国内部的声音采取一种怀疑与不信任的态度。另一方面,商业网站由于利益驱动以及从业人员业务水平的限制,内容传播中虚假新闻、"标题党",甚至色情内容泛滥,降低了在受众心中的公信力,一些以讹传讹的内容被境外媒体所引用并迅速传播,给中国的国家形象和国家战略造成了一定程度的危害。

3. 中国软实力赤字源自对国际传播的受众研究不充分、缺乏有针对性的效果评估体系

目前传播于世界各地的新闻,90％以上由西方国家垄断,其中又有70％由跨国大型公司垄断。四大西方主流通讯社,占据世界新闻发稿量的4/5。中国媒体还比较缺乏对国际新闻资讯第一时间的掌握能力,报道缺乏原创性,往往转载或编辑几大主流通讯社的报道,成为西方媒体的"二传手",处于世界新闻传播格局的边缘。

在全球新兴传播载体方面,以苹果、谷歌、脸谱、推特、微软、亚马逊为代表的美国跨国公司在全球市场占据垄断地位。

通过 Alexa 排名全球十大网络排行表比较,美国公司占据绝对优势,共有八家美国公司上榜,中国两家公司上榜。美国分别为：第一名是全球最大搜索引擎谷歌(Google),第二名是全球最大的社交网络脸谱(Facebook),第三名是全球最大的在线视频分享网站谷歌旗下 YouTube,第四名是全球最早的门户网站雅虎(Yahoo),第六名是全球最大的在线百科全书维基百科(Wikipedia),第七名为全球最大的软件公司微软的即时通讯(Windows Live),第八名是全球微博始祖推特(Twitter),第十名是全球最大的电子商务网站亚马逊(Amazon)。中国两家公司为：第五名是全球最大中文搜索引擎百度(Baidu),第九名是全球最大的中文即时通信软件腾讯 QQ。

传播效果的好坏几乎取决于受众的认可程度,目前我国网络媒体对国际传播的受众特点研究不足,主要存在主观与客观两方面的原因,主观原因在于相关部门缺乏调查研究的主观能动性,此外资金不足也限制了对外传播效果的评估;客观原因主要是鉴于国际受众的复杂性、多变性,调查难度比较大,我国还没有针对国际传播效果的专业调查机构、专业调查人员、精湛的调查评估理论及大量的调查评估资金,这些都导致了我国国际传播效果调查评估发展严重不足的现状。

(三)在全球软实力创新激烈竞争浪潮中,中国软实力赤字面临进一步扩大的危险

进入信息时代以来,尤其是过去的二十多年,技术变革层出不穷,各种应用精彩迭出。今天,我们正在迎接新一轮信息化浪潮的到来。移动网络高速普及,数字化内容巨量增长,世界各地的人们尽情分享信息、自在沟通——天涯的距离正在变成咫尺,技术的沟壑正在被弥平。而在这新一轮的网络技术变革下,人们于弹指间操控百万数据量级的丰富业务,无数应用以碎片化的形式填满用户的 24 小时,连接起永远 Online 的数字生活。几千年的历史,人类从未停止对速度的追求:从遥远的大漠驼铃,到今天的超音速飞机。而在电信领域,人类以短短的二十年时间,就将网络接入技术从拨号上网,发展到今天的光纤到户,其间带宽足足提升了 1 000 倍。

具有四百年历史的报纸传媒受到互联网冲击,进入全行业衰退期,150 年历史的《洛基山新闻》关闭,百年老报《西雅图邮报》、《基督教科学箴言报》停止纸质版,改出网络版,大批传统媒体纷纷关闭、破产转型,2009 年 8 月,有着 87 年历史的美国《读者文摘》被迫破产;有着 80 年历史的美国《商业周刊》被迫出售给彭博社。

通过世界第一软实力强国美国的传统媒体变迁可以得出启示,美国印刷媒体报纸广告从 1950 年到 2010 年经历了从盛到衰的曲线历史,与此同时,据普华永道和英国广告局的调查,2008 年英国网络广告数量首次超过电视广告。2009 年,中国正望咨询公司发布调查报告指出,中国受众上网时间首次超过看电视时间。

世界各国软实力的竞争从传统媒体转移到了新兴媒体平台。传统媒体逐步实现数字化,同时用户生产内容的自媒体时代到来,实现内容可搜索、可重组、可链接、可双向交互。1994 年全球媒体 8% 实现数字化,到 2007 年有一半传统媒体实现数字化,2008 年全球数字化信息达到 4 870 亿 GB,人均 81.1GB,预计到 2020 年全球传统媒体 80% 要实现数字化。

固定互联网用户量达到 20 亿,用了 20 年。而移动互联网达到 10 亿用户量级,仅用了 5 年,发展速度是固定互联网的 2 倍。移动互联网的快速发展,源

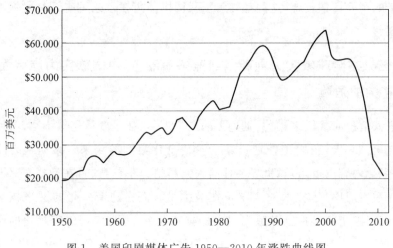

图 1　美国印刷媒体广告 1950—2010 年涨跌曲线图

（资料来源：美国印刷媒体报）

自移动网络让人们摆脱了"线"的制约,智能手机的普及将赋予人类以最大的分享信息自由。①

以互联网为代表的信息化浪潮推动着全球化进程不断深入,在信息时代,掌握互联网传播的主动权意味着拥有了信息的主动权,也就意味着拥有了全球范围内的影响力。正如微软创始人盖茨预测:"未来所有的媒体渠道,都将转移到互联网上。"互联网传播力已经成为国家软实力不可或缺的重要组成部分。

2012 年 7 月,中国互联网络信息中心(CNNIC)在北京发布《第 30 次中国互联网络发展状况统计报告》显示,中国网民规模达到 5.38 亿,连续四年成为世界第一网络用户大国。中国社会科学院发布 2011 年《新媒体蓝皮书》指出,中国已成为全球新媒体用户第一大国,中国网民从 2000 年的 2 250 万人增长近20 倍。中国手机用户 2010 年突破 8 亿,2011 年 3 月底达到 8.9 亿,是美国3.03 亿手机用户的近 3 倍。

2012 年 6 月 23 日,美国市场研究公司 comScore 发布了 5 月美国互联网发展报告。按独立用户访问量(Unique Visitors,UV)排名,谷歌、雅虎和微软位居前三。2013 年 5 月,谷歌网站的 UV 为 1.89 亿,位居全美网站首位。雅虎网

① 华为发布 2012 年行业趋势展望 "用户体验至上"引领更加繁荣的信息时代,2011-12-30.

表 4　全球十大网络公司构建全球最大的舆论场，拥有最大的受众用户

公　司	创办时间/上市时间	业务类型	员工数/用户数	年收入	全球 ALEXA 系统排名	市值
谷歌① Google.com 【Youtube.com 被谷歌以 16.5 亿美元收购】	1998 年 9 月 4 日成立/2004 年 8 月 19 日上市	互联网，电脑软件	53 546 名员工/1.89 亿月度用户	379.05 亿美元	1(2012 年 12 月)	2 490 亿美元，全球市值第五大上市公司(2012 年 9 月)
脸谱 Facebook.com②	2004 年 2 月 4 日成立/2012 年 5 月 17 日上市	社会网络服务	1 300 名员工/10 亿用户(2012 年 10 月)	37.1 亿美元 (2011)	1(2012 年 9 月)	1040 亿美元(IPO 日市值)
苹果 Apple.com	1976 年 4 月 1 日创立/1980 年 12 月 12 日上市	软件硬件电子产品	72 800 名员工/6 亿 (2013 年 6 月 4 日)	1 082.5 亿美元 (2011 年)	35	6 309.5 亿美元，世界市值第一上市公司(2012 年 9 月)③
雅虎④ Yahoo.com	1994 年 4 月成立/1995 年 4 月 12 日上市	门户网站	12 000 名员工(2012 年 5 月)/1.8 亿月度用户	49.8 亿美元 (2011 年)	4	800 亿美元，历史最高市值⑤
百度 Baidu.com	2000 年 1 月 1 日成立/2005 年 5 月 8 日上市	搜索引擎	16 082 人(2011 年)/每天响应 138 国 60 亿次搜索	145 亿美元 (2011 年)	5	400 亿美元

① http://en.wikipedia.org/wiki/Google.
② http://en.wikipedia.org/wiki/Facebook.
③ Matthew Panzarino，Apple now bigger by market cap than Microsoft, Google, Amazon and Facebook combined，Aug 29, 2012，http://thenextweb.com/shareables/2012/08/29/apple-now-bigger-market-cap-microsoft-google-amazon-facebook-combined/.
④ http://en.wikipedia.org/wiki/Yahoo.
⑤ http://baike.baidu.com/view/1359.htm.

续表

公　司	创办时间/上市时间	业务类型	员工数/用户数	年收入	全球 ALEXA 系统排名	市值
维基百科 wikipedia.org/	2001 年 1 月 15 日成立	自由的百科全书	285 名员工/3 500 万用户	公益性捐助基金 无商业模式	6	
微软 Live.com	2005 年 10 月 1 日成立	软件服务	3.3 亿用户		7	2 567.8 亿美元
腾讯 qq.com	1998 年 11 月成立/2008 年 6 月 10 日上市	即时通信,支持中、英、法、日文	2 万员工(2011 年),7.21 亿用户,同时在线用户峰值为 176 375 723 人(2012 年 11 月 20 日)	45.225 亿美元(284.961 亿元)	8	517.5 亿美元,在港股峰值达 4703.55 亿港元(人民币 3832.12 亿元)(2012 年 9 月 14 日)
推特 twitter.com	2006 年 3 月 21 日创立	社交网络微博	900 名员工/5 亿用户(2012 年 8 月)	1.4 亿美元(2010 年)	9	70 亿美元(2012 年 3 月 22 日)①
亚马逊 Amazon.com	1995 年 7 月创立	互联网在线零售、电子商务	69 100 名员工/6.15 亿访问用户(2008),为沃尔玛的两倍	480.07 亿美元	10	1 112.6 亿美元

① 推特欢喜过 6 周年,市值看 70 亿美元.台湾中天电视,2012 年 3 月 22 日.http://www.ctitv.com.tw/news_video_c13v76377.html.

站(1.67亿次)和微软网站(1.64亿次)分居二、三位。Facebook.com以1.58亿次的UV位居第四。互联网广告方面,谷歌广告网络(Google Ad Network)覆盖了92.5%的美国网民,高居榜首。随后依次是Rubicon Project REVV Platform(90.6%)、AOL广告平台(84.1%)、谷歌(82.3%)和AT&T AdWorks(81.7%)。

Facebook形成一种全球流行的社交网络文化,拥有全球10亿用户,上至总统下至草根百姓。奥巴马2012年11月7日连任总统后与夫人照片在脸谱上有320万粉丝喜欢。最大岁数的Facebook用户英国102岁的Ivy Bean于2008年在脸谱上注册账号,2010年7月逝世时,她的朋友数达到4 962个,同时她在推特上也有56 000个粉丝。以色列和巴勒斯坦同时在脸谱上开设账号,宣传各自的立场。

Facebook短短几年就实现了国际化,有70%的用户来自美国以外的地区,并且它的网站提供超过70种不同的语言。丹麦有500多万人,其中有一半使用Facebook。Facebook的流量在2010年3月已经超过Google的流量,成为全球流量最大的网站。Facebook从2008年8月26日1亿用户到2012年10月4日跃升至10亿用户。

2011年4月20日,奥巴马总统在Facebook位于硅谷加利福尼亚大街的总部第一次亮相,他通过现场和Facebook网络直播与广大网友就诸多话题进行了讨论,主要讨论了医疗信息技术。

用户一个月平均花费83个小时在Facebook上。平均每个Facebook用户有130个朋友。Facebook上活跃的应用程序超过55万个,并且不断增加。Facebook大概有10 000台服务器,这些服务器大概需要1亿美元。在美国,55岁以上的女性Facebook用户数量增加最快。Facebook会保存用户的资料,哪怕你的账号已经停用。事实上,Facebook用户的资料(比如照片)也可以保存在其他用户的个人主页上。由于Facebook是如此的受欢迎,以致于心理学家们发明了一种新的精神病"Facebook上瘾症"。在澳大利亚,Facebook被用于法院系统。法院通知可以通过Facebook传达,并且Facebook传票是合法有效的。

2010年1月,据摩根大通公司统计,雅虎保持全球最大的在线展示广告第一大份额,占美国市场17%,其次是微软11%、美国在线7%。

相较而言,中国互联网虽然拥有数量庞大且增长迅猛的用户,当之无愧已成为互联网大国,但是与上述国际化公司的全球化覆盖、影响力相比依然悬殊巨大。仅靠数量的优势中国还远非真正意义上的互联网强国。

表 5 雅虎 2003 年至 2011 年销售、网络收入、员工一览表

年份	2003	2004	2005	2006	2007	2008	2009	2010	2011
销售/百万美元	1 625	3 574	5 258	6 426	6 969	7 208	6 460	6 324	4 984
盈利/百万美元	453	1 000	1 505	1 066					
网络收入/百万美元	238	840	1 896	751	660	424	597	1 231	
员工人数/名	5 500	7 600	9 800	11 400			13 900	13 200	14 100

规模有限、盈利模式单一、国际影响力较弱的中国网络媒体难以在国际互联网的大环境下为中国争取更多的话语权。传统的西方强势媒体依然左右着国际舆论的风向,中国有数量巨大的人口,有雄厚的经济实力和技术支持,有丰厚的文化资源,但因文化传播能力相对薄弱,影响了民族文化在国际上的可见度和竞争力,从而无法将其转化为强大的国家软实力。

三、实现中国互联网软实力产业贸易从逆差到顺差飞跃的若干对策

(一) 提高中国互联网承载中华文化软实力价值观的传播力,将纳入我国文化强国和国家文化安全战略,从国家战略的高度进行统筹规划和协调实施,塑造良好的国家形象,提升中国软实力在国际社会的影响力

20 世纪 90 年代以来,发展软实力,在全球范围内推广美国的民主和价值观,成为维护美国价值观安全和使美国变得更安全的必由之路。有数据表明,目前美欧占据世界文化市场总额的 76.5%,亚洲、南太平洋国家 19% 的份额中,日本和韩国各占 10% 和 3.5%。美国文化产业创造的价值早已超过了重工业和轻工业生产的总值。

日本在塑造良好国家形象加强文化软实力建设方面形成了政府主导,学界、媒体、产业界和民间力量积极参与,举国共建的格局。日本政府重点打造爱好和平的形象,突出流行文化,把美食、地方品牌和服装向世界推广,输出"酷文化",使日本文化的美学价值为世界所接受和认同。

英国高等教育事务官员比尔·拉德尔 2006 年 5 月就曾指出,英国所有学龄青少年都应该接受"英国传统价值观"教育,使他们接受言论自由、宽容、公正、尊重法治等核心价值观,培养他们的公民意识和多元文化意识。将多元文化教育与公民教育相结合,同时培养公民的多元文化意识和公民意识,对创造社会和谐发挥了重要作用,其做法值得借鉴。

德国政府将对外文化交流作为本国对外政策的三大支柱之一。"德语之声"尽量以客观、中立、平衡的新闻报道和评论来吸引国外听众。法国在许多国家建立了"法语联盟"等传播法语和法国文化的机构。目前有 1 040 个法语联盟遍布世界五大洲 136 个国家,拥有学生 46 万名。

西方软实力发达的国家在实行多元文化教育的同时,重视在中小学开展公民教育,增强中小学生对本国核心价值观或传统价值观的理解和认同,提高学生的公民意识和国家认同。

十八大报告指出,全面建成小康社会,实现中华民族伟大复兴,必须推动社会主义文化大发展大繁荣,兴起社会主义文化建设新高潮,提高国家文化软实力,建设中国特色社会主义文化强国。

提升中华民族文化软实力,必须抓住新兴网络媒体传播快、互动性强、全球化渗透的特点,保障公民基本文化权力,强化多元、多样、多变中的一致性,增强国家凝聚力。传播中国特色社会主义核心价值观,倡导富强、民主、文明、和谐,倡导自由、平等、公正、法治,倡导爱国、敬业、诚信、友善,提升中国特色社会主义核心价值观,聚凝人心、扩大共识、增进公球公信力和世界影响力。

(二)强化宏观顶层设计,建设中国互联网创新体系,推动中国互联网软实力成为国家核心支柱产业竞争力,增强我国网络文化产业的国际竞争力,实现从数量大国向质量强国转型,建设中国互联网软实力强国

美国建国历史不到 500 年,却从一个文化资源小国跃升为超越有着 5 000 年历史的中华文化成为世界文化超级大国。2000 年美国的版权产业产值达到 4 572 亿美元,占 GDP 的 10%。2002 年美国占全球 3 330 亿美元网上交易总额的 64%,美国音乐制品占全球音乐市场份额的 1/3 强,美国 2002 年游戏产出占全球 40% 强。

　　日本在发展文化产业方面后来居上,建立了完备的文化市场体系和网络,包括拥有发达的广告业和成熟的经纪公司,积极参与国际或地区文化市场的竞争,引进外资和国外先进技术,开展形式多样的文化交流活动,推动本国文化产业发展,从而提高了文化软实力。

　　1996 年,美国通过《电信法》实施推出三网融合实现了美国国家安全战略、经济战略及配套战略转型,一揽子解决了美国以信息化推进全球化战略问题。透过国际组织和电信改革,有效控制了全球信息基础设施,同时,美国鼓励领先技术和优势产业向全球化扩展,计算机网络巨头如微软软件、英特尔芯片、思科路由器等经过《电信法》实施和后来电信协议谈判,使其迅速扩张到全球市场。

　　中国于 1994 年正式接入国际互联网。中国政府始终把互联网作为促进经济社会发展、加快改革开放进程的重要力量,中国已经成为全球网络用户最多的国家。截至 2012 年 6 月底,中国网民人数已达 5.38 亿,互联网普及率接近 40%,超过世界平均水平。目前,在纽约交易所、纳斯达克、香港和国内证券市场上市的中国互联网企业已超过 40 家,总市值达到 2 100 多亿美元。

　　中国互联网从 2000 年至 2010 年之间增长速率高达 1 767%。中国自 2001 年“十五”计划第一次明确提出“三网融合”,2010 年进入国务院推动试点实施阶段,中国三网融合核心业务网络视频版权费在过去 5 年增长 1 000 倍。

　　中国互联网软实力和文化影响力的增强不仅需要数量广大的网民和广阔的市场,更需要一批具有世界影响力的科技创新企业和传媒公司发挥力量。目前,中国网络媒体文化产业呈井喷式增长,中央重点新闻网站每日页面访问总量达到 7.2 亿。据专家统计,中国传媒产业 2004 年的规模为 2 100 多亿元,而到了 2008 年,这一数字已经达到 4 200 多亿元,五年增长一倍。2010 年年底数据表明,全球最大中文搜索引擎百度覆盖 180 个国家用户,每天日点击量达到 9.9 亿。2010 年中国有 45 家传媒企业在美国纳斯达克市、香港证交所、深沪两市上市,总市值达到 5 700 亿元。2012 年 4 月 27 日,人民网正式在国内 A 股发行上市,上市当天涨幅高达 73.6%,市值达到了 15 亿美元,超越了纽约时报 9.32 亿美元的市值,为新一轮的网络媒体资本化运作提供了一个值得借鉴的范例。

表6 2011年中国互联网上市公司营收与市值统计①

（以营收规模顺序）

排名	企业名称	交易所	2011年营收	2011年营收增速/%	2012年6月26日市值/亿美元
1	腾讯	港交所	45.2	45	517.5
2	百度	纳斯达克	23	83.1	387.8
3	网易	纳斯达克	12	32	74
4	搜狐	纳斯达克	8.5	39.1	15.3
5	盛大游戏	纳斯达克	7.7	17.3	11.3
6	携程	纳斯达克	5.9	21.5	23.7
7	当当网	纽交所	5.2	58.6	4.9
8	新浪	纳斯达克	4.8	19.9	34.6
9	畅游	纳斯达克	4.8	48.1	10.8
10	完美时空	纳斯达克	4.3	25.2	3.7
11	搜房	纽交所	3.4	53.2	13
12	巨人网络	纽交所	2.6	34.5	10.6
13	前程无忧	纳斯达克	2.2	25.9	11.8
14	麦考林	纳斯达克	2.2	−5.3	0.6
15	奇虎360	纽交所	1.7	191.1	20.4
16	世纪互联	纳斯达克	1.6	94.4	6.3
17	空中网	纳斯达克	1.6	7	2.2
18	金山软件	港交所	1.5	5.5	5.3
19	优酷	纽交所	1.4	131.9	24
20	凤凰新媒体	纽交所	1.4	79.8	3.8
21	人人网	纽交所	1.2	54.1	17.9
22	网龙	港交所	1.1	43.1	4.4
23	斯凯	纳斯达克	1.1	11.1	0.7
24	易车	纽交所	1.0	46.2	1.7

---

① 市值517.5亿美元 腾讯居榜首.成都晚报,2012年6月30日,http://finance.jrj.com.cn/2012/06/30142313644288.shtml.

排名	企业名称	交易所	2011 年营收	2011 年营收增速/%	2012 年 6 月 26 日市值/亿美元
25	乐视	深交所	1.0	151.2	15.7
26	艺龙	纳斯达克	0.9	22.1	3.8
27	太平洋(601099)	港交所	0.9	25.9	3.9
28	人民网	上交所	0.8	N/A	18.4
29	土豆	纳斯达克	0.7	78.9	9.2
30	慧聪网	港交所	0.7	26.9	1.5
31	A8 音乐	港交所	0.7	−29.1	0.5
32	掌上灵通	纳斯达克	0.6	0.8	0.6
33	淘米网	纽交所	0.5	26.2	1.6
34	世纪佳缘	纳斯达克	0.5	97.7	1.5
35	金融界	纳斯达克	0.5	−11.2	0.3
36	网秦	纽交所	0.4	129.8	1.0
37	东方财富	深交所	0.4	52.5	6.0
38	酷 6 传媒	纳斯达克	0.2	16.1	0.7
39	第九城市	纳斯达克	0.2	3.6	1.8

2012 年 9 月 14 日,腾讯控股(00700,HK)在港交所跳空高开 5%,开盘价 260.60 港元,创出历史新高,收盘报收 255.60 港元,涨幅 2.73%。至此,腾讯控股总市值达 4 703.55 亿港元,折合成人民币约 3 832.12 亿元,而 A 股创业板的流通市值也只有约 3 316 亿元。

大洋彼岸,刚刚发布了新一代产品线的美国苹果公司同样创出新高,在全球经济萎靡的背景下,两只科技股为何一飞冲天?

目前,中国经济正在转型,股市亦在转型,2013 年以来,传统产业正在被投资者抛弃,而类似腾讯、苹果的科技股却风生水起,各种新兴概念、题材不断被发掘。

在传统与新兴产业此消彼长的过程中,从最简单的指标看,中小新兴企业云集的深交所成交额超过上证所已成为常态。

马化腾在 2012 年互联网大会上透露,"微信在去年年初推出,仅仅用了

14 个月,就在今年 3 月份(拥有了)超过一亿的注册用户。在这个月,我相信可以再翻倍,翻到 2 亿。"腾讯控股以极其"华丽"的方式跃过前期高点跳空高开 5%,开盘价格高达 260.60 港元,收报 255.60 港元,创出历史新高。

腾讯控股自 2004 年上市以来的 9 年间,除了 2008 年下跌 15.64%、2011 年下跌 7.31% 外,其余 7 年股价均上涨,其中 2005 年上涨 171%、2006 年上涨 330%、2007 年上涨 124%、2009 年上涨 247%,2012 年至今已上涨 64%。上市以来股价上涨了 60 余倍。

Facebook 的上市,曾吸引了全球的目光。但最新的数据显示,Facebook 的总市值为 407 亿美元,远低于腾讯控股的 600 多亿美元。

在 A 股,腾讯控股目前总市值仅低于 7 家上市公司,这些公司几乎清一色是央企。中国平安、交通银行、贵州茅台、招商银行的市值已经落后于腾讯控股。《每日经济新闻》记者粗略计算发现,以市值比较,一个腾讯相当于 4 个万科 A,或 10 个伊利股份,或 30 个一汽轿车。目前,创业板共有 350 家上市公司,创业板流通市值约 3 316 亿元,低于腾讯控股的总市值。

回顾历史,腾讯快速成长的这几年,不论是中国还是世界,其经济都在各种危机中艰难前行,腾讯控股却在如此背景下成了一只超级大牛股。与此同时,在大洋彼岸,苹果股价同样创出历史新高。两只超级牛股的背后有什么秘密?瑞信发表研究报告指出,腾讯股价再创上市以来新高,公司仍然维持对内地游戏业务正面看法,尤其是在国际线上游戏方面已取得突破,并有望在现有市场进一步争取更高的市场占有率,维持其"优于大市"的投资评级及目标价 282 港元。报告指出,除游戏业务外,腾讯的微信服务安装用户估计亦已达 2 亿之多,较 6 个月前增长一倍,并预计其 QQ 社区用户将会继续转移到微信。瑞信认为,腾讯正逐渐成为最大的广告公司之一。①

2002 年,美国经济占世界经济总量的 32%,有 196 家 500 强企业;而占世界经济总量 4.2% 的中国只有 11 家。10 年后,情况改变了,美国经济占世界经济总量降为 23%,500 强企业减到 140 家;占世界经济总量 9.8% 的中国增加了 46 家 500 强企业,达到 57 家。

专家预测,如果中国企业共同努力,发挥经济年增长 8% 的潜力,到 2030 年

---

① 朱秀伟.腾讯市值飞上历史新高达 3 832 亿元.每日经济新闻,2012 年 9 月 17 日,http://it. sohu.com/20120917/n353286466.shtml.

的时候,美国经济占世界经济总量降为 12.5%,500 强企业会减到 80 家左右;那时中国经济占世界经济总量的 25%,会有 130 家以上的世界 500 强企业,中国企业就会是"满天星"[①]。

一定程度上来说,当今中国在政治经济的影响力方面无愧于是一个世界大国,然而在以"吸引力"为主要标志的软实力方面只能称得上是一个数量上的大国,还远远不能对全球当代主流意识形态构成深刻影响。我国互联网行业必须建立面向全球的独家信息内容版权体系,参与创建全球网络媒体传播行业标准。

目前的中国网络技术上处在第一阶段的技术萌发和市场开拓阶段,传媒产业和文化产品的开发和扩展也刚刚起步,中国的互联网文化强国之路只有在这样的基础上不断开放、不断根据中国的实际深化体制变革,通过培育与网络规模相匹配的网络传媒企业和科技公司,才能在大体量的基础上做出精品,以一种积极和竞争的姿态面对国际互联网巨头的挑战。

美国在互联网科技及其服务技术领域远远超出中国,但是,中国的互联网用户群的基数很大(是美国的大约 1.76 倍),并且这种状况在将来一段时间内会维持下去。中国在互联网领域发展空间很大,毕竟以后上网的人越来越多,对于网络的开发前景相当可观。

这些量变的突破记录了中国传媒事业的不断发展,但是从这种微观的突破进入宏观层面的质变形式依然十分艰巨。个体企业的发展壮大、民族国家的文化自觉,必须辅以国家层面的战略构架和具有计划性、前瞻性的统筹协调、资金投入、人才建设和技术支持,才能够将一个个新生的突破凝聚成一个国家文化传播的巨大张力,从微观进入宏观、由量变引发质变。

(三)用最短的时间赢得最大的空间,承传历史的传统文明与面向未来的新兴科技相融合,创新发展文化软实力、发挥政府、市场和社会力量的作用,全面提升中华文化软实力

一方面,作为具有 5 000 年持续未中断历史的古老文明大国,中国在其漫长的历史中积累了丰富的影响力基础。和合文化、和谐共生的原则与"强而不欺

---

① 林毅夫三句话诗意解说当前经济. 光明日报,2012 年 9 月 1 日,http://finance.cnr.cn/gundong/201209/t20120901_510809188.shtml.

威而不霸"思想是植根于中华文化深处的软实力理念,古老的中华文化圈和辐射全球的华人文化为当今中国发展软实力提供了良好的土壤和媒介。中国的互联网国际传播,不仅是为中国声音走向世界打通渠道,更是为世界关注中国的改革、发展提供一个真实的窗口。

为什么中国没有乔布斯,没有苹果?国家知识产权局局长田力普分析指出,中国缺的是积累。知识产权保护制度在中国才有 20 多年,社会和国内还不太熟悉。从 1983 年第一部商标法颁布到现在也才只有 30 年,而英国美国已经有两三百年的历史了。另外还有文化问题。中国历史上是产生发明创造最多的国家,但沉睡了好几百年,工业化、信息化都落后了,知识产权制度从来没有在中国经历培育期。现在需要文化转型,这需要时间,我们已经有一代人的积累了,不会再用上几百年的时间。①

1996 年联合国世界文化与发展委员会发表了《我们创造性的多样性》的报告,将治理概念引入文化发展的讨论中。1997 年发表的《从边缘到中心》的欧洲报告强调,如果忽视文化,就不能实现可持续发展,文化治理概念的提出目的在于将文化政策从治理的边缘引入中心。

美国用三大片(薯片、芯片、影片)策略征服了世界。从 1996 年开始,美国的文化产业已经超过航空、重工业等传统领域,成为美国最大的出口产业。美国的文化产业已经占美国 GDP 的 25% 左右。

利用现代高新技术手段实现文化产品的内容创新和文化生产的方式创新,培育新的文化业态、提高和扩大文化信息的传播速度和覆盖范围,是提升我国文化竞争力的发展重点。不仅要在以数字化、网络化为主的新的文化业态中实现创新,在传统文化产业部门也要依靠现代科技改造和提升传统文化,推动传统文化市场转型升级,实现内容、形式、管理、营销等多方面的创新。

互联网技术的发展为不同文化间的交流提供了理想的平台,特别是"人人拥有麦克风"的 Web 2.0 时代,不同文化、地域和国家的互联网用户之间都可以自由、双向、开放地进行信息交流与传播。发展国际互联网传播的目的就在于能够通过网络技术的渠道使中华文化跨越语言、观念、意识形态的障

---

① 经济之声提问:为什么中国没有乔布斯,没有苹果? 中国广播网,2012 年 11 月 11 日,http://www.cnr.cn/2012zt/zgdl/twdb/201211/t20121111_511331184.shtml.

碍,与世界一流的媒体和主流舆论实现"无缝对接",形成覆盖世界的新媒体传播网络,以我为主,全面客观地传播信息,在国际舆论的竞争中掌握主动权。

日新月异的互联网传播在人类漫长的文明史中是一个新生的事物,同时也是建立在传统文明的积淀之下的创新产物,只有建立在自身文明与世界共通的人类价值共识上,才能真正打动人、吸引人,引发世界的共鸣,从而发挥中国文化中时间与空间的优势,在古老文化的积淀中孕育出创新的萌芽。

"问渠哪得清如许,为有源头活水来。"中国网络软实力的建设是一个"水到渠成"的过程。经济社会的发展孕育着国家软实力之水的源头活水,我们必须适应信息化条件下网络时代的特点、构建四通八达的网络传播体系和畅通渠道,实现经济全球化、信息网络一体化的传播机制,将国家"硬实力"与"软实力"巧妙结合,形成根据环境、时代和需要不断调整的"巧实力",最终扭转国际网络传播中西强我弱的劣势,建立中国文化自觉、文化自信,在传媒日新月异的今天发出属于我们自己的"中国声音",用客观与真实、诚意和专业、包容与开阔、趣味与共鸣将是创造"源头活水"的不竭动力!

附

中国互联网软实力及国际传播力现状抽样调查

课题组于 2011 年 7 月至 2012 年 8 月设计完成调查问卷,在国家新闻出版总署培训中心全国互联网负责人中发放,共计收回有效数据 111 份,经过统计,得出以下数据(括号内注明有效的数量)。

基本资料部分

1. 性别比例

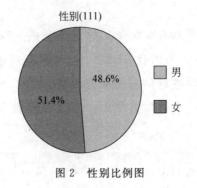

图 2　性别比例图

2. 年龄构成

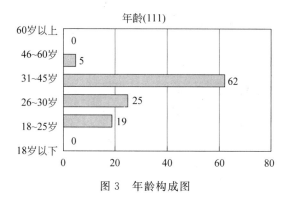

图 3　年龄构成图

3. 学历构成

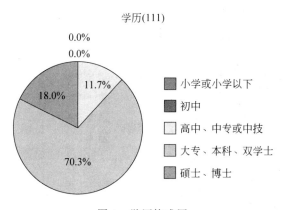

图 4　学历构成图

4. 社会身份构成

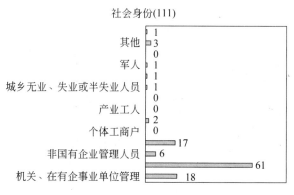

图 5　社会身份构成图

5. 月收入构成

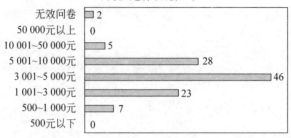

图 6　月收入构成图

6. 所在单位性质构成

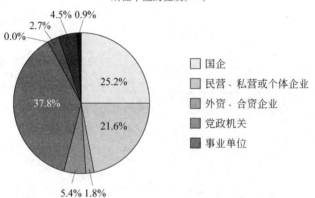

图 7　所在单位性质构成图

7. 政治面貌构成

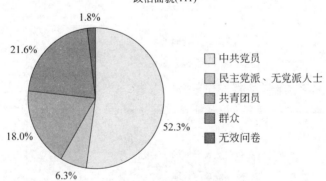

图 8　政治面貌构成图

8. 常住地区构成

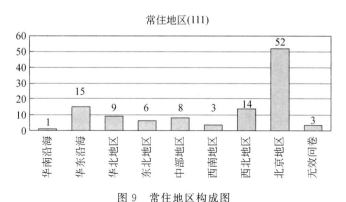

图 9　常住地区构成图

主体问卷（中央级网络媒体部分）

1. 我国网络媒体的国际传播力现状

在 109 个有效回答中,认为我国网络媒体的国际传播力非常好的有 11 人,占 10.0％;认为比较好的有 28 人,占 25.2％;认为一般的有 47 人,占 42.3％;认为不太好的有 15 人,占 13.5％;认为非常不好的有 4 人,占 3.6％;表示不知道的有 4 人,占 3.6％。

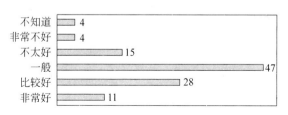

图 10　我国网络媒体的国际传播力现状(109)

2. 认为网络媒体对国际传播力的影响主要体现在如下哪些方面?

通过整合问卷,被调查者认为其影响力最主要体现在信息世界由广播模式向多对多交互模式转变,占到意见的 26.1％;其次是全球用户生产内容,有利于媒体资源的融合、共享与超越,和实时全天候报道全球事件迅速影响全球两种,都占到意见的 23.5％;再次是发展中国家通过网络媒体的声音放大,利于缩小发展中国家与发达国家间的信息差距,占到 17.0％;最后,有一部分的被调查者认为西强东弱的舆论格局依然没有改变,这种意见占到 9.8％之多。

3. 中央高层提出不断提高驾驭新兴媒体的能力以全面深刻提升中国国际传播力的要求,您对此的态度如何?

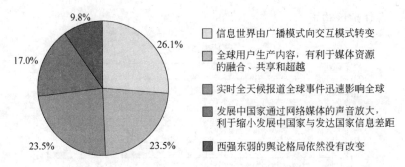

图 11　网络媒体对国际传播力的影响主要体现(103)

被调查者对中央高层提出不断提高驾驭新兴媒体的能力以全面深刻提升中国国际传播力的要求的态度：表示十分赞同的占 46.8%；表示赞同的占 42.3%；表示一般的占 8.1%；表示反对的占 1.8%；表示强烈反对的占 0.9%。

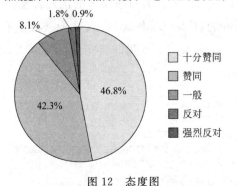

图 12　态度图

4. 中央级网络媒体在国际传播力方面的优势体现在哪些方面？（可多选）

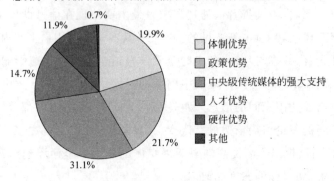

图 13　优势图

在110个有效回答中,第一是中央级传统媒体的强大支持,占到意见的31.1%;第二是政策优势,占到21.7%;第三是体制优势,占19.9%;第四是人才优势,占14.7%;第五是硬件优势,占11.9%;第六是其他优势,占0.7%。

5. 您认为中央级网络媒体中有堪称"国际化"的媒体吗?

其中,57.6%的被调查者认为有,42.4%的认为没有。另外,选择"有"的,有17人认为能称得上"国际化"的媒体的是新华网,有10人认为是人民网,有2人认为是中国日报网,有4人认为是中国新闻网,有3人认为是CNTV,有1人认为是环球网,有16人认为是其他。选择"无"的理由说明如下:中国无国际化大媒体最大原因是为我国体制所限制,普遍认为政府对于媒体的监管范围大、力度强。其他原因有:宣传不到位,宣传内容倾向于正面报道,信息发布能力一般,文化价值观也很难输出,传播理念、技术及人才方面与全球性媒体尚有很大的差距,无创新点等。

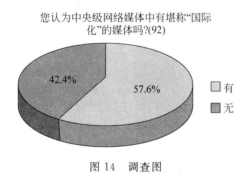

图14 调查图

6. 您认为中央级网络媒体在不断提升国际传播力的过程中的制约因素主要有哪些?(可多选)

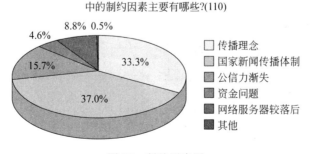

图15 制约因素图

第一是国家新闻传播体制，占到意见的 37.0％；第二是传播理念，占 33.3％；第三是公信力渐失，占 15.7％；第四是网络服务器较落后，占 8.8％；第五是资金问题，占 4.6％；第六有 0.5％的其他意见。

7. 您觉得中央级网络媒体的公信力如何？

经常或偶尔浏览中央级新闻网站的 96 名调查者，14.0％认为其公信力非常好，50.5％认为比较好，30.8％认为一般好，2.8％认为不好，1.9％认为非常不好。认为其公信力非常好及比较好的调查者认为，中央级网络媒体拥有体制优势，真实性保证，公正公开公平，专业化程度高。而选择其他的原因主要在于媒体沦为政治工具，避重就轻，过于官方，倾向于报道正面，过于保守。

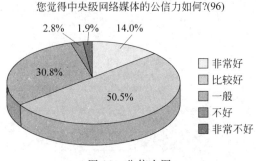

图 16　公信力图

8. 您认为中央级网络媒体存在的问题主要表现在哪些方面？（可多选）

其中认为正面报道为主，报喜不报忧，有 93 人；其次认为国内题材为主，国际题材较少的有 34 人；认为新闻稿件量少质平的有 27 人；22 人认为作品缺乏节奏；另有 7 人认为存在其他方面的问题。

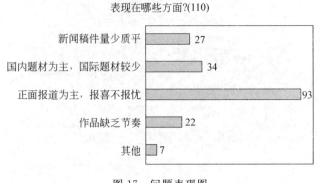

图 17　问题表现图

主体问卷（商业网站部分）

1. 您认为我国商业门户网站（如新浪网、腾讯网、网易等）相对中央级网络媒体的最大优势体现在_____。（可多选）

首先是科技优势（硬件与软件），占意见的 31.4％；其次是人才优势，占 26.1％；再次是资本优势，占 22.2％；最后，其他意见认为商业门户网站在体制、管理、理念、内容丰富性及灵活性、快速性方面具有重要优势，这部分占到意见的 17.6％；其中有 2.6％的无效问卷。

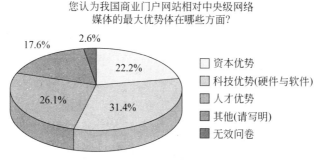

图 18　优势图

2. 我国商业门户网站的管理失范主要表现在哪些方面？（可多选）

第一是虚假新闻，有 57 人选择了此项，占所有意见的 19.3％；第二是报道角度异化，有 46 人选择了此项，占 15.5％；第三是以讹传讹，新闻同质化现象严重，有 45 人选择了此项，占 15.2％；第四是网络新闻语言、网络新闻选题媚俗化，有 42 人选择了此项，占 14.2％；第五是色情泛滥，有 31 人选择了此项，占

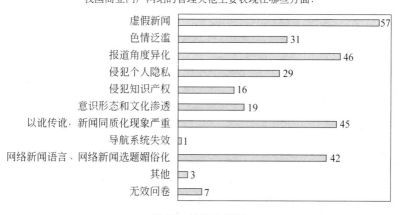

图 19　管理失范图

10.5%;第六是侵犯个人隐私,有 29 人选择了此项,占 9.8%;第七是意识形态和文化渗透,有 19 人选择了此项,占 6.4%;第八是侵犯知识产权,有 16 人选择了此项,占 5.4%;第九是导航系统失效,有 1 个人选择了此项,占 0.3%;第十,其他意见认为它们还存在信息过多,页面负荷重的问题,同时受商业利益影响严重,这部分占到 1.0%;其中有 2.4%的无效问卷。

3. 您认为我国商业门户网站中网民的参与性、互动性如何?

28.8%的被调查者认为其参与性、互动性状况非常好,45.9%的被调查者认为很好,4.5%的认为一般。

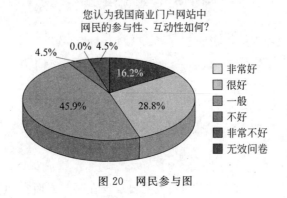

图 20　网民参与图

4. 我国商业门户网站发展过程中可能受到的最大障碍是什么?

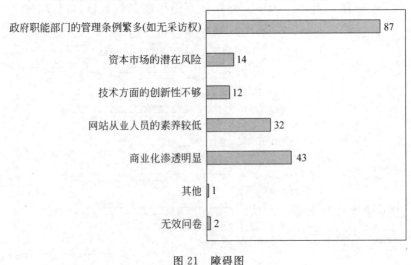

图 21　障碍图

调查问卷显示,最大的障碍是政府职能部门的管理条例繁多(如无采访权),有87人选择了此项,占所有意见的45.5%;第二是商业化渗透明显,有43人选择了此项,占22.5%;第三是网站从业人员的素养较低,有32人选择了此项,占16.8%;第四是资本市场的潜在风险,有14人选择了此项,占7.3%;第五是技术方面的创新性不够,有12人选择了此项,占6.3%;另有0.5%的被调查者认为还存在其他的障碍;其中有2份无效问卷。

5. 您认为我国商业门户网站中有堪称"国际化"的媒体吗?

51.4%的被调查者认为有,26.1%认为无,另有22.5%的无效问卷。选择"有"的被调查者,认为以下商业门户网站堪称"国际化":新浪网,有25人选择,占所有意见的43.9%;腾讯网,有13人选择,占到22.8%;搜狐网,有6人选择,占10.5%;凤凰网,有4人选择,占7.0%;网易,有3人选择,占5.3%;中国商业网和雅虎中国分别有1人选择,分别占到1.2%。选择"无"的原因如下:体制受限,商业化过于严重,传播理念落后,在国际舞台中无话语权,影响力和市场占有率都很低,公信力较弱。

图22 "国际化"调查图

6. 您认为在下列商业门户网站中,可信度最高的是_____,可信度最低的是_____。

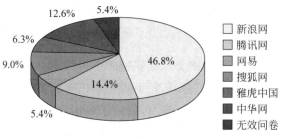

图23 高可信度调查图

调查显示,新浪网、腾讯网、网易、搜狐网、雅虎中国、中华网,这六大商业门户网站中,可信度最高的是新浪网,可信度最低的是腾讯网和中华网。(此问题的回答有效性偏低,因为在问卷中位于第二个问题,空白问卷即无效问卷过多,因此所得数据参考价值有限)

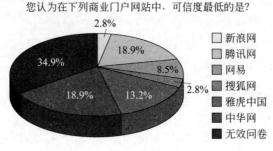

图 24　低可信度调查图

7. 您认为中国网络媒体成为真正意义上的国际传播力媒体可借鉴以下哪种模式?(可多选)

大部分被调查者认为可借鉴的模式是搜索巨头谷歌模式,占到 39.0%;其次是社区网络 Facebook 模式,占 25.0%;再次是软硬件集成平台苹果模式,占 16.9%;最后是软件集成平台微软模式,占 12.2%;另有 2.9% 的其他意见;其中有 4.1% 的无效问卷。

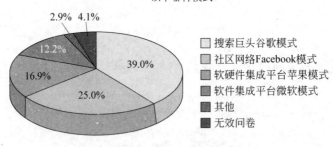

图 25　可借鉴模式图

虽然此调查数据有限,且主要从互联网的中央级重点网络媒体和商业网站两个维度进行考量,但两者的国际传播力均表现出严重不佳的现状。我们必须清醒认识到,中国网民规模大而不强、传播网络应用广泛而滞后、网络媒体众多而雷同,作为世界第一网民大国急需向网络强国升级转型。

全球十大互联网公司发展模式分析比较

课题组[①]

在日新月异的信息时代,全球互联网使人类的联系愈加密切。我们跟踪分析全球第三方评测机构 Alexa 公布两年世界十大网络排名情况如下:

表 1　美国 Experian Hitwise 发布 2010 年、2011 年美国十大网站访问榜

Top 10 most-visited Websites			
2010	2011	2010	2011
www. facebook. com www. google. com	www. facebook. com www. google. com	www. msn. com	www. bing. com
		www. myspace. com	search. yahoo. com
mail. yahoo. com	www. youtube. com	mail. live. com	www. gmail. com
www. yahoo. com	mail. yahoo. com	search. yahoo. com	mail. live. com
www. youtube. com	www. yahoo. com	www. bing. com	www. masn. com

Note：*Data is based on U. S. visits for January to November 2010 and 2011*
Source：Experian Hitwise

据美国 Experian Hitwise 统计,2010 年全美访问量最大的网站为 Facebook、Google 及旗下 YouTube、Yahoo(含雅虎邮箱、雅虎首页、雅虎搜索)、微软(MSN、Live、Bing)、MySpace。2011 年全美访问量最大的网站为 Facebook、Google 及旗下 YouTube、Gmail、Yahoo(含雅虎邮箱、雅虎首页、雅虎搜索)、微软(MSN、Live、Bing)。

2011 年美国亚马逊 Alexa 全球十大互联网公司排行榜中,Google、Facebook、YouTube、Yahoo、Blogger. com、Baidu. com、Wikipedia、Windows Live、Twitter、QQ. com 分列前 10 名,其中中国企业百度、QQ 分占第 6 名、第 10 名。

---

① 执笔:伍刚、戴曦蕾,原载:解放军报社《军事记者》2011 年 11 期. 人民网 2011 年 11 月 22 日全文转载,http://media. people. com. cn/GB/40628/16341490. html,其中更新数据以 2013 年 4 月 8 日最新数据为准。

图 1　2012 年 11 月 19 日 Alexa 全球十大网络公司排名

　　2012 年 11 月 19 日,亚马逊 Alexa 全球十大互联网公司排行榜中,Google、Facebook、YouTube、Yahoo、Baidu. com、Wikipedia、Windows Live、Twitter、QQ. com、Amazon. com 分列前 10 名。

　　2013 年 4 月 8 日,亚马逊 Alexa 全球十大互联网公司排行榜中,Google、Facebook、YouTube、Yahoo、Baidu. com、Wikipedia、Windows Live、QQ. com、Amazon. com、Taobao. com 分列前 10 名,Twitter 跌出 10 名之外,为第 11 名。

　　截至 2013 年 1 月 15 日,世界网民突破 21 亿,中国网民规模达到 5. 64 亿,

图2　2013年4月8日亚马逊Alexa全球十大网络公司排名

互联网普及率为42.1%,作为世界上人口最多的互联网大国,中国正在以自己独有的方式逐步影响全球互联网,在全球互联网领域的话语权正在逐步提升。同时,全球十大互联网公司以其广泛的影响、各具特色的国际传播方式,对中国传媒的发展产生了深远的影响和深刻的启示。

一、全球 Alexa 排名十大互联网公司盈利模式及国际传播影响力从互联网发展的整体路径来看，经历了门户时代，到搜索时代，随着 SNS 网站的异军突起，如今已经步入第三时代——社交网络时代

Alexa 前 10 名互联网公司中，谷歌作为全球最大的以广告驱动的科技公司，它的主要收入来源于谷歌站点上的广告，其中大多来自谷歌搜索，2010 年的净收入为 180 亿美元。

2004 年公开上市后，Google 的发展方向主要有 4 个，分别是深度内容搜索、多媒体搜索、个性化与本地化搜索、人工智能。可以说，这 4 个方向也代表了搜索行业的未来发展之路。

Alexa 的前 10 名中，Blogger.com 和 YouTube 已被谷歌收购。每天 YouTube 上被观看的视频数量为 20 亿，每分钟上传到 YouTube 的视频播放时长总和为 35 小时。

在很长一段时间里，YouTube 都为寻找一个有效的盈利模式而困扰，并长期处于亏损的状态。近两年，YouTube 才逐渐在用户体验、版权保护、广告商需求和自身盈利四者之间找到了一条比较平衡的运营模式。

Blogger.com 是 Pyra Labs 公司创建的面向个人的基于因特网的博客书写和发布服务网站，也是全球最大、最为知名的个人网志服务提供商。它靠自动集成 Adsense 广告服务进行盈利。

提到 blogger.com 就不能不提 Twitter。2006 年，博客技术先驱 Blogger.com 创始人埃文·威廉姆斯（Evan Williams）创建的新兴公司 Obvious 推出了 Twitter 服务。截至 2011 年 4 月 2 日，Twitter 拥有约 1.75 亿注册用户，Facebook 截至 2012 年年底的每月活跃用户数为 11 亿，Twitter 首席执行官埃文·威廉姆斯表示，Twitter 盈利方式有很多种，如网络广告、针对企业用户推出付费账号等。

最近，Facebook 与 Windows Live 结成盟友以对抗谷歌，微软可以获取 Facebook 中的社交关系数据来优化必应（Bing）搜索引擎的搜索结果。

Facebook 以 11 亿的注册用户，超越 Google 的 PV 流量，1 000 亿美元的市

值成为全球最热门的社区网站。目前在 Facebook 可以实现的盈利模式包括展示类广告、搜索广告、电子商务、网络游戏以及向用户收费等形式，也就是说 Facebook 既可以做到向企业收费，也可以向用户收费，收费模式是比较多元化的。

与 Facebook 合作的盟友 Windows Live，推出在线服务，全球邮件系统用户已经超过 2.85 亿；Messenger 活跃账号达到 2.8 亿；Spaces 拥有 1.3 亿的活跃账号；有 85 家以上移动运营商开通 Windows Live mobile 服务；Windows Search 容量扩充了 4 倍；MSN 网站全球有将近 5 亿独立访问者。在线服务方面，微软 Windows Live 产品策略是通过以互联网广告为支撑的商业模式不断推动免费 Windows Live 商业服务，以此来满足更多消费者，吸引更多用户使用 Live 服务，而在更多用户使用 Windows Live 服务的同时，对广告主就有更大的价值，这就是软件加服务的体现，特别是 Windows＋Windows Live 这个概念。

2013 年全球 Alexa 排名第 4 的雅虎，从单纯依赖页面广告收入转而探索多业务增长点，形成了现在以广告为基础，付费业务和宽带接入为主要驱动力的多元化经营模式。

2013 年 Alexa 排名前 10 名中第 5、第 8 名是中国的百度和腾讯公司。百度是全球最大中文搜索引擎，全球十大网站之一，覆盖 95％的中国网民，是最具价值的企业推广平台。2011 年 3 月 25 日在美国纳斯达克上市的百度股价报收于 132.58 美元，其市值达到 460.7 亿美元，超过了腾讯控股的市值 446 亿美元，坐上中国互联网企业市值头把交椅。同时，与全球互联网上市企业相比，百度市值仅次于 Google 的 1 871.64 亿美元和亚马逊的 745.59 亿美元，位列全球第三。

百度的盈利模式是百度竞价广告。百度竞价排名是百度首创的一种按效果付费的网络推广方式，用少量的投入就可以给企业带来大量潜在客户，有效提升企业销售额。每天有超过 1 亿人次在百度查找信息，企业在百度注册与产品相关的关键词后，企业就会被查找这些产品的客户找到。

排名第 8 的腾讯公司，成立于 1998 年 11 月，是中国目前最大的互联网综合服务提供商之一，也是中国服务用户最多的互联网企业之一。2010 年 3 月 5 日，腾讯 QQ 同时在线用户数首次突破 1 亿，证明了腾讯 QQ 巨大的影响力。目前，腾讯公司的盈利模式有 4 种：与运营商的合作、广告、会员服务、品牌外包。

以上这些公司，盈利模式大多分成单一盈利模式和多元盈利模式。而 2013

年全球 Alexa 排名第 6 的维基百科相比这些公司更加独特。维基百科的网站没有任何广告,维基百科始终坚持非营利模式,依靠维基媒体基金会维持,维基媒体基金会是在美国佛罗里达州登记的免税、非营利、慈善机构,它的所有的运营经费都是依靠大家捐赠和资助的。

二、中国互联网面临从大到强的竞争博弈

从全球的角度看,"跨媒体"已有新的内涵,国际传媒巨头们已从原来的报刊、广电的"混业经营",发展到现在的横跨"新旧媒体"的多媒体集团。近些年来,它们通过一连串的并购整合,不遗余力地开拓以网络媒体为代表的数字新媒体领域,集团来自网络媒体的收入和利润比重不断提高。2012 年年底,微软主席盖茨预测"未来所有的媒体渠道,都将转移到互联网上"。

新媒体业务"高投入、高风险、高回报、周期长",前期需要以 3 年至 5 年的策略亏损来培育市场,因此它要求严格进行商业范畴的项目评估、项目建设、项目管理和项目经营。

中国网络媒体面临着来自全球互联网的竞争。百度和腾讯尽管在 Alexa 排名上榜,但在整体的走势和未来的发展上还面临着诸多问题。如百度的单一盈利模式受到了诸多挑战,占百度利润大头的竞价排名广告模式一直因为色情广告等受到了诸多质疑,最近还因为虚假广告可能面临调查。Google 盈利模式同样比较单一,但却能在 Alexa 上排名第一,这里面有很多东西值得学习,故步自封只会丧失竞争力。

腾讯最初是以模仿 ICQ 起家,这也成了它被诟病的原因。现在的腾讯影响力可以说越来越大,但它的限制同样很大,腾讯这一聊天软件,一直限制于本国,并不像 Facebook、Twitter 影响力能辐射众多国家,如何在保持自身地位的同时取得长远发展,在全球互联网的夹缝中苦壮成长也是它未来该考虑的事。中国互联网发展很迅速,但如何在学习其他国家的技术经验的同时学会独立创新地发展自身企业,做大做强,走向国际化,要学习的东西还很多。中国广电行业与中国互联网的关系密不可分,所以广电要想实现数字化、信息化、网络化、产业化道路,必须增强中国互联网在国际上的竞争力,争取从互联网大国成为互联网强国。

三、全球跨国互联网公司与中国网络媒体
国际传播力对比分析

截至 2010 年 8 月 30 日,在纳斯达克上市的中国科技网络企业公司增至 44 家,总市值近 400 亿美元。在香港上市的互联网企业 6 家。

2013 年 1 月 15 日,中国互联网络信息中心(CNNIC)在京发布第 31 次《中国互联网络发展状况统计报告》显示,截至 2012 年 12 月底,我国网民规模达到 5.64 亿,互联网普及率为 42.1%,保持低速增长。与之相比,手机网络各项指标增长速度全面超越传统网络,手机在微博用户及电子商务应用方面也出现较快增长。

以 Twitter 和我国微博为例:

2010 年,Twitter 发送的信息为 250 亿条、新增账户 1 亿个、用户数量为 1.75 亿。2011 年上半年,我国微博用户数量从 6 311 万快速增长到 1.95 亿,半年增幅高达 208.9%,在网民中的使用率从 13.8% 提升到 40.2%。需要指出的是,在微博用户暴涨过程中,手机微博的表现可圈可点,手机网民使用微博的比例从 2010 年年末的 15.5% 上升至 34%。

尽管从数字上来看,我国微博用户数量比 Twitter 还多,但这并不代表微博的国际影响力就比 Twitter 大。

全球来看,Twitter 2011 年覆盖量比 2010 年增加 1 倍。地区来看,翻了 3 番,在日本、印度、韩国的增长速度更快。菲律宾、印度尼西亚也增长迅速。而中国的微博用户数量大很大一部分是因为中国的人口基数大,中国的微博除了本国用户外,还有少量日本等亚洲国家的用户,覆盖率和影响力跟 Twitter 相差甚远。

人民网、新华网等 12 家中央级网站尽管在中国排名较高,但在全球排名中,与吸引中外风险资本在美国 NASDAQ 等市场上市的商业门户差距拉大,这意味着中国广电的国际影响力还有很大的努力空间。

四、中国网络媒体全面提升国际传播
能力的若干对策建议

现在的中国是全世界第一大互联网用户国家,互联网渗透率超过世界平均水平。面临强烈的竞争与压力,中国网络媒体要借鉴世界十大网络传媒集团经

验,充分利用自有的信息生产优势,抓住机遇、不断壮大。

(1)适应全球互联网从 Web 2.0 向 Web 3.0 转型,中国互联网要在全球信息社交网络化资源共享大潮中,向跨平台、跨媒体、跨受众、跨终端、跨渠道的超级媒体平台转型,面向全球信息社会用户提供全业务服务。

(2)适应信息技术革命向智能网络化、云计算、移动化发展趋势,加速信息化进程中科技与文化融合步伐,打造全球化全媒体网络传播平台,建设与世界大国地位相称的国家信息传播主体。

(3)适应资本驱动创意产业市场潮流,打造现代化硬件产业与软件产业融合的创意产业链,通过跨国经营多元化、特色内容本土化、多网融合数字化、覆盖传播全球化优势,建设世界一流的全球互联网国际传播力市场主体。

我国下一代互联网建设面临的挑战与对策部署

徐明伟　　王立军[①]

国际互联网协会将每年的 6 月 6 日定为世界 IPv6 日,旨在推动 IPv6 在全球的部署。2013 年的 IPv6 日,由中国下一代互联网示范工程(CNGI)专家委主办的"下一代互联网发展建设峰会"在京召开,国家发展改革委、工业和信息化部、教育部、科技部、中科院的领导出席会议并致辞,三大运营商和互联网相关企事业单位一千多位代表参会,共同探讨推进我国"十二五"期间下一代互联网建设。

互联网是与国民经济和社会发展高度相关的重大信息基础设施,互联网的发展水平已经成为衡量国家综合实力的重要标志之一。但是基于 IPv4 的现有互联网,用于标识网络设备和终端设备的网络地址约有 40 亿个,目前已经基本分配殆尽,2011 年 2 月 3 日全球 IP 地址分配机构 IANA(互联网编号分配机构)的 IPv4 地址分配完毕,2012 年 4 月 15 日亚太地区 IP 地址分配机构 APINC(亚太互联网信息中心)的 IPv4 地址基本分配完毕。截至 2011 年我国网民数量达到 5.13 亿,互联网已经深入到国民经济和社会发展的各个领域,但是由于技术和历史原因,我国互联网存在着网络地址获取量不足、安全可信度较差、服务质量较低等突出问题。尤其是我国仅拥有 3.32 亿个 IPv4 地址(不含港澳台地区),人均 IPv4 地址只有 0.29 个,远远低于美国的 4.95 个和韩国的 2.22 个,即使大量使用地址翻译(NAT)技术,仍不能满足快速增长的应用需求。基于 IPv6 的下一代互联网,地址空间是现有互联网的 1 029 倍,我国拥有的 IPv6 地址数量位于第五位,占全球已分配 IPv6 地址总量的 5.64%。截至 2012 年 5 月,全球 13 个域名系统(DNS)根服务器中共有 9 个添加了有效的 AAAA 记录(指向 IPv6 地址的记录),全球 313 个顶级域名服务器中支持 IPv6

①　徐明伟,清华大学计算机科学与技术系教授、博士生导师;王立军,清华大学计算机科学与技术系博士.

的达到 266 个,全球活跃的 IPv6 BGP 路由数为 9 340 条。

推动互联网由 IPv4 向 IPv6 演进过渡,并在此基础上发展下一代互联网已经成为世界各国政府的共识,美国、欧洲、日本等发达国家纷纷出台国家战略层面的规划和布局。美国为了继续保持互联网的全球领袖地位,在网络改造、运营、制造、资源储备等方面加快布局,并以政府网络为先导带动 IPv6 转换。2012 年 5 月,美国发布政府网络的新版 IPv6 发展路线图,制订 2012—2014 年工作计划,确定在 2012 年实现网络、业务、DNS 服务器、手机终端全部支持 IPv6,并完成到 IPv6 的过渡。同时,将美国政府其他各项行动计划,如云计算、数据中心、可信连接、DNSSec 等与 IPv6 统筹考虑。欧洲希望改变在互联网领域落后美国的局面,通过"先移动,后固定"的方式应用 IPv6,彻底解决未来移动网络服务可能面临的地址空间问题,并凭借在移动通信领域的优势力争在未来网络经济中与美国并驾齐驱。日本较早开始 IPv6 技术和应用研究,积极开展物联网、泛在网络等应用领域的部署,希望在未来的通信领域缩小与欧美的差距。

一、国家高度重视下一代互联网发展

"十二五"期间,我国将加快推进经济结构调整和发展方式转变,加快培育战略性新兴产业,为下一代互联网提供了新的战略机遇。2011 年 12 月 23 日国务院总理温家宝主持召开常务会议,研究部署加快我国下一代互联网产业。会议指出抓住新形势下技术变革和产业发展的历史机遇,在现有互联网基础上进行创新,发展地址资源足够丰富、先进节能、安全可信,具有良好可扩展性和成熟商业模式的下一代互联网,对于加强信息化建设,全面提高我国互联网产业发展水平,具有重要意义。2012 年 5 月 9 日国务院总理主持召开的国务院常务会议,研究部署推进信息化发展、保障信息安全工作,指出"加快部署下一代互联网,重点研发下一代互联网关键芯片、设备、软件和系统,推动产业化"。

2012 年 3 月 27 日,国家发展改革委、工业和信息化部、教育部、科学技术部、中国科学院、中国工程院、国家自然科学基金会研究制定并下发《关于下一代互联网"十二五"发展建设的意见》,确定我国发展下一代互联网的指导思想、基本原则、发展目标、发展路线图和时间表。

"十二五"时期我国发展下一代互联网的路线图和主要目标为:2013 年年

底前,开展国际互联网协议第 6 版网络小规模商用试点,形成成熟的商业模式和技术演进路线;2014 年至 2015 年,开展大规模部署和商用,实现国际互联网协议第 4 版与第 6 版主流业务互通。在此过程中,形成一批具有较强国际影响力的下一代互联网研究机构和骨干企业,全面增强互联网产业对消费、投资、出口和就业的拉动作用,增强对信息产业、高技术服务业、经济社会发展的辐射带动作用。重点包括如下五项任务:第一,加强资源共建共享,建设宽带、融合、安全、泛在的下一代国家信息基础设施,推动网站系统升级改造;第二,重点研发下一代互联网关键芯片、设备、软件和系统,加快产业化及现网装备;第三,推动下一代互联网商用进程,促进新型业务研发、现网试验和在线应用,建设基于国际互联网协议第 6 版的三网融合基础业务平台,加快发展融合类业务应用,支持物联网、云计算、移动互联网发展;第四,加强网络与信息安全保障,强化网络地址及域名系统的规划和管理,全面提升下一代互联网安全性和可信性;第五,完善技术和产业标准体系,加强关键理论和核心技术研究。

互联网产业链各环节已经形成了加快发展下一代互联网的迫切需求,国内运营商急需获取丰富的地址资源,设备制造商急需寻找新的增长点,服务提供商急需开发特色服务,用户迫切需要更先进的网络设施和更安全、优质的业务体验。国家相关部委相继出台了促进下一代互联网发展的相关政策和规划。发展改革委副主任张晓强在峰会上发言指出,物联网、云计算、移动互联网、三网融合等新兴交互式应用将大规模发展,"需要更多的网络地址空间和更坚实的网络基础设施"。2012 年 2 月 17 日,国家发改委办公厅发布《关于组织实施2012 年下一代互联网技术研发专项、产业化和规模商用专项的通知》。工业和信息化部副部长杨学山在峰会上指出,下一代互联网也是我国"经济社会发展大局和信息化建设大局的关键环节和重要内容",是提高劳动生产效率、转变发展方式的关键。工业和信息化部先后制定了《互联网行业"十二五"发展规划》等 11 个下一代互联网相关规划。

二、我国下一代互联网的发展基础

近年来我国组织实施了下一代互联网示范工程(CNGI),并通过国际科技重大专项和其他相关科技计划,在基于 IPv6 的下一代互联网理论研究和标准制定、网络基础设施建设、关键设备研发、技术实验与应用示范等方面取得了一系列成果,锻炼培养了一批专业人才,为下一步产业发展打下了良好基础。中国下一代互联网示范工程(CNGI)于 2003 年经国务院批准启动,由国家发展改革委、工业和信息化部、教育部、科学技术部、中国科学院、中国工程院、国家自然科学基金委等部委联合组织实施,是涵盖下一代互联网理论与技术研究、科学实验、设备研发及产业化、网络建设优化、新型业务运营、关键标准制定、重要行业应用、网络安全防护等领域的重大系统工程。CNGI 以政府推动、企业主导、市场选择、保障信息安全为发展原则,以自主创新与国际合作相结合为发展途径,以培育和完善下一代互联网产业链为核心任务。CNGI 先后支持建设了 6 个主干网(覆盖全国 22 个城市、连接 59 个核心节点)、2 个国内/国际交换中心(北京和上海)、273 个驻地网。2005 年至 2006 年,共设立 103 个 CNGI 研究开发、产业化及应用示范项目,其中技术实验、应用示范和标准研究 56 个,系统研发及产业化项目 47 个。2008 年年底开始组织实施了下一代互联网业务试商用及设备产业化专项,在新型技术业务的应用和试商用、关键设备产业化、重要标准规范的研究制定 3 个领域,重点支持了 46 个项目,积极推进下一代互联网向更高层次、更广领域应用。

CNGI-CERNET 已经建成 CNGI-CRENET2/6IX 互联交换中心和 CNGI 高校驻地网等下一代互联网试验网基础设施,基于已经取得的 IPv6 关键技术成果,开展了多种教育和科研重大应用的部署。在 100 所高校全面推进校园网 IPv6 技术升级改造,于 2012 年年底前已将 100 所学校的校园网升级支持 IPv6 下一代互联网,用户总数达到 100 万人以上。与国内厂商合作,开发了基于 IPv6 的网络服务平台、网络管理与安全检测系统、IPv6 网络过渡系统、物联网设备与系统等,共同推进 IPv6 网络支撑技术试商用。CERNET2 项目取得了良好的效益和应用成果,为我国一大批下一代互联网科研项目和课题提供了开放性实验环境,为国产 IPv6 核心路由器提供了实际使用环境,提高了国产网络核心设备的竞争力,提高了我国在下一代互联网研究中的国际地位,培养和储备了下一代互联网技术的高层次人才。

三、下一代互联网发展面临的挑战

在安全方面,IPv6 自身可能带来多种安全威胁。IPv6 和 IPv4 传输数据包的基本机制没有改变,IPv4 网络中除 IP 层以外的其他四层出现的安全攻击在

IPv6 中仍然会存在。IPv6 地址扩展虽然能够解决网络地址的紧缺问题,但是它的规模也为安全检测带来难题,如海量地址的查询变得更加复杂。IPv6 协议本身也存在诸多安全隐患,例如攻击者可能利用 IPv6 分组的扩展头部,通过自制恶意数据包来攻击路由器和主机,无状态地址自动分配可能使非授权用户更容易地接入和使用网络等。IPv4 向 IPv6 过渡时期中,IPv4 与 IPv6 间的非对称性、过渡形式的多样性等,安全防护将面临更复杂的形势。目前我国正处于 IPv6 网络的推广阶段,尚未真正大规模商业化部署,大量未知威胁尚未暴露。我国网络安全基础设施、重要行业对 IPv6 的安全防护能力不足,无法应对下一代互联网大规模推广应用带来的安全问题,产业化不足,无法满足安全防护需求。

IPv6 网络的发展仍然缺少商业需求,可以预见在未来很长一段时间内 IPv4 将与 IPv6 共存。目前国内外已经提出多种过渡技术方案,但是需要在这些方案间做出选择和协调。国内的互联网企业在演进过渡中也面临很多挑战,例如现有很多业务系统不支持 IPv6,需要花费大量的人力进行开发、升级和测试工作。

四、我国电信运营商和互联网企业对策及部署

根据网络技术发展趋势和发展下一代互联网的历史机遇,国内电信运营商很早就开始布局下一代互联网的规划研究,并制订了"十二五"以及更长时期下一代互联网的发展计划。

中国电信自 2001 年起在下一代互联网领域开展研究及技术储备,围绕网络、业务和终端,在演进策略、技术研发、设备测试、现网实验等方面做了大量的探索和积累工作,其发展里程可以分为四个阶段:2001—2002 年,技术试验阶段;2003—2006 年,CNGI 网络建设阶段;2010—2011 年,现网实验阶段;2012 年开始,承接国家商用试点阶段。面对试商用的需求,中国电信已经开展了全方位的准备工作。中国电信与清华大学于 2009 年成立联合实验室,共同研发关键技术,推动标准化与产业化。推动网络设备和终端设备的成熟,发布 IP 网络各项设备的技术规范,开展现网实验验证,积极参与终端厂家合作,推动其支持双栈等过渡技术,并积极推动 CP/SP 向 IPv6 迁移,为中小 CP/SP 提供低成本的迁移方案,探索基于 IPv6 的物联网应用和行业应用,支撑了上海世博会和深圳大运会等重大项目,所开展的这些工作为下一代互联网的演进奠定了基础。

中国电信下一代互联网的推进计划主要包括四个方面内容:架构演进、技

术创新、网络升级、推广应用。下一代高智能网络架构具有应用层开放、可管可控、网络资源云化、边缘智能的特点。在网络过渡技术创新方面，中国电信以双栈技术为基础，结合 DS-lite、LAFT 4 over 6 等 IPv6 接入过渡技术，实现用户向 IPv6 的平滑升级，并制定符合现网业务的设备规范，积极与产业链各方合作推进设备成熟。终端技术创新方面，推进芯片产业支持 IPv6 的同时，在 Android 平台实现不依赖基带芯片的 IPv6 功能，固网家庭网关要求支持双栈、DS-lite、LAFT 4 over 6 等过渡技术及自动化配置。为了承接国家下一代互联网专项工作，中国电信扩大现场实验规模，升级网络，为用户和 CP/SP 提供 IPv6 网络环境，升级改造 CP/SP 集中的重点城市大型 IDC 网络环境，全面开展骨干网双栈化改造，京沪穗部分城域网开启双栈并引入 DS-lite 等过渡技术。

中国移动的移动用户超过 6 亿，IPv4 地址严重不足。LTE 具有永久在线特性，用户开机至少需要 1 个 IP 地址，发展 LTE 和移动互联网将消耗数十亿地址，推进向 IPv6 演进是发展移动互联网的需要。中国移动主要在三个方面推进 IPv6：大范围开展现网 IPv6 试点，在 11 个省市启动了 IPv6 试点，首次实现 IPv6 TD-SCDMA 终端接入现网；推进 TD-SCDMA / TD-LTE 产业 IPv6 发展，尤其是联合厂商推出支持 IPv6 的 TD-SCDMA 和 LTE 芯片，促进终端和设备成熟；积极参与国际标准化组织 IETF 和 3GPP 工作并取得突破，发布 3GPP 首个 IPv6 指导性标准规范，在 IETF 发起 LWIG 工作组并担任主席。结合国家发展下一代互联网战略，计划在 2013 年发展 300 万 IPv6 用户，到 2015 年实现全网升级到 IPv6，尤其重视移动互联网产业链中终端 IPv6 芯片和系统的成熟。

中国联通全面参与了 CNGI 核心网、驻地网以及研发和应用示范项目，承担了大量下一代互联网体系架构、宽带业务和应用项目，推动 IPv6 的发展，并制定了在 2013 年实现不少于 300 万 IPv6 宽带接入用户的目标。

在下一代互联网应用方面，腾讯公司提出了调研、试点、准备、实施的四步走 IPv6 演进策略，目前已经完成 IDC 的技术测试和验证，搭建了 IPv6 的试点运营平台，支持各业务的进驻，同时已经完成主域名 www. qq. com 的 IPv6 支持工作，运营支撑系统也开始支持 IPv6。以服务于智能电网建设为目标，国家电网公司计划建设实验网络、两个试点网络、三个典型示范应用，覆盖七个省市示范单位，最终实现 IPv6 在智能电网中的推广应用。

把握全球大数据时代契机
推动我国网络社会管理更加科学化

姜 飞 黄 廓 ①

当40亿部手机、10亿部电脑,随时随地都在向分布在全球各地的服务器发送数据,近6亿手机网民随时上传和交流数据信息,研究者看到,大数据浪潮汹涌来袭。与互联网的发明一样,这绝不仅仅是信息技术领域的革命,更是在全球范围启动政府管理改革、加速企业创新、引领社会变革的利器。作为政府管理的一个重要信息通道的舆情监测,也在大数据时代面临巨大的考验,需要推动从间接舆情搜集管理的模式,迈向间接舆情和直接舆情相结合的新阶段,推动舆情监测和社会管理更加科学化。

一、形势描述:大数据时代的含义及其对社会
各个领域带来的科学化冲击

美国 IBM 公司把大数据概括成了三个 V,即大量化(Volume)、多样化(Variety)和快速化(Velocity)。这三个特点同时也反映了大数据所潜藏的价值(Value),我们可以认为,这四个 V 就是大数据的最基本特征。《纽约时报》网站2012 年 3 月 21 日刊载文章称,“大数据时代”已经降临,在这一领域拥有专长的人士正面临许多机会。文章指出,“大数据”正在对每个领域都造成影响。举例来说,在商业、经济及其他领域中,决策行为将日益基于数据和分析而作出,而并非基于经验和直觉;IBM 数据顾问的职责是帮助企业弄明白数据爆炸背后的意义——网络流量和社交网络评论,以及监控出货量、供应商和客户的软件和

① 作者:姜飞,博士,研究员,中国社科院新闻与传播研究所传播学研究室主任,世界传媒研究中心主任,国家社科基金重大项目课题“网络文化建设研究”子课题“世界一流媒体跨国集团网络文化建设研究”负责人;黄廓,博士,副研究员,中国外文局对外传播研究中心,国家社科基金重大项目课题“网络文化建设研究”子课题“世界一流媒体跨国集团网络文化建设研究”研究员.

传感器等——用来指导决策、削减成本和提高销售额。在科学和体育、广告和公共卫生等其他许多领域中,也有着类似的情况——也就是朝着数据驱动型的发现和决策的方向发生转变。哈佛大学量化社会科学学院(Institute for Quantitative Social Science)院长加里·金(Gary King)称:"这是一种革命,我们确实正在进行这场革命,庞大的新数据来源所带来的量化转变将在学术界、企业界和政界中迅速蔓延开来。没有哪个领域不会受到影响。"麻省理工学院斯隆管理学院的经济学教授埃里克·布吕诺尔夫松(Erik Brynjolfsson)提出,如果想要理解"大数据"的潜在影响力,那么可以看看显微镜的例子。显微镜是在四个世纪以前发明的,能让人们看到以前从来都无法看到的事物并对其进行测量——在细胞的层面上。显微镜是测量领域中的一场革命。布吕诺尔夫松进一步解释称,数据测量就相当于是现代版的显微镜。举个例子,谷歌搜索、Facebook 帖子和 Twitter 消息使得对人们行为和情绪的细节化测量成为可能。2012 年 2 月于瑞士达沃斯召开的世界经济论坛上,大数据是讨论的主题之一。这个论坛上发布的一份题为"大数据,大影响"(Big Data,Big Impact)的报告宣称,数据已经成为一种新的经济资产类别,就像货币或黄金一样。以纽约市为首的警方部门也正在使用计算机化的地图以及对历史性逮捕模式、发薪日、体育项目、降雨天气和假日等变量进行分析,从而试图对最可能发生罪案的"热点"地区作出预测,并预先在这些地区部署警力。

二、现实分析:大数据时代的技术、政治、文化意义理论分析

综合来看,大数据,是一个包含文化基因、政治态势、经济走向、营销理念的金矿。这个金矿有这样几个特点:①后台化。诸如腾讯、百度等这样的网络公司有能力借助大型高速计算机存储和管理散布在论坛、聊天、社区、微博、手机等传播终端的海量信息,这些信息从前端来看,是由用户各自加密码自我保护的,但在后台还有一个技术出口,端口是由这些网络数据公司依法把控的。②可控制。在大数据技术角度来看,借助高速计算机技术,互联网就是一个饭店的大堂,各个栏目、社区、群、组,甚至是私密的聊天,在管理者来说,就像饭店大堂里用帘子隔开的所谓"包间",都是通过技术"中控"看得一清二楚的,就像是站在饭店的二楼,看一楼天井中的大堂食客一样。③精准化。"一叶知秋"的

文化寓言在互联网大数据时代可能成为现实,原因是这样的判断基于海量信息的科学化分析。比如,社会/社交网络上的微弱联系以及独立、偶然的信息呈现,在传统的统计技术下,就像地下贫铁矿,对开采技术要求高,开采价值也不大;但现在,高速计算机系统可以将这样的微弱联系进行历时空的对比交叉分析,从而可以探测/预测更多信息,原来近乎神话的"蝴蝶效应理论"变成现实——突然爆发在现实中的一个事件,可以借助大数据分析最终追踪到网上一个帖子甚至一句话、一个短信、一个人。从理论上来说,后台的这些数据是一个闪闪发光的信息金矿,如果能够加以合理、合法的利用,新型传媒终端对传统社会管理机遇远大于挑战——研究的内容开始涉及如何采集庞大的数字化数据集合,用来科学预测和阐释网络上的集体化行为。

三、问题概括:大数据时代对舆情监测和管理带来的冲击

以往的舆情收集一般是由专业研究人士、智库机构和内参机制等通过社会调查、访谈、统计和定性的方法,针对媒体报道、论坛 BBS、社会上出版流通的出版物、聊天工具等进行概约化的统计、分析和判断,得出一些社会现象和事件描述性特征以及趋势预测。一言以蔽之,既往的舆情研究是对于"已经"物理呈现在研究者"眼前"的文本的统计和分析,其对于研究者的社会、政治、文化素养要求很高,对于资料来源广度以及信息覆盖程度要求很高。但是,在大数据时代,所有的文本都已经数字化呈现和流动的前提下,一方面是呈现在研究者面前的物理文本相对数量呈下降趋势,更多的文本以电子的形式分布在不同的传播终端;另一方面,数字技术催生的传播形式的多元化,使得有关各个方面情况描述、叙说和分析的文本绝对数量呈急剧上升趋势,举例来说,腾讯 QQ 一个月积累下来的文字量即可以达到 7 200 万字,这是一个海量的信息流通。

如此,就给舆情的监测、统计和管理带来相当大的问题。一方面,海量的数字信息使得既往的研究者运用传统的研究方法搜集舆情信息已经呈现出愈发捉襟见肘的状态;另一方面,海量的数字信息及其高度的分散程度(包括手机、BBS、论坛、QQ、各种聊天工具,甚至是商务通信工具、博客、微博以及日新月异的传播终端等)给研究者搜集信息带来相当大的难度。这样的直接结果就是囿于信息数量以及信息搜集难度的极度扩张和研究手段的相对萎缩,使得研究者

得出的结论愈发带有主观臆断、片面性、临时性、阶段性、闪烁性,从而使得舆情分析的质量呈现相对下降的趋势,借助这样的舆情分析带来形势误判的风险呈现不断加大趋势,这样的一种状态,作为国家的管理者不可不察。

四、对策建议:把握大数据时代机遇,推动舆情 监测和管理更加科学化的对策

大数据时代给政府管理带来的是双刃剑。一方面,数据流是越来越大,管理难度加大;但另一方面,相对于以往纸质文本的呈现形式和传播形式,电子文本的传播形式更容易通过高速计算机和搜索工具进行检索和监控,这是一个重大的思路,也是避免对数字媒体产生恐慌的理论根据。数字技术推动政府的管理之手不断地后退,真正地朝向"看不见的手"的管理模式进步,数字技术给中国提升管理水平提供了一个物理性的机遇和条件。

为把握大数据时代的机遇,提升舆情监测管理以及社会管理的科学化水平,建议如下:

(1)尽快完善数据管理立法,确保一些大型门户网站和网络数据公司合法使用后台数据,尤其注意不能因为单纯的商业利益将这些后台数据出售给境外的分析机构,因此如此带来的损失直接涉及国家信息和文化的安全。

(2)从思想上确立走直接舆情和间接舆情相配合的道路。从理论角度来看,大数据时代的统计分析,通过后台数据监测、统计以及精准化的分析和定位,提供量化的科学数据,即所谓直接的舆情;如此,以往的间接舆情报告就相当于传播学研究的焦点组访谈,又再一次通过专业人士的眼光对数据进行分析,更能有效地印证舆情质量。二者交相配合,将极大地提升舆情分析科学化水平和舆情报告的精准性、对策的针对性。

(3)整合以往的舆情监测统计分析单位,或者归口依法管理,或者在宣传部下设立大数据舆情监测管理部门,对口协商广电、报纸等传统媒体信息以及门户网站、商业网络和数据公司,开发数据洪流,呈现真实舆情。如果说大数据的特点是海量和非结构化,那也是不全面的。大数据带来的挑战还在于它的实时处理。在当今快速变化的社会经济形势面前,把握数据的时效性,是立于不败之地的关键。而由专门的机构和人员,运用前沿的技术,则似可以有效把握大数据时代给中国提供的提升社会管理水平的历史性机遇。

第1章 Google：全球最大的搜索引擎的发展模式

付玉辉　魏　江　王晓兰　翟京京

时势造英雄，互联网传播的兴起，造就了一批令世人瞩目和惊叹的巨型新兴公司。在如今日新月异的互联网网络传播领域中，谷歌（Google）无疑是全球最受欢迎和最为流行的搜索引擎，它的地位几乎无人能够撼动，作为一家以搜索起家的互联网公司，其在全球的影响力十分惊人，受到广泛关注。每天，谷歌网站需要处理来自世界各地的用户数以十亿计的信息搜索，Gmail 邮箱系统要储存数千万用户的庞大邮箱，Google Earth 使任何用户都能享受到丰富真实的地理信息服务，而世界上 80％的智能手机用户每天都要接触谷歌的安卓手机操作系统。目前，谷歌公司员工总数达 32 467 人。2012 年 8 月 13 日，谷歌股价收涨 2.81％，报 660.01 美元，市值 2 158.45 亿美元。在全球第三方评测机构 Alexa 公布的 2011 年全球十大互联网排行榜中，谷歌以其卓越的表现位列第一，是当之无愧的网络互联网新媒体巨擘。在此背景之下，谷歌的发展模式研究即成为新媒体产业研究领域的一个重要研究课题。

1.1　创　业　史

1.1.1　车库中诞生的互联网"大鳄"

全球最大的搜索引擎"巨无霸"谷歌，诞生在美国西海岸的加利福尼亚州帕拉阿图市（Palo Alto）有"西部哈佛"之称的斯坦福大学。与微软公司创始人比尔·盖茨有些类似，1998 年，谷歌的创始人拉里·佩奇（Larry Page）和谢尔盖·布林（Sergey Brin）当时都还只是斯坦福大学的学生，一旦考虑好创立谷歌，两人就毅然作出了辍学的决定。谷歌搜索引擎源于他们俩所做的一个名为"BackRub"的研究项目。

1995 年,佩奇 24 岁,布林 23 岁,当时两人都在斯坦福大学读书,在一次校友会上两人才开始认识,他们对于一个问题常常讨论很久,意见分歧时彼此互不相让,不管讨论什么问题几乎都会争吵起来。但最终两人却在解决计算机学最大挑战"搜索引擎"的问题时找到了共同点,他们的论文《解析大规模超文本搜索引擎》成为日后谷歌公司成立的基础。[①] 谈到为何创立谷歌时,创始人佩奇曾这样回忆说:"你们知道午夜甜梦中醒来是什么感觉吗?如果床边没有纸笔把梦记下来,而第二天一早忘个精光又会怎么样吗?当我 23 岁的时候,我就做过这么一个梦。我猛地醒来,我想:如果我能把整个互联网下载下来,仅保存着链接……我抓起一支笔开始写!有时候从梦中醒来是非常重要的。我花了一个午夜的时间描绘了细节,并确信它将有所作为。"[②]

最初,佩奇试图将 BackRub 软件推销给各大公司,可几乎无人愿意购买这个软件,在吃了无数个闭门羹之后佩奇和布林决定自己创业,但手中很少的资金已经消耗殆尽。他们的一位教师,也是 SUN 微系统的创始人之一安迪·贝托尔斯海姆(Andy Bechtolsheim)在关键时刻给予他们很大帮助。安迪·贝托尔斯海姆在看完演示后,立即为还未成立的谷歌公司开了一张 10 万美元的支票。之后两人又到处借钱,终于筹得 100 万美元作为最初投资。

1997 年,两人决定为 BackRub 搜索引擎重新命名,他们决定选用"Google"为新搜索引擎的代号,这个词源于数学用语"googol",意为数字 1 后面带 100 个零,表示无穷大的概念,这也是他们创立谷歌的目标:希望用谷歌来为人类整合无穷无尽的信息资源。

1998 年 9 月 7 日,在加州的一个车库中,Google 公司正式创建,而当时公司仅提供使用 PageRank 的搜索引擎的服务,只有四名员工。

1999 年 2 月到 6 月,谷歌成功获得风险投资基金的 2 500 万美元投资,这给急切需要资金的新创公司以很大的支持,2000 年,谷歌成为最大的互联网搜索引擎。

1.1.2　辉煌上市

经过五年的迅速成长,谷歌开始寻求上市之路,以获取更大发展。2004

---

① 刘亚洲.美国十佳联合创始人.中国对外贸易,2012(1):81-82.
② 拉里·佩奇.谷歌创始人佩奇:创新就是"漠视不可能".中国企业家,40-41.

年 3 月 31 日,谷歌向美国证券交易委员会提交了 IPO(首次公开发行上市)申请文件。2004 年 8 月 19 日,谷歌正式上市,发行了 1 960 万股新股,发行价为 85 美元,筹集到了 16.66 亿美元的资金。当日谷歌挂牌交易后股价理科高开以 95 美元开盘,收于 100.34 美元。谷歌的成功瞬间轰动了整个华尔街,因为就在三年之前,全球互联网泡沫破裂,人们谈起互联网公司还心有余悸,投资人绝不敢再随便迈进互联网股票,而谷歌则改变了这一切,谷歌的 IPO 成为 2000 年科技股泡沫破灭以来最火爆的一次 IPO,也是新世纪以来第一次大规模的 IPO。

1.1.3 创业路上的收购狂潮

在谷歌的创业过程中,充满着收购的动作,谷歌创立 13 年,收购历史就达到 11 年,可以说整个谷歌史也是一部谷歌"收购史"。据统计,谷歌迄今为止已经收购了大约 100 家公司,第一次收购开始于 2001 年,当时谷歌成立才仅仅三年,就收购了 Usenet 新闻组业务,现已成为 Google Group 的一部分,其他如 2007 年 4 月 13 日收购在线广告服务商 DoubleClick、2006 年 10 月 9 日收购视频分享网站 YouTube、2005 年 12 月 20 日收购网络服务提供商 AOL、2009 年 11 月 9 日收购手机广告服务商 AdMob。最大的一单是 2011 年将以 125 亿美元买下知名手机设备制造公司摩托罗拉,这也是整个科技公司业界有史以来最大的一笔收购案。[①]

表 1 谷歌收购公司年度分布(2001—2011 年)

年份	2001	2002	2003	2004	2005	2006	2007	2008	2009	2010	2011
数量	2	0	6	5	11	10	16	2	6	26	18
案例					AOL	YouTube	DoubleClick		AdMob		Motorola

1.1.4 进军移动互联网领域:2008 年推出 Android,2012 年收购摩托罗拉

今天,无数智能手机用户每天都会接触到谷歌公司的手机操作系统"安

---

① 维基百科.谷歌收购清单.维基百科网站,2012 年 6 月 15 日,http://en.wikipedia.org/wiki/List_of_Google_acquisitions.

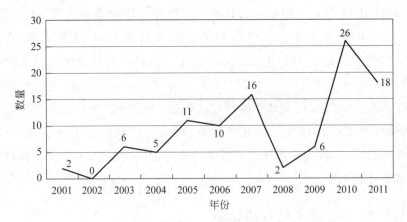

图 1 谷歌收购公司年度分布图(2001—2011 年)

卓"(Android),数以亿计的信息流从这里入口。Android 本意指"机器人"，2003 年由 Andy Rubin(后任 Google 工程副总裁)创建，2005 年被 Google 公司收购。2007 年 11 月，Google 正式发布 Android 操作系统并联合 34 家厂商成立了"开放手机联盟"，开启了手机操作系统新时代。2008 年，谷歌正式对外发布第一款安卓手机——HTC G1。Android 平台的最大特征就是开源和免费。

根据相关技术资料显示，Android 产品实际上采用 Java 编写的 Linux 系统平台，吸收了嵌入式数据库 SQLite、图形 OpenGL ES 等一批已经被普遍采用的技术。[①]

从图 2 可以看到，谷歌安卓系统(Android)占据了移动智能终端操作系统 49%的市场份额，尽管苹果的 iOS 操作系统备受手机发烧友的青睐，获得了 32%的市场份额，但仍不敌安卓；黑莓(BlackBerry)手机操作系统占 12%，微软开发的两个操作系统 Windows Phone 和 Windows Mobile 加起来一共才占了 6%，另外还有 2%的是其他操作系统。有一些人甚至预言未来移动智能终端操作系统中，能够继续活下来的只有苹果的 iOS 和谷歌安卓，其他的操作系统都将不复存在。

---

① 宋军杰. Android 是 Google 进军移动互联网的跳板. 通信世界，2007(46)：9.

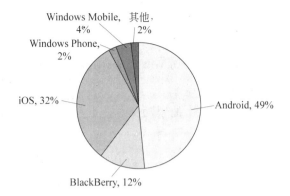

图 2　移动智能终端操作系统市场占有率分布图(约数)(2012 年 4 月)①

1.2　创 始 团 队

谷歌公司是由两位联合创始人布林(Sergey Brin)和佩奇(Larry Page)联手创建的,两人有着许多共同点,创业时都只是斯坦福大学的在读学生,专业都是计算机科学,决定创立谷歌公司后,两人又一起辍学,全身心投入到公司的创立当中。布林擅长网页编程,佩奇则熟悉网页链接搜索。在性格方面,他们有很大不同,佩奇个性内敛,布林则很外向,爱表现。布林代表两人出面发言,而佩奇总是露个头后,就带着"共谋者般的微笑"溜出房间。佩奇喜欢将员工召集在一起举行"脑力震荡"研讨会,而布林则更富于幽默感,是一位出色的谈判家。②

谢尔盖·布林(Sergey Brin),阿什肯纳兹犹太人。世界各地四处飘散的犹太民族随着族群的全球迁徙其地理历史特征不断复杂起来,阿什肯纳兹犹太人是源于中世纪德国莱茵河一代的犹太人后裔,而"阿什肯纳兹"(Ashkenazi)意指近代德国。这支犹太人群体自 10 世纪到 19 世纪期间不断向东欧迁移,最近两个世纪以来,又陆续从欧洲向外迁移,在移民美国的犹太人当中,就有相当一

---

① Neilsen. Neilsen's Mobile OS Market Share Breakdown Says Android's on Half the Phones, Windows Phone's Below 2% and the Asian Stereotype is True. GlobalNerdy,2012-05-07,http://www. globalnerdy. com/2012/05/07/nielsens-mobile-os-market-share-breakdown-says-androids-on-half-the-phones-windows-phone-below-2-and-the-asian-stereotype-is-true/.

② 黄德华.美国 10 对最佳创业搭档的性格配方.科技智囊,2010(8)：76.

部分是来自东欧的阿什肯纳兹犹太人。

1973 年 8 月 21 日,谢尔盖·布林出生于俄罗斯莫斯科,全名谢尔盖·米克哈伊洛维奇·布林(俄语为 Сергей Михайлович Брин),美国籍俄罗斯裔企业家,现为 Google 董事兼技术部总监。

1978 年在布林 5 岁的时候,他跟随父母一起移民美国,中学毕业后,布林进入马里兰大学攻读数学专业。由于成绩优异,布林在取得理学学士学位后获取了奖学金,1995 年进入斯坦福大学。在斯坦福攻读博士期间,布林选择了休学,并和同窗好友拉里·佩奇一起创建了目前全球最大的互联网搜索引擎 Google。

拉里·佩奇(Larry Page)也是一名犹太人。1973 年 3 月 26 日,他生于美国密歇根州东兰辛市,是美国密歇根大学安娜堡分校毕业生,获理工科学士学位。佩奇的父亲老佩奇(Carl Victor Page)博士是密歇根大学的计算机科学教授。在父亲的影响下,他从小就对计算机尖端技术产生了特别的兴趣,1979 年小佩奇才 6 岁就开始使用计算机了。而 2011 年,根据《福布斯》杂志报道,布林与佩奇以 187 亿美元的净资产在世界富豪排行榜上并列第 24 位。①

1998 年 9 月,初创的谷歌聘请了第一位员工克雷格·希尔弗斯坦(Craig Silverstein),他当时也是斯坦福大学计算机科学专业的研究生,如今他已是谷歌公司的科技主管。在谷歌的成长道路上,有一位重要人物起到了关键作用。这就是前任谷歌 CEO,现为执行董事长的埃里克·E. 施密特(Eric Emerson Schmidt),他 1955 年出生于美国华盛顿州,1979 年,在普林斯顿大学取得电子电气工程的学士及硕士学位,并在 1982 年于加利福尼亚大学伯克利分校取得电子工程暨计算机科学(EECS)博士学位。在进入谷歌公司之前,施密特曾经在美国齐格洛公司(IT 业内著名的 Z80 系列 CPU 设计公司)、贝尔实验室、Sun 公司和 Novell 公司任职,2001 年 3 月在风险投资家的建议下谷歌两位联合创始人佩奇和布林决定招募施密特来运作谷歌公司。从 2001 年到 2011 年的十年之间,在施密特的领导下,谷歌公司从一个不足百人的科技类公司迅速发展,实现了企业上市、收购了 100 多家公司,成功地成长为一个互联网世界的"巨无霸"。

---

① The World's Billionaires. Fobes,2012-03-08,http://www.forbes.com/billionaires/#p_3_s_a0_All%20industries_All%20countries_All%20states_.

1.3　创 新 模 式

伍刚等认为，Google 2004 年公开上市后，其发展方向主要有 4 个，分别是深度内容搜索、多媒体搜索、个性化与本地化搜索、人工智能。[①] 由此可见，谷歌以搜索起家，其搜索业务从来没有放松，而是以搜索为基础继续向深度内容搜索拓展，向多媒体搜索拓展，陆续推出地理位置服务 Google Earth、邮箱 Gmail、操作系统 Chrome、学术搜索 Google Scholar 等服务，在资本运作中将 AOL、YouTube、Blogger、Android 等公司收纳至旗下，业务逐渐蔓延至移动互联网领域，从而覆盖网络传播的整个空间。

通过对谷歌 2011 年的收入进行分析，可以对谷歌的创新模式一目了然。

图 3 和图 4 数据的提供者 WordStream 是美国的一家专门提供搜索引擎营销软件

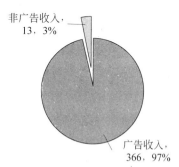

图 3　2011 年谷歌收入来源分布图（单位：亿美元）

的开发商，总部位于波士顿。该图显示，谷歌 2011 年全年收入 379 亿美元，其中

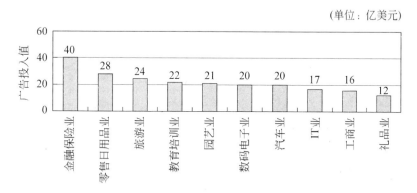

图 4　2011 年谷歌广告主分行业贡献前 10 名[②]

---

①　伍刚，戴曦蕾. 全球十大互联网公司发展模式一览. 军事记者，2011(11)：58-59.

②　Wordstram：Breaking down google's 2011 revenues. 2012-02-08，http://www.199it.com/archives/23667.html.

广告收入所占比例超过 96％，达到 366 亿美元，而当年全美的报纸广告收入仅有 239 亿美元，这就是说，2011 年一整年全美国所有报纸的广告收入总和还赶不上谷歌公司一家的广告收入。

WordStream 还将对谷歌收入的贡献行业和贡献者按照贡献大小从第一名到第十名列了一张表，行业排名分别是金融保险业、零售日用品业、旅游业、教育培训业、园艺业、数码电子业、汽车业、IT 业、工商业、礼品业。其中贡献最多的金融保险业当年对谷歌的广告投入是 40 亿美元，而最后一名的广告投入也超过了 12 亿美元。

如图 5 显示，2010 年第三季度到 2011 年第二季度，谷歌公司总收入达到了 333 亿美元，其中广告收入就达 322 亿美元，其总收入的 97％都来源于广告。该图列举了谷歌搜索引擎广告系统 Google AdWords 中价格最昂贵的关键词排名，列出了前 20 位的关键词，从第 1 名到第 20 名分别是保险、贷款、按揭、律师、信用、法学家、捐献、学位、托管、谴责、电话会议、贸易、软件、恢复、转换、汽油、电力、戒毒、治疗、脐带血。"保险"、"贷款"和"按揭"是价格最为昂贵的三个关键词，其中"保险"一词单次点击价格是 54.91 美元，这是谷歌 AdWords 系统关键词竞拍起步价的 1 000 倍。在几百个价格最高的关键字里，约有 24％的关键字都属于保险行业，如"汽车保险价格"、"保险在线购买"等关键字都包含在内。

正如克里斯·安德森所说，谷歌创造了一种新的广告模式，"从本质上讲，传统的广播模式是这样的：令 90％对你产品并无兴趣的听众感到厌烦，而使其覆盖 10％可能对此感兴趣的听众。Google 模式则恰恰相反：运用软件将广告展示给最希望看到它的人，使 10％对其不感兴趣的观众感到厌烦，而覆盖 90％可能对此感兴趣的观众"。① 可见，谷歌的创新模式在于"免费"和"关键词广告"，即通过免费性地提供大量互联网络产品和服务，来吸引网络受众的眼球，积聚受众的注意力，形成具有很高忠诚度和使用黏性的客户群，进而转化为广告资源，贩卖给广告主。

---

① ［美］克里斯·安德森.免费：商业的未来.北京：中信出版社，2009：161.

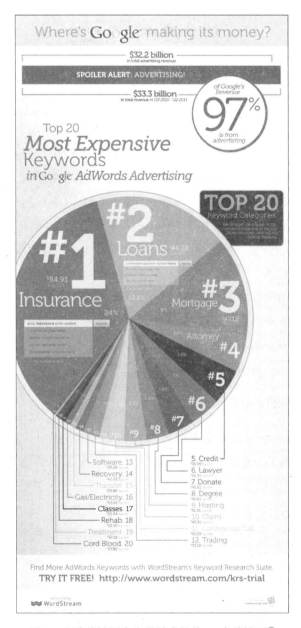

图 5　谷歌关键词广告最昂贵的前 20 个关键词①

①　Wordstram. where does google make its money? 2011-07-18，http://www. geekosystem. com/
google-adwords-infographic/.

1.4　主要产品及服务

谷歌公司拥有上百种自行开发或通过并购获得的桌面软件、手机和互联网产品。谷歌搜索(Google Search)、265 上网导航、谷歌网上论坛、谷歌问答等 Google 网络产品均需要通过网络浏览器才能使用。Google Earth(谷歌地球)、Google SketchUp(谷歌设计工具)、Google Picasa(谷歌图片管理软件)、Google Talk(谷歌即时通信工具)等桌面软件产品必须安装在计算机中才可以使用。Google 交流与内容发布产品有 Blogger(博客)、Gmail(谷歌邮件服务)、Google 3D Warehouse(谷歌 3D 模型库)、Orkut(社交网络)、iGoogle(个性化主页)、Google＋(社交服务项目)等。而 Google 推出的手机产品及移动服务有 Nexus One、Nexus S、Galaxy Nexus、移动搜索、移动 Blogger、Google Mobilizer(谷歌移动装置)等。AdSense(广告联盟)、AdWords(关键词竞价广告)等是 Google 公司推出的广告产品。此外还有大量的独立应用程序以及可下载或可扩展的软件产品。这些产品有的已经正式上线,有的正在公测中,还有的是 Google 实验室的实验产品。下面介绍几种 Google 的主要产品及服务。

1.4.1　Google 搜索引擎

Google 搜索引擎是全世界最受欢迎的搜索引擎,使用 PageRank(网页评级)技术来索引网页,可以确保将最重要的结果首先反馈给用户。1996 年,Google 搜索引擎的前身由还是斯坦福大学学生的拉里·佩奇(Larry Page)和谢尔盖·布林(Sergey Brin)开发出来,并架设在宿舍中。后来经过技术改进,慢慢地形成了一个功能强大的、实用的搜索引擎。在 1998 年 Google 成立之初,其搜索引擎已经远远胜过其他产品。

随着互联网的发展,Google 经过不断创新和技术攻坚,已经拥有很多种搜索服务,每种服务都能使用户更加便捷地获得所需要的信息。

1. 网页搜索

网页搜索是最传统的搜索服务。Google 的网页搜索不但使用了字符串匹配技术,更具特色的是使用 PageRank 技术来分析网页结构,这样使得网页的评级更加合理,也使用户能够迅速得到更相关的网页。Google 每隔一段时间就执行 Googlebot 程序,它会定期地请求访问已知的网页新副本。页面更新越快,

Googlebot 访问的也越多,然后通过在这些已知网页上的链接来发现新页面,并加入到数据库。搜索数据库和网页缓存大小是以兆兆字节(terbyte)来衡量的。现在用户可以根据搜索要求使用 Google 搜索引擎的高级搜索功能,这样可以过滤掉不符合高级搜索条件的内容。

2. 图片搜索

Google 早在 2000 年就开始向中文用户提供图片搜索的服务。目前 Google 共索引了几十亿张图片,并且每天进行更新和补充。对于每一个搜索结果,Google 会向用户提供一张缩略图,并会对其进行注释。在图片下面,首先提供一个简短的摘要,其次是图片本身的信息,按尺寸、大小、格式排列,最后是图片所在的网站。

3. 地图搜索

Google 地图提供各种地图服务,包括地图、局部详细的卫星照片和地形图等。2005 年 6 月 20 日,Google 地图的覆盖范围从原先的美国、英国及加拿大扩大为全球,并在 2006 年年底加入了香港地区的街道。中国版 Google 本地搜索提供地图的是一家国内的公司 Mapabc,而不是 Google 自己。此外,在 Google 地图中还可以搜索路线,这样为用户出行提供了便利条件。无论想去哪里,只要轻轻敲击键盘或鼠标即可获得最佳路线和地图相关信息。

4. 音乐搜索

Google 的音乐搜索是在 2009 年 3 月才上线的一种服务。虽然在此之前很多网站都推出了 MP3 搜索服务,但是 Google 凭借其技术实力和对互联网领域的前瞻性,在此项业务中加入了许多新功能,如"挑歌"和"相似歌曲"等。

Google 已经与华纳、索尼、百代、环球等上百家唱片公司签订了合作协议,在版权方面不会有任何问题。当用户在谷歌搜索歌手、专辑或歌曲的时候,会在搜索结果顶部找到歌手照片、专辑封面等音乐信息。用户可以通过链接到巨鲸音乐网试听或下载高质量的正版音乐,不需要安装任何软件,也不需要在重复的链接中选择,更不必担心垃圾链接的存在。

5. 视频搜索

2005 年 1 月 25 日,Google 公司推出 Google 视频服务,该服务可以通过 Google 网站搜索网络上的各种视频文件,或最近播出的电视节目。Google 视频根据关键词提供相关的视频内容下载或播放链接,并提供视屏内容预览画面。目前在 Google 视频的主页,有热门视频、最新视频、高清电影、连续剧片段、名人明星、搞笑自拍、音乐、体育、动漫游戏和电视栏目等多个栏目,右侧还有一个热门视频推荐榜单。此外,Google 公司还推出了一款专用的视频文件上传软件,允许用户将本机的视频文件上传到 Google 视频中。自从收购 YouTube 后,公司将 Google 视频资源整合到了 YouTube 中。

6. 财经搜索

Google 财经频道有很多功能,如股票报价、相关图表、新闻事件、相关报道等。Google 也密切注视着中国股市的剧烈动荡,希望推出的 Google 财经能成为一个使用的工具,令中国的投资者能够快速得到最新最全面的财经信息。目前,Google 公司正在 Google 财经上尝试新的设计,这种设计不但可以使用户从网站的任何位置更轻松地访问当前的市场数据、资讯和投资组合,而且还非常直观地集成了功能强大的新工具,用户可以自定义页面、使用更加简单的左侧导航栏、了解更多的全球市场信息。

7. 资讯搜索

Google 资讯是一个由计算机生成的资讯网站。它汇集了来自中国大陆超过 1 000 多个中文资讯来源的新闻资源,并将相似的报道组合在一起,根据读者的个人喜好进行显示。一直以来,新闻读者都是先挑选一种出版物,然后再寻找所关注的标题,为了向读者提供更加个性化的选项以及更加多样化的视点供其选择,Google 采取的方式略有不同。在 Google 资讯中,为每项报道提供了指向多篇文章的链接,因此用户可以先确定感兴趣的主题,然后再选择要阅读每项报道的具体发布者的网页。Google 资讯中的文章是由计算机进行选择和排名的,可评估某项报道在线显示的频率和显示的网站及其他因素。因此,对报道的排序不涉及政治观点或遗失形态,对于任何给定的报道都有多样化的视点可供选择。

8. 博客搜索

谷歌博客搜索已将新浪、搜狐、网易、腾讯、百度、博客网等博客网站的文章列入抓取范围。此外,谷歌博客搜索覆盖面除了中文博客外,还包括全球其他 40 种语言的博客,其中包括英语、法语、意大利语、德语、西班牙语、韩语、巴西葡萄牙语、葡萄牙语及其他语言。

9. 学术搜索

2004 年 11 月 18 日,Google 推出了专门针对学术界的搜索引擎测试版 Google Schoolar,在这款专攻学术与专业资料的搜索产品中,搜索内容取自论文、文献、期刊、书籍、典籍、学术报告等。

　　为了研究人员的需求,搜索结果按照该资料的学术价值进行排名,参考因素包括文章内容、作者资历、出版商权威性、引用次数等,这与 Google 的网页排名略有不同。如果查询 Biothythm(生物节律),Google 的普通搜索结果中直到第 5、6 页才出现刊登于《自然》、《科学》等学术刊物上的相关文章,而通过 Google Schoolar 搜索,虽然结果页面比较少,但是排在前面的几乎都是在《自然》、《科学》等学术刊物上发表的文章。除了文章链接外,Google Schoolar 还会标出引用次数、引用者链接、网页搜索链接、图书馆搜索链接,单击就可以查询目前所在地藏有此书的图书馆。目前这些服务仅限于美国和加拿大。

　　10. 图书搜索

　　Google Books(Google 图书)是一个由 Google 研发的搜索工具,于 2004 年10 月在法兰克福书展发布,命名为 Google Print。用户可以在 Google 图书搜索搜索书籍,单击 Google 图书搜索的结果索引,用户可以查看书籍内容及相关广告,并链接到出版商的网站和书店。

　　Google 图书里面有上千万本电子书,这些电子书大致分为全文浏览、部分预览及 Google 电子书(需付费)。Google 通过限制网页的浏览数量来阻止书籍被打印和保护文字内容的复制版权,并追踪用户使用记录,作为通过各种准入限制和保障措施的依据。Google 在 2004 年 12 月 13 日晚宣布,该公司将与美国纽约公共图书馆(New York Public Library)以及哈佛大学、斯坦福大学、密歇根大学和牛津大学的图书馆合作,将这些著名图书馆的馆藏图书扫描制作成电子版放到网上供读者阅读,Google 公司与五大图书馆合作将开创世界最大的数码化网上图书馆。

1.4.2　Gmail

　　Gmail(德国和英国称为 Google Mail)是 Google 公司在 2004 年 4 月 1 日宣布的一项免费的电子邮件服务。起初新用户需要现有用户的电子邮件邀请,但到 2007 年 2 月 7 日 Google 已经完全开放对 Gmail 新用户的注册。

　　最初 Gmail 推出 1GB 的存储空间,引发了电子邮件容量大战。目前 Gmail 用户可以享有超过 7GB 的容量,并且其容量还在增加。除了大容量,Gmail 最令人称道的就是使用界面了,不但容易使用而且速度很快。这些特性得益于 Gmail 所使用的 AJAX 技术。Gmail 在 2009 年 7 月 7 日正式取消了 Beta 标志,这意味着 Gmail 在推出 5 年后终于转为正式版本。可以说 Gmail 的推出是电子邮件服务的一次革命,它的特色包括:超大存储空间、支持全程 SSL 加密安全连接、用标签取代传统的文件夹概念、采用 AJAX 技术的使用界面、邮件封存功能、会话群组功能、拼写检索和在线聊天等。

虽然有些网友对于 Gmail 隐私保护策略略有微词,但是作为一款免费邮箱服务,Gmail 绝对是最佳的选择。

1.4.3　Blogger

Blogger 是全球最大、最多人使用的博客系统。2003 年,Google 接管了 Pyra 实验室及其 Blogger 服务。Google 使得先前需要收费的一些功能对用户免费。Blogger 工具及服务使得 Weblog 变得更加简单。用户不需要编写任何代码或者是安装任何软件和脚本。而且,用户可以自由地改变 Blog 的设计方案。

1.4.4　Chrome 谷歌浏览器

Google Chrome,中文名为谷歌浏览器,是一个由 Google 公司开发的开放源代码网页浏览器。它的代码是基于 WebKit 和 Mozilla 等其他开放源代码软件所编写的,目标是提升稳定性、速度和安全性,并创造出简单且有效率的用户界面。

软件的 beta 测试版本已于 2008 年 9 月 2 日推出,提供 43 种语言版本,目前仅适用于 Microsoft Windows XP 及 Windows Vista 平台,不支持 Windows 2000 或更早期的版本。MacOS X 和 Linux 版本于 2009 年 6 月 5 日首次针对开发者推出。2012 年 2 月 25 日,Chrome For Android 升级到 1.1 版本,其内部的 Chrome 浏览器核心则升级到了 16.0.912.77 版本。2012 年 6 月 28 日,Chrome For Android 的正式版本已发布。2012 年 6 月 28 日,谷歌宣布发布 iOS 版本的 Chrome 浏览器,主要用于 iPhone 和 iPad 两种设备。2012 年 8 月 6 日,Chrome 已达全球份额的 34%,成为使用最广的浏览器。

1.4.5　Google 桌面搜索

使用 Google 桌面搜索(Google Desktop)计算机如同使用 Google 在线搜索网络一样方便。这是一款桌面搜索应用程序,能够对电子邮件、文件、音乐、照片、聊天记录、Gmail、浏览过的网页等进行全文搜索。通过 Google 桌面可以对计算机进行搜索，从而让用户轻松地找到所需的信息，而不必手动整理文件、电子邮件和书签。

1.4.6　Google 工具栏

Google 工具栏(Google Toolbar)是一个常用的浏览器插件，可以为浏览器增加许多特殊的功能。例如，在不打开 Google 网页的情况下随时搜索并查看相关页面信息、查看 Google 对网页的 PageRank，阻止自动弹出窗口、自动填写表单，用不同颜色标识关键字等功能。目前 Google 工具栏只适用于 IE 和 Fire。现在，无论是在家中还是出门在外，用户都可以通过任何一台计算机访问自己的工具栏设置、书签和自定义按钮。在工具栏登录菜单中选择"从任何位置访问工具栏设置"选项，然后当任意一台安装有 Google 工具栏的计算机登录工具栏时，系统就会更新用户的设置并保存用户在该会话期间所做的任何更改。

1.4.7　Google Picasa

2004 年 7 月 13 日，Google 接管了 Picasa 公司软件的开发工作，使用 Picasa 软件可以管理、共享数字图像。Picasa 同时被整合进 Google 的 Blogger 内。现在它是免费的，而且提供对中文的全面支持。

Picasa(图片管理软件)最突出的优点是搜索硬盘中图片的速度很快，当用户输入一个字后，准备输入第二个字时，它已经即时显示出搜索出的图片。不管照片有多少，空间有多大，几秒钟内就可以查找到所需的图片。Picasa 是可以帮助用户在计算机上立即找到、修改和共享所有图片的软件。每次打开 Picasa 时，它都会自动查找所有图片(甚至是那些已经被遗忘的图片)，并将它们按日期顺序放在一个可见的相册中，同时以易于识别的名称命名文件夹。还可以通过拖放操作来排列相册，可以添加标签来创建新组。Picasa 还可以通过简单的单次单击式修改来进行高级修改，用户只需要动动指尖即可获得震撼效果。而且 Picasa 还可以让用户迅速实现图片共享：可以通过电子邮件发送图片、在家打印图片、制作礼品 CD，甚至将图片张贴到自己的 Blog 中。

1.4.8　Google 地球

Google 地球(Google Earth)是一款 Google 公司开发的虚拟地球仪软件，它把卫星照片、航空照相机和 GIS 布置在一个地球的三维模型上。

Google 地球于 2005 年向全球推出，被 PC World 杂志评为 2005 年全球 100 种最佳新产品之一。用户可以通过一个下载到自己计算机上的客户端软件，免费浏览全球各地的高清晰度卫星图片。Google 地球使用了公共领域的图片、受许可的航空照相图片、KeyHole 间谍卫星的图片和很多其他卫星所拍摄的城镇图片，甚至连 Google 地图没有提供的图片都有。Google 地球分为免费版与专业版两种。2009 年 2 月，Google 地球推出最新版 5.0，新增加的全球各地的历史影像、探索海洋和音视频录制的简化游览等三大功能让人惊喜。另外，部分以前阴影覆盖的敏感区域也得到解禁。2010 年 11 月 30 日，谷歌宣布正式推出最新版地图服务"谷歌地球 6.0"(Google Earth 6)，新版整合了街景和 3D 技术，可为用户提供逼真的浏览体验。新版本支持 Windows、OS X 和 Linux 操作系统。2012 年 6 月 28 日，谷歌开发者大会 Google I/O 召开。在这次大会上，Google 宣布 Google Earth Android 版升级到 7.0 版本，并在全球主要城市新增了 Google 地图中会用到的 3D 地图技术。用户升级 Google 地球到 7.0 版本后，可以选择 45°航空视角来鸟瞰整个城市，3D 建筑和真的在城市上空俯瞰没什么区别。同时谷歌还更新了"旅游指南"功能，让你可以探索全 3D 的著名标志性建筑。

1.4.9　Google 网页目录

Google 网页目录(Google Directory)是一个包括了世界多种语言网页的目录集。在网页目录中的网页内容一般不会被翻译为其他语言。

网页目录功能与网页搜索是集成的，当搜索网页时，相关网页在目录中的内容会以链接的形式在搜索结果中显现。单击链接就可以找到在同一个目录下的相似网页或其他类似分类，当不确定到底要找什么时非常有用。当搜索范围涵盖太广时，使用网页目录可缩小搜索于指定范围。网页目录还可略去类似但无关的网页。网页目录只包括经编辑群审核过的网站。因为网页目录是在开放式目录工程下运作的，所以网页重要性排列是 Pagerank 技术及人工的结合。Google 还可分辨出常用重要网站，排放在目录前面(用粗体字标出)，以提升网页搜索效率并借由绿线长短表明网页评级。

1.4.10　Google Talk

Google 的即时聊天软件于 2005 年 8 月 24 日发布，简称 Gtalk(即时通信工具)。以前用户必须先拥有一个 Gmail 账号才能登录并使用这个软件,但现在已经向所有用户开放。Google Talk 可以进行文字聊天以及计算机对计算机的语音连接通话,此举进一步激化了它和雅虎、微软以及 AOL 之间的竞争。目前,Google Talk 智能在 Windows 平台上运行,如果要进行语音通话,用户需要配备麦克风与音箱。

Google Talk 的一个优势是它能与其他即时通信软件服务进行连接。由于 Google Talk 是基于 Jabber 开源标准,这种标准允许用户和其他的即时通信系统相连,比如苹果电脑的 iChat、GAIM、Trillian Pro 以及 Psi。但是 Google Talk 的用户无法使用这种软件与 AIM、MSN Messenger 或者雅虎 Messenger 的用户进行互通。2006 年 3 月,Google Talk 的文字聊天记录可以被保存在用户的 Gmail 账户里,并且 Gmail 用户可以在网页上使用 Google Talk 的部分聊天功能。用户可以不用下载就能体验 Google Talk 的部分功能。有意思的是,使用 Google Talk 可以接收和发送语音邮件。例如,如果呼叫的用户不在线,则可以向其发送一封语音邮件进行留言。2011 年 4 月 29 日,谷歌宣布在 Android 版本的 Google Talk 上启动语音和视频聊天功能。用户在 Android 平台上登录后,不仅可以与 Google Talk 上的联系人进行文字聊天、搜索和添加 Google Talk 联系人、设置状态,还可以通过 3G/4G 和 Wi-Fi 网络来实现与联系人进行面对面交谈,操作方式类似于 iPhone 的 Facetime。

1.4.11　iGoogle

iGoogle(个性化主页)是 Google 提供的一项服务,该服务让使用者按照个人的喜好方便地定制和整合不同来源的信息,使之成为个性化的门户。本服务的实现主要是借鉴了门户(Portal)与门户块(Portlet)思想:一个完整的门户页面由用户定制的门户块构成。用户通过访问一个聚合了不同信息来源的门户页面,避免了许多次访问的麻烦。个性化的定制选择,为用户提供按需实现的"一站式"服务。

iGoogle 可以让用户快速、快捷地浏览 Google 网站和网络上的重要信息。包括最新的 Gmail 邮件、Google 资讯和其他顶级新闻来源的头条新闻、天气预报、股价和电影放映时间表,可从任何计算机快速访问自己喜爱网站的书签以及其他自己添加的栏目。

1.4.12 Google 协作平台

Google 协作平台是一个在线应用程序,可以使创建团队网站像编辑文档一样简单。通过 Google 协作平台,人们可以将各种信息(包括视频、日历、演示文稿、附件和文本)收集在一个地方,也可以轻松地将这些信息共享给小团队、整个企业或全世界,供人们查看和编辑。主要产品功能包括:自定义站点界面,使其与公司或项目的外观形似;单击一下按钮即可创建新的子页面;从不断增加的页面类型列表中选择页面——网页式页面、公告式页面、文件箱式页面;集中共享信息,在任何页面中嵌入各种类型的内容(视频、Google 文档、电子表格、演示文稿、Picasa 照片幻灯片、iGoogle 小工具),以及上传文件附件;管理权限设置,将站点设为不公开状态,或根据需要允许其他人编辑和查看站点;使用 Google 搜索技术搜索 Google 协作平台内容。

1.4.13 Google＋

Google＋是 Google 公司正式发起的自己在社交网络领域的又一次重要攻势,于 2011 年 6 月 28 日正式亮相,目前仍处于测试阶段。Google＋将 Google 的在线产品整合,以此作为完整社交网络的基础。为了让服务区别于 Facebook,Google＋将赌注下在了一个方面:更好的隐私管理,这是 Facebook 的软肋,当然过去隐私也是 Google 的弱点。

Google＋的中心要点是朋友和熟人的"圈子(Circles)",用户可以按不同的圈子组织联系人,如家庭成员、同事、大学同学等,并在小的圈子里分享照片、视频及其他信息。在整合 Circles 里,用户可以选择和组织联系人,分成群,让分享最优化。除了传统网页版以外,Google＋还有 Android 客户端程序。Google＋的 Android 应用基本上是网页服务的缩略版本,同样提供 Circles 等主要服务,不同的是 Huddle 群聊服务只在手机上可用。iPhone 版 Google＋应用已经通过审核并在 iTunes 上线,目前只在美国应用商店提供下载,只提供英文版。Google＋同时结合地理位置服务,在消息列表页面向右面滑动屏幕可以看到与用户地理位置接近的人发布的消息,在发布个人消息时,用户可以选择是否上传当时的位置信息。整个产品就是 LBS 与社交服务深度结合的一个范例。

1.5　核　心　品　牌

1.5.1　Google 品牌价值

创新在 Google 品牌成长进程中所起的作用至关重要。Google 靠技术起家，创新制胜，处处求新求变，已经让 Google 品牌深入人心，成为搜索引擎甚至互联网的代名词。就像微软代表操作系统、麦当劳象征着快餐、沃尔玛是零售的标志一样，这种品牌的价值在这个层面上看是非常重要的。2007 年和 2008 年两个年度，根据 Millward Brown 公司发布的世界著名品牌 100 强数据，Google 连续两年排名第一，在综合衡量品牌的财务数据、业务前景以及在全球消费者中的品牌知名度等因素基础上，最终以换算成金额的形式确定了 Google 的品牌价值高达 664 亿美元。

在国际互联网搜索行业中，Google 代表着该行业的最高水平。美国硅谷早期出现的互联网公司几乎都是由搜索引擎起家，但它们并没有发觉搜索是一个有利可图的行业，更没有建立起 Google 这样知名的品牌。可以说，Google 品牌背后隐藏着核心价值观、创意原则、企业文化等这些重要因素，最终使 Google 得以坚持下来，并改变了搜索技术无利可图的状况，创造出一个令人惊叹的奇迹，《纽约时报》把这种现象总结为一个新词汇——"Google 经济"。

1. Google 的价值观

2001 年 6 月，为了强化企业的核心价值观，Google 的两位创始人召集一些早期雇员代表开会，"不作恶"三个字被义正词严地推出，成为 Google 最具号召力的文化口号，从最初作为 Google 员工相处的准则很快成为 Google 公司的行为准则。"不作恶"原则代表了 Google 公司价值立场以用户甚至所有公众利益为先的准则，是一种近乎理想化的行为标准。Google 页面上没有纠缠骚扰网民的广告，不为广告客户的利益而修改搜索结果，把购买其股票的权利分享给所有人，拥有掌握大量私人信息的技术和优势，但并不滥用这些信息为己谋利，Google 相信"不作恶"原则所形成的用户忠诚能为企业带来长期利益。

Google 最为人称道也是被看作最能保持企业职业操守的一点就是对搜索结果的客观性绝对尊重，Google 的核心价值观就是不损害搜索结果的完整性。与人的灵活相比，Google 更加相信机械的算法和程序，人通过设计程序来制定规则,然后让程序去履行规则,每一个搜索结果都是程序按照规则自动排出的,这将确保搜索结果的客观、独立与公正。Google 认为这个结果是神圣不可侵犯的,这是对自己技术理念的支持、对技术先进性的自信,也是对用户的尊重,所以 Google 绝对不会因为任何原因操纵搜索排名位置来满足付了大量资金的合作伙伴排在搜索结果前列的要求。

Google 在运营过程中还有许多执行"不作恶"原则的标准,避免做任何损伤 Google 用户使用体验的事情。如 Google 的主页界面简洁清晰到无以复加的地步,没有任何弹出广告、旗帜广告、横幅广告、Flash 广告等。Google 搜索操作简单实用,即使是在搜索结果页面才出现的作为企业获利根源的关键词广告也没有被予以任何"特别优待",并且坦诚标明是"赞助链接",坚持不影响用户的正常搜索体验。而且 Google 从来不做军火、烟草以及烈性酒广告,屏蔽掉某些有种族主义倾向内容网站的链接,还过滤掉和性有关的搜索条目,封杀一些"反科学"、"翻到的"的相关链接。

Google 的创始人之一拉里·佩奇(Larry Page)认为:"完美的搜索引擎需要做到确解用户之意,切返用户之需。"如今的 Google 已经是全球公认的业界领先的搜索技术公司,无论从技术实力、品牌知名度、企业声誉和用户忠诚度乃至使用者数量方面都可以称得上是全球互联网搜索引擎领域的冠军,甚至在 Google 多元化发展所涉猎的一些其他领域里也表现得极其出色,但在 Google 的企业文化体系里这些是远远不够的,其目标是为所有的信息搜寻者提供更高标准的服务。为了实现这个目标,Google 一直在孜孜不倦地追求技术创新,突破现有的技术限制,随时随地为人们提供快速、准确而又简单易用的搜索服务。

Google 总是希望能够提供给使用者超越预期的服务,Google 的成功之处就在于总是能够比用户自身更先一步看到未来人们的搜索需求,再通过研发和技术创新来开发出能满足相应需求的工具和产品。Google 维护着全球十多个互联网域名,支持 35 种语言来展示搜索结果,用户可以将 Google 界面自定义为大约 100 种语言中的任意一种,而且这个数字还在不断增加中。Google 不断让自己的网页变得更加简洁、人性化,易于操作,透视用户需求并相应地开发错别字改正程序,不断提高服务环境的效率,并一次次刷新自己创造的速度纪录,力求给用户提供更加畅快、便捷的搜索体验。在搜索领域精益求精,为用户提供超越预期的服务,不断打造出追求完美的搜索技术,体现出 Google 对企业梦想坚持不懈的追求。

2. Google 的创意原则

理查德·弗罗里达从宏观层面上提出了发展创意经济的 3T 原则，也许 Google 的血液中流淌着创意的基因，从微观层面上看 Google 创始人拉里·佩奇(Larry Page)和谢尔盖·布林(Sergey Brin)是以技术、人才、宽容为核心的 3T(Technology、Talent、Tolerance)原则重视而又完美的执行者。

在技术方面，Google 是一家典型的技术达尔文主义公司，Google 公司的成立源于独特的 PageRank 算法技术的发明，而两位创始人在公司成立之初就认定技术是成功的关键。多年来，Google 公司开发出多项创新技术，申请了大量技术专利，通过构建"围绕搜索技术的专利防护栏"强化了其在网络搜索领域的领先优势。Google 在技术方面的成就不但将其他竞争对手远远抛在身后，而且得到业界的广泛肯定，屡获殊荣，包括有网络奥斯卡美誉的 Webby 奖、People's Voice"最佳技术成就奖"、IDGNow!"最佳搜索引擎奖"、PC Magazine 杂志"技术卓越奖"、美国时代杂志"十大网络最佳技术奖"等，几乎囊括了 IT 业的各项技术大奖。Google 认为，随着互联网行业的进一步发展，人们对搜索引擎的依赖也会越来越强，搜索行业还有非常广泛的发展空间，因此它的下一步目标仍是进一步加强搜索技术，在竞争中以技术的绝对优势立于不败之地。

在人才方面，Google 的创始人拉里·佩奇(Larry Page)和谢尔盖·布林(Sergey Brin)本人就是堪称天才的技术领域专家，他们深知技术人才的重要性以及吸引优秀技术人才加盟的方法。Google 用严格的标杆筛选出最优秀的技术天才，给他们最能发挥创意和智慧的工作空间以及最能激发他们灵感的氛围，使得 Google 能够不断推出新奇的技术、产品和服务，给世人以惊喜。

截至 2010 年 12 月，Google 公司的员工总数为 31 353 人，其中工程师、数学家、电脑科学家员工数不胜数，董事会中也不乏大投资商和技术天才，互联网之父 Vinton Cerf、Ython 语言的创始人 Guido van Rossum、Apache 软件基金会的主席 Greg Stein、FireFox 的首席开发者 Ben Goodger 等计算机领域的大腕也都是 Google 公司的员工。Google 认为自身的成长局限取决于能不能聘得世界一流的人才着手处理最困难的运算问题，而一位顶级工程师的价值是平均资质工程师的 300 倍，甚至更高。随着 Google 逐渐成为技术人才的圣地，全球最优秀、最聪明的工程师争相到 Google 工作，Google 平均每天会收到 1 000 封求职信，这些人才都是 Google 无可比拟的智力资源库，并成为 Google 未来创新的动力来源。

在环境方面,Google 的管理运作模式在很多方面都是颠覆传统的,Google 提交给美国证监会正式文件中的开篇语就如此强调:"Google 不是一家传统的公司。"Google 公司的办公楼分别被命名为无理数"e"2.71828、圆周率"π"3.14、黄金比率"phi"1.618 03 等。Google 的管理目标就是"排除任何影响员工工作的障碍"。Google 会为员工提供一切日常所需,一星期给每位工程师提供 20% 的自由支配时间,允许员工在部门间自由流动。其实 Google 更像一个无拘无束的自由王国,引用 Google 前副总裁李开复的话,Google 的公司文化就是"一群穿着短裤的年轻人,对新技术创新有极大的热情;对诚信的追求近乎执着;员工之间关系平等、自由和透明;先让客户满意,暂时不赚钱没关系",正是这种宽松的政策和自由的环境使得 Google 能够开发出深受用户喜爱的产品。

1.5.2　Google 品牌建设

Google 在品牌经营上有着明显的符号特色,品牌内涵简单、实用,品牌理念是关注用户需求,更为重要的是 Google 在品牌营销上完全不拘一格,颠覆传统,不花一分钱做广告,标榜一种病毒式口碑传播方式,却得到出人意料的传播效果,在成为世界搜索巨人的基础上形成了一套独特的品牌建设策略。

1. Google 品牌营销方式

在互联网狂热阶段,许多互联网公司不考虑盈利却疯狂烧钱,希望像传统企业一样快速创建品牌,以便在众多竞争公司中脱颖而出,拔得头筹,成功上市,结果在互联网泡沫破裂时哀鸿遍野,血流成河。Google 并没有在互联网热潮中迷失,没有烧钱甚至从未在电视和平面媒体上做过广告,而是完全依靠网民的"口碑",树立起一个价值数百亿美元的全球品牌。

Google 奉行"亚商业"理念,采取的是病毒营销式品牌塑造策略,即依靠自身先进的技术,向广大用户提供完全免费而有价值的产品或服务,通过"让大家告诉大家"的口口相传方式,利用网络快速复制和传递的性质传向数以亿计的受众,达到信息病毒一样传播和扩散的效果。借助人群传递与网络宣传的效果,"Google 病毒"的感染力无人能敌,许多用户已经产生对 Google 的强烈依赖,用户想要什么,便会下意识地去访问 Google 公司的网站(www.google.com)。

许多品牌研究专家对 Google 的病毒式营销模式产生兴趣,纽约品牌战略公司 SiegelGale 的负责人阿兰·西格尔曾说:"无疑,Google 是凭借市场口碑取胜的标杆企业，Google 成功地让人们不断地谈论它，而如果你没有好的产品，人们是不会去谈论你的。"所以 Google 品牌的无与伦比是由它的产品来代言的，而且 Google 品牌内涵的建立和 Google 用户的体验是相辅相成的，Google 经常推出一些技术先进、同时又深受网民们喜欢的免费产品，通过不断制造新的谈论话题使 Google 受到人们的热捧，同时它善于把枯燥的文字变成一种独特的体验，无须借助昂贵的商业广告便可获得威力无比的宣传效果。

2. Google 品牌建设策略

在 Google 产品中，Google 的品牌暗示无孔不入，这带来了 Google 品牌建设的成功，其品牌建设的成功策略主要体现在以下方面。

第一，虽然 Google 的商标一直保持显著的一致性，但并不偏执，他们也喜欢在保持原有商标面目的基础上变化一些图案，尤其是庆祝、纪念一些重大节日的时候。所以 Google 并不惧怕在品牌方针指引下的创新，许多时候 Google 商标"混搭法"不仅没有削弱品牌力量，反而增强了品牌实力。

第二，明确品牌任务。无论竞争对手的商业模式如何膨胀，Google 始终奉行两大信条：关注使用者，其他事情自然到位；专心把一件事情做好。在此基础上，Google 的品牌任务一直非常明确，将其品牌精神展现得淋漓尽致，即让全世界的信息井然有序。比如在推出一些非营利项目时 Google 经常会传递一些这样的信息："你在改变世界，我们想帮助你，没有任何俗语或是含糊其辞——你只要清楚了解自己的使命宣言。"

第三，强化品牌套路。当谷歌推出一种新产品时，它通常会在产品上标明谷歌标识，而产品的设计会让人觉得具有谷歌的产品特性，这会让用户产生这样的想法：谷歌的所有产品设计都是配套的，配套使用才能发挥产品最大的优势，从而放弃使用其他产品的念头。

第四，对于收购的品牌不改头换面。随着企业的发展，Google 投入资金进行了多次品牌大收购，收购的最大企业包括 Blogger、Picasa、YouTube、Double Click、Motorola 等，这些品牌至今都保持着自己原有的品牌建设方法以及品牌标志，而 Google 一直能够很好地抵制诱惑，没有对这些品牌进行重建，也没有强迫他们与谷歌品牌保持一致，这样既能维护品牌信誉，又能留住用户群，是一种值得借鉴的品牌收购策略。

第五，品牌简洁化。Google 品牌设计始终坚持着简约风格，比如 Google 的主页虽然经过了多次改版，但始终是 37 个英文单词、4 个制表符以及一个用来填写搜索对象的空栏,页面上唯一变的就是 Logo 趣味盎然的漫画式变动。
Google 品牌简洁清新的背后是极端实用的商业技术因素在起作用,不使用五颜
六色的广告,不增加用户加载页面的时间,提供最为便易的搜索服务的 Google
赢得了人们的充分肯定。

1.6　收购成功案例

过去 14 年间,Google 以神奇的速度扩张,通过一系列的并购活动为其未来
的发展打下了坚实的基础。首先,Google 公司的眼光独特,每一次收购都瞄准
互联网和手机行业的热门领域。比如 2003 年 2 月,Google 收购了 Blogger.
com 的母公司 PyraLabs,互联网行业爆发了博客热潮;2003 年 9 月,Google 收
购了提供上下文关联搜索工具的 Kaltix 公司;2003 年 10 月,Google 收购了在
线广告网络公司 Sprinks;2004 年 10 月,Google 收购了数字地图测绘公司
Keyhole,引领了搜索行业的本地化趋势;2007 年 10 月 29 日,Google 公司在中
国用大约 2 000 万美元的价格向二六五网络公司购得网域名称 g. cn,成为史上
最短的网域注册名称。迄今为止,Google 收买或者并购的公司已经超过百余
家,其中收购数额巨大且意义影响深远的收购案就有数十次,每一次都创造了
Google 公司发展史上的新纪录。

2005 年 12 月,Google 公司宣布斥资 10 亿美元收购互联网服务供应商
AOL(美国在线)5％的股权。Google 和 AOL 在多个领域展开合作,包括获得
AOL 内容更多的访问权,两家的即时通信软件 Google Talk 与 AIM 互通,以及
在线视频服务合作等。

2006 年 2 月,Google 公司以 12.3 亿美元收购了自动广告领域的公司
dMarc Broadcasting,原 dMarc Broadcasting 公司的技术和产品都被整合到
Google AdSense 中。

2007 年 4 月,Google 宣布以 31 亿美元的价格收购 Double Click,该公司主
要从事网络广告管理软件的开发与广告服务,对网络广告活动进行集中策划、
执行、监控和追踪,收购后将进一步巩固其在网络广告市场的领先优势。

2007 年 7 月,Google 以 6.25 亿美元收购了 Postini 公司,这家公司提供云
计算和垃圾邮件过滤的技术和服务,Google 收购后将其整合进了 Gmail。

2009 年 11 月,Google 以 7.5 亿美元收购了该领域内的 AdMob,收购后将

提升其在移动广告市场的实力。

2010 年 7 月，为了优化搜索结果中的旅游和机票优惠信息，Google 以 7 亿美元将开发旅游业软件的 ITA Software 招入麾下。

2010 年 8 月，Google 以 1.82 亿美元收购了 Slide，这是一个相册分享的 Web 2.0 网站，被收购之前是 Facebook 上最大的第三方应用开发商，Google 对 Slide 的收购被解读为"Google 对社交网络的重视"。

2010 年 10 月，为了优化 WebM 使之成为未来互联网的主流视频格式，Google 以 1.33 亿美元将从事多媒体编解码器开发的 On2 Technologies 公司拿下。

2011 年 6 月，Google 以 4 亿美元收购了 Admeld，这是一家在线广告领域的公司，专注于在线广告的简化展示，Google 将 Admeld 与同样被收购的 Double Click 和 Invite 整合到一起。

2011 年 8 月，Google 斥资 125 亿美元收购了摩托罗拉移动（Motorola），摩托罗拉移动是 Android 手持设备的 39 个生产商之一。该收购案的收购价格震惊整个 IT 业，也改变了整个智能手机市场的格局。在拥有了自己的硬件生产商以后，Google 将加强对整个 Android 生态系统的掌控。

1.6.1　Google 收购 YouTube

2006 年 10 月，Google 公司以 16.5 亿美元收购影音内容分享网站 YouTube，并与环球唱片、Sony BMG、华纳音乐及哥伦比亚广播公司达成内容授权及保护协议，解除了市场对内容供应商可能追究侵权内容而升级法律行动的疑虑。值得注意的是，Google 是通过并购的方式拿下这家世界最大的视频网站的，并没有把它和 Google 视频整合到一起，YouTube 继续保持独立运营。

Google 为何收购 YouTube？ 首先，YouTube 美国市场用户量达 3500 万，每日视频观看量高达 1 亿次。相对于 Google、雅虎和微软等大公司，YouTube 拥有很明显的市场优势，这个并不指视频本身，而是因视频服务而聚集起来的社区。其次，Google 视频的发展还不够强劲，根据互联网调查公司 Hitwise 报告，Google 视频仅占市场份额的 10％，而 YouTube 有 46％ 的市场份额，MySpace 有 23％ 的市场份额。收购成功后，Google 成为视频领域最大的公司，可以吸引到许多相关的广告。反之，YouTube 为何愿意被收购？ YouTube 可能面临被唱片公司及其他视频版权持有人起诉的法律风险，要解决这种潜在问题就必须开发出能够识别版权作品的新型技术。在此前提下，YouTube 投靠资金和研发实力都非常雄厚的 Google 显然是明智之举。事实证明，Google 收购 YouTube 是双赢的。并购完成后，Google 在搜索方面的领先技术结合 YouTube 在影音内容分享方面的市场优势将创造强而有力的网络广告市场，并为使用者提供更好、更完善的影音内容上传分享服务，建立起以全球为市场的新娱乐媒体平台。

Google 前 CEO 埃里克·施密特(Eric Schmidt)表示，YouTube 团队已经建立了有力的影音媒体平台，可以强化 Google 组织全球资讯，并实现让资讯在世界各地流通连线的目标。他强调，两家公司原本就有价值相似的目标，即将使用者需求放在第一位，承诺创新改善使用功能，相信合并后将给使用者提供更佳的媒体娱乐服务。同时以股票而非现金并购的方式除有益于 YouTube 持股人外，Google 股东亦能参与并购成果。

YouTube 创始人兼 CEO 查德·赫利(Chad Hurley)指出，YouTube 社群在改变人们消费媒体方式上扮演了重要角色，与 Google 合并后将受益于其全球化与科技上的领导地位，给使用者提供更完善的娱乐功能，为其合作伙伴创造更多的新机会，并达到建立新一代全球媒体平台的目标。他强调，YouTube 并入 Google 后可使该公司获得加速发展的资源。

Google 收购 YouTube 后将占领接近 50% 的美国网络视频市场，与 Google Vedio 合并后市场份额将达到 60%，这是一个接近垄断地位的数字。所以未来线上服务趋向影音化的潮流无可避免，此外 YouTube 的成功可能继续加热 Web 2.0 的投资和创业狂潮，甚至催生出可怕的商业泡沫。面对此次收购事件的重压，Google 多年的竞争对手雅虎和微软在影音市场作出应变，雅虎将目光转向 Facebook，微软则宣布与影片搜索服务供应商 Blinkx 合作，在 Live.com 和 MSN Soapbox 中强化影片搜索功能。

1.6.2　Google 收购 Double Click

2007 年 4 月，Google 公司斥资 31 亿美元买下了 Double Click。Double Click 公司基本上垄断了万维网中的弹出广告业务，这家曾经最大的广告服务提供商现在和 YouTube 一样仍保持独立运营，为 Google AdSense 提供技术支持。

Google 的流量排名居世界首位，如何把流量最大程度地转换成收入成为其长期目标，由于 Double Click 在品牌广告领域的资源优势，此次收购为 Google 带来更多的广告资源。而且从搜索引擎的三种服务方式来看，除直销和关键词广告外，品牌广告渠道正是 Google 所需要的。由于 Google 之前也为雅虎、MSN 提供广告代理服务，因此在收购后 Google 也间接打击了这两家竞争对手。

Google 全球产品经理 Alex Kinnier 进一步解释了 Google 收购 Double Click 的动机，主要出于以下四个方面的考虑：首先，Double Click 的产品和技术有助于 Google 搜索和文本广告业务的发展；其次，收购 Double Click 后，Google 会提供更开放的平台给其广告客户；再次，Double Click 有丰富的服务经验，与 Google 基础架构的结合有助于网络广告新技术及服务模式的开发，有助于提升互联网广告的功效；最后，吸收 Double Click 的 DFP 技术有利于提高广告存货的处理效果。

1.6.3　Google 收购 AdMob

2009 年 11 月，Google 宣布以 7.5 亿美元收购 AdMob 公司。虽然 Google 已经在移动文本广告市场占据领先地位，但 Google 的意图在于进军移动显示广告领域以更全面地把控移动广告市场。收购 AdMob 后，Google 将拥有包括广告市场、广告分析和衡量跟踪的全系列移动广告工具集。

Google 负责产品管理的副总裁 Susan Wojcicki 表示，AdMob 在移动广告方面在很短时间内取得了惊人进步，虽然移动网络的使用率大幅提高，而且很多公司也进行了大量投资，但相比传统网站移动网络仍处在初级阶段。伟大的移动广告产品能更进一步促进移动网站这一生态系统的发展，这也是这次并购最激动人心之处。Google 进一步表示，对 AdMob 的并购有助于 Google 研发、服务、创新及分析移动广告，并将移动显示广告系统集成到 Google 已有的广告系统中去，以更全面、更优质地响应客户的各种需求。

此次并购对 Google 的重要性不言而喻，AdMob 也对其抱有很大期望。AdMob 创始人兼 CEO 奥马尔·哈姆伊（Omar Hamoui）在博客中表示，AdMob 与 Google 牵手必将给移动这块市场带来积极深远的影响，此次并购会鼓励越来越多的市场进入者，而这势必更进一步带动整个行业的创新。AdMob 每月通过 15 000 多家手机网站和应用程序提供至少 100 亿个 Banner 广告和文字广告，客户包括可口可乐、宝洁、阿迪达斯、派拉蒙等。研究公司 IDC 预测，

AdMob 和 Google 合力控制了 21% 的美国手机广告市场。AdMob 最大的竞争对手、手机广告网络提供商 Mellennial Media 占 12%,其后是雅虎占 10%,微软占 8%。

此次收购案不仅对整个手机广告业的企业估值产生重大影响,研究公司 Gartner 的报告显示,2009 年全球手机广告消费增长 74%,达到 9.135 亿美元,更引发了 Google 竞争对手为拉平差距而掀起收购狂潮,比如第一个做出反应的是苹果,2010 年 1 月苹果以 2.75 亿美元拿下了手机广告网络 Quattro Wireless。

1.6.4　Google 收购 Motorola

2011 年 8 月,Google 公司宣布以 125 亿美元收购摩托罗拉移动 (Motorola),这是 Google 作为上市公司至今最大的一宗收购案,也是近十年来发生在无线设备行业最大的并购案,除了天价交易额外,互联网软件企业吞并硬件企业,跨界并购,更是出乎业界预料。在安卓(Android)系统阵营日益强大,苹果 iOS 系统和微软 WPT 系统竞争加剧的背景下,谷歌这次奇袭为中国通信市场的编剧煽动了“蝴蝶翅膀”,为今后的“蛇吞象”并购埋下了重要伏笔。

短期目的:让人垂涎的 1.7 万专利

业内普遍认为,这是一场专利权的博弈。摩托罗拉目前拥有 1.7 万项专利技术,其中 7 000 个正在审批中,Google 收购摩托罗拉的一个重要目的就是这些专利技术,借此可以扭转在与微软、苹果等方面博弈的不利局面。从 2010 年下半年开始,关于智能手机方面的专利诉讼开始增多,苹果、Google、微软、HTC、摩托罗拉、三星、诺基亚这些厂商全部卷入其中。苹果败诉诺基亚,前者向后者缴纳了不菲的费用,HTC 在 Android 专利大战中则一直都处于比较劣势的一面。而此前不久,Google 在竞拍加拿大 Nortel 的 6 000 项专利时输给了苹果公司。作为大公司手中最有力的武器之一,专利不仅需要质量,还要有数量,否则 Google 的 Android 阵营将永无宁日。

从战略层面考虑,这是 Google 稳固其 Android 市场地位的必由之路。数据显示,目前的智能手机市场,Google 的 Android 平台以 48% 的份额稳居霸主地位,苹果 iOS 虽然市场占有率只有 19%,但是其利润率却远高于其他竞争对手,而昔日的霸主诺基亚在与微软展开紧密合作后,实例绝对不容小觑。这样智能手机市场三足鼎立的格局已然初步形成,未来一段时间内三大集团将展开激烈竞争。Android 平台取得巨大成功，但 Google 仍然缺乏安全感，因为 Android 阵营相对松散，不乏脚踩两只船的重量级厂商，比如 HTC，Google 比其他任何人都渴望"硬"实力以应对激烈的竞争，所以 Google 的目的远不止于此。

中期目的：Google"超级手机"的梦想

作为软件厂商，Google 实际上一直都有一个"超级手机"的梦想。早年推出 Android 手机的时候 Google 一直没有涉足硬件行业，虽然 Google 自有手机品牌 Nexus One 和 Nexus S 成功开卖，但终究还是 Google 提供软件，HTC、三星提供硬件支持，严格意义上讲 Google 还不是硬件厂商。由于软件与硬件来自不同的厂商，Google 自有品牌的手机在体验方面与苹果的 iPhone 有些差距。

此次 Google 收购摩托罗拉，前者是 Android 系统的发起人，从 Cupcake 到 Honeycomb 积累了非常丰富的经验，而后者则有着几十年手机制造的丰富经验和大批优秀的工程师。Google 收购摩托罗拉移动后就可以顺理成章地生产手机，未来 Google 的最新版本将会在摩托罗拉手机上得到体现，不过是否会率先升级目前还不得而知。

当然，"超级手机"并不是一蹴而就的，而是软件与硬件的完美结合。Google 已经通过了审核机构的审查，但还要将两种企业文化的员工融合在一起，当这些问题解决完以后可能要到 2012 年年底或者 2013 年，Google 的超级手机计划才可以顺利起航，这也将是 Google 收购摩托罗拉移动的中期目的。

长期目的：传统手机制造商消失

十年前，西门子、BENQ 这些手机品牌已经消失在消费者视野当中，那么十年后传统的手机制造商全部消失也不是危言耸听。现在的智能手机已经不再是单纯地依靠硬件加一个操作系统堆砌出来的砖头，而是硬件＋系统环境＋互联网服务三方面结合的产品，这也是很多业内人士常说的"生态环境（Ecosystem）"。今天我们看到传统的手机生产商声音越来越小，而系统级厂商如苹果、Google 等则越来越强势。

2011 年，诺基亚也在缺乏有力系统的情况下投靠了微软 Windows Phone 7 系统，而在 Android 领域，任何一家手机生产厂商都比不上 Google 的影响力。传统的手机厂商越来越沦为普通的硬件厂商，在智能手机行业需要的是多面手整合，而不是单一的制造商。

在未来，智能手机行业需要的是具备高度自主性的系统级厂商提供包括硬件、软件、开发者环境在内的生态环境,这样的厂商在任何时候都能立于不败之地,而传统以卖硬件为生的厂商将会逐渐消失。诺基亚、微软 VS 谷歌、摩托 VS 苹果将会形成三足鼎立之势,三家未来很有可能会主宰整个智能手机行业。

终极目的:苹果宿命中的对手

目前,苹果已完成了 iPhone+APP、Store+iCloud+iTunes 的产品布局,从终端、云端到开发者和用户都牢牢把握住,形成了自己的生态系统。而苹果最大的竞争对手 Google 也不甘示弱,Android+Google 服务已经可以媲美 iOS,那么现在 Google 就差一个硬件制造商,摩托罗拉是最好的选择。未来苹果和 Google 将会在相当长一段时间内成为宿命中的对手,Google 在硬件方面缺乏经验,而苹果在软件方面缺乏支撑,前者收购了摩托罗拉,而后者推出了 iCloud。

需要强调的一点是,此次 Google 以 125 亿美元收购摩托罗拉只是资本层面的原作,摩托罗拉品牌还会进一步保留,就如同现在的 Google 与 YouTube 之间的关系,这两个网站同属于一家公司,但基本上都是在独立运营,未来摩托罗拉与 Google 之间的关系也将会是这种模式。另外对于 Android 其他合作伙伴来说,Google CEO 拉里·佩奇(Larry Page)在电话沟通会议上强调,未来 Google 仍会是一个开放平台。

1.7　主要发展趋势

1.7.1　Google 业务创新趋势分析

从 Google 的发展历程不难发现,尽管如今 Google 的业务五花八门,但搜索引擎才是其发家的唯一法宝,搜索业务支撑起了整个 Google 帝国。Google 搜索的大本营已经探入产品数据库、邮件数据库、硬盘等各个信息存在的角落,近期 Google 与摩托罗拉携手又将在移动搜索领域安营扎寨。因此,未来相当长一段时间内 Google 坚持以搜索为主线的发展战略不会有大的改变。同时,从 Google 近期发布社区网络平台、开发浏览器、进军手机操作系统等一系列举措可以看出,Google 正在积极寻求一些变化,并希望找到更多的发展方向和新的盈利模式。

1. 多元化

Google 一直秉承多元化发展战略，即把市场蛋糕做大，争取把网络市场各领域的份额都多切一块据为己有，增加和用户沟通机会，吸引新用户，留住老用户，增加用户黏度。从最初的搜索服务、在线广告，到之后的博客、新闻、视频、即时通信，再到如今的网络浏览器、手机操作系统等，Google 始终坚持多元化的发展战略，将触角延伸到互联网的各个领域。

2007 年 5 月，当时的 Google CEO 施密特在 Google 年度股东会议上宣布，Google 的三大业务重点将是搜索、广告和在线软件应用，这也可以看作 Google 业务走向多元化的官方宣言。相信只要 Google 依靠在线广告获取巨额利润的情况可以继续，Google 就仍会坚持业务的多元化发展战略。

2. 全球化

Google 的全球化路径并不如其在美国本土那样一帆风顺，如 Google 在中国的发展一度遇到很多困难。虽然为了改变 Google 在中国的不利局面，Google 中国采取了一系列措施：充分考虑中国网民的兴趣爱好，分析竞争对手百度在中国成功的原因，设计开发专门针对中国市场的产品，等等。但出于各种原因，2010 年 3 月 23 日谷歌公司宣布其搜索业务退出中国内地，并将搜索服务由中国内地转至香港。

考虑到其"整合全球信息"（或使"全世界的信息一体化"）的雄心，Google 会继续扩大其全球化的步伐，业务创新也会体现其全球化的战略。目前 Google 提供 100 多种语言的服务（其中包括 35 种非主流的小语种），Google 的海外营收早已占到总营收的 1/3。在上市后举行的一次股东大会上，施密特保证 Google 将会出现转变，这种转变主要是提高全球市场的覆盖率。

3. 移动化

移动互联网和 PC 互联网正在加速融合，以平台为核心的竞争模式将成为未来移动互联网的主流竞争模式，而 Google 筹资 125 亿美元收购摩托罗拉移动的举动可以说彻底改变了手机操作系统的市场格局。如何进一步将 Google 品牌展示给移动用户，以及在 Android 平台上开发更多的业务将是未来 Google 业务发展和创新的一项重点任务。

以谷歌搜索为例，未来 Google 的一个发展重点就是移动搜索。2016 年全球移动互联网用户将突破 29 亿，比目前的用户要多出两倍多，所以这是一个极具前景的新兴领域。有着雄厚资金和技术资本的 Google 曾以高价收购

AdMob 公司,极力拓展移动广告市场,也必将在移动搜索领域开发出更多的新业务。

4. 智能化

第一代搜索是以雅虎为代表的目录式搜索引擎,采用的是用户自行检索方式——搜索引擎负责按一定的规则对内容进行分类摆放,用户想找什么则自便,本质上是一个导航网站。Google 是第二代搜索引擎最杰出的代表,它创新性地提出了关键词搜索技术,这是一种基于人机对话方式的搜索引擎,用户只需告诉搜索引擎他想找的是什么,搜索引擎就会根据用户的要求返回结果。然而随着网上资讯的指数式增长,量变终于造成了质变,关键词搜索模式开始遇到一个致命的问题——搜索的精度问题无法解决。据统计,使用 Google 搜索实现用户查找他所需资讯的时间平均为 6 分钟,显然技术已经远远落后于需求。也就是说,好的搜索引擎不再仅凭数据库大小、更新频率、检索速度、对多语音的支持这几个基本特性来衡量,随着数据库容量的不断膨胀,如何从庞大的资料库中精确地找到正确的资料,被公认为是下一代搜索技术的竞争要点。

智能搜索代表了未来搜索引擎的发展方向,并将成为第三代搜索引擎的典型特征。Google 曾提出过整合搜索的概念:用户只需要输入一个搜索词就可以找到他想找的内容,无论他想找的是哪一方面的内容,Google 都尽可能地把最相关的类别呈现在第一位。Google 的整合搜索无论是时间整合、地点整合,还是跨语言整合,整合的目的是在信息爆炸中让用户最省时省力地找到自己想要的结果,然后让用户迅速离开。整合只是手段,不是目的,整合是为了让用户体验更好。因此整合搜索是战略上过渡,智能搜索业务才是 Google 未来的目标和业务创新的重点。

1.7.2 Google 未来的商业模式分析

"云计算(Cloud Computing)"这个词从 2007 年诞生以来,短短几年间从概念到实际应用,再到相关平台的开发都有了长足的发展,它带来的将不仅仅是一场技术变革,也是商业模式的变革,比如 Google、IBM、Microsoft 和 Sun 等 IT 业巨头都以前所未有的速度推动着自己的云计算技术和产品的开发,一批规模较小的公司也同样如此,越来越多的人相信云计算将是下一代互联网技术的方向。

作为云计算的倡导者,Google 强调和依靠的是强大的服务器搜索技术和服务能力,采用了分布式基础设施、分布式大规模数据处理、分布式数据库技术、数据中心优化技术四大类核心技术。在它看来,云计算是分布式处理(Distributed Computing)、并行处理(Parallel Computing)和网格计算(Grid Computing)的发展,未来所有的计算都可以在"云"里进行,未来的电脑和手机可以退化成一个显示器。谷歌的云计算还有一个重要的特点,就是平台的彻底开放性。

Google 云计算带来的将是这样一种情景:由 Google 这样的专业网络公司来搭建计算机存储、运算平台,用户借助浏览器就可以随心所欲各取所需地使用各种"云"服务。到时候企业与个人用户无须再投入昂贵的硬件购置成本,只需通过互联网来购买租赁计算力,互联网用户不用自己买软件、不用在自己的电脑上安装软件,只要能够连上互联网,就可以使用互联网上的"在线软件",如查询信息、使用办公软件、进行信息存储等,就像用水、用电一样简单,按需付费。

在盈利模式上,Google 拥有一个备受称道的"AdWords(关键词广告)",以及锦上添花延伸出来的"AdSense(广告联盟)",广告形式简洁低调却效果惊人,成为客户欢迎的企业推广方式,也成为 Google 利润的主要贡献者。

AdWords 是 Google 公司 2000 年 10 月推出的一项网络广告服务,AdWords 的最初版本保留了 CPM(Cost per Thousand Impressions)计费模式,也就是说广告商还是按照广告出现的次数,而不是被点击的次数付费。2002 年 2 月,Google 公司发布了新版本的 AdWords,这个新版本包括了竞价机制和点击付费机制,即综合考虑广告的付费额度和被点击的频率来决定广告的排名。由于 Google 不允许广告商仅仅用钱来购买一大堆广告中最上面的位置,得到新闻界持续不断的正面报道,也得到了不断增长的广告业务。2002 年 5 月,Google 宣布了同美国在线达成的里程碑式的合作协议。

AdSense 项目发布于 2003 年,并于当年 6 月在全世界获得大幅扩充,它标志着 Google 公司经营模式的一个重大转变,由一个纯搜索的商业模式迈入了联盟模式。AdSense 分为 AdSense for Content 和 AdSense for Search,前者是一种获取收入快速简便的方法,适合于各种规模的网站发布商,它可以在网站的内容网页上展示相关性较高的 Google 广告,当用户在加盟网站上点击相应的 Google 广告后,加盟网站便可从 Google 获得广告收入。后者则可供联盟成员用来直接从任一网页向用户提供 Web 搜索功能,其结果页使用 Google 的搜索技术提供相关结果,并可对搜索结果页进行自定义,以便符合联盟网站的主题。

加盟成员所获得的分成将由用户在其网站上点击 Google 广告的次数决定,但 Google 向联盟成员承诺,其获得的收入不会低于加入其他广告网的收入。

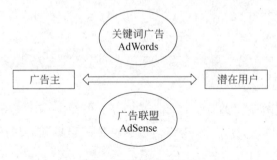

图 6　关键词商业模式

虽然 Google 目前尚未有新的盈利模式,但其在未来依靠云计算发展业务的战略早已确定下来,并将其作为一项新技术应用至极,覆盖手机、电脑桌面等方方面面,如 Google 推出的手机操作系统 Android 以及浏览器 Chrome。近年来,Google 推出的许多新应用(Google Apps),从文档(Google Docs)、图片(Google Picasa)、邮件(Gmail),到日程(Google Calendar)、地图(Google Map、Google Earth)、翻译(Google Translate)等,这一切也都是基于服务器、基于云计算体系的。

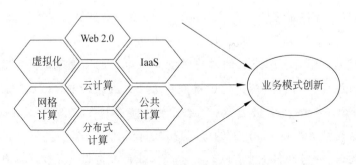

图 7　云计算商业模式

1.8　中美搜索引擎对比分析

2012 年 1 月,中国互联网络信息中心(CNNIC)发布了《中国互联网络发展状况统计报告》,报告显示截至 2011 年年底中国搜索引擎用户规模已达到 4.07 亿,在网民中的渗透率为 79.4%,使用比例基本保持稳定,是 2011 年仅次于即时通信的第二大网络应用。① 可见,随着互联网和新媒体技术的飞速发展,搜索引擎在信息爆炸时代受到了广大用户的欢迎。虽然中国的搜索引擎领域起步稍晚于美国,在技术上也未有很大改变,但致力于在本地化和人性化目标的努力,中国搜索引擎市场在十几年的发展中取得了令人振奋的成绩。

图 8　2010—2011 年搜索引擎用户数及使用率(CNNIC 数据统计)

1.8.1　美国搜索引擎的发展

1990 年,加拿大蒙特利尔大学学生 Alan Emtage 发明的 Archie 可谓搜索引擎的祖先,其工作原理与现代搜索引擎非常接近。1993 年,美国内华达 System Computing Services 大学也开发了一个与之相似的搜索工具,不仅可以索引文件,还能检索网页。虽然随着互联网技术的快速发展,这些搜索工具已不能满足用户的广泛需求,日渐退出公众的视野,但这为美国之后搜索引擎的发展拉开了序幕。之后,美国搜索引擎领域不断突破技术壁垒,竭力满足信息爆炸时代广大用户对便捷的需求,进行技术创新。1994 年 4 月,Yahoo 目录诞生,开始支持简单的数据库查询;1998 年 10 月,创立了全球最大的搜索引擎 Google,具备了很多独特而且优秀的功能,并实现了界面等方面的革命性创新②,成为了全世界最受欢迎的搜索引擎之一。

根据 2012 美国数字产业前景报告分析,美国搜索市场已渐趋成熟,尽管其增长率仍维持在两位数,但搜索引擎间的激烈竞争成为了 2011 年搜索市场增

①　CNNIC.第 29 次中国互联网络发展状况调查统计报告.中国互联网络信息中心,http://www.cnnic.net.cn/dtygg/dtgg/201201/t20120116_23667.html,2012-01-16.

②　张向宏.互联网新技术在媒体传播中的应用.北京:清华大学出版社,2010:74.

长的主要推动力,并随着互联网和移动终端规模及复杂性的增加,在服务性能发面扮演着日趋重要的角色。该报告称 2011 年,谷歌仍然居核心搜索引擎榜首,占到总搜索量的 65.9%,占据了近 2/3 的市场份额。但 2011 年最引人注意的还是微软必应,12 月份,必应首次赶超雅虎,位居榜单第二的位置。①

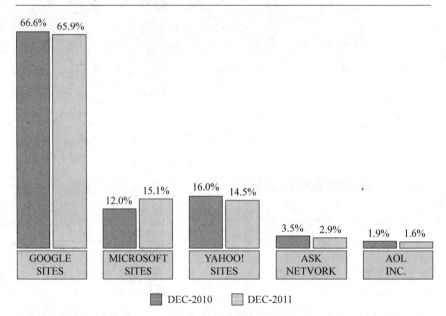

Share of Explicit Searches
Among U.S. Core Search Engines
Source: comScore qSearch, Dec-2011 vs. Dec-2010, U.S.

图 9　美国主要搜索引擎份额(2012 美国数字产业前景报告)

1.8.2　中国搜索引擎的发展

尽管中国互联网在世界上起步稍晚,但中国搜索引擎的发展速度非常快,一直紧随美欧等国家的步伐,出现了百度、雅虎、阿里巴巴等结合自身条件和市场需要形成成功模式的搜索引擎。

在中文搜索引擎领域,最早进行网络信息分类导航的网站是 1996 年成立的搜狐公司,曾一度有"出门找地图,上网找搜狐"的美誉。② 2004 年 8 月搜狐

---

① 2012 美国数字产业前景报告. http://www. techweb. com. cn/data/2012-02-13/1150984. shtml.
② 张向宏.互联网新技术在媒体传播中的应用.北京:清华大学出版社,2010:75.

创建了独立域名的搜索网站"搜狗"，自称"第三代搜索引擎"。2000 年 1 月，超链分析专利发明人、前 Infoseek 资深工程师李彦宏与好友徐勇（加州伯克利分校博士后）在北京中关村创立了百度（Baidu）公司，为其他门户网站如搜狐、新浪等提供搜索引擎，支持图片、网页信息等多媒体信息检索。2001 年 8 月发布百度搜索引擎 Beta 版，2001 年 10 月 22 日正式发布 Baidu 搜索引擎，专注于中文搜索，并且在中文领域第一个开始了使用 PPC 经营模式[①]，成为世界上最大的中文搜索引擎网站。百度搜索引擎专注于"本地化"和"生活化"，深入研究如何满足受众日益复杂的需求，具备了许多备受用户喜爱的功能，如百度快照、错字纠正提示、网页预览、相关搜索词、mp3 搜索、Flash 搜索等。2002 年 3 月闪电计划（Blitzen Project）开始后，技术升级明显加快。后推出贴吧、知道、地图、国学、百科、文档、视频、博客等一系列产品[②]，深受网民欢迎，于是"baidu 一下，你就知道"广为流传。2005 年 8 月 5 日百度搜索在纳斯达克上市。2006 年网易公司推出了有道搜索引擎，其最大的特色之一是采用开放式目录的管理方式，提供网站检索、网页检索、行业网站检索及图片检索等查询项目，在此基础上更增加了全新搜索技术及服务，可使用户检索高达 16 亿条的信息和及时的新闻内容，创造了十分便利的检索条件。[③]

搜索引擎技术的进步随着人们的需求改变不断前行，同时中国搜索引擎也在向着多元化、个性化、服务化的方向发展，并不断进行国际化的尝试。经过十几年的发展，中国搜索引擎不再是简单的目录搜索，而是形成了综合搜索引擎（以百度为代表）、垂直搜索引擎（比如像股票、天气、新闻等类的搜索引擎，具有很高的针对性）、多媒体搜索引擎（包括声音、图像、视频的检索）交织的系统，并随着智能终端的普及和移动互联网的发展，逐渐拓展移动搜索和智能搜索的发展空间。

1.8.3　中美搜索引擎比较——以百度与谷歌比较分析为例

在中文搜索引擎领域，谷歌和百度呈现两分天下的局面。成立于 1998 年的谷歌公司是目前全球最大的搜索引擎企业，其早在 2000 年就推出了中文搜

---

① 张向宏. 互联网新技术在媒体传播中的应用. 北京：清华大学出版社，2010：74.

② 百度百科，http://baike.baidu.com/view/1154.htm.

③ 陈慧. 中文搜多引擎的对比研究. 现代情报，2010(4)：62-65.

索服务,而百度公司成立于 2000 年,在 2001 年才正式建立自己独立的搜索网站,两者分别作为美国、中国的典型代表,形成了自身独特的优势,在用户中具有广泛的影响。

由于技术因素、政策壁垒和国家环境的差异,在发展的模式和策略上,百度一直对谷歌亦步亦趋,采取模仿和跟随的方式,因为,谷歌是全球成功的搜索引擎技术开发商和高效的宣传媒介。谷歌的成功与其对研发的重视分不开,它不断创新搜索技术和用户界面设计,不断进入新的领域,对云计算和移动互联网领域进行拓展。随着谷歌工具栏、个性化搜索、Gmail 等新应用的推出,谷歌作为一个搜索引擎拥有了广大用户的强大忠诚度。谷歌的定位是信息服务和提供信息工具,并且这些大部分都是免费的,成为第一家拥有上千万用户的免费提供技术的公司。而百度对谷歌模式的模仿这种跟随策略可以节省其定价成本和产品的推广成本,对于互联网服务企业而言,如果推出一个全新的产品或盈利模式,不一定能够为用户和客户所接受。[①] 同时百度也非常注重搜索技术的本地化和人性化,进行技术创新和差异化策略,例如百度的"竞价排名"就不完全同于谷歌的"关键词广告",其将竞价的概念引入点击付费的模式中,取得了较好的经济效益。两家搜索引擎都是以服务的形式来运行其软件,通过出售用户的忠诚度和使用率,在商业模式上寻找赚钱的方法,而不是向用户收取费用。[②]

另外,谷歌和百度两大搜索引擎网站在很多的地方都存在差别并不断进行相互的学习借鉴。首先,谷歌不但在搜索技术方面做深入研究,还将其技术渗透到其他领域,如在输入智能纠错、缓存最近频繁搜索等方面的研究扩大到浏览器、电子地图还有网页文档在线等领域[③]。其次,国外搜索引擎,特别是谷歌的生存之道,靠提供多样化服务来吸引更多的用户,以此来获取更多的广告收益,而在这一方面,做得还远远不够。最后,百度对本地特色的开发,对中文的特点的重视,对谷歌的发展策略也产生了一定的影响。

随着互联网技术的发展和媒介间融合的推进,越来越多的信息开始集合在互联网这个巨大的信息平台上,内容的多元化和海量性,都将给搜索引擎带来

---

① 秦明,周泓.百度与谷歌竞争的经济学分析与思考.科技广场,2012(2):21-23.
② 田智辉.新媒体传播:基于用户生产内容的研究.北京:中国传媒大学出版社,2008:273.
③ 中国搜索引擎的发展现状.http://blog.csdn.net/anyprogram/article/details/4131973.

巨大的发展空间。

1.9　谷歌旗下公司 YouTube 与中国视频分享网站发展模式对比分析

YouTube 是目前世界上最大的视频分享网站，2005 年 2 月由三名 PayPal 的前任员工所创建，早期公司总部位于加利福尼亚州的比萨店和日本餐馆，让用户下载、观看及分享影片或短片，后将总部设在加利福尼亚州圣布里诺。网站的名称和标志都是自早期电视所使用的阴极射线管发想而成。2006 年 11 月，YouTube 被 Google 公司以 16.5 亿美元收购，成为 Google 的一家子公司。

YouTube 通过聚合各式各样由上传者制成的视频短片，平均每秒有 1 小时的视频上传，平均每天有 35 万人的视频上传。YouTube 包括专业的音乐视频、剪辑电影、电视短片、音乐录像带等，以及其他业余制作的视频，如原创影片等。互联网平台的快速发展，颠覆了传统的传受关系，也掀起了用户生产内容（User Generated Content，UGC）的繁荣，大部分 YouTube 的上传者仅是个人自行上传，但也有一些媒体公司如哥伦比亚广播公司、英国广播公司、VEVO 以及其他团体与 YouTube 有合作伙伴计划，上传自家公司所录制的影片。[①] YouTube 提供了一个自由、开放的视频分享环境。强有力的技术支持，使 YouTube 具有了对多种格式（包括 AVI、MKV、MOV、MP4、DivX、FLV 和 Theora、MPEG-4、MPEG 等）视频内容的支持，在对上传文件规格的规定上也比较开放，2GB 以下容量且长度不超过 15 分钟的视频在这里都是被允许的。根据 Comscore 发布的 2011 年全球视频网站排行，YouTube 蝉联第一，以 43.8％的市场占有率位居榜首，比第二名优酷的 2.3％整整高了 41.5％（目前优酷和土豆已合并，市场份额为 3.5％）。排第三的是 VEVO 的 1.8％，紧随其后的是 Facebook 的 1.3％。[②]

中国的视频分享网站大都是在 2005 年创立的。经过七年时间，视频分享

---

① 百度百科，http://baike.baidu.com/view/357961.htm.

② Comscore 发布全球视频网站排名　优酷位居第二. China.com. http://tech.china.com/news/net/domestic/11066127/20111215/16929172.html.

网站获得迅猛发展。2012 年中国互联网络信息中心(CNNIC)发布的《中国互联网络发展状况统计报告》显示,截至 2011 年 12 月底,中国网络视频用户数量增至 3.25 亿,年增长率达到 14.6%,在网民中的使用率由上年年底的 62.1%提升至 63.4%。[①] 这一结果离不开技术因素和制度因素两个重要条件。此外用户习惯养成、宽带环境建设等外围因素的推动以及视频网站自身内容建设与视频的社会化分享等行业内原因促成了我国网络视频分享网站使用率的提高。土豆网、优酷、酷 6 等网站是中国用户非常欢迎的国内视频分享网站,各大视频网站不断推出、丰富网站内容,努力在激烈的竞争中取得优势地位,如大量购买热播影视剧和节目、积极推出自制内容等。另外,微博、SNS 等新技术应用成为重要的视频传播平台扩大了网络视频的传播范围,使网络视频拥有了较宽松和自由的政策环境,被称为"第五大互联网应用"。

　　YouTube 使视频在线分享的概念得到了广泛的传播,在中国许多视频网站也在朝着这一模式发展。有文章就将视频分享类网站定义为传统上以模仿YouTube 起家、以 UGC(User Generated Content,用户生产内容)为主要内容的视频网站,包括优酷网、土豆网、酷 6 网、六间房等。[②] 无论是 YouTube 还是中国众多视频分享网站都具有一些共同的优势,如用户体验好、拥有广大的用户群体、视频内容多样化等。但国内外不同的传播环境使网络视频分享网站具有了不同的特点:①YouTube 的最大特性是给那些希望宣传自己的大众一个展现的平台,而在中国视频分享网站更多的是对节目的转载和拼接。在YouTube 上点击率最高的主题是普通网友的自制短片而非专业的电视节目,但目前在中国具有个性和创意的视频并不多见。[③] ②YouTube 的受宠用视频的"分享"概念取代了传统视频的"发布"概念,使用户更深入地参与到Web 2.0 时代多对多的互动交流,而国内用户由于习惯不同和技术的受限并没有充分利用视频分享网站这一平台,更多的是对影视节目的回顾。③YouTube 采用短视频分享模式,主要依靠非专业的用户制作内容,而在我国,视频分享网站已经开始转变盈利模式,采用 YouTube 模式和长视频正版

---

　　① CNNIC.第 29 次中国互联网络发展状况调查统计报告.中国互联网络信息中心,http://www.cnnic.net.cn/dtygg/dtgg/201201/t20120116_23667.html,2012-01-16.

　　② 杨春蕾.我国视频分享网站的创新运营模式探索.创新与创业教育,2011(1):93-96.

　　③ 辜昕宇.YouTube 成功背后的思考.科技信息,2008(22):233.

模式并存的方式。比如土豆推出的黑豆频道、优酷的"合计划"都是"正版＋长视频"模式①，越来越多的视频网站也开始了投资网络剧和微视频的制作，探索从免费模式过渡到收费模式。可见不同的媒介环境给视频分享网站带来了不同的努力方向。

从视频网站的发展趋势来看，全球的视频分享网站都面临着较多考验，如盈利问题、内容质量问题、版权问题、视频同质化等。首先，视频分享网站为了赢得高流量就需要聚合数量更多、质量更好的版权内容，使得网络视频运营成本大幅攀升，而同时视频广告价格较低、其他盈利模式无法在短时间内培养成熟不可避免地造成视频网站的盈利难题。其次，资金的紧张也使得用户内容的上传版权这一"版权灰色地带"在国内外视频网站普遍存在，令视频分享网站的发展潜藏危机。另外，无论是 YouTube 还是国内视频分享网站主要依靠用户生产内容生存会带来内容同质化和视频质量等问题。这一模式显然不是良好的商业发展方式，一方面广大的参与用户并不是专业的制作者，他们对视频的分享更多倾向于自我的展示；另一方面目前还没有对用户视频分享的奖励和激励机制，用户自发的上传活动无法进行把关和持续发展。

1.10　旗下公司 Blogger 博客发展模式分析

Blogger 是一个老牌的免费博客服务网站，拥有悠久的历史，2003 年被 Google 收购，成为 Google 旗下一家大型的博客服务网站。Blogger 是 1999 年 8 月由旧金山一家名为 Pyra Labs 的小型公司创办，它也是第一家大规模博客服务的提供商，目前它已成为人们最常用的工具之一，在推广 Google Adsense 上也起到了一定作用。

Blogger 是 Pyra Labs 的旗舰产品，曾创下单月过百万注册用户的纪录，但在很长时间里，它没有赚到钱，连线上广告业务也没有。于是 Pyra 试图扭转颓势，引入了 Blogspot 的付费模式，不过效果一般。2003 年，Google 开始向其注入资金，第二年 5 月 Blogger 请来专业设计师开始重新设计了页面。2006 年 Blogger 正式推出 Beta 多语言版本进行系统架构的大调整，即由过去的发布静

---

① 吕洪良.视频分享网站的模式选择：YouTube 还是 Hulu.产业与科技论坛，2010(5):50-51.

态页面,改成了全动态。目前它已成为人们最常用的工具之一,在推广 Google Adsense 上也起到了一定作用。

Blogger 主要致力于用户"在线表达自己"(express yourself online)的需求,同其他的博客相比,其显著优势在于有强大的模板编辑功能,对于 HTML 及 CSS 的高手 Blogger 无疑是最好的选择,其模板完全支持 HTML 编辑,用户可以把 Blogger 打造成一个专业的站点,而 Blogger 就好像空间提供商,而这个服务是非常稳定的。① 国外相关媒体报道,通过 2008 年 11 月份对社交网站进行的独立访问人数的系统调查,评出了 20 大社交网站,其中 Google 旗下 Blogger 网站位居榜首,Facebook 网站和 MySpace 网站分居二、三名。

1.11　主要资料:股市走势

Google 的主要投资者是投机资本公司 Kleiner Perkins Caufield & Byers 和 Sequoia Capital。2004 年 1 月,Google 宣布雇用摩根士丹利和高盛证券集团管理及 IPO②,集资额被估计(最高)达 40 亿美元。2004 年 4 月 29 日,Google 从美国证券交易委员会为 IPO 申请了高达 2 718 281 828 美元的 S-1 表单。2004 年 5 月,Google 正式地减少来自高盛证券集团 IPO,留下摩根士丹利和瑞士信贷第一波士顿做联合承保人。Google 在 2004 年 8 月 19 日首次公开募股的 19 605 052 股被以每股 85 美元的价值出售。IPO 给了 Google 超过 230 亿美元的市场资本。大部分 Google 雇员成了百万富翁。Google 目前在纳斯达克证券交易所下以股票代号 GOOG 进行交易。

截至 2009 年 8 月 19 日,也就是其 IPO 后的第五年,谷歌的股价上涨至 444.56 美元,涨幅大约为 340%。在这期间,美国纳斯达克指数基本持平。2007 年 11 月 7 日,谷歌股价触及历史新高 747.24 美元,但是在随后的一年中跌去 2/3,截至 2008 年 11 月 21 日,触及经济衰退时期新低 247.30 美元。

2011 年 1 月 21 日摩根士丹利(Morgan Stanley)发布谷歌(Google)(GOOG)研究报告。大摩认为谷歌的核心搜索业务可再度发力成为强劲增长引擎,重申"超配"评级,将其目标股价提升至 750 美元。1 月 20 日谷歌报收 626.77 美元。

---

① 百度百科. http://baike.baidu.com/view/7991.htm.

② IPO 为首次公开募股.

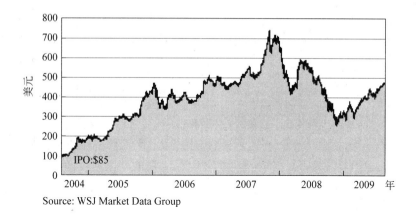

Source: WSJ Market Data Group

图 10　谷歌 5 年股价从未低于发行价

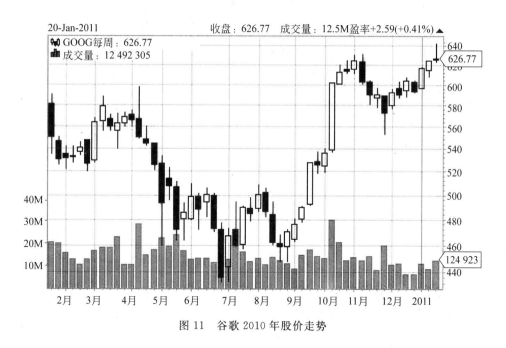

图 11　谷歌 2010 年股价走势

自从经历了 2008 年 11 月的 257 美元的发展低谷以来,谷歌股价一直保持稳健上升的态势。进入 2012 年,谷歌股价总体保持在 560～670 美元,总体保持平稳。

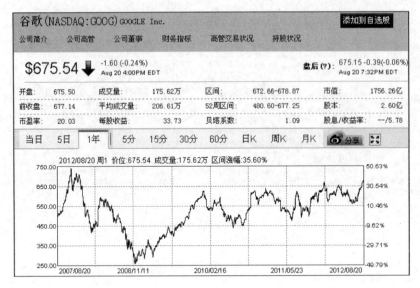

图 12　谷歌 2007—2012 年 8 月股价走势①

小　结

　　互联网诞生以来，对于整个信息传播产业领域的改变是巨大的，而且这种巨大而深刻的改变仍在继续，互联网的创新效应仍在不断释放。在这个过程中，以基于互联网传播平台的创新为核心而成长起来的互联网公司成为互联网产业领域最为引人瞩目的一种现象。Google 成为其中最为重要的一种互联网公司类型。Google 以互联网内容的搜索服务为核心，逐渐发展成为向亿万人群提供多种类型互联网服务的巨型公司，其发展模式对于整个信息传播产业发展而言具有深远的示范意义。

---

① 新浪财经,2012 年 8 月 21 日,http://stock.finance.sina.com.cn/usstock/quotes/GOOG.html.

第2章　全球最大社交网站 Facebook 的发展模式

伍　刚　马晓艺　张　敏　戴曦蕾　杨　余

缘起"Facebook 上市"创造了美国互联网史上最大规模 IPO 的纪录。

2012 年 5 月 18 日,Facebook 在纳斯达克上市,开盘价 42.05 美元,高于 38 美元的发行价,按照开盘价计算,Facebook 市值 1 152 亿美元,成为美国历史上规模最大的互联网公司 IPO 案例。

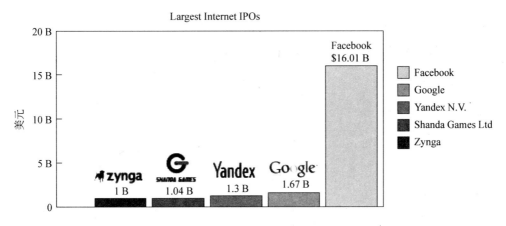

图 1　Facebook IPO 全球第一大互联网公司 IPO

(资料来源:新浪科技)

汤姆·沃森在《福布斯》杂志网络版发表关于 Facebook IPO 意义重大的七个理由:①Facebook 是一家社交公司;②目前其他公司都在复制 Facebook(就连苹果也是);③早期使用者看不起 Facebook,但现在所有在线共享内容来自 Facebook 的内容所占比重为 56%;④无须网络浏览器;⑤社会事业在 Facebook 上蓬勃发展;⑥Facebook 是平民百姓的土壤;⑦身份认证很有意义。①

---

① Tom Watson,The Facebook IOP-Seven Reasons Why It's More Important Than All Other Tech IPOs Ever. http://www. forbes. com/sites/tomwatson/2012/05/14/the-facebook-ipo-seven-reasons-why-its-more-important-than-all-other-tech-ipos-ever/.

Facebook 这些特征和优势已经使其价值不言而喻了。

Facebook 由哈佛大学学生马克·扎克伯格创立,并于 2004 年上线。在 2006 年下半年对所有互联网用户开放,而当时网站只有 1 200 万名用户,其发展速度之迅猛,着实令人惊讶。到 2009 年 7 月底,Facebook 拥有 2.5 亿名活跃用户,而到 2010 年 7 月底,用户数翻了一番,突破 5 亿大关。[①] 2012 年 10 月最新数据显示 Facebook 在全球拥有 10 亿用户,占据全球人口的 1/7。[②] 按月来看,全球 14% 以上的人口会至少登录 Facebook 网站一次。Facebook 俨然成为了一个覆盖全球的人口大国。

到目前为止,Facebook 是全球最大的社交媒体。截至 2012 年 10 月,数据显示,44% 的全球网民使用 Facebook,移动用户高达 6 亿之多,建立了 1 043 亿好友连接,照片的上传量为 2 190 亿,有 6 260 万音乐被播放,次数高达 220 亿。[③] Facebook 网站支持 70 多种语言,70% 的用户来自海外市场。Facebook 的用户群不仅庞大而且高度敬业——50% 的用户每天都会登录网站。

2.1　创业史及创始人

Facebook 之名来自传统的纸质"花名册"。通常美国的大学和预科学校把这种印有学校社区所有成员的"花名册"发放给新来的学生和教职员工,帮助大家认识学校的其他成员。

哈佛大学本科生马克·扎克伯格(Mark Zuckerg)在 Andrew McCollum 和 Eduardo Saverin 的支持下,于 2004 年 2 月创办了"The Facebook"。最初是用于大学生内部的小范围社交。月底的时候,半数以上的哈佛本科生已经成了注册用户。其时,Dustin Moskovitz 和 Chris Hughes 加入进来,帮助推广网站,将 Facebook 扩展到麻省理工学院、波士顿大学和波士顿学院。扩展一直持续到 2004 年 4 月,包括了所有长春藤院校和其他一些学校。之后的一个月,

---

① 尼尔森. 亚太社交媒体发展趋势: 全球预测和地区现状分析. 2010, http://cn. nielsen. com/documents/APSocial-Media-Trends_bilingualFINAL. pdf.

② Chairs Are Like Facebook...Un, Sure. Chair Are Like Facebook. 2012 年 10 月 4 日, http://www. forbes. com/sites/ericsavitz/2012/10/04/chairs-are-like-facebook-uh-sure-chairs-are-like-facebook/.

③ 10 亿的 Facebook 数据——数据信息图中文互联网数据研究咨询中心——199IT. 2012 年 10 月 8 日, http://www. 199it. com/archives/73619. html.

Zuckerberg、McCollum 和 Moskovitz 搬到加利福尼亚州的 Palo Alto 市（译者：斯坦福大学所在地，硅谷的发源地），在 Adam D'Angelo 和 Sean Parker（译者：著名的第一代 P2P 音乐分享网站 Napster 的创始人）的帮助下继续 Facebook 的发展。同年 9 月，另一个社会化网络站点 ConnectU 的合伙人 Divya Narendra、Cameron Winklevoss 和 Tyler Winlevoss 把 Facebook 告上法庭。他们称 Zuckerberg 非法使用了他们在让他帮助建站时开发的源代码。与此同时，Facebook 获得了 PayPal 创始人 Peter Thiel 提供的约 50 万美元的天使投资。到 12 月时，Facebook 的用户数超过 100 万。

从 2006 年 9 月到 2007 年 9 月间，该网站在全美网站中的排名由第 60 名上升至第 7 名。同时 Facebook 是美国排名第一的照片分享站点，每天上载 850 万张照片。

扎克伯格最初创建 Facebook 并不是为了牟利，而是为了让世界更加开放和互联。2009 年夏天，Facebook 超越 MySpace，成为全球最大的社交网站。

Facebook 的活跃用户从 2004 年 100 万户到 2011 年 7.5 亿户，业务涉及全球几乎所有国家。

2009 年，美国网络流量调查单位 Compete 所公布的数据显示，Facebook 1 月的美国国内用户访问数达到 6 850 万，比起对手 MySpace 的 5 850 万高出将近 20%；而据 Facebook CEO 马克·扎克伯格在官方博客上宣称，1 月该网站的全球用户人数已达 1.5 亿，其中近一半每天都在使用 Facebook，扎克伯格称，Facebook 的用户人数已经覆盖全球各大洲，甚至包括南极洲。他戏称："如果 Facebook 是一个国家，则将是世界上人口第八多的国家，略多于日本、俄罗斯和尼日利亚。"

2010 年 2 月 2 日，据国外媒体报道，Facebook 正赶超雅虎将成为全球第三大网站，与微软、谷歌领衔前三。据悉，Facebook 2009 年取代 AOL 成为世界第四大网站。但 Comscore 数据显示，其月独立访问人次和当时排名第三的网站雅虎相比，还相差 2.41 亿人次。到 2009 年 12 月，这个差距就缩小到 1.25 亿人次。（同月，Facebook 在美国国内替代了原排名第四的 AOL）市场调查公司 Compete 的统计表明，2010 年 1 月 Facebook 的独立 IP 访问量为 1.34 亿，而 Yahoo 的则为 1.32 亿，Facebook 已经超越 Yahoo 成为美国第二大网站，仅次于位于第一的 Google。曾几何时，Yahoo 曾经是互联网的旗帜，即 2008 年 2 月其访问量被 Google 超越之后，现在它又失去了第二的宝座。而 Facebook 的上位,也说明了社交网站的巨大实力和发展前景。人们对互联网的使用已经从单纯的工具发展到了生活必需品。

2010 年世界品牌 500 强:Facebook 超微软居第一。

截至 2011 年年底,Facebook 月活跃用户为 8.45 亿人,同比增长 39%;日活跃用户 4.83 亿人,同比增长 48%;移动月活跃用户超过 4.25 亿人;Facebook 平台有 1 000 亿对好友关系,日均赞(Like)和评论(Comment)数量为 27 亿次。

Facebook 过去 3 年(2009 年、2010 年和 2011 年)营收分别为 7.8 亿美元、19.7 亿美元以及 37.1 亿美元,净利润分别为 2.3 亿美元、6 亿美元以及 10 亿美元。按照 37 亿美元营收,若 Facebook 估值为 750 亿美元,市销率仅为 20 倍。而市场分析人士预计,2011 年 Facebook 营收将超过 60 亿美元。

截至 2010 年 4 月,据 comScore 的数据显示,谷歌目前是美国最大的网站,覆盖了 81% 的美国人口,Facebook 覆盖了 53% 的美国人口,落后于谷歌、雅虎和微软。而另一家互联网流量监测机构 Hitwise 的数据则不知出于何种缘故,未将雅虎资产进行合并,把雅虎的不同服务单列,其数据显示 Facebook 的访问量在美国网站总访问量中所占比例为 7.07%,位居美国第一,其次为谷歌,访问量所占比例为 7.03%。雅虎邮箱以 3.8% 排名第三,雅虎以 3.67% 位居第四。如果将雅虎邮箱与雅虎网站合并在一起,雅虎将成为访问量最大的网站。视频网站 YouTube 以 2.14% 的比例位列第五。

2012 年 5 月 18 日,Facebook 正式在美国纳斯达克证券交易所上市。

2012 年 6 月 22 日,美国科技博客 BusinessInsider 公布了一项全球最富互联网企业家 30 人名单。亚马逊创始人杰夫·贝佐斯(Jeff Bezos)在 30 人榜单中排名首位,身价 202 亿美元,谷歌两位创始人拉里·佩奇(Larry Page)和塞吉·布林(Sergey Brin)列第二、三位,身价分别为 175 亿美元和 174 亿美元。Facebook 创始人马克·扎克伯格凭其在 Facebook 占股 28.4% 以 142 亿美元身价排名第四,为美国第二年轻的亿万富豪。[①]

有人戏言,全球人口数量最多的三个国家:第一是中国;第二是印度;第三则是 Facebook。Facebook 虽然不是一个"主权国家",但已拥有 10 亿用户的 Facebook 在某些方面已经俨然是一个国家。因为他说服了全世界人在网络世

---

① Paula Wilson,Celebrity Networth,*The 30 Richest Internet Entrepreneurs Of All Time*,Jun. 22,2012,http://www.businessinsider.com/the-30-richest-internet-entrepreneurs-of-all-time-2012-06.

界确认自己的身份,并构建自己的朋友圈。英国女王伊莉莎白二世、美国总统奥巴马都已经成为了 Facebook 的用户。

马克·扎克伯格位列《福布斯》2010 年全球最有权力人物排行榜第四十位,同年,《福布斯》评选出十位最年轻的亿万富翁,26 岁的马克·扎克伯格以 69 亿美元的身价排在首位,他也因此成为世界上最年轻的亿万富翁。2010 年 12 月,扎克伯格被《时代》杂志评选为"2010 年年度风云人物",被人们冠以"盖茨第二"的美誉,2012 年 5 月 19 日和华裔女友普莉希拉·陈成婚。

2.2　创新模式:虚拟的网络时代逐渐与现实生活接轨

2012 年 5 月 18 日,Facebook 完成了首次公开募股(IPO),并在此次 IPO 中融资至少 160 亿美元,该公司估值达到了 1 040 亿美元,同时也使 Facebook 创始人马克·扎克伯格当时的身价狂飙至 190 亿美元,成为世界上最富的人之一。Facebook 上市之路一开始就聚集了全世界的目光,这不单单是因为它是 Facebook,而是因为透过 Facebook 的上市,我们可以看出全球网络传播发展的一个新趋势。

纵观互联网发展的整体路径,全球互联网已经经历了门户时代、搜索时代,近几年 SNS 网站如 Facebook、Twitter、MySpace 等开始异军突起,截至 2011 年 12 月底,Facebook 拥有 8.45 亿月度活跃用户(MAU)、4.83 亿日均活跃人数(DAU)。这么多的注册人数已经足以说明,我们已经正式步入全球互联网的第三时代——社交网络时代。

以 Facebook 为代表的社交网络的兴起,使得 SNS 网站开始渗透到人们生活的方方面面。以往被认为不真实的、虚拟的互联网开始发生了质的变化,我们可以通过 SNS 网站去做更多现实中的事情。从 iResearch 艾瑞市场咨询根据 Pew internet 2011 年 6 月发布的数据中能够发现,2011 年美国四大社交网络 MySpace、Facebook、LinkedIn 和 Twitter 用户年龄分布差异较大,各有特点,其中 Facebook、LinkedIn 的用户年龄分布较相似,75％以上的用户集中在 23～65 岁之间。

也就是说,Facebook 的用户主要集中在青年人和中年人,这可以证明 SNS 网站并非年轻人的专利,社交网络同样也给中老年人带来了生活上的改变。在

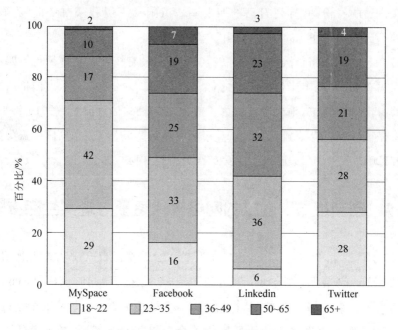

图 2　2011 年美国四大社交网络用户年龄分布

资料来源：艾瑞网

这种虚拟网络逐渐与现实粘连的社交网络时代，Facebook 使年轻人抛弃了过去的一些观念，并改变了他们成长的方式。"80 后"、"90 后"成长路程中的喜怒哀乐有了新的记录方式，并且有身边的、或者远方的朋友甚至陌生人通过这个途径给他们加油打气，这对独立生活的一代有着非同凡响的意义。作为独立个性、棱角分明的年轻人，Facebook 等社交网络能够极大地缓解他们的孤独感、拉近大家的距离，不能说的话也能通过这个方式表达出来。

　　而对于中老年人来说，Facebook 能够更多地唤醒他们怀旧的情结，他们能够通过这种方式找到多年未见的老友、失去联系的朋友，这标志着人们将重新融入家庭、社会生活的团体中。所以，Facebook 等社交网络的崛起，标志着虚拟网络时代开始逐渐走向与现实粘连的网络时代，网络不再是人们认知中的与现实相分离的模样，而是更多地辅助着、改变着人们的现实生活。所以，社交网络时代的关键词就是"改变"。

2.3　产品及服务

2011 年美国监测网站 Pingdom 的统计数据显示,Facebook 已拥有 8 亿用户,相当于 2004 年整个互联网用户的人数。尼尔森最新报告称,用户花在 Facebook 上的时间占整个上网时间的 53.5%。

2010 年新型社交网络 Facebook 首次超越 Google.com,成为全年互联网用户在美国浏览次数最多的网站。同时,其创始人马克·扎克伯格成为《时代周刊》2010 年度人物,这位 26 岁的亿万富翁也是自 1927 年以来最年轻的获选者。以 Facebook 发展史为原型的电影《社交网络》也在 2010 年上映。很多人都相信,Facebook 已经具备了超越 Google、成为新一代互联网霸主的潜力,它将成为谷歌之后的另一个互联网传奇,它开拓的是一个全新的互联网世界。

微软使电脑变得友好,谷歌帮助我们检索信息,YouTube 为我们提供娱乐,而 Facebook 却拥有更大的优势,它是用户们的感情投资。我们拍很多照片,在 Facebook 上与好友分享;我们在婚礼中途偷闲上线,将婚姻状况一栏改为"已婚";记录一场感情的终结,则是将婚姻状况重新改为"单身"。人们将如此大的生活比重放在 Facebook 上,标志着文化的一个重大转变。Facebook 改写了我们的社交基因,使我们变得更为开放。

Facebook 建构的理论基础是美国著名社会心理学家米尔格伦在 20 世纪 60 年代最先提出的六度理论。这个理论就是:"你和任何一个陌生人之间所间隔的人不会超过六个,也就是说,最多通过六个人你就能够认识任何一个陌生人。"基于此理论的 Facebook 宣布将从一个社交网站转型为开放的社交平台。Facebook 整合了两件事情,一个是技术,提供给程序开发者设计自己软件的区域;另一个是口碑传播的潜力,如音乐分享网站 iLike 赚得高人气的强力推手就是 Facebook。

美国市场研究公司 IDC 的研究者们预计,到 2015 年,全世界使用诸如 Facebook 和 Twitter 这类社交网站的人数将达到 18.5 亿,从而引领一个基于网络数据对人类行为进行研究的时代。

尼尔森最新报告显示,社交媒体并不是一时的狂热。报告指出,美国网民在社交网络和博客上花费的时间占其整个上网时间的近 25%,其中有 4/5 的活跃网民每天都会访问社交网络。不仅美国,全球十大主要互联网市场上,社交网络和博客活跃用户占整个活跃网民总数的 75%。使用三种以上数字方式搜索产品购买信息的用户中，有 60% 的用户是从社交网站上获得某个品牌或销售商信息的，这些用户中有 48% 的人关注过销售商发布在 Facebook 或 Twitter 上的信息，70% 的社交网络成人活跃用户选择网上购物，53% 的社交网络成人活跃用户选择知名品牌产品。尼尔森的报告的权威性使得我们认可并洞察到了社交媒体在商业领域的重要性。

随着电子商务的变革和移动互联网的迅速发展，Facebook 也在尝试着新的商业模式。美国科技博客 BusinessInsider 发表评论文章称，Facebook 目前正在多个领域广泛布局，以增加营收来源的多样性，试图避免重蹈谷歌严重依赖单一业务搜索广告的覆辙。谷歌 2010 年的营收高达 250 亿美元，这一数字看起来很高，但其收入的 95% 均来自核心业务搜索。

与谷歌严重依赖搜索广告领域不同，Facebook 的营收未来将分散在六大领域。

(1) 搜索广告业务：Facebook 推出的基于网页级别的 Like 功能，与谷歌的 Pagerank 类似。

(2) 游戏中的 Facebook Credits（虚拟货币）：由于 Farmvile 游戏的广泛流行，虚拟货币业务 2013 年有望为 Facebook 贡献 1/3 的收入。

(3) 第三方电子商务网站上的 Pay with Facebook（用 Facebook 支付）：如果你的信用卡已经绑定了 Facebook 的系统，那么可以直接单击 Pay with Facebook，进行购物等操作。

(4) 本地优惠券：Facebook 刚刚推出的 Places 服务中有一个 check-in 的功能，可以提供优惠券，Groupon 的成功已经证明了如果能够吸引来大量的消费者，他们是愿意发放优惠券的。

(5) Facebook.com 上的品牌广告：很多品牌乐意在 Facebook 上做广告，因为这些广告能够直接增加企业 Facebook 页面的流量，如果用户单击了该企业的"赞一个"按钮，这个企业几乎可以随时按照意愿向用户发送消息。

(6) Facebook.com 站外的品牌广告：Facebook 拥有 1 亿多使用第三方网站登录的用户，这些用户通过 Facebook Connect 连接社交网络，Facebook 比这些第三方网站掌握了更多的用户数据，因此能够向用户推广更有针对性的广告，其也可以将用户信息卖给第三方网站，第三方网站据此制作针对性的广告。

2.3.1　精准广告：Facebook 定制化交互式的社交广告模式

人们使用谷歌，只把它当作工具，一般是看完就走，不会有任何留恋，但人们都用 Facebook，是为了社交和生活，用户是"看了又看，聊了又聊，玩了又玩"。相比之下，很容易就知道 Facebook 对人们的吸引力要比谷歌大很多。正是这种将人与人之间的实际生活带入网络的方式，从根本上改变了广告的模式。以往的广告，无论是新媒体还是传统媒体，广告主和媒体最困惑的是都无法知道到底是谁看了广告，只能通过取样和技术分析方式去推测什么人看了这个广告，产生了什么效果。在 Facebook 却完全不同，它不但可以告诉广告主什么人、在什么地方、什么时间看到了这个广告，还可以通过你信任的朋友向你推荐广告，这就是 Facebook 的魔力。简言之，在 Google 上很清楚哪些是广告，但是在 Facebook 上如果好友分享了一个广告，这个变成你的内容。广告能够当内容去看，对广告商来说是一个梦想，这也将会是 Facebook 有可能超越 Google 的重要一点。

事实上，扎克伯格并不喜欢广告。对于在 Facebook 上放置广告，他一直持抵触态度，而且相对于其他网站上的大尺寸惹眼广告，Facebook 上的广告很小。一些营销商抱怨，Facebook 上的广告很难引起注意，因此开始集中精力在 Facebook 上吸引用户成为自己的"粉丝"，以期用户的好友会在 Feed 中（相当于人人网"新鲜事"）看到该用户喜欢星巴克之类的消息。这两者的矛盾冲突直接导致 2008 年 Facebook 全年的广告收入不足 3 亿美元。同年，雅虎的广告收入近 16 亿美元，而 Google 更是突破了 21 亿美元，即 Facebook 被它的竞争者们远远地甩在了身后。

2008 年 3 月，Facebook 宣布桑德伯格出任首席运营官。在接受采访时，桑德伯格毫不含糊地承认："广告就是 Facebook 要做的生意。"桑德伯格和她的属下研究发现，Google 的广告根据用户的搜索需求产生，属于"满足需求类"的广告。全世界高达 6 000 亿美元的广告业中，仅有 20％的投放是属于这种类别的。更多的广告只是为了吸引注意力，属于"创造需求类"。但在互联网行业，还没有哪家公司专注于后者，这就是 Facebook 的机会，Facebook 定制化交互式的社交广告模式，即根据用户的注册资料信息推送相对精准的广告内容，并且使用社交网络构建的人与人关系有效传播广告信息。把"广告变成内容"的理念不仅打动了扎克伯格，也说服了广告商。在推动公司广告业务发展的同时，桑德伯格也了解了扎克伯格的野心。"他的目标是让全世界的人都用上Facebook。"在桑德伯格看来,关注用户增长与寻求盈利点并不矛盾,"这些都非常重要,是整个事业的推动力。但我们不可能只做这个,不做那个。"

Facebook 的用户数量从她加盟时的 6 000 万,急速增加到如今的 10 亿。与此同时,广告收入也持续翻番。2010 年 Facebook 的广告收入达近 19 亿美元,比 2008 年翻了 6 倍。而 Google 的广告收入增速减缓,在这三年间,Google的广告收入仅增加了 40% 不到。

《连线》杂志网络版撰文认为,通过基于用户真实资料的精准广告,Facebook 可能在网络广告市场战胜谷歌,进而取代谷歌在互联网的主导地位。

咨询公司 Patricia Seybold 集团 CEO Patricia Seybold 说:"Facebook 实质上是人们投入大量时间闲逛、分享信息的地方,消费者成了最前沿最有影响力的品牌传递大使,对零售商们来说,是时候应该把它作为市场营销的主要策略来考虑了。"

"没有任何一种媒体可以像 Facebook 所作的那样让我们如此精准地到达目标顾客。"Randall Weidberg,这家成立于 2010 年的电子商务零售公司的CEO 说道。

如果 Facebook 用户数激增归功于扎克伯格和工程师们,那么广告收入的翻番几乎就是桑德伯格一手缔造的。曾参与搭建 Google 广告平台的桑德伯格为 Facebook 找到了新的商业模式,教会了扎克伯格怎样将手中的用户资源转换成正的现金流。马克·扎克伯格说:"没有了谢莉·桑德伯格的 Facebook 不是完整的。"

商家和 Facebook 的互动不仅仅局限于插件的植入,亚马逊开了整个网页植入的先河。2011 年 7 月他们开始将消费者在 Facebook 上创造的信息整合进自己的网站,让购物变得更加个性化。

当消费者通过亚马逊登录到自己的 Facebook 页面,他同意了将自己的信息开放给亚马逊,包括他自己的喜好、他的朋友、他们在社交网站上中意的商品。这将会被提供给一个"亚马逊-Facebook"页面,上面显示了 Facebook 名单上所列举的朋友,谁的生日将近,亚马逊会根据他的喜好匹配出在自己网站里最适合的生日礼物。如果这个朋友原来在亚马逊有心愿单,那亚马逊将会给出提示。亚马逊-Facebook 页面阐明了 Facebook 营销的潜在力量。前沃尔玛主管 Cathy Halligan 说:"这样一来,我们就不需要再去费心地记住亲友们的生日,也不必为选中的礼物不被喜欢而焦虑,因为这些都在亚马逊上清清楚楚地写着。"

据《纽约时报》8 月 18 日报道,社交网站 Facebook 于当日正式推出了称为 Facebook Places 的移动地理位置应用,目前向部分美国用户开放,并且即将把该功能推向国际。此外,Facebook 还提供了一个接口,让开发者可以在第三方软件中使用其地点信息。业内人士指出,此项应用的推出将有助于 Facebook 网罗本土和小企业广告客户,导致 Facebook 与 Foursquare、谷歌等地理位置信息(location-based check-in)服务提供商之间的竞争进一步深化。

2011 年,Facebook 总营收为 37 亿美元,净利润为 10 亿美元。收入主要来自在线广告及与开发者分成,广告方面,Facebook 主要提供页面展示广告,广告主通过中间机构购买 Facebook 页面或应用中的广告位,根据用户点击数量或印象反馈(注:如品牌形象广告)效果进行付费。这一营收方式占 Facebook 的 85%。

作为全球最大的社交网站,Facebook 本该是广告主最青睐的平台。但是,他们却在上市前遭受了沉重打击。日前,通用汽车对外宣布,取消在 Facebook 上 1 000 万美元的广告投放活动,这一举动也引起了业内外的广泛关注。不仅是通用汽车,早先包括宝洁、起亚汽车等在内的企业都对在 Facebook 等社交网络媒体上投放广告心存些许顾虑。这引起了业内人士对网络或者网络社交媒体"大包围式"的投放效果的质疑,这种质疑并非没有道理。①

市场调研公司 WordStream 的数据显示,Facebook 的广告点击率(Click Through Rate)平均只有 0.051%,不仅低于行业平均水平 0.1%,更远远低于谷歌的 0.4%。第一季度 Facebook 实现营收 10.6 亿美元,同比下滑 6.5%,环比下滑 32%;而谷歌同期营收则为 29 亿美元,继续保持增长。

2012 年 5 月,Facebook 修改招股书承认,由于用户逐渐转向通过移动设备登录 Facebook,第一季度网站广告营收已经出现下滑,而且目前移动广告尚未带来有效营收。对比另一互联网巨头谷歌,Facebook 目前的广告形式只有显示广告和推广内容(Sponsored Stories),而谷歌却有显示广告、文本广告、视频加

---

① 通用汽车弃投 Facebook 震波:网媒广告精准度遭质疑. http://business. sohu. com/20120518/n343468782. shtml.

载广告、移动广告平台等多种广告手段。①

面对这种局面,Facebook 有两种出路,一是增加自己的营收方式,而非把重心放在广告营收;二是必须创新,采取点对点的方式,增加广告投放的"精准度"和"忠诚度",给出明显的广告效果,令广告主放心。这两种方法中,明显后者更容易让 Facebook 走出困境,但是这就有可能打破扎克伯格绝不对用户收费的承诺,而目前的情况确实如此,Facebook 在新西兰低调进行了一项收费尝试。总而言之,在面对单一营收泡沫的情况下,搞清孰轻孰重,如何取得最好的平衡恐怕是 Facebook 必须尽快解决的问题。

2.3.2 Facebook 试水社交商务:从虚拟物品到虚拟货币

如今,Facebook 用户可以使用 Facebook Credit 购买虚拟物品或者第三方应用中的物品。而 Facebook Credit 系统对现有的支付方式比如 Paypai 也已经成为一种威胁。Facebook 每月有将近 10 亿的活跃用户构成了电子商务平台的重要基础;用户之间有复杂的社会关系(Social Graphi)使得商品信息的传播形态更加多样和有效,用户购买行为更易分享。百思买和沃尔玛甚至已经开始销售 Facebook Credit 礼品卡,这将更加推动 Facebook 社会化购物的发展;同时从另一个角度上说,Groupon 带来的社会化电子商务模式对于 Facebook 本来就可以天然结合。

2011 年 10 月 22 日下午消息,Facebook 宣布在第三方网站进行针对其虚拟货币 Facebook Credits(以下简称 Credits)购买虚拟产品的封闭性测试。这也是 Facebook 首次允许第三方网站使用 Credits 进行交易。

目前,Credits 是 Facebook 平台上所有游戏交易的强制性支付手段,也是 Facebook 应用程序的支付方式之一。此外,Credits 于上周成为面向移动应用程序开发者的支付手段。参与测试的第三方为在线游戏及游戏下载网站 GameHouse。在此之前,该网站只接受信用卡和 PayPal 的交易方式。此次测试的目的在于监测 Credits 的需求量以及收集针对 Credits 的用户体验。如果反馈积极,Facebook 可能将更多的网站纳入 Credits 的支付体系中。

天然矿物化妆品品牌 Orglamix 在 Facebook 上建立了品牌主页,一方面培

---

① Facebook 上市后三大挑战:广告、移动与新业务. http://tech. sina. com. cn/i/2012-05-19/04067133501. shtml.

育消费者关系；另一方面希望能将消费者导流至品牌官网，由此在官网上产生购买。一直以来 Facebook 被广告主认为是投放品牌广告和维护消费者关系的平台，除非导流至外部电子商务网站，否则是无法直接产生销售行为的。虽然 Facebook 试验各种各样的电子商务形式已经有一段时间了，但其中大部分试验是以礼品店（GiftShop）的形式出现的，从这之后礼品店成为了"信贷"系统、非营利捐赠倡议平台等，至多也只能算是一个虚拟商城。

目前的解决方案是在 Facebook 上添加具有电子商务功能的应用——Payvment。该应用允许任何人在 Facebook 上创建和经营零售商店。店主可以设置产品及其类别、展示产品的照片，提供服务清单和邮递选项等。一旦用户在 Facebook 上开通网上商店，就有一个单独的标签"门店主"显示在用户资料中。这个应用是免费的，因此快速获得了大量用户。而用户在这些商户挑选产品购买的时候，采用 payPal 或信用卡支付。同时他们还可以在"门店"留下自己的评论和购物心得，供其他买家参考。Orgjamix 利用 Payvment 应用也在 Facebook 上开了一家"门店"。为了鼓励其在 Facebook 上的粉丝群，这一化妆品品牌推出了粉丝群专享优惠，将用户的互动与使用优惠券和折扣等消费行为联系起来。这一策略可以让店面用户向任何可能成为其 Facebook 页面粉丝或喜欢（Ulike）的用户提供一定的折扣价刺激新顾客进行尝试。

自 2010 年 11 月启动该应用以来，超过 2 万个商家和个人在 Facebook 上共展出 125 000 件商品，50 万 Facebook 用户在上面进行购买。如今，Payvment 宣布融资，50 万美元用于开发大品牌零售商使用这一应用。在社交网站上加入电子商务——"社交商务"优势包括用户推荐和口碑效应、钻度高等，为电子商务融入了分享和互动的元素。

2.3.3　Facebook 向媒体平台进化：视频行业的社区化运营模式

数位消息人士透露说，最近几个月，Facebook 与 MySpace 前联合总裁、MTV 前高管贾森·赫斯霍恩（Jason Hirschhorn）商谈，想让他们带领公司与媒体公司接触。不清楚 Facebook 是否还与其他高管谈判，但这反映了一个趋势：Facebook 想获得更多的媒体公司内容。

Facebook 之所以想拥抱媒体公司，还因为竞争，最近 Google 推出了社交服务 Google＋。一位知情人士说："一段时间来，Facebook 对媒体产业敬而远之。它好像在说：'我们是一个平台，欢迎来使用，但是没必要和你们合作。'现在它的态度改变了。它们意识到,进化的下一个阶段就是和媒体公司合作。"

其实,Facebook 一步一步在接近媒体世界,2009 年 12 月,Facebook COO 谢莉·桑德伯格(Sheryl Sandberg)进入迪士尼董事会;而 2012 年 6 月,Netflix CEO 里德·黑斯廷斯(Reed Hastings)进入了 Facebook 董事会。

近年来,随着互联网的高速发展,DVD 生意越发难做。而华纳兄弟、20 世纪福克斯、迪士尼、索尼、环球等世界知名电影公司早意识到了这一点,并不断寻求出路。就在这个时候,拥有各个年龄阶层用户的 Facebook 进入它们的视线。

2011 年 3 月 14 日,Facebook 宣布和全球最大的电影和电视娱乐制作公司华纳兄弟合作,推出在线电影租售服务,互联网用户将可直接通过华纳兄弟的 Facebook 主页租借或购买数字电影。现在,用户可以通过支付 30 个 Facebook 信用币(价值 3 美元),来获得电影 48 小时观看权。这家全球瞩目的社交网站终于把疆域拓展到了在线影视市场。

随着 Facebook 的进军,它将成为继谷歌 YouTube、亚马逊、Netflix 之后又一开展视频业务的公司。对于它的转身,美国媒体称,Facebook 开展视频服务,代表了一种对影片在线租赁服务的长期威胁,将颠覆现有视频网站的商业模式,很大程度上预示着社区化运营将是视频行业的下一个发展方向。Facebook 将利用自己在网民中的声誉,它的运行模式与 iTunes 类似,Facebook 收取所有收入的 30%,同时保留所有的广告收入。

Netflix 作为目前世界上最大的在线影片租赁提供商,已经向全球数千万名顾客提供超过 85 000 部 DVD 电影的租赁服务和 4 000 多部影片或者电视剧的在线观看服务,其雄厚实力可见一斑。可以说在在线影视市场中占据着霸主地位。

目前,Facebook 作为全球最大的社交网站,其用户优势不言自明,巨头间对在线视频租售业务的争夺将进一步加剧。

索尼影业公司数字部门执行副总裁 JohnCalkins 认为,Facebook 无疑是一个用户不断增长的集中地,若假以时日,其病毒式传播的分享模式将不会逊于 Netflix 的数据库。

"华纳兄弟作为影视生产商,如果能在 Facebook 的内容上多下功夫,也将对 Netflix 构成巨大威胁。"相关人士表示。内容为王的时代,拥有自主知识产权就是最大的杀手锏。

另外,Facebook 音乐平台会提供流音乐服务,它们来自 Spotify、Rhapsody 和 Rdio,直接插入用户主页。付费用户可以与其他人分享音乐和播放列表,也可以看到用户在听什么。

对于 Facebook 来说,在服务中深度整合音乐、电影和其他媒体内容,可以让用户在网上待更长时间,从而将流量转化为广告营收。

2.3.4　Facebook 的搜索之路

《福布斯》中文网 2012 年 5 月 16 日发表署名为阿古斯蒂诺·范迪瓦基亚 (Agustino Fontevecchia)的文章。文章认为谷歌与 Facebook 竞争的优势是搜索引擎,一旦 Facebook 推出社交强化的搜索引擎,谷歌在互联网中的霸主地位就将终结。[①]

美国互联网营销服务商 Portent 创始人兼 CEO 伊恩·卢里(Ian Lurie)周四在《华尔街日报》旗下博客网站 AllThingsD 发表评论文章称社交媒体并不会取代搜索。社交媒体根本无法取代搜索,就像核桃无法取代自行车一样。社交媒体和搜索分属两个不同的业务领域。社交媒体产生内容和关系,而搜索引擎则帮助我们过滤内容和关系。二者几乎不存在业务重叠。[②]

尽管 Google＋用户数量呈指数倍增长,短时间内已经拥有 1 亿用户,但它培养起来的是非活跃用户群,完全不足以对踏入平台期的 Facebook 造成任何威胁。尽管谷歌的这次尝试并未撼动 Facebook 的社交霸主地位,但是,Facebook 暂时也不可能对谷歌搜索造成影响。如果这么发展下去,我想未来几年,谷歌搜索和 Facebook 这类社交网站更有可能进入非单纯的竞争关系,毕竟搜索工具和社交网站对人们来说根本不能进行取舍,只能共存。

Facebook 的上市不只代表着社交时代的崛起,我们更多地能够通过它的上市发现全球网络传播发展的新趋势,能够更好地掌握未来几年人类生活方式的改变,而改变,正是社交网络的魅力所在。

搜索引擎一直被视为互联网世界里的兵家必争之地,如今,全球最大的社交网站 Facebook 一旦将重心转移到搜索市场,必然会引起全球业界关注。国

---

① 福布斯：Facebook 上市后或成谷歌"终结者". http://finance. chinanews. com/it/2012/05-18/3897917. shtml.

② 美营销专家驳谷歌 5 年消失论：SNS 不会取代搜索. http://tech. qq. com/a/20120504/000278. htm.

外研究机构认为，Facebook 将在内容和搜索等方面对微软、雅虎和谷歌等巨头形成挑战。

扎克伯格曾表示，他看到 Facebook 有围绕搜索业务进行创新的诸多潜力，社交网站处理的搜索要求与搜索引擎业巨头谷歌公司（Google Inc.）处在同一量级。

2010 年 4 月，Facebook 在发布其"开放图谱"协议时，扎克伯格的搜索之路就已经全面展开。在发布会上，马克·扎克伯格向外界展示了 Facebook 全新推出的 Like 按钮，这一按钮具备让用户标注喜欢页面的功能，而且能够将这些页面收录到 Facebook 的搜索结果当中。"Facebook 的这一举动目的非常明显，它想利用用户产生的行为数据，来支持一款社交搜索引擎。"有业内人士对此发表观点，认为 Facebook 该举动正合时宜。

互联网调研公司 comScore 在 2010 年 3 月发布的美国搜索市场调查显示，2010 年 2 月，美国核心搜索量 145 亿次（环比下降 5％），其中谷歌占据了搜索市场份额的 65.5％，微软 Bing 有上升，雅虎则继续下滑。而值得关注的是，来自 Facebook 的搜索请求大增 10％，在其他主要网站的总搜索需求均有所下降的背景下，扎克伯格的业绩显得十分突出。

自发布新平台以来，Facebook 对有多少家网站部署其开放图谱的具体数据保持低调，但相关数据显示，该平台发布一周后，已有 5 万家网站部署了开放图谱协议。

Facebook 首席运营官谢莉·桑德伯格曾表示，除社交网站的品牌广告之外，自己还将通过搜索服务来实现更巨大的广告收入。这表明这家全球最大的社交网站已经决心与谷歌、雅虎以及微软在显示广告市场展开直接竞争。

据悉，互联网搜索作为 Google 的核心业务，每年能够为 Google 带来超过250 亿美元的收入。而 Facebook 用户的黏性和忠诚度也令人惊讶。2010 年 3 月市场调查公司 Hitwise 发表报告称，与谷歌阅读器用户相比，来自 Facebook 的用户对新闻和媒体网站的忠诚度更高——有 78％的 Facebook 用户再次访问了这些网站，而仅有 67％的谷歌阅读器用户再次访问这些网站。针对电视和广播媒体网站所做的调查结果也与此类似：有 77％的 Facebook 用户再次访问这些网站，谷歌阅读器用户的再次访问比例为 64％。

此外，2010 年年底 Facebook 宣布推出 Facebook Messages，集电子邮件、即时通信、短信于一体。根据美国分析机构 Hitwise 在 2010 年的数据显示，

Facebook 占据了全美页面浏览量的 1/4，Facebook 对外宣布代号为 Titan 的全新平台策略。其实，所谓的 Project Titan 是 Facebook 内部的项目代号，传说中它的正式名字是 Facebook messaging 或 Facebook E-mail，目前外界更直接昵称为 Fmail。

这项平台计划是把原有的社交功能，加入 E-mail、即时通信、SMS 及 Facebook 信息元素整合。简单来说，Facebook 用户取得@Facebook.com 的电邮地址后，在一个平台上，就能发邮件、玩 SNS、手机短信以及即时通信（IM）；操作亦十分简单，只需要单击朋友名字，选择发送接收方式，就能与朋友通信。

业界直指，Fmail 计划就是谷歌 Gmail 的杀手。从很多年前开始，谷歌就对 Gmail 做出了多项改进，包括整合了聊天工具 Gtalk、阅读器，并进而利用 Google Buzz 为自己的用户搭建社交圈，但植根于 Gmail 下的 Buzz 的成绩未如预期。Gartner 分析师马特·盖因表示，"最初，Facebook Messages 对其他电子邮件服务几乎没有什么影响，因为它只是一款最基本的电子邮件服务。但如果 Facebook Messages 得到升级，功能可以与其他电子邮件服务相媲美，将对其他电子邮件服务产生重大的不利影响"。

"Facebook 最厉害的地方是知道用户需要什么，它会推送给用户适合的信息。而且它的用户群十分年轻，他们热衷于社交，只要他们当中一部分使用 Facebook 的 mail，对其他公司来说，都会有重大威胁。"外媒 TechCrunch 如此分析。

2.4　CEO 扎克伯格谈 Facebook 品牌：
Facebook 拥有五大核心价值

2012 年 2 月 2 日，Facebook 启动 IPO（首次公开招股），计划融资 50 亿美元。创始人、CEO 马克·扎克伯格发表公开信，点明 Facebook 的三大愿景和五大核心价值。

以下为公开信全文：

Facebook 的创建目的并非成为一家公司。它的诞生，是为了践行一种社会使命：让世界更加开放，更加紧密相连。

对于投资者而言，理解这一使命对于我们的意义，理解我们如何作出决定，以及我们为什么从事现在的工作，是一件非常重要的事情。我将在本文中阐述这些问题。

科技改变了人们传播和消费信息的方式，我们为之感到鼓舞。我们经常谈论印刷媒体和电视等发明——通过提高通信效率发起了众多社会关键领域的深刻变革。它们让更多的人能够发出自己的声音，鼓励进步，改变社会组织方式，使我们更紧密地联系在一起。

今天，我们的社会走到了新的临界点。我们所处的时代，是一个大多数人都能够使用互联网和手机的时代——它们是分享所思、所感和所为的基本工具。Facebook渴望提供服务，使人们拥有分享的力量，帮助他们再一次改造众多核心机构和产业。

让每个人紧密连接，能够发出自己的声音，并推动社会的未来变革，是一种迫切需求，也是一个巨大机遇。

一、我们希望巩固人与人之间的联系

尽管这一使命博大宽泛，但"风起于青萍之末"，我们将从"两人关系"迈出第一步。

人际关系是社会的基本构成单元，是我们发现创意、理解世界并最终获得长久幸福的必经之途。Facebook创造多种工具，帮助人们相互联系，分享观点，并以此拓展人们建立和维护人际关系的能力。

人们分享得越多——即便只是与密友或家人分享——文化就越开放，对于他人的生活和观点的理解也就越深。我们认为，它能够创造更多、更强的人际关系，并帮助人们接触到更多不同观点。

我们希望通过帮助人们建立关系，重塑信息的传播和消费方式。我们认为，世界信息基础架构应当与社交图谱类似——它是一个自下而上的对等网络，而不是目前这种自上而下的单体结构。此外，让人们自主决定分享哪些内容，是重塑架构的基本原则。

截至目前，我们已经帮助超过8亿人建立了超过1 000亿个联系；我们的目标是推动这种重塑进程加速向前。

二、我们希望改善人们与企业和经济体系的联系

我们认为，一个更加开放、联系更加紧密的世界，将有助于创建更加强健的经济体系，培育提供更多更好产品和服务的真正意义上的企业。

人们分享得越多，他们就能够通过自己信赖的人，获得更多有关产品和服

务的信息。他们也就能够更加轻松地找到最佳产品，并提高生活品质和效率。

在这一过程中，企业获得的益处是：他们能够制造更好的产品——即以人为本的个性化产品。我们发现，与传统商品相比，那些"社交化设计"（social by design）的产品更富有吸引力。我们预计，将有更多产品走上这条道路。

借助 Facebook 开发者平台，成千上万的企业开发出质量更高、社交特性更强的产品。游戏、音乐和新闻行业在 Facebook 平台上取得突破发展，更多行业在"社交化设计"理念的指引下也将迎来变革。

除了制造更好的产品，一个更加开放的世界还将鼓励企业与客户展开直接而可靠的互动。超过 400 万家企业在 Facebook 上开设了企业主页（Pages），与客户进行对话。我们预计，这一趋势将继续发展。

三、我们希望改变人们与政府和社会机构的联系

我们认为，开发帮助人们分享的工具，能够推动民众与政府坦诚而透明地对话，赋予民众更加直接的权力，增强官员的责任感，并为当代一些最为重大的问题提供更好的解决方案。

我们看到，人们在获得分享能力后，他们的声音和观点从未如此清晰响亮。这些声音的数量和影响力都大大提高，无法忽略。我们认为，随着时间的推移，各国政府将更加积极地应对全体民众直接表达的问题和关切，而不是通过部分精英控制的中间机构听取民声民意。

我们认为，在这一过程中，世界各国都会出现善待互联网、为民权而奋斗的领导人。他们所争取的权利之一，是获取和分享一切信息的权利。

最终，随着更多经济体转向个性化高质量产品，我们预计能够解决创造就业岗位、教育和健康医疗等重大世界问题的社交新服务将出现。

（一）我们的使命和业务

如前所述，Facebook 的创建目的并非成为一家公司。我们始终将自己的社会使命、正在开发的服务以及用户放在首要地位。对于一家上市公司而言，这可谓"不走寻常路"。因此，我希望解释其中缘由。

我自己编写了 Facebook 的首个版本。从那时起，大量优秀人才加入团队，并将自己的创意和代码融入 Facebook。

大多数优秀人才都把开发优秀产品、从事伟大事业放在首要地位，但他们也想赚钱。通过建设人才团队，建立开发者社区、营销市场和投资者群体，我深刻体会到：荟萃精英以解决重要问题的最佳方式，是成立一家资本雄厚、成长强

劲的茁壮企业。一言以蔽之：我们并非为了赚钱而开发服务，而是赚钱以开发更好的服务。我们认为，这是一种很好的做事方法。我意识到，如今越来越多的人希望使用那些眼光不局限于利润最大化的企业所提供的服务。

通过践行自我使命，开发优秀服务，我们将为股东和合作伙伴长期创造最大价值。而这将使我们能够吸引最优秀人才，提供更多优秀服务。早晨醒来，我们的第一要务并不是赚钱；但是我们知道，使命必达的最佳方式是建设一家富有价值的强大企业。

这也是我们对启动 IPO 的看法。上市是为了惠及雇员和投资者。我们曾在分发股份时承诺，将竭尽全力提高股票价值，促进股票流通；如今，我们兑现了承诺。在即将成为上市公司之际，我们将对新的投资者作出类似承诺，并付出同等努力。

（二）黑客文化

为了建设一家强大企业，我们努力将 Facebook 打造成优秀人才施展才华的最佳平台，以期望对世界施加重大影响。我们培育了独一无二的企业文化和管理方式——黑客文化（Hacker Way）。

由于媒体将"黑客"描绘成入侵电脑为非作歹的人群，这个称呼带有贬义色彩，这是不公平的。事实上，"黑客"仅仅意味着快速开发，或是挑战力所能为之界限。与许多事情一样，它是一把"双刃剑"；然而，我结识的绝大多数黑客都是理想主义者，希望对世界作出积极贡献。

黑客文化是一种持续改进和衍变创新的做事方法。黑客们认为，优化无止境，产品无完美。当有人说无法改动一丝一毫，或是对现状心满意足时，黑客们却当着别人的面，情不自禁动手修改。

黑客们迅速发布小规模更新，并从中吸取经验教训，而不是试图一蹴而就，一劳永逸；他们希望通过长久努力打造最佳服务。为此，我们建成了一个测试框架，无论何时均可测试数千个版本的 Facebook。我们的办公室墙上写着"完成优于完美"，以提醒大家按时"交差"。

"黑客"也意味着一种亲身实践、积极进取的天然纪律。黑客们不会召开长达数天的马拉松会议，以讨论某个创意是否可行，或是寻找最佳方法；他们会制作原型产品，看看是否行得通。在 Facebook 的办公室里，黑客们的口头禅是："代码胜于雄辩。"

"黑客"还意味着极度开放和精英为王。黑客们认为，最优秀的创意和实现始终横扫一切——而不是由最善于鼓吹创意，或是权力最大的人掌控一切。

为培育黑客文化，我们每隔几个月就会举行一次"黑客马拉松"（Hackathon）大赛，让人们依照自己的创意开发原型产品。最后，整个团队共同评判这些产品。Facebook 最成功的一些产品就来自"黑客马拉松"，包括时间线（Timeline）、聊天、视频、移动开发架构以及 HipHop 编译器等。

为了保证所有的工程师都融入黑客文化，Facebook 要求所有新入职的工程师——包括那些将来并非主要从事编程工作的经理——参加 Bootcamp 训练营，学习我们的代码库、工具和方法。业内有许多人负责管理工程师团队，并不愿亲自动手编写代码；然而，我们寻找的实践型人才都希望也能够经受Bootcamp 的检验。

以上案例均与工程有关，但我们可以将这些原则概括为 Facebook 的五个核心价值。

一、专注于影响力

如果我们希望具有最大影响力，最佳方法是始终专注于解决最重要的问题。这听上去很简单，但我们认为，大多数公司表现糟糕，浪费了大量时间。我们期望 Facebook 的每一个人善于发现最大问题，并力图解决。

二、迅速行动

迅速行动使我们能够开发更多东西，更快地学习知识。但是，大多数公司一旦成长，发展速度就会大大放慢，与行动缓慢导致错失机遇相比，他们更害怕犯错。我们的信念是："迅速行动，打破常规。"如果你从不打破常规，你的行动速度就可能不够快。

三、勇往直前

开发优秀产品意味着承担风险。这让人恐惧，迫使大多数公司对于冒险望而却步。但是，在瞬息万变的世界中，不愿冒险就注定失败。我们的另一个信念是："最大的风险就是不承担风险。"我们鼓励每个人勇往直前，即使有时这意味着犯错。

四、保持开放

我们认为，世界越开放越美好。因为人们拥有更多信息，就能够作出更好的决定，对社会施加更好的影响。这也是 Facebook 的运营理念。我们竭力确保 Facebook 的每一个人都能够尽可能多地接触到公司各个方面的信息，这样他们就能作出最佳决策，对公司产生最佳影响。

五、创造社会价值

Facebook 存在的意义,是让世界更加开放和紧密相连,并非仅仅是开办一家公司。我们期望,Facebook 的每一个人,无时无刻都要致力于为世界创造真正价值,并将这一理念融入自己所做的每一件事情。

感谢阅读本信。我们相信,Facebook 有机会在全球发挥重要影响,成为一家长青企业。我期待与大家共创伟业。①

2.5 社会化网络正在重构人的本质:社交网络
Facebook 8 年创造 10 亿活跃用户的启示

20 世纪 60 年代在"冷战"中诞生的阿帕网,经历了早期军事化应用、80 年代的科研应用,90 年代正式开始商业化应用,成为全球共享开放网络,从此加速推动人类迈入信息社会。

从 20 世纪 90 年代开始,最早雅虎、美国在线、MSN、新浪、搜狐、网易等门户时代,引领了"秀才不出门,门户知晓天下事"的时代;继起"Google 一下,通达全球"、"时代精神、百度知道",引领了数理逻辑搜索满足人类需求的新时代;脸谱、推特、优兔、QQ、优酷、开心等则将"在线共享工具"上升到"人性化即时分享",引领了、满足了人的社会属性带来的情感需求以及对分享的渴望,正好顺应一位伟人在 100 多年前的结论——人的本质在其现实性上是一切社会关系的总和。

据中国互联网络信息中心(CNNIC)2012 年 1 月 16 日在京发布《第 29 次中国互联网络发展状况统计报告》透露,中国网民规模增长进入平台期。截至 2011 年 12 月底,中国域名总数为 775 万个,中国网站总数为 230 万个,中国网民规模突破 5 亿,达到 5.13 亿,2011 年新增网民 5 580 万,互联网普及率较上年年底提升 4 个百分点,达到 38.3%。通过 CNNIC 报告可以看出中国互联网未来走势:

一是移动互联网将日益走向主流,中国手机网民规模达到 3.56 亿,占整体网民比例为 69.3%,较上年年底增长 5 285 万人。使用台式电脑上网的网民比

---

① 扎克伯格公开信:Facebook 拥有五大核心价值. 彦飞,书聿,晓明,圣栎译. 新浪科技,2012 年 2 月 2 日,http://tech.sina.com.cn/i/2012-02-02/08476676940.shtml.

例为 73.4％,比 2010 年年底降低 5 个百分点;手机则上升至 69.3％,其使用率正不断逼近传统台式电脑。

二是人们的网络消费时间不断增长,2011 年,网民平均每周上网时长为 18.7 个小时,较 2010 年同期增加 0.4 小时。

三是网络应用日益方便人们现实生活。无数应用,以碎片化的形式填满用户的 24 小时,连接起永远 Online 的数字生活。网民的互联网沟通交流方式发生明显变化,传统的交流沟通类应用则出现大幅下滑,微博快速崛起,目前有将近半数网民在使用,比例达到 48.7％。中国电子商务类应用继续稳步发展,中国网络视频用户增幅明显,用户规模较上一年增加 14.6％,达到 3.25 亿人,使用率提升至 63.4％,是中国网民继即时通信、搜索、音乐、新闻之后的第五大应用。

据国际电信联盟发布的 2011 年数据指出,在全球 70 亿人口中,有 59 亿手机用户,全球 1/3 的人口使用互联网,其中 45％的网民低于 25 岁,中国作为最大的网民占全球网民 25％、占发展中国家 37％。

人类从工业社会进入信息社会,知识经济时代到来,人类对知识的生产、传播、分享、交流、消费的需求日益迫切。人类在短短的 20 年时间,网络接入技术从拨号上网,发展到今天的光纤到户,其间带宽足足提升了 1 000 倍。固定互联网用户量达到 20 亿,用了 20 年。而移动互联网达到 10 亿用户量级,仅用了 5年,发展速度是固定互联网的 2 倍。

信息化的浪潮此起彼伏,数字化内容极度繁荣,全球网络信息高速公路成为数字化媒体快速分发通道。这种模式对传统通信、广播电视报刊等大众传播渠道全面颠覆。2011 年 10 月 18 日,中国共产党第十七届中央委员会第六次全体会议顺应时势,通过《中共中央关于深化文化体制改革推动社会主义文化大发展大繁荣若干重大问题的决定》提出,必须加快构建技术先进、传输快捷、覆盖广泛的现代传播体系。推进电信网、广电网、互联网三网融合,建设国家新媒体集成播控平台,创新业务形态,发挥各类信息网络设施的文化传播作用,实现互联互通、有序运行。

可以预言,人类通过信息化、数字化、网络化、全媒体社会化平台分享信息,实现手机屏、PC 电脑屏、电视屏、PAD 平板电脑屏等跨屏幕随时随地个性化订制用户体验服务,这既是未来媒体的发展趋势,更是一个重要的战略机遇。

2.5.1　Facebook 上市标志互联网进入新阶段

Facebook 的上市是行业发展进入一个新阶段的标志,从最早的雅虎为代表的门户网站,到谷歌搜索时代,再到如今社交网络,互联网完成了三个阶段的转变。[①] 由于社交网络被认为是下一代互联网的主流架构,因此 Facebook 的上市具有参照和标杆意义。

开心网 CEO 程炳皓表示,Facebook 所代表的社会化网络仍在进一步扩散和延伸,并出现了微博、Instagram 图片分享、Path 私密社交等的细分领域,社交网络是互联网未来的主流入口。

社交媒体不会仅仅风行一时——社交媒体是一种全新的公众论坛,代表着网络生活的新纪元。如今,全世界超过 75% 的互联网用户访问社交媒体和博客。全球顶级的七大网络品牌中,三个品牌与社交媒体密切相关(Facebook、YouTube 和 Wikipedia 维基百科)。[②]

2.5.2　社交媒体 Facebook 已经成为全球现象

鉴于美国使用 Facebook 的情况,环顾全球,许多国家的社交媒体正在被 Facebook 占领。截至 2011 年,英国互联网用户在 Tumblr 上的页览量达 2.296 亿页,是继 Facebook(202 亿页的页览量)之后页览量第二大的社交网络或博客;Orkut 是巴西排名第一的社交网络和博客网站,2011 年 5 月的巴西访客数达到 3 030 万人,比排名第二的 Facebook 访问人数多 11%,但是在 2011 年 8 月,Facebook 超过 Orkut 成为巴西最大的社交网络且用户增速并没放缓;虽然西班牙的互联网用户在排名第四的网站 Tuenti 花费的人均时间最多(每人 4 小时 42 分钟),但是在头号网站 Facebook 上花费的总时间最多;活跃的法国网民有近 1/4(960 万人)访问排名第二的社交网站 Overblog[③];在印度,Orkut 是 70% 的社交媒体用户最先接触的平台,但是,Facebook 超过 Orkut 成为其社

①　开心网 CEO 程炳皓:Facebook 上市标志互联网进入新阶段.腾讯科技网,2012 年 5 月 10 日,http://tech.qq.com/a/20120510/000211.htm.

②　尼尔森.亚太社交媒体发展趋势:全球预测和地区现状分析.2010 年,http://cn.nielsen.com/documents/APSocial-Media-Trends_bilingualFINAL.pdf.

③　尼尔森.美国社交媒体报告.2011 年第三季度.2011 年 5 月,http://cn.nielsen.com/documents/SocialMediaReport_SCN.pdf.

媒体市场的"领头羊"。

社交网络确实是一个全球现象。虽然各国都开始在本土拓展和完善自己的社交媒体,但是可以看出 Facebook 在社交媒体领域里中流砥柱的地位还是无法撼动。

在下面的 12 个市场中,有 7 个国家的 Facebook 访问量排在社交媒体的第一位。

Global Visitors to Facebook in March 2012		
Global Market	**Unique Audience**	**Active Reach**
(from Home/Work computers)		
Brazil　（巴西）	38 138 000	76.7%
Italy　（意大利）	21 270 000	70.5%
Spain　（西班牙）	15 628 000	67.0%
France　（法国）	28 335 000	66.9%
United Kingdom　（英国）	25 737 000	63.9%
Germany　（德国）	24 508 000	54.6%
Japan　（日本）	14 877 000	24.4%
Switzerland*　（瑞士）	1 985 000	50.3%
New Zealand**　（新西兰）	2 672 000	79.8%
Taiwan**　（中国台湾）	11 068 000	77.9%
United States**　（美国）	152 763 000	69.6%
Australia**　（澳大利亚）	11 010 000	68.4%

图 3　2012 年 3 月 Facebook 全球访问量

（数据来源：尼尔森）

在智利、土耳其和委内瑞拉,Facebook 对当地互联网用户的普及率甚至高达 80%。

1. Facebook 在共享内容上占据绝对优势

谷歌开创了人们搜索信息的时代,但是 Facebook 在此基础上,提供给予人们分享信息的工具。

根据艾瑞研究报告显示,社交网络在美国网民最常用的内容分享十大网站中占据半席,成为美国网民主要的内容分享方式。[①] 换句话说,社交媒体成为了

---

① 艾瑞视点：2012 年 1 月社交网络成为美国网民最常用的内容分享方式.艾瑞网,2012 年 5 月 24 日,http://web2.iresearch.cn/61/20120524/172889.shtml.

美国网民获取信息的主要途径。

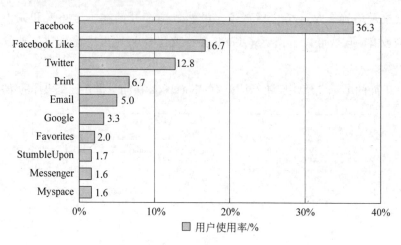

图 4　2012 年 1 月美国网民使用率最高的十大内容分享方式

（数据来源：艾瑞咨询）

报告中，很明显观察到 Facebook 的分享信息地位远远超过第二名的 Twitter，Facebook 推出的 Like 功能进一步巩固了其地位。

2. 美国人花在 Facebook 上的时间远远超过其他网站

互联网用户访问社交媒体的时间不断增加，平均每位互联网用户每月花 6 个小时访问社交媒体。这种全新的公众论坛不仅无处不在，且用户黏性超强。社交网络和博客继续主宰美国人的上网时间，现在占在互联网上花费的总时间的近 1/4。

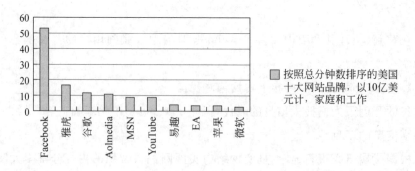

图 5　按照总分钟数排序的美国十大网站品牌

（数据来源：尼尔森 2011 年 5 月）

（数据显示：美国人花在 Facebook 上的时间远远超过美国的其他网站。）

根据 ComScore 调查结果显示,2012 年 1 月份每个用户花费在 Facebook 网站的时间为 405 分钟,花在 Pinterest 和 Tumblr 两个网站的平均时间都是 89 分钟。Twitter 用户平均每月花费 21 分钟,LinkedIn 用户平均每月花费时间为 17 分钟。而 Google＋用户平均每人仅仅花 3 分钟在此停留。

早在 2010 年,Facebook 超过谷歌,成为美国流量最大的网站。Facebook 的成功是多方面的。Facebook 除了在社交网络中集状态、墙、视频、团购、礼物、活动、市场等多功能服务于一体,满足人们多方面信息索取和分享、娱乐需求外,在商业领域,它也发挥自己强有力的作用,得到广告商的青睐。

3. 经济利益巨大

Facebook 在 2010 年和 2011 年的营收分别为 19.7 亿美元以及 37.1 亿美元。其中 2011 年 Facebook 的全球网络广告收入就达到 31.5 亿美元,相比 2010 年近 19 亿美元增长了 68.2％,相比于 2008 年不足 3 亿美元增长超过了 10 余倍。艾瑞咨询预测 Facebook 将会在 2012 年保持超过 60％的强劲增长势头,达到 50.6 亿美元。

在艾瑞咨询的《社会广告趋势调查》数据显示,受访的广告商 93％已经向 Facebook 投入广告。

图 6　Facebook 年收入

（数据来源：gigaom）

Facebook 已经属于全球的社交媒体,其盈利范围绝对不仅仅局限于美国,数据显示,虽然 Facebook 营收增长速度有所放缓,但是其海外营收在总的营收额中比例在逐年增加。

2.5.3　未来政治的影响

尼尔森研究报告中指出活跃的成年社交网络用户在线下比一般的成年互

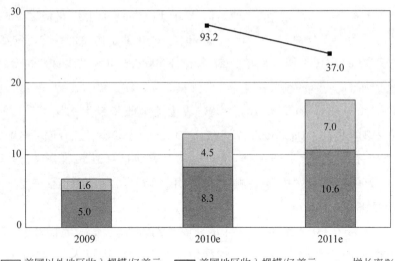

图 7　2009—2011 年全球 Facebook 收入规模

（数据来源：艾瑞咨询）

联网用户更有可能参加政治集会。

"阿拉伯之春"和"占领华尔街"这两场运动中，互联网社交媒体起到了重要并且关键的作用。日本中央大学法律系教授泷田贤治在《世界迎来"两超多强"时代》中指出，"阿拉伯之春"和"占领华尔街"运动表明，活用社交媒体的大众运动开始风起云涌，预计 21 世纪将发生全球性大众运动。大众发起网络恐怖袭击的可能性越来越高。

美国前助理国防部部长、哈佛大学教授约瑟夫·奈在《权利的未来》中提到，权利远离政府，向其他地方扩散是本世纪的重要政治转变。网络空间就是一个再好不过的例子。[①] "阿拉伯之春"和"占领华尔街"运动让美国意识到了 Facebook、Twitter 等社交媒体的巨大作用。

值得一提的是美国已经提交了修正后的信息安全法案，在"信息空间的紧急状态"，政府可以部分接管或禁止对部分站点的访问。美国政府将"控制"全球范围信息流动作为其国家信息战略的重点。换句话说，目前 Facebook 全球 10 亿的用户信息，可以为美国所利用，随着 Facebook 在亚洲和南美的迅速发展，Facebook 的信息覆盖面积将继续蔓延。

---

① 　约瑟夫·奈."网络 9·11"威胁世界和平.参政消息,2012 年 5 月 4 日.

中国社科院美国所研究员倪峰表示，在中东骚乱中，网络传播美国价值观的作用甚至超过美国自己的想象，已经将网络作为新战略制高点的美国，想要再次制定游戏规则。① 美国正可以借此机会，大力推行"网络革命"。

奥巴马政府上台至今，已成立"网络司令部"、发布首份《网络空间行动战略》等，通过这一系列动作，可以看出网络互联网已经开始成为国与国之间争夺之地了。

社交媒体是互联网的一个重要的发展趋势，其信息领域涵盖了全球的经济、政治、文化、科技等各个方面。作为社交媒体巨头的 Facebook 正在尝试与美国政府的合作与联系。

《纽约时报》网络版分析指出，Facebook 已任命多名来自政界的人士担任法律、政策和企业公关等方面的高管，为将来与美国政府打交道做好充分的准备。现任的 Facebook 的首席运营官谢莉·桑德伯格（Sheryl Sandberg）曾致力于克林顿政府；Facebook 的总法律顾问泰德·尤罗特（Ted Ullyot）曾是美国最高法院法官安东宁·斯卡利亚（Antonin Scalia）的秘书；Facebook 全球公共政策副总裁马恩·列文（Marne Levine）曾是奥巴马政府前官员等。加州大学伯克利分校法律与技术中心主任克里斯·杰·胡夫纳格（Chris Jay Hoofnagle）对此表示，对于与政界联系密切的企业高管而言，他们不仅可以就一些问题与政府官员协商，还能够对政界施加影响。②

Facebook 的影响力不仅仅局限于美国，而是全球性的，Facebook 超过 70% 的账号注册来自海外。Facebook 的隐私信息的保护一直备受争议，在修订后的信息安全法中，美国对信息有监控权利。在某种程度上说，Facebook 处于美国政府的掌控之中，所以 Facebook 的隐私信息也尽在美国的控制下。这将使得全球信息传播秩序不公平、信息流通严重不对称。

2.5.4　全球未来互联网传播趋势

根据《百度 2012 年 Q1 百度移动互联网发展趋势报告》显示，从 20 点开始，移动互联网用户的浏览量开始超过 PC 互联网，一直持续到凌晨 1 点；继而，从

---

① 美炒作中国黑客进美国网络如入无人之境. 中评网，2011 年 5 月 30 日，http://www.zhgpl. com/crn-webapp/doc/docDetailCNML.jsp?docid=101714721.

② Facebook 加强与美国政府联系. 纽约时报，2011 年 3 月 28 日，http://www.nytimes.com/ 2011/03/29/technology/29facebook.html?pagewanted=all.

早上 6 点到 10 点,移动互联网亦超越 PC 互联网。PC 互联网领地已开始"失守"。如果扣除移动设备充电的必备时间,则移动互联网可以说是在晚间完胜。①

2011 年全球统计里,借助互联网的网络连接超过 50% 是来自移动终端。这些数据已经告诉我们移动互联网将是未来互联网的趋势。移动互联网需要靠移动终端来实现传播。尼尔森的研究报告中显示智能手机是目前主要的移动终端。

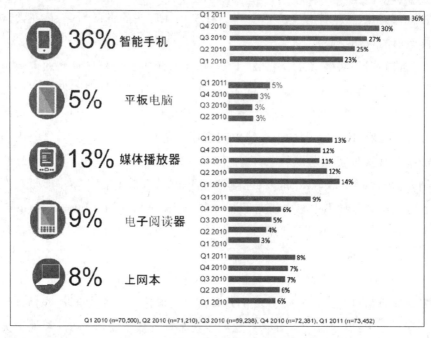

图 8　美国移动连接设备洞察报告

（数据来源：尼尔森）

电脑除了需要键盘、显示器、鼠标等一些基础的设备,还需要有线上网接口。可是一些贫困落后的国家和地区,很多家庭都没有有线上网接口等。智能手机除了能避免 PC 带来的设备不便外,还能在一天内各种场所都使用。智能手机由于其携带便捷性,随时随地获取信息等优势,真正把虚拟的数字世界和现实的世界连接起来了。

---

① 百度报告：移动互联网超越 PC 互联网成定局.艾瑞咨询,2012 年 5 月 27 日,http://search. iresearch. cn/14/20120527/173017. shtml.

美国的手机用户中有将近 50% 是智能手机;在英国有超过一半的青少年拥有智能手机,1/4 的成年人拥有智能手机;截至 2011 年 12 月底,中国智能手机网民规模达到 1.9 亿,占手机网民的比例达到 53.4%。

Google 全球副总裁刘允表示智能手机将引领互联网和未来咨询发展的趋势。中国小米科技 CEO 雷军表示未来手机是真正的中心(传统的 PC 会通过手机去接入云端)。同时,数据显示智能手机的销售已经超过了 PC 的销售。

移动终端最大的变化是整个把终端从原来的固定变到移动里面。我们看到智能手机将成为未来互联网发展的主要工具。

2012 年 5 月 comScore 数据显示:美国智能手机用户使用程度最高的网站是 Facebook。Facebook 美国用户平均每月通过手机网站和 App 端接入 Facebook 的总时间为 441 分钟,而通过传统网页登录的时间则为 391 分钟。这就意味着 Facebook 手机上停留时间第一次超过传统网页的用户停留时间。[①]

Selected Social Networking Properties (Mobile Browser and App Audience Combined) March 2012　Source: comScore Mobile Metrix 2.0 Total U.S. Smartphone Subscribers Age 18+ on iOS, Android and RIM			
Platform	Total Unique Visitors (000)	% Reach	Average Minutes per Visitor
Facebook	78 002	80.4%	441.3
Twitter	25 593	26.4%	114.4
LinkedIn	7 624	7.9%	12.9

图 9　移动互联网访问率

通过这些数据我们知道,智能手机正在快速普及,移动互联网正在被越来越多的人使用,而移动社交媒体则是其中最热门的应用。社交媒体的"领头羊"是 Facebook。因此,Facebook 将成为未来网络传播的"核武器"。

根据 Facebook 发展趋势,展望其对三网融合背景下的中国广电网络提升核心竞争力和国际传播力的启示。

自 2010 年国家层面启动三网融合试点以来,广电和电信博弈即被推向浪尖,甚至一度传出因双方僵持不下导致三网融合夭折的消息。

---

① comScore:Facebook 手机上停留时间第一次超过传统网页的用户停留时间. 中文互联网数据资讯中心,2012 年 5 月,http://www.199it.com/archives/41841.html.

围绕着三网融合这块新兴的市场,无论是广电还是电信,都不想错失这块价值不菲的蛋糕。此前有分析估算,如果三网融合在全国范围、实质意义上深度展开,将形成并带动高达1.6万亿元的产业市场规模,此间,谁掌握了主动权和话语权,即可在三网融合中占据龙头甚至垄断地位。

由此,广电和电信都以各自的优势为"王牌"坚守阵地,限制对方越位开展业务。广电方面,主要是严控内容播控、服务方面的牌照,特别是针对电信开展的IPTV业务,设立IPTV牌照和播控平台,所有的电信企业开展音视频业务,都需要通过上述平台实现。而电信方面,则借互联网传输通道,即宽带方面的压倒性优势,对广电展开的基于有线网络的宽带传输进行了出口限制。简单来说,参与三网融合企业的终极发展目标是"数据(传输)+内容"的综合服务提供商。目前广电拥有内容,而缺少数据传输,三大电信运营商则恰恰相反。从这方面看,如果中国广电网络组建,将与三大电信运营商一并,成为参与三网融合的市场主体,并成为融合了电信业务和广播电视内容服务的第四大综合服务运营商。

据报道,目前国家级有线网络公司"中国广播电视网络公司"(以下简称"中国广电网络")组建方案已经通过了国务院三网融合工作协调小组审核,已上报国务院审批。一个全新的国有独资的集电信业和广播电视产业的文化航母即将呼之欲出,三网融合将迎来高速快进时代。

首先,最大化发展同轴网络。从某种程度上说,基于现有的网络基础,最大化发展同轴网络,成为广电迫切需要解决的课题。我国有线运营商所坚持的"在最后100m同轴上进行技术创新,打造高速率、高性能、高可靠同轴接入网"的技术路线得到了全球同行的认可。对于Homeplug AV技术,在QoS上不能满足广电网络接入网的需求,Homeplug AV的另外一个主要问题是由于使用低频,无法满足广电网络持续的高带宽需求。要满足广电网络持续的高带宽需求,就必须使用高频。MoCA技术给出了自己的路线图。MoCA在一开始就选择高频,能够满足广电网络持续的高带宽需求,因为其使用范围是500M~1 600MHz的频率范围。理论上的带宽可以达到4G~10Gbps。为了满足接入网的需求,MoCA技术开发了适合接入网需求的版本,在QoS上可以满足需求。因此,MoCA 2.0是一种现实的技术选择。

其次,继续加强网络建设改造。全面推进有线电视网络数字化和双向化升级改造。整合有线电视网络,培育市场主体。加快电信宽带网络建设,推进城镇光纤到户,扩大农村地区宽带网络覆盖范围。推动移动多媒体广播电视、手机电视、数字电视宽带上网等业务的应用。计算机世界传媒集团助理总裁包冉表示,此次方案前后经历十几稿,广电可以做电信增值业务,包括互联网接入、IP 电话、互联网国际出口等,电信可以做 IPTV,但不能做播控平台,即与既有的格局保持不变。而且全国广电网络公司开始筹建,这是全国广电网络,尤其是有线网络的一次发展机遇。

最后,加大对新媒体建设的投入,着力打造新媒体产业集团。党的十七届六中全会已把加快新媒体建设提升到要从战略高度重视和发展新媒体,提出要切实增强统筹传统媒体与新兴媒体的发展能力,使新媒体成为传播社会主义先进文化的新阵地、提供公共文化服务的新平台、人们健康精神文化生活的新空间。"十二五"时期,国家广电总局已把"加快以传统媒体为主向传统媒体与新媒体融合发展"排在我国广播电视事业六大转变之首。随着三网融合进程的加快和电信企业的进入,新媒体的竞争已然激烈,"新媒体",无疑是当下最热门的词汇,通过百度可以搜索到 7 580 万个结果。"新媒体"概念成就了众多知名企业,比如,分众传媒的"楼宇电视"、华视传媒的"移动电视"、优酷的"网络视频",这些企业都成功实现了上市。而目前中央人民广播电台已拥有多项新媒体业务,并且一直按照统一机构、归口管理、整合发展、企业化运作的模式在推进。一个具有多个新媒体概念和实际业务的新媒体集团,完全可以按上市企业来谋划和打造,有利于新媒体产业做大做强。

第3章　全球最大软件公司微软的发展模式

陶宏祥

今天，当全球几十亿人一打开计算机，就会看到熟悉的 Windows（视窗）界面。Windows、Microsoft Office 软件的广泛使用，让全世界都知道这个最大的软件公司——微软（Microsoft）。

微软（Microsoft）公司是世界计算机软件开发的先导，1975 年，由比尔·盖茨与保罗·艾伦在华盛顿州的雷德蒙市创建。微软（Microsoft）一词由 microcomputer 和 software 两部分组成。其中，micro 来源于 microcomputer 微型计算机；soft 是 software（软件）的缩写，由比尔·盖茨命名。其主要产品为 MS-DOS、Windows 操作系统、Internet Explorer 网页浏览器及 Microsoft Office 办公软件套件。1999 年推出了 MSN Messenger 网络即时信息客户程序，2001 年推出 Xbox 游戏机，参与游戏终端机市场竞争。2012 年推出一款全新的 Surface 平板电脑，将作为 Xbox 之后掌控软硬件设计生产成功延续。

微软这个由两人合伙注册的公司，现在是全球最大的电脑软件提供商，在世界各地雇员最高时达 9 万多人，最高市值曾达 5 800 亿美元，2011 年营业额 624 亿美元。从微软取得巨大成就来分析，它的成功除了建立者个人的创造力外，可归结为公司将技术、人才、领导艺术、企业文化等进行完美结合的结果。

3.1　创业史及创始人

3.1.1　创业史

1975 年 19 岁的比尔·盖茨和高中同学保罗·艾伦在美国阿尔伯克基一家旅馆里创建了微软公司（Microsoft）。1977 年，微软公司搬到西雅图的贝尔维尤（雷德蒙德），在那里开发 PC 编程软件。公司创立初期以销售 BASIC 解译器为主。当时的计算机爱好者也常常自行开发小型的 BASIC 解译器，并免费分发。

　　1980 年,IBM 公司开始与微软公司合作,由微软公司为其新的微型计算机(PC)机编写操作系统软件,这是微软公司发展中的一个重大转折点。微软公司用 5 万美元从西雅图一位程序员 Tim Patterson(帕特森)手中买下了 QDOS 操作系统使用权,进行部分改写,定名为 Microsoft DOS（MS-DOS：Disk Operating System,磁盘操作系统）,用安装销售的形式卖给 IBM 公司。随着 IBM-PC 机的普及,MS-DOS 取得了巨大的成功。因为其他 PC 制造者都希望与 IBM 兼容。MS-DOS 在很多家公司被特许使用,因此 20 世纪 80 年代,它成了 PC 机的标准操作系统。

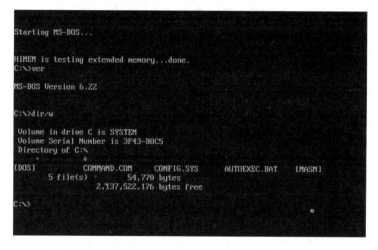

图 1　早期微软研发的 MS-DOS 操作系统电脑显示界面

　　1983 年,微软与 IBM 签订合同,为 IBM PC 提供 BASIC 解译器,还有操作系统。到 1984 年,微软公司的销售额超过 1 亿美元。随后,微软公司继续为 IBM、苹果公司以及无线电器材公司的计算机开发软件。随着微软公司的日益壮大,微软公司(Microsoft)与 IBM 公司在许多方面成为了竞争对手。

　　1991 年,IBM 公司、苹果公司解除了与微软公司的合作关系,但 IBM 与微软的合作关系却又从未间断过,两个公司保持着既竞争又合作的复杂关系。1992 年,微软公司买进 Fox 公司,迈进了数据库软件市场。1983 年,微软公司创始人保罗·艾伦离开微软公司,后来成立了自己的公司。艾伦拥有微软公司15% 的股份,至今仍列席董事会。1986 年,微软公司转为美国公营。盖茨保留微软公司 45% 的股权,这使盖茨成为 1987 年微型计算机(PC)产业中第一位亿

万富翁。1996 年,他的个人资产总值已超过 180 亿美元。1997 年,则达到了
340 亿美元,1998 年超过了 500 亿大关,成为全球首富。

图 2　1992 年微软推出的 Windows 3.1 版

　　1985 年 11 月,微软公司在 MS-DOS 的基础上推出 Windows 1.0,是微软
第一次对个人电脑操作平台进行用户图形界面的尝试。之后又陆续推出了
Windows 2.x、Windows 3.x 等系列仍基于 DOS 的操作系统。

　　1995 年,微软推出了独立于 DOS 的 Windows 95 操作系统,迅速占领了全
球的个人电脑市场。接着在 1998 年,微软公司又推出了 Windows 98 操作系
统,这是微软历史上影响时间最长、最成功的计算机操作系统之一。在此基础
上,微软推出了 Windows 98 第二版(SE 版)以及 Windows Me 千年版。接着又
推出了 Windows 2000/XP/Vista/7,以及现在的最新版本 Windows 8,都为微
软赢得了很大的市场。

　　在服务器应用领域,微软先是推出了 Windows NT 系列操作系统,接着在
此基础上推出了 Windows 2000 系列操作系统、Windows Server 2003 系列操作
系统和最新的 Windows Server 2008 系列操作系统。在专业应用领域。继
Windows 2000 后,微软又推出了 Windows Server 2003 系统和 Windows
Server 2008 系统。

　　2008 年 10 月 27 日,前微软首席软件架构师 Ray Ozzie 在洛杉矶举行的专
业开发者大会上,宣布了微软的云计算战略以及云计算平台——Windows
Azure。Windows Azure 是继 Windows 取代 DOS 之后,微软的又一次重大变

革,它将运用全世界数以亿计的 Windows 用户桌面和浏览器,在互联网架构上打造云计算平台,让 Windows 实现由 PC 到云计算领域的转型。

2010 年 10 月 11 日,微软公司正式发布了智能手机操作系统 Windows Phone。Windows Phone 是微软研发的一款手机操作系统,它将微软旗下的 Xbox LIVE 游戏、Zune 音乐与独特的视频体验整合至手机中。

2011 年 9 月 14 日,微软公开发布 Windows 8 Developer Preview 预览版,并计划于 2012 年年底正式发布 Windows 8。

在全球 IT 软件行业流传着这样一句话:"永远不要去做微软想做的事情。"微软的巨大影响已经对全球软件同行构成了极大的压力,也把自己推上了反垄断法的被告位置。连多年来一直的合作公司 Intel 也与之对簿公堂。2001 年 9 月,美国政府鉴于经济低迷,有意重振美国信息产业,裁决不对微软公司进行拆分。

目前,微软公司在全球 60 多个国家设有分公司,全世界雇员人数 90 000 多人。2012 年 8 月 23 日,微软公司进行了 25 年以来首次微软公司 Logo 更换。

3.1.2　创始人

比尔·盖茨(Bill Gates),全名威廉·亨利·盖茨(William Henry Gates),美国微软公司董事长。他与保罗·艾伦一起创建了微软公司,曾任微软 CEO 和首席软件设计师,并持有公司超过 8% 的普通股,也是公司最大的个人股东。1995 年至 2007 年的《福布斯》全球排行榜中,比尔·盖茨连续 13 年蝉联世界首富。2012 年 3 月,《福布斯》发布全球富豪榜,比尔盖茨以 610 亿美元位列第二。

1955 年 10 月 28 日,比尔·盖茨出生于美国西海岸华盛顿州的西雅图的一个家庭,父亲威廉·亨利·盖茨(William Henry Gates,Sr.)是当地的著名律师,他过世的母亲玛丽·盖茨(Mary Maxwell Gates)是银行系统董事,他的外祖父 J. W. 麦克斯韦尔(J. W. Maxwell)曾任国家银行行长。比尔和两个姐姐一起长大,曾就读于西雅图的公立小学和私立的湖滨中学(Lakeside School),在湖滨中学盖茨认识了比他高两个年级的保罗·艾伦,比尔·盖茨是一名出色的学生,在他 13 岁时就开始了电脑程序设计。高中毕业时,获得美国高中毕业生的最高荣誉"美国优秀学生奖学金"。17 岁,比尔·盖茨卖出了他的第一个电脑编程产品———一个时间表格系统,买主就是他就读的高中学校,价格是 4 200 美元。

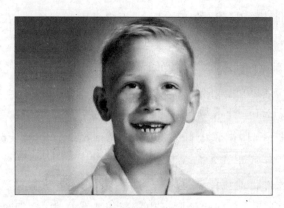

图 3　小时候的比尔·盖茨

　　1973 年,盖茨考进了哈佛大学。在 SAT(美国大学入学考试)标准化测试中得分 1 590(满分为 1 600)。在哈佛大学学习期间,盖茨为第一台微型计算机——MITS Altair 开发了 BASIC 编程语言的一个版本。他曾告诉大学老师要在 30 岁时成为百万富翁,而他 31 岁时就已经成为了亿万富翁。

　　1975 年,19 岁的比尔·盖茨从哈佛大学退学,和高中校友保罗·艾伦一起创建了微软公司。开始他们主要是卖 BASIC(Beginners' All-purpose Symbolic Instruction Code,一种设计给计算机初学者使用的程序设计语言)。一个偶然的机会,他得知 IBM 公司正在为生产的微型计算机寻找新的操作系统。盖茨找到 IBM 公司,争取到与 IBM 的合作,然后从一个朋友手里买下了一款操作系统进行修改后卖给了 IBM 公司。这个系统就是著名的 DOS 操作系统,也是盖茨事业巅峰的开始。因微软(Microsoft)当时的公司名称还使用的是 Micro-Soft,他就将这款 DOS 系统定名为 MS-DOS 操作系统。

　　1986 年,微软公司转为美国公营公司,盖茨仍保留公司 45% 的股权,这使他在 1987 年成为 PC 产业中的第一位亿万富翁。

　　1987 年,盖茨在微软公司举行的一次发布仪式上邂逅了妻子美琳达·法兰奇(Melinda French),美琳达当时还是微软的员工,他们于 1994 年元旦结婚。

　　1996 年,盖茨的个人资产总值已超过 180 亿美元;1997 年达到 340 亿美元;1998 年跨过了 500 亿美元大关,成为理所当然的全球首富。微软公司的 Windows 操作系统也占据了全世界几乎所有个人电脑。

　　2005 年,比尔·盖茨被英国伊丽莎白二世女王授予英帝国爵级司令勋章(KBE)。

　　2006 年 6 月 15 日，比尔·盖茨在美国华盛顿州雷德蒙德微软公司总部的新闻发布会上宣布，他将在今后两年内淡出微软公司日常事务，把主要精力集中在卫生及教育慈善事业上。

　　2008 年 6 月 27 日，比尔·盖茨正式退出微软公司，并将个人 580 亿美元财产全部捐给了"比尔与美琳达·盖茨"基金会，开始将大部分时间投入到慈善事业上。

图 4　微软前后二任 CEO 比尔·盖茨与史蒂夫·鲍尔默

3.2　创新模式：永远要做世界软件第一

　　"所有的员工都相信：微软最神奇的时刻总是它作为 number 2（第二名）去学习，赶超 number 1（第一名）并把第一名击溃。不过，一个产品队伍一旦推动假想敌，它就会松懈，盖茨和鲍尔默也会撤回对它的投资和支持。比如说，在 Internet Explorer 击败 Netscape 之后，微软就降低了投资，致使它的浏览器多年没有再进步，直到又出现了火狐这个'敌人'，才又开始振作。"这是李开复离开微软后写的《世界因你而不同》书中的一段话。这段描述简明地点出了微软的创新模式，始终是建立在超越对手和为用户提供最好产品和技术服务的基础上。

　　微软的创新发展，要么从技术上超越，要么将对手收购，使它成为自己的技术，以确保自己始终在这个领域保持第一。1980 年，IBM 公司推出新 PC 需要操作系统软件,盖茨得知信息,用 5 万美元从一位名叫 Tim Patterson(帕特森)的程序员手中买下了 QDOS 操作系统的使用权,进行改写后将这个软件命名为 Microsoft DOS(Disk Operating System,磁盘操作系统),然后卖给了 IBM,这也成为微软发展的一个重要转折时刻。从 MS-DOS 开始,微软的产品创新迅速发展,随后开发的 Windows(视窗)系列,使微软在世界软件行业确定了无可撼动的老大地位。

3.2.1　创新基础——建立庞大的研究机构

在微软公司,主要人员不是生产制造软件光盘和销售软件,而是庞大的技术研发团队。微软分别在美国总部、旧金山和剑桥大学、北京建立了研究院。还在微软总部设有七大产品研发集团,在世界各国都设有研发中心。2011 年 2 月,微软亚太研发集团主席张亚勤告诉记者,微软在中国大陆约有 3 000 名研发人员,在亚洲其他地区包括中国香港、澳大利亚和韩国有 600～700 名研发人员。微软全球研发人员总数有 3 万人左右。

微软依靠这支庞大的研发队伍和经费投入,确立向全球客户提供最好的微软软件产品为目标,不断研发推出最好的计算机软件、游戏、网络等产品。仅微软在亚太地区的研究机构,就将研发方向锁定了五大领域。

一是移动通信和嵌入式系统。这是针对全球数以亿计的移动用户,日新月异的计算与通信科技的便利。微软开始加快主导移动产品新兴市场、推进 Windows Phone 取得成功的研究。研发团队还在大力探索下一代的移动计算/通信技术及嵌入式系统,研发范围覆盖 3G 网络、移动多媒体处理和管理、人机界面等诸多领域。

二是互联网技术产品和服务。微软公司希望进一步优化全球用户的体验,让基于互联网的各种资源和应用更加智能化、精确化、结构化。微软正在对新一代互联网搜索与挖掘、新一代在线广告服务平台、新一代"必应"搜索引擎、网络多媒体、个人聚合计算等技术、产品和服务展开深入探究。

三是数字娱乐技术。微软基于网络、互动性更强且更具真实感的创新技术将把人们带入全新的个性化数字娱乐时代。在线数字娱乐关键技术和平台(XBOX 360、XBOX Live、IPTV、Games Explorer)的开发,打造跨平台(如 PC、家用游戏机、掌上设备)、跨区域的游戏和娱乐体验等。

四是服务器与开发工具。微软亚太研发部门,还在对 SQL Server、Visual

Studio、AppFabric、System Center、Windows Small Business Server、Windows HPC Server 和 Windows Embedded Standard 等微软核心产品进行研发和创新。随着微软服务器发展为"云化每项业务"后，研发团队会向 Windows Azure 上迁移或围绕着 Windows Azure 展开。

五是新兴用户市场。微软的研发始终是针对市场客户，他们在产品研发中，始终会有销售经理参与其中。针对中国及亚太地区拥有的世界第一大移动设备和消费类电子产品客户群、第二大 PC 和互联网客户群——广袤的市场、具有显著区域特色的用户需求（如 SMS、网络游戏）孕育出了独特的业务模式，并带来了层出不穷的、由技术整合而生的商业机遇。微软亚太研发团队将开发具有更强竞争力的技术、产品和服务。

在微软总部，他们将一些研发方向组成一个研发集团组，由各个副总裁进行领导管理，从而更快更好地提高研发水平、推出更好的产品和技术。

个人服务组（PSG）。致力于为个人用户和商业用户提供更容易的在线连接，并且为各种各样的设备提供软件服务。PSG 包含了微软的个人.NET 倡议、服务平台部、移动组、MSN 的互联网访问服务、用户设备组以及用户界面平台部。

服务业务组。负责网络程序开发、业务发展以及 MSN 和微软其他服务世界范围内的市场和销售，包括 MSN eShop、MSN Carpoint（MSN 汽车站点）、MSN HomeAdvisor（MSN 房屋资源站点）、MSN MoneyCentral（MSN 私人财物管理资源站点）、MSN Sidewalk（MSN 城市指南站点）、the MSNBC venture、Slate 和 MSNTV 平台组，由集团副总裁 Jim Allchin 领导，负责在各个方面不断对 Windows 平台做出改进，例如把存储、通信、消息通知、共享图像及听音乐等变为 Windows 经历的自然扩展。这个组还对包括.NET 企业服务器组、开发工具部和 Windows 数字媒体部进行研发。

办公和商务。负责开发提高生产力和商业流程的应用和服务。工作包括将功能完善且性能强大的 Microsoft Office 逐步演化为以服务于基础的产品。除 Office 部门之外，商用工具部门，包括 bCentral（微软的免费专业计数器工具）和 Great Plains（商务解决方案，属于跨越多个业务面的应用软件平台，其中所涉及的业务领域包括财务、分销、人力资源与报酬管理、客户关系管理、项目会计核算、电子商务、生产制造和供应链管理）的商用。

服务组。集成微软销售和服务伙伴，包括微软产品支持服务、网络解决方案组、企业伙伴组、市场营销组织和微软全球三大地区的业务组织。

微软研究院。负责对当前或未来的计算课题提出创造性的建议和解决方案,使计算机变得更加易于使用。为下一代的硬件产品设计软件,改进软件设计流程和研究计算机科学的数学基础。

3.2.2 创新的力量——招募世界顶尖人才

微软创新的成功因素之一在于重视人才。比尔·盖茨在他创建公司之初,就一直想方设法把最好的软件工程师纳入囊中。现在微软在全球有9万多人,绝大部分都是世界顶尖的 IT 技术人才。

张亚勤,一个出生于中国山西太原,12 岁考入中国科技大学少年班,23 岁获得美国乔治·华盛顿大学电气工程博士学位的天才。1999 年被微软招入研发团队,是微软亚洲研究院(MSRA)创始人之一,并在 2000—2004 年担任微软亚洲研究院院长兼首席科学家。这位数字影像和视频技术、多媒体通信方面的世界级专家,现在担任了微软公司全球资深副总裁、微软亚太研发集团主席,负责微软在中国和亚太地区的科研及产品开发的整体布局。

在微软,来自美洲、亚洲、欧洲等世界各国的科技人才,都有与张亚勤一样的聪明才智,他们为微软不断创造出一项又一项有世界专利的科研成果。

3.2.3 创新策略——大力收购最新的技术和公司

"我曾提议收购 Nuance,但微软只愿出 1 亿美元(现在值 60 亿美元)。我曾提议收购谷歌,但微软嫌 20 亿美元太贵(现在值 1 700 亿美元)。后来又错失 Overture、YouTube、DoubleClick。多次被抢走好公司后,微软决定狠狠出价:450 亿美元收购雅虎、60 亿美元收购 aQuantive、85 亿美元收购 Skype。"这是 2011 年 5 月 10 日,微软宣布收购 Skype(网络即时语音沟通工具)时李开复所说的。

在微软公司多年的发展中,总在不断地选择收购,虽然也有判断失误的时候。但只要某一领域出现最新技术,或某一家新公司的研发水平超过自己时,微软马上会做出反应。一是判断这项技术对微软有多大威胁,自身技术是否能打垮对方;二是不能打垮时,采取收购措施,以保持在各个技术领域的地位。

2007 年 8 月,微软用 60 亿美元完成了对网络广告公司 aQuantive 的收购,希望借此缩小同谷歌在网络广告领域的差距,更有效地从高速增长的互联网市场获利。微软 CEO 史蒂夫·鲍尔默(Steve Ballmer)在声明中称:"通过收购

aQuantive,我们的广告网络将进入下一个阶段,从最初的 MSN,发展至包括 Xbox Live、Windows Live 和 Office Live 的微软网络,现在则覆盖了整个互联网。"

2007 年 8 月,微软宣布在当年第四季度将收购企业群组对话软件商 Parlano,以强化 2008 年年初推出的 Office Communication Server 2007。微软在收购 Parlano 之后,就会拥有更完整的实时整合通信平台,包括利用各种装置进行电子邮件传送、实时通信、网络会议、VoIP(将模拟声音信号数字化,以数据封包的形式在 IP 数据网络上实时传递技术)等,就可和 IBM 及 Cisco(思科公司)一决高下。

微软除了在重大技术前沿快速发展,也会关注各行业的技术发展。2007 年 10 月,微软首席执行官史蒂夫·鲍尔默在旧金山召开的 Web 2.0 峰会上称,微软计划在未来 5 年里要进行大约 100 次收购,收购交易的规模大约为 5 000 万美元至 10 亿美元。收购对象包括使用开源软件的公司。

2007 年,微软将收购泰国 GCS 公司的软件、知识产权和其他资产,并把这些技术推向全球市场。泰国曼谷的 GCS 公司是研发医院临床和管理运作软件模块的,这些软件可以在微软操作系统的计算机上平稳运行,软件系统能有效帮助降低病人等待时间。

从 2006 年至今,不断传闻微软要收购"黑莓"(加拿大智能手机制造商 Research In Motion(RIM)公司)。据分析,微软有意收购"黑莓",是看到发展迅速的移动互联网前景。如果微软收购"黑莓"成功,将可能与 Google 和 iPhone(苹果手机)形成软硬结合的三大移动互联网巨头,击败三星等手机生产巨头,而占据移动互联网市场。

2008 年 5 月 4 日,微软公司宣布撤回对雅虎进行收购的提议。微软平台和服务业务部总裁 Kevin Johnson 表示:"微软正在新工具和 Web 体验上投入大量资金,已经大大改善了搜索表现和提升了广告主满意度。"不久,微软就推出了自己的新搜索引擎 Bing,这是微软公司取代 Windows Live Search 的搜索引擎。2009 年 5 月 29 日,微软又正式宣布推出全新中文搜索品牌"必应"。

2009 年 7 月 29 日美国雅虎公司和微软公司宣布,双方在互联网搜索和网络广告业务方面进行合作达成协议。根据这项为期 10 年的协议,雅虎网站将使用微软新推出的"必应"(Bing)搜索引擎,微软将获得雅虎核心搜索技术为期 10 年的独家使用许可权,而雅虎将负责在全球范围内销售两家公司的搜索广告。此外,微软还同意在双方合作的前 5 年中,雅虎网站营业收入的 88%归雅虎所有。据市场研究公司 Experian Hitwise 的数据显示,2011 年 1 月 Bing 提供技术的搜索服务在美国市场份额为 27.44%,其中雅虎为 14.62%,Bing 为 12.81%;而 Google 市场份额下降了 2 个百分点。

3.3　产品及服务

微软公司的产品覆盖了所有微型计算机软件领域,包括操作软件系统、应用软件、电脑硬件产品、游戏(xbox)、网络游览软件等多个类别,在软件行业也是占据绝对优势地位。

3.3.1　软件产品

1. MS-DOS 操作系统

微软公司开发的 MS-DOS 7.10 版,微软在开发到 MS-DOS 8.0 后就停止了研发,彻底走进 Windows(视窗)时代。

图 5　MS-DOS 7.10 版操作界面

MS-DOS(Microsoft Disk Operating System 的简称),是美国微软公司开发的 DOS 操作系统。在 Windows 95 以前,DOS 是 IBM PC 及其他兼容机上的最

基本软件配置,MS-DOS 是当时个人电脑中最广泛使用的操作系统之一。

1980 年,微软公司得到与 IBM 公司合作的合同,为 IBM 新的微型计算机 (PC)开发编写操作系统软件。1981 年 7 月,微软买下 Seattle Computer 公司开发的 86-DOS 版权和所有权,并对程序进行修改,定名为 MS-DOS 卖给了 IBM 和其他电脑公司,这是微软公司推出的第一个成功操作系统产品,也是微软公司发迹的重要时刻。

1983 年,MS-DOS 2.0 随 IBM XT 微型计算机发布。这个版本扩展了命令,并开始支持 5MB 硬盘。同年,又发布了 2.25 版本,对 2.0 版进行了一些 Bug 修正。

1984 年,MS-DOS 3.0 推出,增加了对新的 IBM AT 微型计算机的支持,并开始对部分局域网功能提供支持。

1986 年,MS-DOS 3.2 推出,可支持 720KB 的 5 寸软盘。

1987 年,MS-DOS 3.3 推出,可支持 IBM PS/2 设备及 1.44MB 的 3 寸软盘,同时,还支持其他语言字符集。

1988 年,MS-DOS 4.0 推出,增加了 DOS Shell 操作环境,还对一些功能进行了增强及更新。

1991 年,MS-DOS 5.0 推出,增强了内存管理和宏功能。

1993 年,MS-DOS 6.0 推出,增加了磁盘压缩功能,增强了对 Windows 的支持。

1995 年,MS-DOS 7.0 推出,增加了长文件名支持、LBA 大硬盘支持。这个版本已不是独立发售,而是内嵌在 Windows 95 中了。

1996 年 8 月,微软推出了过渡产品 MS-DOS 7.1。

2000 年,MS-DOS 8.0 推出。这是 MS-DOS 的最后一个版本。此时,微软看到了 Windows 的巨大技术优势,决定停止 DOS 系列软件的研发。

2. Windows 操作系统

微软公司(Microsoft)开发的 Windows 操作系统是目前世界上用户最多,兼容性最强的操作系统。最早的 Windows 操作系统于 1985 年推出,改进了微软公司以往的 MS-DOS 操作系统的命令行、代码系统等操作方式。操作系统更新为彩色界面,支持键鼠功能,桌面图标成为了进入程序的开始,极大地方便了用户操作电脑。

(1) Windows 1.0

1985 年 11 月 20 日,Windows 1.0 版发布。Windows 1.0 操作系统是微

软公司在个人电脑上开发图形界面的操作系统的首次尝试。Windows 1.0 附带了若干个程序,包括对 MS-DOS 的管理、画图、记事本、计算器以及帮助管理日常活动的日历等,甚至还有一个翻转棋游戏。最初,售价 100 美元的 Windows 1.0 没有受到用户关注,评价也不好。但随后,微软就发行了 Windows 1.0 的 4 个版本:1985 年 11 月 1.01 版、1986 年 1 月 1.02 版、1986 年 8 月 1.03 版、1987 年 4 月 1.04 版。

(2) Windows 2.0

1987 年,Windows 2.0 版发布。这个版本依然没有获得用户认同。之后又推出了 Windows 286 和 Windows 386 版本,为之后的 Windows 3.0 成功做好了技术准备。

(3) Windows 3.0

1990 年 5 月 22 日,Windows 3.0 发布。在界面、人性化、内存管理多方面作了巨大改进,获得了用户认可。1991 年 10 月,微软发布了 Windows 3.0 多语言版本,为 Windows 在非英语母语国家推广起到重大作用。

1993 年 11 月,Windows 3.11 发布。革命性地加入了网络功能和即插即用技术,比 Windows 3.1 多了局域网功能。

1994 年,微软特别给中国研发的 Windows 3.2 中文版发布。由于消除了语言障碍,降低了学习门槛,使 Windows 操作系统很快在中国流行起来。

(4) Windows 95

1995 年 8 月 24 日,微软公司发行了 Windows 95 操作系统。这是一个混合 16 位/32 位的 Windows 系统,其内部版本号为 4.0。第一次抛弃了对前一代 16 位 x86 的支持,是 Windows 操作系统中第一个支持 32 位的操作系统。Windows 95 操作系统的桌面图形用户界面非常强大,而且稳定、实用,是微软最成功的操作系统。Windows 95 的推出,也结束了桌面操作系统间的竞争。

(5) Windows NT

1993 年 8 月 31 日,Windows NT 3.1 推出。Windows NT 是纯 32 位操作系统,采用先进的 NT 核心技术。NT 即新技术(New Technology)。1996 年 4 月发布的 Windows NT 4.0 是 NT 系列的一个里程碑,该系统面向工作站、网络服务器和大型计算机,它与通信服务紧密集成,提供文件和打印服务,能运行客户机/服务器应用程序,内置了 Internet/Intranet 功能。

图 6　微软公司推出的最成功、影响最大的图形用户软件——Windows 95 操作系统软件界面

（6）Windows 98

Windows 98 是微软公司于 1998 年 6 月 25 日推出的。改良了硬件标准的支持，例如 MMX 和 AGP。还可以支持 FAT32 文件系统、多显示器、Web TV 等。在内存管理上有了革新的进步，是混合了 16 位/32 位的 Windows 操作系统。可在同一内存空间混合存放文件，不会出现系统死机。一旦某一应用程序错误，可以单独关闭该程序，但不影响整个系统持续正常运作。

1999 年 5 月 5 日 Windows 98 SE（第二版）发布。对系统作了一系列改进，增加对 DVD-ROM、USB 接口和影音流媒体的接收，以及对 5.1 声道的支持。

（7）Windows 2000

1999 年 12 月 19 日，Windows 2000 上市。开始称为 Windows NT 5.0。Windows 2000 是一个可中断、图形化、面向商业环境的操作系统。微软公司陆续开发了 Windows 2000 Professional 专业版（用于工作站及笔记本电脑）、Windows 2000 Server 服务器版（面向小型企业）、Windows 2000 Advanced Server 高级服务器版（面向大中型企业的服务器领域）、Windows 2000 Datacenter Server 数据中心服务器版（面向最高级别的可伸缩性、可用性与可靠性的大型企业或国家机构的服务器领域）。另外，微软公司 2001 年还推出了限量版 Windows 2000 Advanced Server Limited Edition，用于 Intel 的 IA-64 架构的安腾（Itanium）纯 64 位微处理器的版本。

（8）Windows ME

2000 年 9 月 14 日，Windows ME（Windows Millennium Edition 千禧年版）

发布。这是最后一个 16 位/32 位混合的 Windows 系统,短暂的 Windows ME 只延续了 1 年,就被 Windows XP 取代。

Windows ME 主要针对家庭、个人用户,改进了对多媒体和硬件设备的支持,增加了系统恢复、即插即用、自动更新等功能。

(9) Windows XP

Windows XP 于 2001 年 8 月 24 日正式发布。微软最初发行了两个版本:专业版(Windows XP Professional)和家庭版(Windows XP Home Edition)。后来又发行了媒体中心版(Media Center Edition)、平板电脑版(Tablet PC Editon)和入门版(Starter Edition)等。

Windows XP 新引入了"选择任务"用户界面等功能。由于微软把很多以前由第三方提供的软件整合到 Windows XP 操作系统中,也受到社会的批评。包括防火墙、媒体播放器(Windows Media Player)、即时通信软件(Windows Messenger)等,同时,由于它与 Microsoft Passport 网络服务紧密结合,也被认为是安全风险以及对个人隐私的潜在威胁,这也被认为是微软继续其垄断行为的持续。2003 年 3 月 28 日,微软发布了 64 位的 Windows XP。

(10) Windows Server 2003

2003 年 3 月 28 日,Windows Server 2003 发布。分为标准版、企业版、数据中心版。Windows Server 2003 标准版是一个可靠的网络操作系统,可迅速方便地提供企业解决方案;Windows Server 2003 企业版是为满足各种规模的企业的一般用途而设计的。它是各种应用程序、Web 服务和基础结构的理想平台,它提供高度可靠性、高性能和出色的商业价值;Windows Server 2003 数据中心版是为运行企业和任务所倚重的应用程序而设计的,这些应用程序需要最高的可伸缩性和可用性。

(11) Windows Vista

2005 年 7 月 22 日,微软 Windows Vista 发布。这是 Windows 版本历史上间隔时间最久的一次发布。Windows Vista 包含上百种新功能;全新界面风格、加强后的搜寻功能(Windows Indexing Service)、新的多媒体创作工具(例如 Windows DVD Maker),以及重新设计的网络、音频、输出(打印)和显示子系统。还使用了点对点技术(peer-to-peer)提升了计算机系统在家庭网络中的通信能力。

与 Windows XP 相比,Windows Vista 在界面、安全性和软件驱动及成性上有了很大的改进。操作系统核心进行了全新修正。网络方面集成 IPv6 支持，防火墙的效率和易用性更高，优化了 TCP/IP 模块，从而大幅增加网络连接速度，对于无线网络的支持也加强了。媒体中心模块将被内置在 Home Premium 和 Ultimate 两个版本中，用户界面更新、支持 CableCard。音频方面：音频驱动工作在用户模式，提高稳定性，同时速度和音频保真度也提高了不少，内置了语音识别模块，带有针对每个应用程序的音量调节。显示方面：Vista 内置 DirectX 10，显卡的画质和速度会得到革命性的提升。集成应用软件：取代系统还原的新 SafeDoc 功能可自动创建系统的影像，对新的图片集程序、Movie Maker 等进行了升级。Aero Glass 以及新的用户界面（Home Premium 以上版本支持），窗口支持 3D 显示，从而可提高工作效率。重新设计的内核模式加强了安全性，加上更安全的 IE 7，更有效率的备份工具，使 Vista 会安全很多。

（12）Windows Server 2008

Windows Server 2008 服务器操作系统，继承了 Windows Server 2003，代表了下一代 Windows Server。可用于在虚拟化工作负载、支持应用程序和保护网络方面向组织提供最高效的平台。

Windows Server 2008 发行了多种版本，以支持各种规模的企业对服务器不断变化的需求。是迄今最稳固的 Windows Server 操作系统，其内置的强化 Web 和虚拟化功能，是专为增加服务器基础架构的可靠性和弹性而设计的，可节省时间及降低成本。

（13）Windows 7

2009 年 10 月 22 日，Windows 7 正式发布，这是微软公司开发的具有革命性变化的操作系统。这个系统版本可以让电脑操作更加简单和快捷，提供高效易行的工作环境。从 2007 年 12 月到 2011 年 1 月，微软共推出了 11 个测试版本。微软为了让更多的用户购买 Windows 7，降低了系统配置，以满足在 2005 年以后的电脑机型都能够流畅地运行 Windows 7 操作系统。Windows 7 的开发设计围绕五个方面进行：针对笔记本电脑的特有设计；基于应用服务的设计；用户的个性化；视听娱乐的优化；用户易用性的新引擎。微软将 Windows 7 的特点描述为：

① 更易用。如快速最大化，窗口半屏显示，跳转列表（Jump List），系统故障快速修复等。

② 更快速。Windows 7 大幅缩减了启动时间，比用 Windows Vista 操作系

统的电脑更快。

③ 更简单。Windows 7 将会让搜索和使用信息更加简单,包括本地、网络和互联网搜索功能,直观的用户体验将更加高级,还会整合自动化应用程序提交和交叉程序数据透明性。

④ 更安全。Windows 7 包括改进了的安全和功能合法性,还会把数据保护和管理扩展到外围设备。Windows 7 改进了基于角色的计算方案和用户账户管理,在数据保护和坚固协作的固有冲突之间搭建沟通桥梁,同时也会开启企业级的数据保护和权限许可。

⑤ 更廉价。Windows 7 在中国以全球最便宜的价格卖给中国人,使盗版率大大降低。

⑥ 节约成本。Windows 7 可以帮助企业优化它们的桌面基础设施,具有无缝操作系统、应用程序和数据移植功能,并简化 PC 供应和升级,进一步朝完整的应用程序更新和补丁方面努力。

(14) Windows 8

2011 年 6 月 2 日,微软展示了 Windows 8 操作系统。微软公司表示将通过 Windows 8,对已有 25 年历史的 Windows 系统进行重大调整。2011 年 9 月 14 日,公开发布 Windows 8 开发者预览版(Windows 8 Developer Preview)。2012 年 2 月 29 日发布 Windows 8 消费者预览版(Windows 8 Consumer Preview)。2012 年 6 月 1 日,微软发布 Windows 8 发行预览版。2012 年 8 月 16 日,微软宣布 Windows 8 开发完成,正式发布 RTM 版本。Windows 8 有以下几个版本。

① Windows 8 标准版。适用于台式机和笔记本用户以及普通家庭用户。

② Windows 8 专业版。称为 Windows 8 Pro。面向技术爱好者和企业/技术人员,内置一系列 Win 8 增强的技术,包括加密、虚拟化、PC 管理和域名连接等。

③ Windows 8 企业版。为了满足企业的需求,Win8 企业版还将增加 PC 管理和部署、先进的安全性、虚拟化等功能。

④ Windows 8 RT 版。是专门为 ARM 架构设计的,无法单独购买,只能预装在采用 ARM 架构处理器的 PC 和平板电脑中。Windows RT 无法兼容 x86 软件,但将附带专为触摸屏设计的微软 Word、Excel、PowerPoint 和 OneNote。

⑤ Windows 8 中国版。是一个专供中国市场的版本,可能不包含 Windows 媒体中心(Windows Media Center),价格方面或许会非常便宜。

（15）Windows 9

微软公司已开展研发 Windows 9,系统预计在 2015—2016 年测试完毕。

3. Windows Phone 手机操作系统

Windows Phone 是微软发布的一款手机操作系统,它将微软旗下的 Xbox Live 游戏、Zune 音乐与独特的视频体验整合至手机中。2010 年 10 月 11 日,微软公司正式发布了智能手机操作系统 Windows Phone。2011 年 2 月,诺基亚与微软达成全球战略同盟并深度合作共同研发。2012 年 3 月 21 日,Windows Phone 7.5 登陆中国。2012 年 6 月 21 日,微软正式发布最新手机操作系统 Windows Phone 8,Windows Phone 8 采用和 Windows 8 相同的内核。

微软 Windows Phone 采用桌面定制、图标拖拽、滑动控制等一系列前卫的操作体验。主屏幕通过提供类似仪表盘的体验来显示新的电子邮件、短信、未接来电、日历约会等,可让人们对重要信息保持时刻更新。系统还有一个增强的触摸屏界面,更方便手指操作。

微软早在 2004 年就开始 Photon 的计划。开始研发 Windows Mobile 的一个重要版本更新,但最后计划被取消了。直到 2008 年,微软才重新组织了 Windows Mobile 的小组并改名为 Windows Phone,继续开发新的移动操作系统。原计划 2009 年发行,由于多方原因延迟,微软只得决定先用 Windows Mobile 6.5 过渡。

2010 年 2 月,微软正式向外界展示 Windows Phone 操作系统。2010 年 10 月,微软公司正式发布 Windows Phone 智能手机操作系统的第一个版本 Windows Phone 7,简称 WP 7,并在 2010 年年底发布了基于此平台的硬件设备。生产厂商有诺基亚、三星、HTC 等,从而宣告 Windows Mobile 系列彻底退出了手机操作系统市场。

2011 年 9 月 27 日,微软发布了 Windows Phone 系统的重大更新版本 Windows Phone 7.5,首度支持中文。其中包含了许多系统修正和新增的功能,以及包括了繁体中文和简体中文在内的 17 种新的显示语言。

2012 年 6 月 21 日,微软正式发布全新操作系统 Windows Phone 8(以下简称 WP 8)。Windows Phone 8 放弃 WinCE 内核,改用与 Windows 8 相同的 NT 内核,但不支持 WP 7.5 系统手机升级。

4. Windows Azure 云计算服务平台

Windows Azure 是一个互联网级的运行于微软数据中心系统上的云计算

服务平台,它提供操作系统和可以单独或者一起使用的开发者服务。可以用来创建云计算运行的应用或者通过基于云的特性来加强现有应用。

开放式的架构给开发者提供了 Web 应用、互联设备的应用、个人电脑、服务器,或者提供最优在线复杂解决方案的选择。Azure 可以帮助开发者开发可以跨越云端和专业数据中心的下一代应用程序,在 PC、Web 和手机等各种终端间建立良好的用户体验。2008 年 10 月 27 日,在美国洛杉矶举行的专业开发者大会 PDC 2008 上,微软前首席软件架构师 Ray Ozzie 宣布了微软的云计算战略以及云计算平台——Windows Azure(The Azure Services Platform 软件和服务)。Windows Azure 服务平台包括 5 个主要部分:

① Windows Azure。用于服务托管,以及底层可扩展的存储、计算和网络的管理。

② Microsoft SQL Service。可以扩展 Microsoft SQL Server 应用到云中的能力。

③ Microsoft . NET Service。使得可以便捷地创建基于云的松耦合的应用程序。另外还包含访问控制机制可以保卫你的程序安全。

④ Live Service。提供了一种一致性的方法,处理用户数据和程序资源,使得用户可以在 PC、手机、PC 应用程序和 Web 网站上存储、共享、同步文档、照片、文件以及任何信息。

⑤ Microsoft SharePoint Service and Microsoft Dynamics CRM Service。用于在云端提供针对业务内容、协作和快速开发的服务,建立更强的客户关系。

3.3.2　应用软件

1. Internet Explorer 网络浏览器

Internet Explorer 是微软公司推出的网页浏览器,简称 IE。它是目前世界上使用最广泛的网络浏览器。Internet Explorer 浏览器最初是从一款商业网页浏览器 Spyglass Mosaic 派生出来的产品。从 Windows 95 开始,微软公司将 Internet Explorer 捆绑在 Windows 各版本进行销售,成为 Windows 操作软件默认的网络浏览器。

2005 年 4 月,Internet Explorer 全球市场占有率约为 85%。2007 年全球市场占有率达 78%。目前,Internet Explorer 网络浏览器已经开发至 9.0 版,预计在 2012 年年底推出 Internet Explorer 10。

微软公司还投资 4 亿美元开发了可在苹果 Apple Macintosh 上使用的 Internet Explorer。但苹果从 iMac OS X Panther 起,开始自主研发浏览器 Safari,这也成为苹果机默认浏览器,之后苹果放弃了微软的 Internet Explorer 网络浏览器。

2. Microsoft Office 办公软件

Microsoft Office 是微软公司开发的一套基于 Windows 操作系统的办公软件套装,是微软公司最成功的应用软件之一。目前,最新版本为 Office 2010。根据版本不同,包括 Word(文字处理)、Excel(试算表)、Access(桌面数据库)、PowerPoint(幻灯片制作)、Outlook(个人邮件和日程管理)和 SharePoint Designer 2007(网页制作,以前版本名为 FrontPage)、Windows Media Player、Outlook Express 等。

Microsoft Office 软件最初出现在 20 世纪 90 年代早期,早期的 Microsoft Office 程序根源于苹果的 iMac。最初的 Office 版本包含 Word、Excel 和 Powerpoint;另外一个专业版包含 Microsoft Access。随着时间的流逝,Office 应用程序逐渐整合成套件。现在,微软还在为苹果电脑(Apple Macintosh)生产 Microsoft Office 的版本,最新版本是 Microsoft Office 2011 for iMac。

3. 其他应用软件

Windows Media Player 是一款微软开发的用于播放音频和视频的程序,简称 WMP。

微软也生产一系列参考产品,例如百科全书和地图册,使用 Encarta 的名称。

微软还开发用于应用系统开发的集成开发环境,命名为 Microsoft Visual Studio。

目前已发布用于.NET 环境编程的相应开发工具 Visual Studio.NET。

Microsoft Surface 是微软公司正在研发的操作系统,中国尚未参与。

2008 年 6 月底,微软发布 Silverlight 2.0 Beta,在 2008 年北京奥运会时,NBC 网站使用 Silver Light 2.0 来进行奥运的网上全程直播和点播。微软 SilverLight 是一个跨浏览器、跨客户平台的技术,能够设计、开发和发布有多媒体体验与富交互(Rich Interface Application,RIA)的网络交互程序。微软公司准备用此项技术来抗衡 Flash 长期占据的媒体市场。Games For Windows 软件是微软的新计划,其中就有著名的 Xbox 360、DirectX 10 等。

3.3.3 硬件服务产品

鼠标：虽然微软主要开发软件，但也生产一些电脑硬件产品，用来支援其特殊的软件商品。早期生产有微软鼠标，用来支持微软操作系统的图形用户界面（GUI）使用。鼠标的流行，帮助更多用户使用 Windows。微软公司也确立了 IntelliMouse（中键带滚轮的鼠标）鼠标标准，新增的滚轮还方便了用户在浏览网页时上下翻页。

WebTV（电视网络系统）：微软公司购买了互联网设备公司 WebTV，用来支援 MSN 互联网服务。

Zune（生活便携媒体播放设备）：Zune 是微软公司 2006 年 9 月 14 日正式宣布推出的便携媒体播放设备（Portable Media Player）的名称，它同时也是驱动该设备的软件，及获取和分享媒体内容的服务名称。Zune 目前由微软公司位于华盛顿州 Redmond 的总部研制。

Xbox：Xbox 是微软公司开发的家用视频游戏主机。2001 年，微软公司推出 Xbox 游戏机，标志着微软公司进入价值上百亿美元的游戏终端市场。这个市场此前一直由索尼公司（Sony）和任天堂（Nintendo）两家公司主导。最新推出的微软 Xbox 360 是唯一一款具备定时功能的游戏机，家长们可轻松设定相应游戏时间，同时也能对孩子们所玩、所观看的内容加以限制。

微软公司 2002 年开发的 Xbox Live，为 Xbox 游戏主机提供了网络服务。联机游戏可以支持语音短信、私人语音聊天、个性化设置以及统一标准的好友列表。

3.3.4 游戏

《帝国时代》（*Age of Empires*）（正版发布有 6 个，分别为：帝国时代 1、帝国时代之罗马复兴、帝国时代 2 与资料片帝国时代 2 之征服者、帝国时代 3 与资料片帝国时代 3 之亚洲王朝和酋长）；

《微软模拟飞行》（*Microsoft Flight Simulator*）、《微软模拟火车》（*Microsoft Train Simulator*）、《微软模拟货车》（*Microsoft Simulated Truck*）；

《光晕》（*Halo*）、《光晕 2》（*Halo 2*）、《光晕 3》（*Halo 3*）、《光晕：ODST》（*Halo:ODST*）、《光晕：致远星》（*Halo:Reach*）；

《国家的崛起》（*Rise of Nations*）、《暗影狂奔》（*Shadowrun*）、《科南时代》

（*Age of Conan：Hyborian Adventure*）、《心灵杀手》、《英雄连》、*Crysis*；

《模拟飞行 10》（*Flight Sim X*）、《最后一战 2》、《地狱之门：伦敦》、《暗黑破坏神》、《科南时代》（*Age of Conan：Hyborian Adventure*）、《世纪帝国 3：酋长》（*Age of Empires Ⅲ：The WarChiefs*）、《战地风云 2142》（*Battlefield 2142*）、*Call of Juarez*、《英雄连》、《欲望师奶》（*Desperate Housewives*）、《模拟飞行 10》（*Flight Simulator X*）、《地狱之门：伦敦》（*Hellgate：London*）、《英雄无敌 5》、《无冬之夜 2》（*Neverwinter Nights 2*）、《国家崛起：崛起传奇》（*Rise of Nations：Rise of Legends*）、《暗影狂奔》（*Shadowrun*）、*SiN Episodes：Emergence*、《泰坦传说》。

3.3.5　网络服务

微软公司于 1995 年 8 月 24 日推出了在线服务 MSN（Microsoft Network，微软网络），开始扩张到计算机网络领域。MSN 是美国在线的直接竞争对手，也是微软其他网络产品的主打品牌。

1996 年，微软公司与美国广播公司（NBC）联合创立了 MSNBC。这是一个综合性 24 小时的新闻频道和在线新闻服务供应商。

1997 年，微软公司收购了 Hotmail，重新命名为 MSN Hotmail，并成为 . NET Passport（一个综合登入服务系统的平台）。

1999 年，微软公司推出了 MSN Messenger（即时信息客户程序）。现在已发展为 Windows Live Messenger。

2011 年 5 月 11 日，微软宣布以 85 亿美元收购 Skype（网络即时语音沟通工具）。Skype 是一家全球性互联网电话公司，它在全世界范围内向客户提供免费的高质量通话服务，而且这种技术也在逐渐改变电信业。Skype 提供视频聊天、多人语音会议、多人聊天、传送文件、文字聊天等功能，还可以免费高清晰与其他用户语音对话，也可以拨打国内国际电话，无论固定电话、手机、小灵通均可直接拨打，并且可以实现呼叫转移、短信发送等功能。

2009 年 7 月 29 日，美国雅虎公司和微软公司宣布，双方在互联网搜索和网络广告业务方面进行合作。根据这项为期 10 年的协议，雅虎网站将使用微软新推出的"必应"（Bing）搜索引擎，微软将获得雅虎核心搜索技术 10 年的独家使用许可权，雅虎还将负责在全球范围内销售两家公司的搜索广告。此外，微软还同意在双方合作的前 5 年中，雅虎网站营业收入的 88％归雅虎所有。

3.3.6 微软产品特点

微软公司的成功,也代表着世界个人电脑的普及。微软公司的软件产品包括操作系统、办公软件、程序设计语言的编译器及解释器、互联网客户程序和电子邮件客户端等,大部分产品都取得巨大成功。大家在总结过去的软件产品时发现,微软产品早期版本往往会有漏洞,功能单一,并且要比其竞争对手产品差,但之后却会快速进步,并且广受欢迎。这是因为微软公司注重市场营销,并且将很多产品进行组合,给用户提供一贯的使用习惯和开发环境。

微软公司产品的优点就是普遍性,让用户从使用中受益,而使微软的产品达到更大的广泛性。如 Windows、Office 等几乎让全球绝大多数电脑用户都无法放弃。微软公司还把软件设计成方便个人和企业维护管理的系统。由于微软软件产品多是集成在一起,形成了不同软件之间的复杂依赖关系,容易导致一个系统崩溃时,其他或整个操作系统崩溃。

同时,微软将自由软件看做可能的主要竞争对手,如 Linux 软件。微软对自由软件及开放源代码软件采取"包围、扩展、毁灭"的策略,来保持在微型电脑市场上的领导地位。

在安全性方面,由于微软多项网络以及互联网相关的产品出现安全漏洞,被广受议论。微软公司专门启动了可信赖计算计划(Trustworthy Computing Initiative),以寻找并修正微软产品中的安全以及泄露隐私方面的漏洞。

3.4 微软全球战略分析

随着苹果、谷歌、Facebook 等公司的迅速发展,云计算技术的成熟普及,微软公司以软件独霸天下的战略也发生转变。微软全球研究与战略执行官 Craig Mundie(克雷格·蒙迪)2010 年就表达了"重新设想微软的未来"的策略:一是客户端与云相结合,创造新的计算平台;二是自然用户界面;三是为"代表您或者说为您工作"。微软新的全球战略目标表明,这家曾将软件作为主要发展方向的公司,在继续稳固世界软件第一大公司地位的同时,开始将全球战略转向移动互联网等多个领域。

3.4.1　发力移动互联网络，抢占全球份额

随着微软在网络搜索、移动终端、移动网络、云技术等领域的强力出击，微软 Bing（必应）搜索、Windows Phone、微软 Surface 平板电脑、Windows Azure、MSN 移动互联网服务等一系列产品技术已经不断抢占着全球各领域的份额。

为简化对微软的全球战略分析，我们选取了微软的搜索引擎在全球市场的发展情况，进行了分析。从中不难看出，这个世界上庞大的电脑软件公司，依然有着惊人的发展潜力。

2011 年 8 月美国搜索引擎市场份额，雅虎必应市场份额达到了 31%，占据着美国搜索市场三成份额。微软必应雅虎市场份额持续稳步增长，也对谷歌形成威胁和挑战。而微软联合雅虎成为美国第二大搜索引擎后，并未裹足不前，继续以三大战略整体布局全球搜索领域，整合延伸产品功能。

整合与延伸策略，渗透在微软各个产品战略中。比如，微软将必应搜索技术融合到 Xbox 电视平台，为用户提供电视、视频点播及直播服务，而不需要用户另外购买机顶盒等设备。微软的三大布局就是用必应整合 Facebook 和其他社交网站的信息流，提高全球网民在社交网络进行信息分享，让公众更快查找到相关信息，使必应借助其地理位置服务产生新的信息架构，提高搜索结果相关性。必应在注重传统互联网搜索服务的同时，加强移动应用程序及相关服务的搜索。

3.4.2　触角延伸至零售业，覆盖占领全球每一个软件市场

提起微软，人们第一反应是 Windows 操作系统。而事实上，微软公司的产品服务早已延伸至各个行业。在全球零售业，微软的软件服务早已覆盖。Tesco（特易购）、百思买零售业巨头等都已成为微软的客户。

早在 2005 年，微软公司已经开始销售为零售店和接待行业量身定做的 Windows XP Embedded 系统，这在当时标志着微软首次为一个特定市场提供操作系统。现在，微软可为零售业提供信息化过程中的各类解决方案。

微软还针对中国市场的门店管理系统、电子商务系统等，开发可提高酒店业、消费品、批发、物流以及专业店的软件解决方案。面对中国巨大的零售业市场，微软提出：①把本土的解决方案和所有微软的产品进行集成和整合；②要非常细致地了解中国客户的业务需求，为他们量身定做解决方案；③用好在中

国本土的合作伙伴,拉住中国的客户和消费者。

3.4.3 全球在线广告,微软必争的一块蛋糕

虽然微软在微型计算机软件市场有巨大的营收,但抢占全球网络在线广告市场,一直是微软全球战略中重要的一步。

在美国本土市场,微软面对 150 亿美元的美国在线广告市场,始终不甘居于市场排名第三,屈居 Google 和雅虎后面的位置。微软果断发力,整合自身全部产品,打造全新广告平台,抢夺市场。

2006 年 9 月 25 日,微软公司宣布向全球推出"微软数字广告解决方案",其目的就是要把全球各种广告产品和服务与自身研发的信息平台结合在一起,提供给广告商。微软的这个数字广告解决方案就是通过 Windows 操作系统、Xbox 视频游戏系统、智能手机操作系统以及掌上电脑(PDA)等设备,全方位联系广告客户和目标受众。同时,微软在 2007 年用 63 亿美元收购 aQuantive(美国在线广告公司),以追赶雅虎、谷歌和其他网络广告巨头。

微软还把 MSN 网络拥有的 4.65 亿用户作为广告客户群,用它的数字广告解决方案让广告客户通过 MSN 网络、Windows Live(微软发布正在测试的 Web 技术的平台)、Xbox Live(Xbox 专属的一个在线游戏平台)以及 Office Online(针对 Office 系列产品的参考网站)覆盖接触到这个数量庞大的用户群,从而成为消费者。此外,微软的广告组合范围还可以延伸至一些微软最新推出的产品,如 Live Search 和 Live Local Search(二者皆为微软搜索引擎)。通过 MSN、Windows Live 和 AdCenter 提供服务的,微软希望成为全球最大的、最诱人的在线媒体提供商。

进军广告在线市场,也是微软计划已久的。早在 2006 年,微软在中国北京就正式成立广告实验室——AdCenter Incubation Lab(广告中心培育实验室,简称 AdLab),这个实验室的主要目的是为 AdCenter(微软新投入使用的在线广告支付平台)开发新技术。微软希望这个实验室能够为其互联网门户增加广告收入。

3.4.4 全球技术支持,以服务赢得客户

提供强大完善的技术支持,是微软发展全球市场的战略重点。在微软的官方网站中,始终把全球用户和信息反馈放在非常重要的区域。通过提供完善、

优质的技术支持与服务,来保持全球软件市场第一的位置。

仅微软亚太区全球技术支持中心就可为个人用户、开发者、IT 专业人员,及合作伙伴和企业级合作伙伴提供全方位、多元化的服务和技术支持。微软亚太区的业务范围覆盖大中华区、亚太区、日本、美国、欧洲、中东、非洲;支持英语、普通话、粤语、泰语、韩语、北印度语、越南语、印度尼西亚语、马来语、塔加拉语等 10 种语言。

作为微软全球五大技术支持中心之一,亚太区全球技术支持中心拥有来自14 个不同的国家和地区的员工超过 900 人,分布在亚洲的 13 个城市中。微软亚太区全球技术支持中心为亚太地区、美国和欧洲等国家和地区的客户提供全方位、多元化的技术支持服务。

微软的技术支持中心目标,就是为客户和合作伙伴提供世界一流的优质服务,赢得客户对微软的信心、信任和忠诚。

3.5　微软 CEO 谈品牌

如果说微软是个传奇,那么比尔・盖茨就是这个传奇的缔造者,在相当长的一段时间里,绝大多数的人们会把"微软"与"盖茨"相联系,认为"盖茨即微软",也正是如此,即使在盖茨 2008 年卸任微软 CEO,完全退出微软的日常事务管理后,更多的人也只是称微软开始进入了"后盖茨时代"。

比尔・盖茨创造了微软,为微软深深地打上了其个人烙印。作为微软现任CEO 的史蒂夫・鲍尔默在接受《华尔街日报》访问时就毫不吝惜地将"微软的精神领袖"这一至高荣誉送给了比尔・盖茨。鲍尔默不止一次表示,比尔・盖茨不仅创造了微软,更重要的是带给了微软一个理念,那就是"争执是件好事",在微软,比尔・盖茨鼓励任何人来挑战他,甚至低级员工,而他也同样会用反击来表达对挑战者的尊重,客套和礼貌都不是那么的重要。也正是在这样的氛围中,微软才能让盖茨提出的"做得更好"具有其真正的意义,并通过不断推陈出新的产品,持续创造微软的传奇发展。

比尔・盖茨曾在 MIX(微软互联网体验)大会上表示,"微软的目标不是成为设备中心,而要成为用户中心"。但微软现任 CEO 史蒂夫・鲍尔默却将未来几年发展重心转向了硬件领域,要与苹果等展开竞争。

从目前的情况来分析,微软似乎错过了进入移动市场的最佳时机,且

Windows Phone 手机销售乏力,依旧将公司未来全部押在了 Windows 8 上,微软似乎在逐渐失去忠实用户的支持,鲍尔默也表现出在科技快速发展趋势上缺乏远见,也影响到微软发展的步伐。

有人将微软的成功归因于比尔·盖茨的技术愿景与鲍尔默的商业头脑的完美结合。那么当微软只剩下商业头脑时,其辉煌的发展是否继续存在? 对于这些质疑或是不同声音,我们选取了微软前后二任 CEO 比尔·盖茨和史蒂夫·鲍尔默不同时间的一段谈话,提升微软品牌价值,持续保持微软的发展活力是他们谈话的主题。

3.5.1　比尔·盖茨谈微软未来技术与创新(2008 年 8 月)

1. 创新

我很愿意跟大家分享一个我非常感兴趣的东西,就是创新。创新如果管理得当的话,就可以改变世界。我认为人们一般都低估了创新的重要性,以及创新所能解决的诸多挑战。当然,创新是很难去量度的,不像有些数字我们可以找到,比如说改善软件、医疗、医药等。

现在,创新的步伐比以前更快,当我年轻的时候(笑),当我读中学的时候,电脑是很不同的。人们认为电脑是不好的,是大国政府和大公司的工具。他们觉得电脑是跟人对立的,它们非常贵,经常犯错,而且也很难去改正它们的错误。但是,经过两个突破之后就完全改变了。第一个突破就是把电脑放在芯片上,而且用一种并不昂贵的方法来做。英特尔还有其他的公司已经成就了这个奇迹。另外一个突破就是软件,建立一个软件的平台,让数以万计的公司可以做出创新的软件。微软非常幸运,可以在这个愿景之中打造软件时代,这一个软件平台也可以衍生出很多非常了不起的软件。

卖出的个人电脑越多,硬件、软件的价钱其实应该可以越低。硬件的价格其实就是等于制造芯片的成本,这是非常具有规模效益的。在软件方面,我们开发的成本是固定的,随着用户的增多,价格就可以下降。我们钟情于软件开发,并且不断改善软件,所以就出现了一个现象,就是在微软第一个阶段,在 20 世纪 90 年代中期有越来越多的公司都间接受益于 Windows,微软也有了越来越多的伙伴。可能我说的未必很公正,但是我应该可以说,个人电脑可以让人在互联网上连接,而这个也是人类制造的最好的工具之一。其实我们有很多不同的工具,可以提升我们的能力,互联网无疑是其中最为重要的一个。

就好像中国人发明了印刷术,这个是需要很大的创意,而且是要把它不断地扩大。现在电脑、互联网和软件也是真的成为非常非常重要的工具。你们想一想,在生物方面的一些进展,我们也需要软件去明白里面的信息;比如说天文学,你用望远镜,你可以有理论,你可以用不同的数据去测试,科技容许你这么做。电脑可以协助我们实现梦想。

2. 未来技术

从我们开始投身软件开发以来,已经走了一段很长的路,我们看到很多的数据,有差不多 10 亿人在家里面,或者在办公室用个人电脑,而地球上有差不多 60 亿人,所以我们还有很多要做,我们要把价格降低,也希望把电脑变得更容易操作,并让更多的人可以接触到电脑。

还有一个发展趋势,就是个人电脑跟电话之间的边界在未来已经不是绝对对立的。比如说手机的使用,手机开始的时候不是一个用软件推动的东西,是用通话去推动的,但慢慢现在已经变成一个平台,是由软件去主导推动的,就好像电脑一样。比如说通过它可以看地图、看文件,或者用不同的方法来表达一些数据。你也可以跟它互动。另外就是屏幕的科技,我们慢慢就可以远离这个屏幕,以前用的屏幕是很小,那慢慢有更大的屏幕。尽管没有这个理论,用很小的屏幕,但是你也可以把它投射在墙上。所以,硬件的情况就是已经用手机,让手机变得很重要,因为手机无所不在。

我们能利用电脑完成的工作也越来越多。10 年前是电脑对于印刷排版的影响,让很少的人就能像大公司一样,制作非常精美的册子;今天我们想的就是怎么编辑电影,而且也让所有人都可以编辑,即使是小孩子也可以编辑高清的电影,或者做一个多媒体的摄像,就好像大电影公司可以做的一样。所以,软件的边界也不断在改变,这就是为什么这个行业永远这么令人兴奋。

其实,今天如果你们仍然年轻,你们刚投入这个数码世界,可以把你非常新鲜的理念带进来,我就很妒忌你们。因为很多的工具都将会由软件来推动,比如说电脑,或者像手机这样小的可以放在你的口袋里的设备。未来的汽车可能也是由软件推动,你的电视机可能就只是一个屏幕连接到互联网,我们也不需要再有互联网跟广播电视的分别,因为在互联网你可以找到不同的视频,那我们可以把两个当中最好的东西混合起来。在未来,我们在任何地方,任何平面都可以成为一个屏幕;互联网也可以做到语音或者是文字的识别;等等。这听起来非常让人兴奋。

很多人都低估了未来的机器人,很多人觉得新的技术比如触感、图像识别、语音识别等这些,是很久以后的事情,其实不是。因为机器人可以拿东西,驾驶汽车,等等。微软跟很多的大学合作,把专业的人员、专业知识运用在机器人这个领域里面。比如说有些人有绘画的软件、摄像的软件,所有这些都可以连接到机器人,不需要重新打造你的系统。就好像电脑里面的一次升级一样,我们现在其实不知道机器人未来可以怎么去应用,但是肯定有一些新的变化会出现。

另外就是当你有互联网,你不会只是用软件操作一台电脑,而是可以用于很多台互相联网的电脑。这个可以说是互联网的革命,所有的软件都可以连接起来。当你写一个应用程序的时候,你不需要重新创造它里面的一些功能,你只需要呼叫其中一个服务器,然后拿到这一个资料,然后我们就做其他的工作,让这一个软件可以让其他人来使用,这样生产力就可以提高,你就可以专注于你的工作。我们有了这样的技术,其实可以连接到很多不同的系统,所以这一个通过互联网的连接,就是所谓的"云计算"。这个最后可以让所有的机器有服务器的功能,成本也会非常低。

3. 研究院以及高校合作

大家也可以从微软所做的投资看到,我们花了 70 亿美元在研发方面,因为我们看到一些未来的新的机遇,我个人对此非常乐观。我觉得最让人兴奋的部分,就好像刚才沈博士所提到的,就是投资在研究当中,把最好的人才连在一起,跟大学一起携手合作,去实现这些新的理念。

其实,每个地方都有非常了不起的高校,我们也一直致力于推进跟高校的合作。我们是以一个全新的角度来看,中国大陆跟香港都很有代表性,以后在这个区域将会出现非常多的创新行为。在这里我看到,有非常多的人对研究和创新有兴趣,而且有很多有天分的孩子、年轻人都已参与其中。我们很早已经知道,我们需要有能力去做全球化的工作,而且我们也可以在中国跟一些大学建立联系,在 1997 年我访问了中国,次年就决定要在北京成立微软亚洲研究院,今年已经是成立 10 周年了,研究院的发展壮大是非常成功的一个过程。在 5 年之内,我们已经发觉我们做得很好,其实在一年内已经有了很大的贡献。

当我在研究院里面看到很多优秀的人才,我就知道成功会不断发生,而且会越来越多。今天洪(小文)博士是微软亚洲研究院的院长,他们不断地做出很大的成绩,不光在产品方面,也在跟其他机构的合作方面和培养人才方面。

未来,我们跟电脑互动的方法会大大地改变。我不可以说会以什么样的形式,因为要做很多的调查研究才会知道。目前的电脑应用方式伴随着年青一代的成长,他们能很好地把握这些工具,并会想到一些特别棒的方法或理念。我们尝试去刺激年轻人的幻想力,因为我们有这些理念的时候自己也很年轻。微软有一个一年一度的"创新杯"活动,今年来自 100 多个国家的 20 多万名学生参与其中。中国内地和香港的学生都表现很突出,赢了许多奖项。当然,你们对得奖已经习以为常了。关于"创新杯"的评比我们有不同的主题,有关于生态的,还有关于残障人士的,看软件怎么可以帮助他们。我们的出发点就是希望学生们可以用更广阔的角度去思考软件的未来,因为这个是很重要的。

微软有一系列的东西都是要确保每一个孩子都有机会可以用一个机器连到互联网,如果他们不可以在家里面做,那么就可以在电脑中心,或者图书馆,或者通过跟政府的合作,让任何一个地方的孩子都可以用,我们要确保里面有软件,确保每个人都有机会。因为数码的连接已经就好像可以看得懂字一样,每个孩子都应该有这个机会。在香港我们跟一些非营利机构有这方面的合作。

其实你们都听得出来我对于将来非常乐观。一方面,我们要确保科技进步的影响是我们可以理解并掌控的;另一方面,无论是软件、农业、能源还是其他领域,科学可以承诺给你们的,其实是在现在或者在未来可以看到的比以前更多,这就是为什么我这么乐观。

3.5.2　史蒂夫·鲍尔默在北京大学的演讲(2012 年 5 月 23 日)

我非常高兴大家能够参加今天的创新论坛。有这么一个机会,跟大家一起讨论我们现在能够看到的机会、趋势,包括 Windows 现在以及未来的发展,跟大家一起进行探讨。我现在有一个想做的事情,就是我想数数,数什么呢? 就是我现在数一数有多少设备能够拍照,我现在可以告诉大家,相机市场份额,iPad、iPhone、安卓、Windows Phone 的设备,各种各样林立,明年的话就全用 Windows 了。我想特别欢迎的就是我们参加创新未来论坛的学生们,请大家起立,让大家通过软件进行社会创新的活动,请大家站起来给他们鼓掌。

我今天花了一整天的时间做了很多接触的工作,跟一些高科技的企业合作伙伴一起探讨,我这次来参加的会,是对于我们现在增长的潜力非常兴奋,我们看到中国未来的增长潜力。我可以跟大家讲,我们现在是历史上时机最好的,作为学生可以开发软件,没有比现在更适合的时间,没有比中国更适合的地点。

我们先看看我们整个的背景，我们现在世界正在向什么方向发展，Windows 8有什么样新的趋势。

我们 Windows 7 是三年以前完成的，我们当时做完 Windows 7 的时候，当时可以说是 Windows 最好的版本了。在过去 12 个月当中，我们一共卖出 3.5亿台，就是装了 Windows 7 的电脑。在中国卖了上千万台，这个数字很大。去年的话，Windows 7 的设备比 iPad、iPhone 加一起还多。

而且去年的 Windows PC 的出货量跟安卓在中国是差不多，在全世界来讲也差不多，这个数字很大，因此给我们很大的机会。即使是 Windows 7 来做应用的话，已经是大有可为了。除了 Windows 7 之后，下面干点什么呢？下面一个重点是什么？我们需要做什么？那个时候我们就看得很清楚了，我们需要退后一步，不是在做新一版的 Windows，我们必须退后一步重新来构思 Windows最核心的东西。这就是我们在 Windows 8 当中所做的工作。

Windows 8 还叫 Windows，它也能够跑所有的 Windows 上的应用，但是从所有方面来讲，Windows 8 都是一个全新的操作系统。我们有五大技术趋势，指导着 Windows 8 的开发。

第一，经过一段时间，我们的系统能够做到足够的聪明，不管是电脑也好，手机也好，它们可以说越来越聪明，能够了解和理解我们的用户。有朝一日，我们可能打开电脑，"要给我做好去北京的准备"，它们就可以帮助我们做日程，看我们要做什么工作，日常有什么东西，收集客户的信息，然后把网站从中文翻译成英文，存到电脑里面，让我看到很漂亮的报告。这是 Windows 能够帮助我们做的事情。

这样的话，电脑会越来越聪明，能够理解我们。我们也做了大量的投资，来做这样的事情。刚刚只是看到崭露头角的一些新的东西，我们现在也做了很多的投资。我们在 Bing 当中也做了很多工作，让搜索越来越聪明，能够去理解用户和理解世界，然后采取行动。

第二，我们要考虑的事情，就是我们做 Windows 8，一开始就意识到我们需要持续的创新，也就是说用户界面也好，产品形态也好，都会越来越多。比如说Windows 8 是兼容触控，我们在 iPad 出来之前的 6 个月，就出来触控的产品。但是我们当时并没有把触控当作首要的用户界面。当时我们觉得，用渐变、鼠标，然后还有触控笔，其实就可以解决很多的输入输出问题，还有就是硬件的形态了。

我们觉得是不是够了？其实还不够。所有的这些事情都会持续地发展，我们要考虑现在在世界上最受欢迎的终端产品是智能手机。我们可以看到，3 寸屏幕不足以让我们把事情看清楚，有比没有强，但不是我们未来之所在。

控制这种产品的能力并不能达到我们未来的需求，我们希望做很多创新的工作。比如说以后我们的硬件长成什么样，以及软硬件之间的界面有很多的变化。

第三，就是云计算，大家都在谈云计算。我们现在可以说，还在云方面浅尝辄止的状态，还没有进入到核心。我们现在鼓励所有在场的人一起考虑，就是我们怎么能够编写新的应用，不是说，把现有的应用搬到云端去，而是说能够创造在云出来之前，根本就不可能的应用。我们必须要推动我们往云的方向走。

第四，就是核心平台的创新。从我们微软角度来说，现在与未来来讲，只有那么几个真正的核心平台，所以说，我们现在把所有的平台都能够整合在 Windows 旁边，不管是手机、电视、笔记本、平板，还是服务器，云端的 Windows，所有的东西都是 Windows，这就是我们的战略。我们需要做很多的创新，然后做多方面的努力。但是很清楚的一点，就是说，我们现在跟软件开发人员的交流当中，体现出来，就是要有核心的平台，它能够去支持各种各样的形态的设备。也就是说能够让大家利用好大家的技能。作为软件开发人员，大家可以利用好硬件创新的成果，核心平台就是关键所在了。

第五，非常重要的一点，就是我们认为现在的这些创新实现全新的应用场景。大家现在看到多数的业内创新，还都是设备、用户界面，还有形态，以及基础设施。当然也有一些创新是有发明性的。它们还没有达到我们希望达到的程度，大家都是年轻的开发人员，大家可能还在上大学，或者刚刚毕业。可以说现在创造未来的机会就在大家的手里，大家一定要为未来而创新。

比如说以后的医疗、教育如何有根本性的改造，利用我们的信息技术改造它们。这里就需要我们大的创新性的思想。未来的教育和现在的教育会非常的不一样，不会还是学生坐在教室里，被动地听老师讲。问题在于到底什么样的技术能够真正带来，信息技术可以对教育进行革命化。比如说还有医疗的革命，还有很多社会化的革命。

所以，这是我们认为的五大趋势，这是我们在建 Windows 8 时考虑的五大趋势。我们建 Windows 8 的时候，我们也反映了很多的趋势，在我们的产品当中，现在已经可以下载使用了。今年下半年大家应该可以看到这些产品包含了

Windows 8。我们对这个产品，不仅仅用于 PC，而且也可以用于平板电脑和手机。我们的产品不仅仅可以用在中等大小的屏幕上，我们的用户界面可以适用于小屏幕、大屏幕，就是我们的 Metro 用户界面。

我们和英特尔有非常好的合作伙伴关系，我们决定要支持，不仅仅是非常强大的处理器，同时也要支持有非常长的使用时间的架构。所以，我们支持 ARM 架构，我们建了这个系统，不仅仅有触控，或者仅仅是有键盘，而且要能够支持包括鼠标、键盘、触控、触摸，甚至是手写笔。大家有些人拿着纸和笔在写字。这时候是一种创新。我们为什么不能用数字的东西来替代传播的纸和笔。

Windows 8，就好像 Windows 7 和之前的 Windows 一样，就是能够帮助人们提高效率，有功能性和实用性，我们的应用是美观漂亮的，可以让大家享受放松，进行社交、阅读、看电影、分享内容等。

Windows 8 不仅仅可以运行 Windows 7 上所有的应用，而且可以更好地运行这些应用，而且可以运行未来的应用。可以通过我们的商店发布给用户。我们成千上万的全世界的用户们，都可以使用这些应用。我们必须能够继续支持原来的 Win 32. NET 的编程模式，我们支持 HTML 和 JAVA Script，因为这是最新的编程方式。在我们的编程里面，也包括了这些内容，支持这些内容。

所以，我相信，这对于 Windows 基于核心的构造和重新的想象，我们所带来的是前所未有的机会。首先，给我们的硬件合作伙伴机会。Windows 8 不仅仅是在于软件，同时也在于新的设备。大家看到今年市场上会出现，Windows 8 电脑是什么样呢？还有 Windows 8 平板电脑是什么样呢？有些时候，大家看到这些设备，都不知道叫它什么。它到底是笔记本，还是平板电脑？很难说，因为这里有很多的创新，将会基于 Windows 8，所以这是前所未有的对于我们的硬件合作伙伴、硬件社区的机会。

在中国，我尤其要提到这一点。因为我们知道有很多的制造，还有设计，这些智能设备的设计和制造，实际上是基于中国市场的。它带来的史无前例的机遇，也是给开发者的。明年我们有另外 3.5 亿电脑的出货，都是 Windows 8 的电脑。而现在有 Windows 7 的这些用户都可以升级到 Windows 8，只需要下载新的版本就可以。而且，我们将把这个开放给开发者，用这个语言、技能和工具。同时，我们这样的模式化是鼓励内容开发者，开发音乐、视频、书籍。

在中国，更是有非常独特的机会。我们知道中国现在已经是世界上手机和 PC 最大的市场。确实中国也是在世界上增长最迅速的市场。同样，我们也看到中国的开发者确实登上了全世界创新舞台的中心。通过 Windows 8 的力量，以及它的全球覆盖和应用商店，我相信给开发者所带来的机会是巨大的。在中国建立你们的事业，甚至是出口到全世界，给全世界的企业和消费者使用。

3.6　相 关 链 接

3.6.1　微软公司股市走势分析

2012 年 7 月，微软再次被全球瞩目，这次不是因为它发布了某款如 Windows 般可以改变世界的软件，而是因为其发布的 2012 财年第四财季财报显示，微软当季盈收 180.59 亿美元，较去年同期增长 4%，净亏损 4.92 亿美元，而去年同期净利润则是 58.74 亿美元。

这是微软自 1986 年上市以来首次遭遇季度亏损，但对于所有人来说，这个结果的出现却并不突然，早在一年前，市场研究机构 FactSet Research Systems 发布统计数据显示，截至 2011 年 4 月，微软收盘价为 26.71 美元，其股价在过去 10 年的总收益（包括股息）为负 0.2%，市盈率仅为 7.1 倍。到 2012 年早些时候，微软的市盈率大概为 10 倍，而谷歌却已达到 22.5 倍，

1986 年 3 月 13 日，星期四，对资本市场是具有里程碑意义的一天，微软公司（MSFT）在纳斯达克股票交易所挂牌上市，公开发行公众股，首发融资额 6 500 万美元，募股发行价 21 美元，上市首日盘中最高 32 美元，收盘价为 29.90 美元，涨幅 39%。到 1986 年年底，微软的收盘价已攀升至 42 美元，流通市值也从 6.5 亿美元增至 13 亿美元，总市值达到 120 亿美元。

1987 年 3 月，微软的股价一路狂飙至 90 美元；1987 年 10 月 19 日，华尔街股票崩溃。当天道琼斯指数跌 508 点，由 2 246.74 点狂跌到 1 738.74 点，跌幅达 22.6%，市值损失 5 030 亿美元；标普期指，12 月份合约暴跌 80.75 点，以 201.5 点收盘，跌幅达 28.6%。但是微软表现却极其优异，1987 年年末，微软股票的流通市值，甚至再创新高，达到 29 亿美元。1986 年到 1996 年间，由于 Windows 操作系统和 Office 办公软件的热销，微软股价持续飙升，在 1999 年 7 月时，微软股价已超过 100 美元，市值已经达到 5 000 亿美元，并成功超过通用，成为全球市值最大的企业。

1999 年 12 月 30 日，微软股价在前一天刚刚创出拆股之前的历史新高

119.94 美元,随后微软即被判定利用其 Windows 在操作系统的市场优势地位实现垄断,以扼杀科技市场的竞争和创新,微软股价应声下跌。2000 年 1 月是微软股价的巅峰时期,由于 Windows 2000 的推出,作为 IT 界的巨人,微软的市值曾达到 5 100 亿美元,是当时全球市值最高的公司。其中盖茨个人的持股市值,约为 890 亿美元,被《福布斯》杂志评为全球首富,并蝉联数年。但微软的辉煌爆发以互联网科技泡沫成为转折点,当盖茨在 2000 年 1 月宣布鲍尔默将接任公司首席执行官时,微软的疯狂扩张就此止步,并在随后的一年时间中,微软股价下跌了一半以上,而且股价再未返回至曾经创出的历史高点。

2009 年 3 月,由于美国经济的衰退,微软的市值下降至 1 350 亿美元。2010 年年底,微软市值为 2 387.8 亿美元,但全球市值最高 IT 企业的桂冠已经属于市值达到 2 958.9 亿美元的苹果,苹果凭借其 iPhone 与 iPad 的出色表现,年市值实现超过 50% 的增长。2012 年,微软的市值仅有 2 490 亿美元,不到 2000 年的一半,降至全球市值第三大公司。金融顾问公司 CT Capital 总裁肯尼思·哈克尔(Kenneth S. Hackel)指出,微软在过去 10 年投入 836 亿美元回购股票,但这些努力并没有推高微软股价。

自鲍尔默成为微软 CEO 以来,微软的股票几乎可以说是止步不前,虽然,微软试图通过一系列举措来改变这种状况,但几乎毫无收效。在这种时候,再回顾微软的招股说明书,就会有无限感慨:"公司相信新产品成功的关键因素,是在不损害产品质量的前提下,尽可能快地将其推向市场,以响应新用户需求或是硬件技术的进步,为此公司努力尽可能早地了解技术进展以及用户习惯的改变。"微软在 1985 年分别有超过 30% 和 40% 的员工负责产品开发及市场,公司在研发和营销费用上投入分别达 12% 和 30%。历史上看,微软总在第一时间跟随进入一个有潜力的市场,然后通过强大的技术能力和对用户的响应,使其产品做得比先进入者更好更完善。但目前的微软,已不再像从前那样锋芒毕露,投资者一直在翘首以盼微软推出某些具有影响力的新产品,但到现在为止,微软并没有找到新的增长点,也就是说,虽然他们现在还可以坐在用 Windows 和 Office 收益堆砌成的金山上,但是,在不久的未来,它必然要面临难以为继的问题。以平板电脑市场为例,在各大厂商逐鹿平板电脑的今天,有专家曾预测,平板电脑市场将在 2012 年达到饱和,苹果(AAPL)也将推出其三代 iPad,但在第一代和第二代平板计算领域曾以先驱者身份存在的微软,却至今都没有推出任何具有竞争能力的平板产品,但它们曾经在整整一代产品的周期内领先所有对手。

有人将微软在股市的不振归咎于盖茨的谢幕,这种个人崇拜式的推断并不足以服众,更多的专家将其归因于微软企业文化的变化:当微软足够强大时,他们不再愿意承担任何风险,并且其承受风险的能力也愈来愈弱,但对于创新型的 IT 企业来说,这也就意味着它更难取得长足进步。

3.6.2　微软的中国本土化发展模式

1. 微软在中国的发展

作为全球最大的软件公司和最有价值的企业,微软通过自己的产品和技术改善着人们的生活、工作和交流的方式,带给人们全新的计算体验,提高个人工作效率,提供平台和商业解决方案,帮助企业提高其整体竞争力,开发新的数字化家用技术和娱乐方式,促进移动计算的发展。

自 1992 年进入中国设立北京代表处以来,微软在华的员工总数已增加至900 多人,已形成以北京为总部,在上海、广州设有分公司的架构。微软在中国也已经跨越了三大发展阶段。

从 1992 年至 1995 年是微软在中国发展的第一阶段。在这一阶段,微软主要是发展了自己的市场和销售渠道。

从 1995 年至 1999 年是微软在中国发展的第二阶段。在这一阶段,微软在中国相继成立了微软中国研究开发中心、微软全球技术支持中心和微软亚洲研究院这三大世界级的科研、产品开发与技术支持服务机构,微软中国成为微软在美国总部以外功能最为完备的子公司。1998 年 11 月 5 日,微软公司投巨资在北京成立微软中国研究院,并于 2001 年 11 月 1 日将其升级为微软亚洲研究院。微软亚洲研究院是微软公司在海外开设的第二家基础科研机构。这一战略投资显示了微软公司对中国及整个亚太地区经济发展潜力的巨大信心和对该地区信息产业发展的重视程度。

从 2000 年至今,微软进入了在中国发展的第三阶段。这一阶段的微软中国将以与中国软件产业共同进步与共同发展为目标,加大对中国软件产业的投资与合作力度,在自身发展的同时,促进中国 IT 产业发展自有知识产权。这不仅确定了微软在中国长期发展的战略,而且表明了微软"把最先进的电子信息技术带给中国,与中国计算机产业共同进步"的庄重承诺。以下是微软中国发展简史。

表 1   微软发展简史

1992 年	微软在北京成立办事处
1993 年	微软建立微软北京测试中心
1995 年	微软(中国)有限公司正式成立 微软中国研究开发中心成立
1996 年	微软上海分公司和广州办事处成立
1998 年	微软大中华区技术中心在上海成立 微软增加投资扩大微软中国研究开发中心 微软增加投资成立微软中国研究院
1999 年	微软增加投资将微软大中华区技术支持中心扩大为微软亚洲技术中心
2001 年	微软中国研究院升级为微软亚洲研究院 微软亚洲技术中心升级为微软全球技术中心
2002 年	微软(中国)有限公司成为中国软件行业协会(CSIA)会员 微软在中国投资的第一家国内独立软件企业——中关村软件有限公司成立 微软公司在中国第一家大比例参股的合资公司上海微创软件有限公司成立 微软与教育部联合启动"长城计划"
2003 年	软件(中国)"携手助学"项目启动
2006 年	微软中国研发集团在北京成立
2010 年	微软中国研发集团升级为微软亚太研发集团 微软上海科技园区正式启用

经过十几年的发展,微软规模不断壮大,目前在上海、广州、成都、南京、沈阳、武汉、深圳、福州、青岛、杭州、重庆、西安等地均设有分支机构,业务覆盖全国,投资和合作领域涵盖基础研究、产品开发、市场销售、技术支持和教育培训等多个层面。微软在中国的机构设置和功能也日臻完善,已拥有微软中国研究开发集团(由微软亚洲研究院、微软亚洲工程院、微软中国研究开发中心、微软中国技术中心、微软互联网技术部(中国区)、微软亚洲硬件技术中心及其他分布于北京、上海、深圳的各类产品研发机构组成)和微软大中华区全球技术支持中心等研发与技术支持服务机构。这些机构一直为满足中国市场在未来 5～10年对于计算技术的需求奠定坚实的科研基础而努力。同时,微软还积极响应中国政府的科技产业政策,为促进信息产业和互联网技术的发展、推动整个地区的技术创新和进步作出自己应有的贡献。

2. 微软本土化发展模式

微软自 1992 年进入中国以来,一直未能在国内找到合适的位置,直至 2005

年,中国的软件市场已经发生了巨大的变化,与此同时,微软也从以前的咄咄逼人向更具有亲和力的方向转变,并试着真正地融入中国,实现全面本土化。微软在近几年已经在主打产品方面完成了在中国的市场的布局,其最主要是在借助市场优势及客户的捆绑为核心的拓展模式,在继续研发扩大 Windows 系统、Office 等主要产品市场份额和效益的同时,更注重于产品的服务及影响力,进一步本土化。微软十分重视在中国的发展,对中国的投入有长远计划,中国早期是微软的市场销售中心,后来是研发中心,现在是战略中心,已经成为一个决策的地方。

微软从 2002 年开始在中国入乡随俗,微软中国的发展分为三个阶段:第一阶段是建立自身的软件市场营销体系;第二阶段是在中国设立了自身的基础研究、产品开发和售后服务机构,把软件产业整个价值链搬到了中国;第三阶段是通过战略投资加强与中国本地软件业的合作,走本土化的路线。

微软中国研究院成立,纯粹是做基础研究,核心产品开发是从成立微软亚洲工程院开始的,现在所做的不仅是本地化、汉化和测试,还从事许多核心的、战略性的、长期的产品开发和技术孵化。近一年,微软把在中国的各研发机构整合在一起成立了微软中国研发集团,把范围扩大了,并且形成了从基础研究、技术创新到产品开发、产业合作的比较完整的研发链条。

微软在中国的研发人数增加了很多,一开始只有几个人,2003 年有大约 200 人,2006 年增加到 600 人,2007 年已经有了 1 300 名全职员工、1 500 名聘约员工。

2001 年 11 月正式更名为微软亚洲研究院(MSRA)。微软亚洲研究院是微软公司在海外开设的第二家基础科研机构,也是亚洲地区第一家基础研究机构。这一战略投资显示了微软公司对中国及整个亚太地区经济发展潜力的巨大信心和对本地区信息产业发展的郑重承诺。微软研究院的使命是使未来的计算机能够看、听、学,能用自然语言与人类进行交流。在此基础上,微软亚洲研究院正以最大的热情,为满足亚洲特别是中国市场在未来 5~10 年对于计算技术的需求奠定坚实的科研基础而努力。同时,微软亚洲研究院还积极配合亚洲各国政府的科技产业政策,为促进信息产业和互联网技术在亚洲地区的发展、推动整个地区的技术创新和进步作出了应有的贡献。

微软亚洲研究院提倡开放、自由、平等的学术风气,承诺为研究人员提供丰富的研究资源和长期的支持,鼓励研究人员要有长远的眼光和富于冒险的精神。

微软亚太研发集团成立于 2006 年 1 月 18 日,它的成立是微软在中国和亚太地区长期投入及发展的重要里程碑事件之一,标志着微软在亚太地区已构建出完整的软件创新生态圈,且已成为微软在美国以外投资最大、职能最完备、机构设置最全的创新基地。

微软亚太研发集团肩负着三大使命,即成为微软全球范围内基础科研、技术创新及产品开发的核心基地;加强与本地区产业同仁的合作与交流,为亚太地区培养出一批兼具国际化视角和大型项目管理经验的科技创新的领军人物;深入发掘以本地区的新兴市场需求。针对新兴市场独特的应用模式作出高度本土化研发,进而将技术和产品成果推广到世界其他区域。

微软亚太研发集团拥有由超过 3 000 名杰出科学家和工程师组成的团队,分布在北京、上海、深圳、香港、台北、东京、首尔、悉尼和曼谷等地,已成为微软在美国之外规模最大、功能最完备的研发基地。

此外很重要的是,微软和产业的合作也多了,集团成立了一个战略合作部,和产业、政府、企业加深了软件外包、专利技术授权、战略投资以及各种产品方面的合作。

"微软致力于与中国政府、非营利性机构合作伙伴以及社会各界紧密合作,帮助解决国家发展过程中的首要问题和社会需求。"微软公司常务副总裁暨总法律顾问布拉德·史密斯表示,"我们非常荣幸能够同中国发展研究基金会和中国国际民间组织合作促进会合作,共同建设我们在中国的第 47 家社区服务中心,通过为流动青少年及弱势群体提供社区信息技术,帮助他们提升就业技能和创造更多就业机会"。

微软公司与中国发展研究基金会、中国国际民间组织合作促进会在北京签署战略合作备忘录。根据此备忘录,三方将共同合作建立昆明市船房社区学习中心。该中心主要服务跟随外来务工人员来到城市中的流动青少年及其他弱势群体,帮助他们提高职业技能从而获得更好的就业机会。这也是微软自 2004年在全国推行"潜力无限——社区技术培训项目"迄今,在中国成立的第 47 家社区服务中心。

在中国,微软希望通过与中国民族信息产业的合作,使中国从微软的技术和解决方案中获得最大的效益,从而为中国知识经济的发展和人民生活水平的提高作出自己的贡献。

3.6.3　微软的媒介融合之道

1. 什么是媒介融合

美国新闻学会媒介研究中心主任 Andrew Nachison 将"融合媒介"定义为：印刷的、音频的、视频的、互动性的数字媒体组织之间的战略的、操作的、文化的联盟。他强调的"媒介融合"更多是指各个媒介之间的合作和联盟。

相对而言，媒介的相互融合比替代更容易并更利益化，出现 1＋1＞2 的现象，媒介间的融合成了当前社会的必然趋势，把报刊、广播电视、互联网所引来的技术越来越趋同，以信息技术为中介，以卫星、电缆、计算机技术等为传输手段，数字技术改变了获得数据、现象和语言三种基本信息的时间、空间及成本，各种信息在同一个平台上得到了整合，不同形式的媒介彼此之间的互换性与互联性得到了加强，媒介一体化的趋势日趋明显。媒介之间的合作与联盟将突破以往技术的壁垒的限制，使之关系越来越紧密，互相依赖。早在 2002 年前后微软便开始发展多元化的合作战略。

2. 微软的媒介融合

1995 年，微软在美国推出 MSN，它是一个门户网站，MSN 全称 Microsoft Service Network(微软网络服务)，是微软公司推出的即时消息软件，可以与亲人、朋友、工作伙伴进行文字聊天、语音对话、视频会议等即时交流，还可以通过此软件来查看联系人是否联机。微软 MSN 移动互联网服务提供包括手机 MSN(即时通信 Messenger)、必应移动搜索、手机 SNS(全球最大 Windows Live 在线社区)、中文资讯、手机娱乐和手机折扣等创新移动服务，满足了用户在移动互联网时代的沟通、社交、出行、娱乐等诸多需求，在国内拥有大量的用户群。

2005 年 5 月，微软宣布和上海联和投资有限公司共同成立合资公司，由此将 MSN 正式带入中国，并实现了门户网站与即时通信工具的无缝融合。MSN 是一个集新闻、搜索、即时通信、门户为一身的混合体。通过 MSN Messenger 即时通信标签服务，用户即可方便快捷地进入 MSN 社区、购物、图铃下载、汽车等频道，享受整合后的精彩在线生活。新成立的合资公司——上海美斯恩网络通信技术有限公司——将持续为中国用户提供融领先时尚科技与个性化应用于一体的产品和服务，让用户体验美妙的 21 世纪新生活。

在中国，MSN 共选择了 9 个本土伙伴来支撑 MSN 的九大特色频道，开通了资讯、社区、财经、数码、拍卖、汽车、游戏、手机图铃下载、英语学习等九个频道。这是 MSN 全球既定的商业策略,依赖这样的商业策略,MSN 在全球取得了很好的进步,MSN 可以轻易地把国际化的理念和本土经验结合起来,它几乎不费吹灰之力就得到了一个相当中国化的门户站点。

MSN 本身是一个非常好的品牌,通过 MSN Messenger 在中国的发展,已经积聚了非常优质的用户群体。而这九个伙伴基本上都是中国互联网市场上极具成长性的企业,积累了很多本土化的运营经验,并且一直在给中国用户提供优质的运营服务,而 MSN 则为他们打造了一个具有良好用户基础的整合的平台,因此,通过合作,MSN 能够迅速地把这个平台搭建起来。

(1)准确定位提升核心价值

MSN Messenger 所树立的品牌形象已经把自己和其他即时通信软件非常清晰地区隔开来,这使得 MSN 可以从一进入就采取差异化的策略与服务。MSN 并不是一个把娱乐和交友作为主要功能属性的软件品牌,而是一个以商务为导向、多元应用相配合的服务品牌。MSN 最大的宝藏在于它牢牢地占据了中国即时通信市场的高端,把持着数量可观的优良用户,这些用户的一个特性是受教育水平高,他们使用 MSN 决非以娱乐休闲为主要目的,而更多的是用于工作及与熟悉朋友间的沟通。

因此,MSN 除了专注于提升 MSN Messenger 的核心价值外,还努力将它的应用方式变得更加多元化。比如每天早上打开 Messenger 登录的时候,用户就会看见 MSN Today 跳出来,播报今天发生的新闻是什么,有什么事情值得去关注。而 MSN Messenger 优质的用户群体绝不仅仅停留在此,他们还应当产生更大的商业价值。对于企业用户而言,MSN 提供的是一个非常好的客户资源共享的方式,他们有 MSN Messenger、MSN Spaces、Hotmail、MSN Mobile 等服务。

(2)整合网络沟通平台

大多数人是从 MSN Messenger 知道 MSN 的,MSN Messenger 也是吸引用户进入 MSN 门户站点的重要入口,这是 MSN 进入中国后最迫切需要解决的问题,它需要把这个特定的用户群平稳地过渡到自己的门户站点,实现网站服务、信息服务的整合,这几乎决定着 MSN 的存亡。所以,MSN 试图为用户提供的是一个整合网络沟通平台,通过标签服务,用户可以从 MSN Messenger 直接进入 MSN 门户站点浏览信息,也可以随时查阅 MSN Hotmail 电子邮箱或体验 MSN Spaces 共享空间;等等。与几年前相比,简单的通信功能已经不能满足用户日益旺盛的、多样化的需求。

2010 年 11 月新浪与 MSN 中国完成战略合作协议的签署,正式达成战略合作伙伴关系。新浪与 MSN 将在诸多领域开展全方位战略合作,涵盖微博、博客、即时通信、资讯内容、无线等方面。此次合作,将进一步加强新浪和 MSN 在微博、博客、IM、内容等方面的竞争力,依托双方的开放理念,将双方的开放平台及产品进行整合,将最大限度地为中国用户展现多元化的网络聚合平台,帮助用户实现随时随地分享、互联互通的数字化生活。

2011 年 8 月人人网与 MSN 中国结成战略合作伙伴关系,合作主要涉及社交网络、即时通信服务、开放平台几大方面,实现账号互通和双方网站功能的高度集成。人人公司首席运营官兼执行董事刘健表示:"人人网与 MSN 的合作联盟,将围绕着多方共赢的精神,将双方的优势产品和市场资源进行战略整合,实现跨平台分享。"

1996 年微软公司联合美国全国广播公司(NBC)成立微软全国广播公司,使得受众既可以在家通过电视机收看有线电视的 MSNBC 节目,也可以通过电脑上网获取在线 MSNBC 的信息。

3. 微软的云计算

微软的"云计算"(Windows Azure)被认为是 Windows NT 之后,16 年来最重要的产品。几年前,微软已经开始提出"软件+服务"的模式,即在提供软件的同时提供服务,现在这一模式进一步落实到了"云计算",这就是 Windows Azure。Windows Azure 是一个云端的操作系统。

图中,最底层的是 Windows Azure 这个操作系统。它提供了 Compute(计算)、Storage(存储)以及 Manage(管理)这三个主要功能。此外,还有对用户而言透明的 Fabric。Fabric 包含负载平衡、硬件抽象等众多功能。然而一般而言,用户并不需要了解 Fabric 内部是如何工作的,就可以充分利用 Windows Azure 的各种特性。

云计算(Cloud Computing)是网格计算(Grid Computing)、分布式计算(Distributed Computing)、并行计算(Parallel Computing)、效用计算(Utility Computing)、网络存储技术(Network Storage Technologies)、虚拟化(Virtualization)、负载均衡(Load Balance)等传统计算机和网络技术发展融合的产物。"云计算"的原理是:未来,个人和企业不需要建立自己的数据中心,而

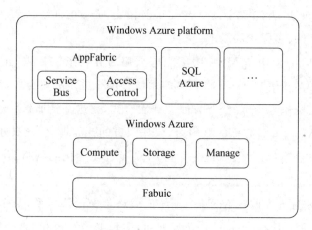

图 7　Windows Azure 平台自身的产品结构

是把数据存在微软的"云"里,在需要时随时取用。

微软首先需要建立庞大的数据中心。目前,微软已经在美国华盛顿州建成了一个数据中心,占地达 455 亩,里面存放着无数台服务器。微软在美国得克萨斯州的数据中心也已建成,在芝加哥和爱尔兰的都柏林的数据中心则正在建设中。微软的高级副总裁莫格利亚认为,现在个人电脑时代已经让位于互联网时代,所以微软需要一个新的平台,这就是 Azure 服务平台。2011 年 10 月 27 日,微软宣布推出了 Azure 服务平台的初级预览版,而 Windows Azure 是其操作系统。微软 CEO 鲍尔默推销说:"传统的 IT 基础设施的麻烦在于,你的容量必须考虑到最高峰时的要求,因而平时资源经常被闲置。你要有服务器,还要有机房,要有电,还要有管理人员,还得扩展容量。另外,为了确保万一,你还得有备份。而 Windows Azure 解决了这个难题。"

4. 微软云计算在中国的发展

云计算有各种定义,它并不是一个单纯的产品,也不是一项全新的技术,而是一种产生和获取计算能力的新的方式。它的出现对 IT 的应用和部署模式以及商业模式,都产生了极大的影响。微软全球 CEO 史蒂夫·鲍尔默强调了云技术对微软的重要性。截至目前,微软在全球有 4 万多名员工在从事软件开发工作。其中约70％的员工所从事的工作与云相关,一年以后,这一比例可能会上升到90％左右。云已成为微软创新思维、工作灵感的一部分。

微软曾提出这样一个观点——"IT 即服务"。也就是怎样能够把云计算的理念真正融合进 IT 层面,实现用户和合作伙伴在计算机领域更多的创新。微软全球布局下,中国市场始终具有重要的战略意义。不久前微软在上海正式成立了云计算创新中心,将配置经验丰富的工程师团队,与客户和合作伙伴紧密合作,充分发挥云计算的潜力。同时,微软中国云计算创新中心的专属实验室可以帮助政府、合作伙伴和客户实施快速建模、概念验证、云计算解决方案的测试。微软工程师团队也将在微软中国云计算创新中心继续专注于产品和技术的研发,满足中国市场对云计算的需求。

微软的云计算战略提供了三种不同的运营模式,这与其他公司的云计算战略有很大的不同。

第一种是微软自己构建及运营公有云的应用和服务,向个人消费者和企业客户提供云服务的微软运营模式。例如,微软向最终使用者提供的 Online Services 和 Windows Live 等服务。

第二种是 ISV/SI 等各种合作伙伴基于 Windows Azure Platform 开发如 ERP、CRM 等各种云计算应用,并在 Windows Azure Platform 上为最终使用者提供服务。另外微软运营在自己的云计算平台中的 Business Productivity Online Suite(BPOS)也可以交给合作伙伴进行托管运营。BPOS 主要包括 Exchange Online、SharePoint Online、Office Communications Online 和 Live Meeting Online 等服务,这种属于伙伴运营模式。

第三种客户可以选择微软的云计算解决方案构建自己的云计算平台,微软提供包括产品、技术、平台和运维管理在内的全面支持,这是客户自建的运营模式。

云计算的广泛应用,将从根本上改变信息获取和知识传播的方式,促进基础设施运营、软件等信息产业向服务化转型,催生跨行业融合的新型服务业态。微软认为中国市场的每一个合作伙伴,在云计算当中都将会扮演不同的角色。比如跟电信行业的合作,或者是跟托管厂商的合作更多承载的是怎样能够把云服务迅速带入中国。跟 ISV 的合作则是怎样在云的平台上提供更多的在线服务。

2008 年 11 月,微软与苏州工业园区、江苏风云网络服务有限公司共同打造的 SaaS 服务平台——风云在线正式启动;同时,微软合力打造的杭州云计算开发培训平台,帮助企业提高软件研发创新能力,降低企业软件生产成本;2009 年年底,微软与台湾中华电信签署了云计算技术合作备忘录(MOU),针对客户端设备软件应用服务和云端服务等进行合作。微软提供了端到端的整个云计算架构的应用产品家族,从基础设施(IaaS)到平台即服务(PaaS),再到软件即服务(SaaS),在部署模式上全面覆盖了私有云、公有云和混合云的构建。

未来,微软还会有更多的云计算解决方案出现。例如微软正在开发云计算的迁移工具,它能将传统的应用软件平滑迁移到云计算平台。用户可以充分利用自己现有的系统,体验云服务方式的应用。同时,微软还会推出一个整合工具和管理平台,将微软的云和第三方的云或传统应用进行集成,并通过微软管理平台实现对这些部署在不同地方的应用进行集中管理。云计算不仅会在IT、互联网和电信服务行业有长期的发展,它的应用范围还会逐步扩大,乃至对整个产业链的上下游产生深远影响。

3.6.4　中国赴美上市软件公司

1. 中国赴美上市公司

中国公司赴美国IPO(首次公开募股)始于1992年。但从IPO数量上看,大规模在美国市场IPO是从2006年开始的。

2007年,美国资本市场整体表现创历史新高,道琼斯指数创出14 279.96点的历史高点。同时中国公司在美IPO出现前所未有的高潮,全年共有29个IPO。

2008年,由于全球金融危机爆发,全年仅4家中国公司在美IPO。

2009年,金融危机基本结束。自5月开始,全球IPO市场开始出现回暖。中国公司IPO集中在下半年。全年共10个IPO。在纳斯达克市场的5个IPO中,有4个为已上市公司的分拆。传统意义上的单独IPO只有6个。

2010年,中国公司在美IPO数量超过了2007年,成为IPO个数最多的一年。并且都是单独IPO,没有已上市公司的分拆上市。这34个IPO总共募集资金37亿美元;按照2010年12月22日收盘价2美元计算,总市值为246.5亿美元。

中国优酷、当当、软通动力等在美国纽交所上市,国内IT企业在2010年年末再次掀起上市高潮,中国的民办教育企业在美国市场颇成气候。在纽交所已经形成了以新东方、安博教育、学而思、学大教育为代表的中国教育概念股板块。在大洋彼岸有中国创业公司的乐土,美国纳斯达克与纽交所,有可能成为中国未来特殊行业创新型公司的摇篮。

2011年共有11家中国公司在美国主要的交易所(纽约证券交易所、纳斯达克交易所、全美证券交易所)进行IPO上市,共融资20.4亿美元。赴美IPO情况分为两个阶段,1—5月为第一阶段,6—12月为第二阶段,两个阶段的情形截然不同,特别是在 5 月 4—12 日,就有 5 家中国公司 IPO。第二阶段随着中国概念股危机愈演愈烈,中国公司 IPO 进入了冰冻期。

2011 年中国公司赴美 IPO 的数量远远低于前一年,但比较过去,2011 年仍然是不错的一年,这主要是得益于该年 1 月到 5 月多家中国公司密集进行了 IPO。

以下是过去 5 年(2007—2011 年)中国公司在美国 IPO 数量的统计数字。

表 2　中国公司在美国 IPO 数量的数据统计(2007—2011 年)　单位:个

年度	纽交所	纳斯达克	总计	年度	纽交所	纳斯达克	总计
2007	18	11	29	2010	22	12	34
2008	3	1	4	2011	7	4	11
2009	5	5	10				

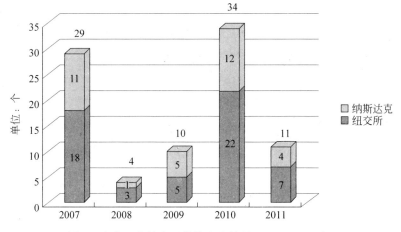

图 8　在美上市的中国软件企业情况(2007—2011 年)

CNET 科技资讯网记者归纳整理在美上市(纳斯达克、纽约证券交易所)的 18 家中国软件企业(东南融通因为退入粉单市场而暂不包括)当前市值排名,并且介绍这些企业目前所处行业以及业务范围。

表 3　在美上市 18 家中国软件企业市值排名(截至 2011 年 11 月 9 日)

市值排名	企业名称	股票代码	市值/美元	主营业务
1	亚信联创	NASDAQ:ASIA	5.85 亿	电信解决方案
2	高德软件	NASDAQ:AMAP	5.78 亿	电子地图导航

市值排名	企业名称	股票代码	市值/美元	主营业务
3	软通动力	NYSE：ISS	4.90 亿	软件外包及 IT 咨询
4	文思信息	NYSE：VIT	4.58 亿	软件外包
5	海辉软件	NASDAQ：HSFT	3.58 亿	软件外包
6	永新视博	NYSE：STV	2.24 亿	广电
7	柯莱特	NYSE：CIS	1.26 亿	软件外包
8	千方科技	NASDAQ：CTFO	7 909.53 万	交通
9	创博国际	NASDAQ：TBOW	7 431.24 万	电信增值服务
10	CDC 软件	NASDAQ：CDCS	4 851.77 万	自动化业务处理
11	中国信息技术	NASDAQ：CNIT	4 707.52 万	GIS、公共安全、数字医疗
12	九城关贸	NASDAQ：NINE	4 509.77 万	进出口企业 B2G
13	宇信易诚	NASDAQ：YTEC	4 325.87 万	金融
14	经纬国际	NASDAQ：JNGW	2 686.76 万	电信计费、经营分析
15	中网在线	NASDAQ：CNET	2 013.57 万	中小企业信息化
16	富基融通	NASDAQ：EFUT	1 507.96 万	零售
17	联合信息	NASDAQ：KONE	1 246.00 万	新一代移动通信技术
18	普联软件	NASDAQ：PSOF	1 147.47 万	石油行业管理软件

就以上 18 家在美上市中国软件企业市值来看,超过 1 亿美元的共有 7 家企业;市值在 4 000 万~1 亿美元之间的有 6 家企业;其余 5 家企业,其市值也均超过 1 000 亿美元。从市值来看,在美上市中国软件企业市值,与国内上市软件企业市值还存在较大差距。市值排在第一位的亚信联创,其市值在截至 10 月 31 日的国内上市软件企业市值排名中仅仅排在第 19 位,排在第一位的国电南瑞,市值 361.5 亿元人民币;排在第二位的用友软件,市值 167.9 亿元人民币;排在第三位的东软集团,市值 111.7 亿元人民币。

从这 18 家软件企业的主营业务来看,从事软件外包的有 4 家;从事电信增值、计费业务等解决方案的有 3 家;从事金融业务的有 2 家;从事 GIS 业务的有 2 家。此外,很多企业的主营业务还遍及交通、广电、能源、企业 B2G 等各个行业。

虽然这 18 家软件企业无论从市值、市场份额还是品牌知名度,都与国内上市的软件企业有着不小的差距,但是在细分行业市场,这些企业依然拥有较高的竞争力。现对其中 6 家公司作简要分析。

第 1 名：亚信联创

截至 9 月 30 日，2011 年第三季度，亚信联创营收 1.193 亿美元，同比增长 8.0%，比上一季度增长 2.7%；利润为 1 330 万美元，去年同期为 1 650 万美元，上一季度为 3 290 万美元。

亚信联创为中国电信运营商提供 IT 解决方案和服务，目前，亚信提供的软件方案和服务涉及 IP、VoIP、宽带、无线、3G 等技术领域，包括：业务支撑系统（计费、客户关系管理、商业智能分析、网管系统等）、电信增值应用系统以及电信级网络解决方案等。2010 年 7 月 1 日，亚信集团股份有限公司完成与联创科技国际控股有限公司的合并交易，组建成立新公司亚信联创控股有限公司。

第 2 名：高德软件

截至 6 月 30 日，2011 年第二季度，高德软件营收 3 290 万美元，同比增长 48.8%；利润 2 360 万美元，同比增长 61.2%。

高德软件业务包括为汽车厂商、互联网和无线领域的客户提供电子地图和相关服务。2009 年高德软件在中国车载前装导航地图市场份额为 48.7%，便携导航市场份额超过 30%。据了解，目前高德地图总用户数已经达到 3 000 万，预计 2011 年年底还能再增长 30%。

根据华尔街分析师给出的平均长期利润增长率预期，美国媒体列出增长速度最快的 10 只中国概念股，高德软件位列第七。

第 6 名：永新视博

截至 6 月 30 日，2011 年第二季度，永新视博营收 2 470 万美元，同比增长 29.2%，环比增长 28.0%；利润为 81.4%，去年同期为 78.7%，上季度为 79.5%。

永新视博成立于 1998 年，为有线、地面、卫星、IPTV、移动网络平台提供数字电视安全技术解决方案，数字电视系统集成，数字电视核心软件产品和增值服务，是具有完全自主知识产权的民族高新技术企业。经过 10 余年的发展，公司于 2009 年开始拓展海外市场，并于当年成功与多家海外运营商签约。

目前永新视博覆盖全世界近 300 余家电视运营商，其条件接收系统覆盖全国用户超过 2 亿，发卡量突破 6 000 万张，中国数字电视行业中条件接收系统市场占有率保持在 50% 以上。

第 8 名：千方科技

截至 6 月 30 日，2011 年二季度，千方科技营收 3 690 万美元，同比增长

53.4%；利润 1 060 万美元，同比增长 104.8%。

千方科技成立于 2000 年，公司以 GIS 为核心技术，致力于成为中国最优秀的交通行业信息化整体解决方案提供商和最优秀的交通信息服务运营商。

千方科技已与中关村发展集团、Beijing Marine Communication & Information Co. ,Ltd.（Beijing Marine）、中原信托，以及公司控股子公司北京中交兴路信息科技有限公司签署投资协议。中关村发展集团将代表北京市政府向中交兴路累计出资人民币 5 000 万元（约合 769 万美元）以获取中交兴路10%的股权。

第 9 名：创博国际

截至 6 月 30 日，2011 年第二季度，创博国际营收 910 万美元，同比增长 130.4%；利润 800 万美元，同比增长 265.4%。

创博国际创立于 2001 年，是电信增值服务和移动支付解决方案供应商，为电信运营商提供智能网、语音、3G、云计算、软件外包等多领域、全方位技术解决方案；在手机支付、手机一卡通、彩铃、物流追踪、食品安全等项目上与中国移动、中国电信、中国联通合作，为大型企业集团、学校提供整合移动解决方案，并在金融、保险、民航、政府等行业建立了稳固友好的合作关系。创博国际至今已申请专利 150 余项，其中有 50 项已获国家发明专利。

美国 cnanalyst.com 金融信息网站根据各股过去 12 个月的净利率高低，评选出在美国上市的十大最盈利中国概念股，其中创博国际在过去的 12 个月期间，公司净利率为 65.72%，同期运营利率为 49.19%，排名第一。

第 13 名：宇信易诚

截至 6 月 30 日，2011 年第二季度，宇信易诚营收 1 370 万美元，同比增长30.0%；净利润为 190 万美元，去年同期为 50 万美元。

宇信易诚是一家立足于为中国金融（银行）行业提供应用软件开发和信息技术服务的信息技术服务商，业务范围包括系统集成服务、业务咨询、应用软件产品及解决方案的开发与服务、业务运营外包等。在行业研究公司 IDC 发布的2010 年中国银行业 IT 解决方案供应商排名中宇信易诚位列首位，公司的市场份额由 2009 年的 4.3%提高至 2010 年的 5.2%。

2. 中国高德软件纳斯达克成功上市分析

高德充分把握住了高速成长的导航及位置服务的市场机遇。通过 8 年多的投资和积累，高德已经建立起覆盖全国的优质导航电子地图数据库，包括：超过 280 万公里的导航道路信息,超过 1 250 万个兴趣点(POI),以及覆盖 19 个城市主要区域的三维模型数据。经验丰富的管理团队、行之有效的执行能力使高德在三大业务领域迅速成长为中国市场领航者。

(1) 汽车导航

高德为包括奥迪、宝马、通用、本田、比亚迪等著名品牌汽车的 100 多个车型提供导航数据产品和服务。2009 年在中国车载前装导航地图市场份额为48.7%。在后装 PND 产品方面,为新科、万利达、铁将军等客户提供包括导航数据在内的一体化解决方案。2009 年市场份额超过 30% 车载前装市场。

据易观国际(Analysys International)Enfodesk 产业数据库最新发布的《2009 年中国车载前装市场年度专题报告》数据显示,2009 年中国车载前装市场提供商呈现了双寡头的竞争格局,高德及思维图新的市占率都很高,分别占到 48.7% 及 46.8%,两者共同垄断了市场 95% 以上的份额,为其他厂商的进入树立了非常大的市场门槛。具体市场占比如下图所示。

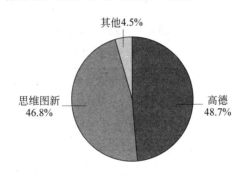

前装 PND 产品市场

图 9　2009 年车载前装导航地图市场厂商占比图

在国内的 PND 导航地图市场,目前有导航电子地图制作资质的单位有 11家,但退出导航电子地图产品的仅有高德、凯立德、思维图新、城际高科、瑞图万方、灵图、易图通 7 家企业。易观国际根据 2009 年 PND 装机量统计,高德、思维图新、凯立德分列前三位,占优率分别为 30.3%、18.8% 和 18.6%,合计近 80%。

地图数据提供商中,除思维图新以外,均同时也从事地图引擎开发,高德、灵图、瑞图万方均既可以单独提供地图数据的方案,也可以提供数据及引擎的捆绑方案;凯立德、城际高科仅提供捆绑销售的地图数据和引擎。城际高科自身也从事 PND 设备的生产。

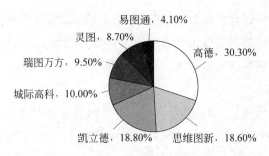

图 10   2009 年 PND 地图数据提供商市场分析

根据高德提交的 F1 文件中的财务数据,从 2007 年到 2009 年高德软件在汽车导航业务领域,保持高速稳定增长,从 2007 年的 2 149 万美元增长至 2009 年的 3 621 万美元,年复合增长率达 29.8％。

(2) 政府和企业应用

在政府和企业应用领域,高德为第二次国土调查、土地规划和其他项目提供航空摄影数据。高德开发出的三维数字城市模型和地理信息系统,通过在三维虚拟环境中进行搜索、制图、测量和分析,帮助政府提高城市管理和执行效率。除此之外,也为行业及企业用户在车辆监控、资产管理和物流配送等方面提供基于位置服务的解决方案。

在政府和企业应用领域高德面临的竞争对手主要还是思维图新。思维图新是中国思维测绘技术总公司、中国地图出版社、中国航空技术进出口总公司、思维航空遥感有限公司共同出资组建的有限责任公司,2008 年 1 月 30 日,将组织形式变更为股份有限公司。思维图新的投资背景均为测绘、地图相关的大型国有单位,因此具有良好牢固的政府关系。同时,思维图新是最早获得导航电子地图资质的企业,在专业技术上也具有很强的竞争实力保障,更为其在该领域的竞争提供了有利条件。

根据高德提交的 F1 文件中的财务数据,从 2007 年到 2009 年高德软件在政府和企业应用业务领域中,保持高速稳定增长,从 2007 年的 515.9 万美元增长至 2009 年的 1 435 万美元,年复合增长率达 66.78％。

(3) 无线/互联网位置服务应用

从 2006 年开始,高德与中国移动合作为其位置服务平台提供地图数据,并在服务内容和应用方面不断深化合作。在互联网地图服务方面,高德目前为包括谷歌(Google)、新浪(Sina)、阿里巴巴(Alibaba)、微软必应(Bing)等著名网站在内的 6 500 多家网站提供基础地图服务和地图 API（Application Programming Interface）服务。公司还与三星、摩托罗拉等众多手机终端厂商合作，为其提供手机预装导航数据和软件。公司自主开发的手机地图软件——迷你地图 TM 使用用户量超过 500 万，受到用户的广泛好评。

根据高德提交的 F1 文件中的财务数据，从 2007 年到 2009 年高德软件在政府和企业应用业务领域，保持高速稳定增长，从 2007 年的 515.9 万美元增长至 2009 年的 1 435 万美元，年复合增长率达 66.78％。

在高德和思维图新这两家互联网地图数据提供商为主导的市场竞争中，高德和思维图新分别通过谷歌地图及 Mapbar 等下游合作伙伴获得了很大的调用量。其中高德在垂直应用服务商领域（特别是房地产行业）的调用量更为领先，而思维图新的地图在公众应用服务商环节的表现相对突出。

产业链合作是高德及思维图新拥有绝对调用量的重要基础。高德的产业链合作对象主要有三部分。

（1）自有地图服务网站：Mapabc。

（2）公众地图应用提供商：谷歌地图、必应地图、新浪爱问地图。

（3）企业及垂直应用提供商：搜房网（SFUN，83.77，＋0.93％）、点评网、爱帮网、去哪儿、酷讯、安居客等。

正是由于这些产业链多方面的合作，才构筑了高德互联网地图数据调用量第一的市场地位。

根据高德提交的 F1 文件中的财务数据，从 2007 年到 2009 年高德软件在无线/互联网位置服务应用领域亦发展迅速，从 2007 年的 91.5 万美元提高至 2009 年的 515.3 万美元，年复合增长率高达 137％。

（4）三大业务比重

根据高德提交的 F1 文件中的财务数据三大业务 2007—2009 年净营收占比，高德三大业务中最核心的业务为汽车导航业务，其 2007—2009 年净营收占比分别为 72.5％、64.8％、63.0％，该项业务占比三年均在 60％以上，并有逐年递减趋势。政府和企业应用业务净营收占比居第二位，无线/互联网位置服务应用占比最低，但二者均有逐年增长趋势。

2008 年在中国车载预装导航地图市场份额超过 50％，为奥迪、宝马、奔驰、凯迪拉克、讴歌（Acura）、别克、大众、本田、丰田、雪佛兰、沃尔沃、尼桑、路虎、MG、比亚迪等全球 10 多个汽车品牌、100 多个车型提供车载导航电子地图。

　　中国便携导航产业规模化的核心推动者,为新科、万利达、步步高、诺基亚、摩托罗拉、三星、神达、天语、阿尔派、梦天游等 10 余家客户提供导航电子地图和导航引擎的一体化解决方案。

　　中国移动全网位置服务 GIS/基础地图系统唯一合作运营伙伴;为主流汽车厂商、互联网和无线领域的客户提供覆盖广泛、数据精确丰富的电子地图和相关服务;为客户提供跨平台、跨媒体的位置服务解决方案,为数千家互联网门户网站提供地图数据及应用服务;2010 年上海世博会导航地图及应用服务项目独家赞助商。

　　2010 年中国 GPS 提供商高德软件(NYSE:AMAP)在纳斯达克市成功上市,首日股价开盘上涨 1.39 美元,报 13.89 美元,涨幅达 11.12%。

　　高德软件为汽车和移动电话提供电子地图和定位系统服务,也面向政府和私营企业提供地图服务。投资银行高盛为高德软件的独家首次公开招股承销商。

　　高德软件招股书显示,高德软件 2009 年实现收入 5 720 万美元,营业利润 2 040 万美元,净利润 1 050 万美元。依美国通用会计准则净利润为 1 080 万美元,计入股权激励后,净利润 1 530 万美元。

　　高德软件已递交给美国证券交易委员会(SEC)的文件显示,该公司此次将发行 750 万股美国存托凭证(ADS),其中原有股东将出售 110 万股股票。每股美国存托凭证将代表 4 股该公司普通股。

　　在 IPO 之前,高德软件基本流通股本为 1.523 亿股,稀释股本为 1.743 亿股,其中包括 1 480 万可行使期权、80 万限售股以及 640 万员工持股。高德软件此前曾获红杉中国、华登国际和凯鹏华盈等多家风投投资公司。高德软件称,IPO 融资所得将用于购买数据处理设备、成立研发中心、运营空中摄影业务和支持潜在收购。高德的成就被业界和各类专业机构广泛认可。

　　随着中国互联网公司 CEO 身影越来越多出现在美国华尔街,继人人网在美成功上市之后,网秦、世纪佳缘、凤凰新媒体陆续登陆美国资本市场。淘宝网、迅雷网、土豆网也相继传出即将赴美上市的消息。中国 IT 公司在美上市融资已经算不上什么新闻。《2010 年中国公司美国 IPO 研究报告》显示,2011 年共有 34 家中国公司赴美国 IPO,其中 14 家公司来自科技、媒体及通信行业,占总数的 41%。其中就有优酷网、当当网等。2011 年 3 月,奇虎 360 高调亮相纽交所,这也预示着新一轮中国互联网公司华尔街上市热潮开始。

中国国内企业首选赴美上市的现象，一方面说明在竞争日益激烈的背景下，中国互联网和软件公司急需资金做大做强；另一方面，中国公司赴美上市，也是提升品牌价值和知名度的途径。相比较而言，在国内上市门槛较高，而在美国上市的条件相对灵活、宽松，美国人更看重企业的发展潜力。如优酷网上市之前已经连续 3 年亏损，却照样受到了美国投资者的热捧。

中国经济的快速增长，庞大的网民数量，"中国"＋"互联网"对美国投资者产生巨大的吸引力。在中国互联网、软件企业纷纷赴美上市的同时，美国也看到中国的发展前景，金融、证券公司也频频向中国企业抛出"橄榄枝"。但客观分析，中国互联网企业集体赴美上市，虽然有诸多益处，却不能成为衡量公司的价值标尺。因为，并不是所有中国互联网公司都适合走海外上市这条路，上市也能成为发展的最终目标。一个企业成功与否，还是取决于它的盈利模式和管理机制等因素。

第 4 章　全球门户网站鼻祖雅虎的发展模式

张亚然　陈　钟

你现在还在用雅虎邮箱吗?

在自己周围做一个小小的调查,看看大家都在使用哪些邮箱? 周围各种邮箱都有,身边很多人都在用网易、腾讯、新浪的邮箱,如果你说我周围的朋友太有限,那么看看那些高级管理者们,他们很多在用谷歌或者公司邮箱,还有那些外企的朋友们,终于找到了,有一个还在用雅虎邮箱。

我们的主题就是围绕雅虎,我们想了解你对雅虎的认识是什么样的。谁是雅虎? 以下是不同的网站对雅虎给予的不同的定义,不知道最符合你的认识的是哪一个。

谷歌说:"中国雅虎致力于领先的公益民生门户网站,为亿万中文用户提供全面最新的新闻资讯、娱乐、财经、体育、汽车、旅游、时尚、科技、公益等数十个精彩频道内容,更有邮箱、资讯、娱乐、雅虎大全、体育这样的特色栏目。"

百度说:"雅虎(Yahoo!)是美国著名的互联网门户网站,20 世纪末互联网奇迹的创造者之一。其服务包括搜索引擎、电邮、新闻等,业务遍及 24 个国家和地区,为全球超过 5 亿的独立用户提供多元化的网络服务。同时,也是一家全球性的因特网通信、商贸及媒体公司。2012 年 4 月 4 日美国雅虎公司宣布将裁员 2 000 人,约相当于雅虎全球员工数量的 14%。"

维基百科说:"雅虎公司(英语:Yahoo! Inc.,NASDAQ:YHOO)是一家美国上市公司和全球互联网服务公司。它提供一系列的互联网服务,其中包括门户网站、搜索引擎、雅虎邮箱、新闻以及登入等。Yahoo! 是由斯坦福大学研究生杨致远和大卫·费罗于 1994 年 1 月创立并且在 1995 年 3 月 2 日成立公司,公司的总部设立在加利福尼亚州森尼韦尔市。根据一些网络流量分析公司(包括 Alexa Internet、Comscore 和 Netcraft)的数据,Yahoo! 曾经是网络上被访问最多的网站,有 4.12 亿的独立 IP 用户的访问者。Yahoo! 全球的网站每日平均有 34 亿个网页被访问,这也使之成为美国数一数二的受欢迎的网站。"

艾瑞网说：雅虎公司是一家全球性的互联网通信、商贸及媒体公司。其网络每月为全球超过 1.8 亿用户提供多元化的网上服务。雅虎是全球第一家提供互联网导航服务的网站，不论在浏览量、网上广告、家庭或商业用户接触面上，www.yahoo.com 都居于领导地位，也是最为人熟悉及最有价值的互联网品牌之一，在全球消费者品牌排名中居第 38 位。雅虎还在网站上提供各种商务及企业服务，以帮助客户提高生产力及网络使用率，其中包括广受欢迎的为企业提供定制化网站解决方案的雅虎企业内部网，影音播放、商店网站存储和管理，以及其他网站工具及服务等。雅虎在全球共有 24 个网站，其总部设在美国加州圣克拉克市，在欧洲、亚太区、拉丁美洲、加拿大及美国均设有办事处。

就算你从来没有使用过雅虎，也不可能不知道，雅虎是一个门户网站，它是门户的鼻祖，它的诞生带来太多不可思议的故事。目前，它仍然在不断给人们制造话题，但是，最近这些话题总是令我们有些失望，"CEO 学历造假"、"并购失败"、"创始人离职"、"大批裁员"，等等，我们不得不思考，雅虎究竟是怎么了，曾一度是网络革命的霸主，如今"绯闻缠身"，甚至市值一落千丈，雅虎真的爬不起来了吗？我们很好奇，曾经的雅虎取得了哪些辉煌业绩？给整个互联网带来了什么？现在的雅虎，又经历了如何的考验，哪些错误决定让雅虎错失了机遇？未来的雅虎路在何方，是否在跌跌撞撞中，依旧这般摇摆？

4.1　创业史及创始人

1994 年，雅虎的两位创始人杨致远（Jerry Yang）与好友大卫·费罗（David Filo），在攻读美国斯坦福大学电机工程系的博士生期间，共同创立了网络导航指南网站 Yahoo！Yahoo 源自《格列佛游记》中的一群野人的名字。至于为何命名"雅虎"，杨致远说："我们是在一本旅游手册中找到了这个名字的，我们觉得雅虎代表了那些既无经验，又无教育的外来游客，与我们这群电脑人非常相近，所以，我们就用了 Yahoo！来作为这个软件的名称了。"可以说这也意味着互联网信息内容领域的开荒者。

作为那个时代华人的骄傲，杨致远尤其引人注目。他 1968 年 11 月 6 日生于中国台湾台北市，10 岁时举家迁居至美国加利福尼亚州圣荷西，在斯坦福大学电子工程系先后获得理学学士和理学硕士学位。而他的好友大卫·费罗 1988 年毕业于杜兰大学，曾当过辅导杨致远的助教，后来两人同班听课，还在作业方面开展合作。以此为起点,两人成了最佳搭档。

与很多计算机技术发明一样,1993年年底,雅虎起初仅作为记录个人对互联网兴趣的一种方式。当时,杨致远在斯坦福大学电机研究所正攻读电机工程博士学位,他和好友大卫·费罗在使用全球网络时,都觉得内容范围广泛,要找一个材料往往费时费力。为了更方便地使用网络资料,1994年4月,他们利用学校的工作站建立了一套网络搜索软件,分门别类组织信息,搭建网络指南信息库。但是不久,他们就发现自己进入了一个"细化再细化"的循环,根据内容分成大类,大类下面再分小类,编写的列表变得越来越长。随着收集的站点资料日益增多,他们开发了一个数据库系统来管理资料,帮助他们有效地查找、识别和编辑互联网上存储的资料。起初他们只向几个朋友推荐了网络指南的地址,后来站点的访问者越来越多,纷纷到斯坦福大学的地址上查询,网站流量迅速增长。伴随着每一点进步,他们都会收到大量鼓励的电子邮件,有些还提出了改进建议。他们扩充了指南的功能,提高了搜索效率,加上最新站点、最酷站点等功能。斯坦福大学的计算机网络很快不堪重负,校方把他们的服务器"请"出了校园。大卫·费罗在回忆时称,"开始时的一切如同噩梦一般,我们没有了电脑,没有服务器,杨致远花光了所有的积蓄购买了几台电脑,至于服务器,则是靠免费为美国在线、网景这样的大公司作pop-up(一种弹出式广告)而租用他们的;更要命的是,在我们手头最为拮据的时候,上述两家大公司都向我们伸出'援助'之手,想高薪聘用我们,我们好不容易才挺过来了。"这是一个关键节点,一种反向推动力,既是一种告别,也是一种新的开始。杨致远与费罗花在Yahoo!上的时间越来越多,决定放弃即将完成的博士学位,并于1995年4月携手成立了Yahoo软件公司。雅虎成为两人共同的学术"肄业证",其崛起有着相对特殊的阅读时代背景。

在2000年之前,当互联网信息内容大量涌现,纸质媒介不断向电子媒介转型,人们面对电子"图书馆"浩瀚的内容,急需单纯定向阅读之外新的阅读手段。雅虎崛起于这一大背景下,通过不断细化索引列表,为分散的互联网信息内容进行分类,相继推出股票报价、地图、聊天室、新闻、天气预报、体育新闻、黄页等服务内容,搭建了一个网上信息"黄本"。雅虎把零散的信息有机化、类别化,确立了信息与信息之间的联系,重新调整了人们上网阅读的浏览路径。雅虎成为网络高速通道的"门"与"入口",网民通过雅虎就可以更方便、及时地查询到自己所需要的信息。新世纪之前,雅虎就已经在全球数十个国家分别推出了数十种不同语言版本的网站,是第一家真正全球化的门户网站,被称为门户网站的鼻祖,在随后的几年中,一度成为全球访问量最大的网站,几乎就是当时互联网的代名词。除了诞生恰逢其时、自身蓬勃发展外,雅虎能够被尊称为"鼻祖"的另一个重要原因是其对后起门户网站的示范性意义。"人生最大的快乐不是金钱,最让人感觉良好的是你每天都在改变着这个世界。"雅虎联合创始人杨致远这句话影响了无数年轻人。国内互联网发展初期的新浪网、搜狐网、网易网等三大门户网站无不以雅虎为"师"。从一定意义上说,雅虎让人们知道了"门户"和网络搜索的意义。

4.2　创新模式:门户网站模式的缔造者

雅虎诞生于互联网童年期,雅虎引领网民进入了互联网世界,成功扮演了"师傅领进门"的角色。雅虎提供各种各样站点地址,用户可以根据自己需要的内容属性分类快速查找,对于网络生手来说,它就像是一位亲切的导航解说员、一位热心的指路人。前雅虎董事长和首席执行官蒂姆·库格尔(Tim Koogle)将雅虎通俗地解释为"任何人想要与任何事或任何其他人发生关系时不得不去的唯一场所。"一些专家也曾不无夸张地说:"Internet 有朝一日将改变整个世界,但若没有 Yahoo!,恐怕连门还摸不着呢。"

雅虎是门户网站发展模式实践意义上的缔造者,成就了互联网领域这一具有效益的商业模式。在互联网用户的心目中,雅虎几乎就是免费搜索、免费新闻、免费参考资料、免费电子邮件、免费在线购物和免费聊天等的代名词。免费是雅虎的一种标志,是一种全新理念,对于一家急速运转的企业基于当时市场条件下,赚钱方式反其道而行之,开创了一种崭新的商业模式。可以说,没有免费的商业模式思维,雅虎不可能迅速聚集人气,更不可能营造出一种独特的战略定位。另外,从行业角度,这制定了互联网业界至今遵守的游戏规则——开放、免费和盈利。用户得以从互联网上免费得到各种信息,并且用它来传递信息,分享信息。

雅虎模式中有两个核心因素:一个是用户所带来的巨大流量;一个是流量所带来的广告,即通过编辑大量的内容和服务,汇聚大量的流量,同时出售网页上的广告位来获利。雅虎门户网站发展模式核心理念就是打造成为网民上网的第一"入口",免费向用户提供信息,然后通过出售网页上的广告位来获利。

这也成为后来 Web 1.0 时代互联网业界的铁律：广告跟着流量走，流量跟着用户走。在网页上嵌入广告是传统媒体通用手法的网络照搬。因此这其实与传统纸媒"广告跟着订阅量走，订阅量跟着用户走"的盈利模式有着异曲同工之处。但对于投入较大的技术引领型互联网企业，免费提供内容给用户仍然富有开创性勇气。

流量或者说是用户群是门户网站所向披靡的第一个法宝。雅虎在短短的几年中成长为一个巨人，正是迅速有效地扩大互联网用户基数所致。幸运的是，雅虎在发展初期就遇到了重要推手。当年的网景浏览器几乎把持了互联网的入口路径。网景公司创始人马克·安德森非常喜欢雅虎的索引列表，1995 年1 月，他将网景浏览器一个重要的按钮——网上搜索指向了 Yahoo！当网景浏览器的用户单击这个按钮，就会被自动地引导到雅虎的网站。这种免费"广告"整整持续了一年，雅虎犹如上了高速路，迅速进入众多网民视野，知名度很快超过当时的其他搜索引擎公司 Infoseek、Lycos 和 Excite。这时安德森才意识到自己在为他人做嫁衣，于是他下令修改了网络搜索按钮，当人们按下这个网络搜索键时，将不再是雅虎独擅其美，而是 5 家搜索引擎公司平分秋色。而且，每家搜索引擎公司需向网景缴纳 500 万美元的年费。但这已经无法阻止雅虎的高速成长。此时的雅虎开始转型门户，股票报价、地图、聊天室、新闻、天气预报、体育新闻、黄页等服务内容相继推出，用户规模不断壮大，流量快速攀升。20 世纪末，雅虎在日平均浏览量、注册用户数和全球互联网站点等方面呈现爆炸式增长，成为全球最受互联网用户欢迎和访问量最高的目标网站。1995 年秋，雅虎的阅读量为每天 300 万页，每周 2 100 万页。而到 1996 年春，每周已达4 200 万页，年底达到每周 1 亿页。1996 年第二季度末，每天已经有 200 万网民造访雅虎，累计每天 1 400 万次。其中有 75% 是回头客。1999 年 12 月，雅虎网站有 1.2 亿独一（只在雅虎注册）用户，其中的 1 亿用户至少在雅虎的某一个频道或特色服务中注册过。至 2000 年 6 月，雅虎公司在全球拥有的独一用户数已达到 1.56 亿，光顾过雅虎网站的美国网民高达 61%。雅虎用户平均每月在雅虎网站逗留的时间超过 73 分钟，这使雅虎成为美国十大网站中用户停留时间最长的网站，日浏览量高达 6.8 亿人次，当年 9 月这一数据又继续攀升至 7.8亿人次。

广告是雅虎模式中另外一个核心因素。"眼球后面利润接踵而至"，前雅虎董事长和首席执行官蒂姆·库格尔曾描述雅虎盈利模式。雅虎庞大的用户群从另一个角度来看就是广告的受众。相对于传统广告渠道,网络广告具有根据受众特征定向投放、更具吸引力的互动手段、精确地测量和监控等一些独特优势。在成本方面,网络广告具有规模效应,当网站用户群达到一定的规模时,每增加一个新用户,所提供的网上服务的成本会降低,甚至为零。雅虎自 1995 年正式成立公司,在前四年的经营中一直处于亏损状态。但当 1999 年,雅虎网站注册用户过亿之后,开始盈利。1999 年和 2000 年全年开始盈利,分别盈利4.78 千万美元和 7.08 千万美元。自 2001 年再次出现亏损 9.28 千万美元之后,2002 年到 2005 年雅虎的盈利额持续增长。雅虎财报显示,由于广告商们纷纷加大互联网广告投入,2005 年全年雅虎营业收入达 52.58 亿美元,比前年增长了 47%,净利润达 18.96 亿美元,同比增加了一倍以上。

雅虎开创的门户网站模式取得空前成功。当时,如果有网民不知道"雅虎"的大名,就如同用软件不知道微软一样。在那个人们还在接触互联网,认识互联网的时代,雅虎成为用户上网的必经渠道。这一发展模式产生示范性的影响,被其他公司迅速"复制",短时间内,涌现出了一大批与雅虎提供雷同产品的网站。到了 1997 年,雅虎创造利润 6 700 万美元,日访问量达到 9 000 多万次,比所有对手访问量的总和还要多。雅虎是 Web 1.0 时代的王者,一骑绝尘。就像分析家所宣称的:"雅虎在很多方面都已经领先同行,把它与其他搜索引擎相提并论不恰当。"在国内雅虎的门徒包括:早期国内三大门户网站新浪网(1998年 12 月)、搜狐网(1998 年 2 月)、网易网(1997 年 6 月),甚至是腾讯网,崛起之路大体相似。可以说,雅虎所开创的门户网站发展和盈利模式是互联网企业走向自力更生的"母乳"。

4.3　产品与服务

作为门户网站,搜索引擎、目录服务是雅虎业务的核心也是起点。由于市场竞争日益激烈,门户网站不得不快速地拓展各种新的业务类型,希望通过门类众多的业务来吸引和留住互联网用户,往往与初创时有了很大的不同。雅虎的业务包罗万象,陆续提供新闻、搜索引擎、网络接入、聊天室、电子公告牌、免费邮箱、影音资讯、电子商务、网络社区、网络游戏、免费网页空间等服务。1997年 1 月,《今日美国》为全国信息网的网络族筛选"内容最丰富、最具娱乐价值、画面最吸引人且最容易使用的网络站台",结果发现"雅虎(Yahoo)"连续数周在内容最优良、实用性最高、最容易使用等项目上夺魁。雅虎正是凭借着其提供的综合性互联网信息服务，以及其在业内的地位和影响力，渐渐成就了当年在互联网行业的霸主地位。

作为引导互联网用户前往其他目标网站的门户网站，雅虎占据着互联网Web 1.0 时代的制高点。不管互联网新技术、新应用如何，雅虎总能以不变应万变，在新开辟的领域占据主流地位。雅虎充分利用了门户网站的优势，不断兼并延伸，在互联网各个领域突破；此外在地域上，雅虎不断建立分站站点，建构自身"唯一"全球门户地位。

在跨领域方面，1999 年，雅虎公司进行了 7 次收购，包括以数亿美元将个人主页网站 Geocities、应用宽带网络广播的 Broadcast.com，以及无线互联网站 OnlineAnywhere 纳入麾下。其中 Geocities 融为雅虎的二级站点，并从 1999 年第二季度开始为雅虎增加 4 000 万日平均页面浏览量。2000 年上半年，雅虎又以 4.28 亿美元的价格收购了 eGroups。在雅虎收购前即已拥有 1 700 万用户的 eGroups 公司，可为用户提供多对一、一对多和多对多的电子邮件及其他通信服务，至 2000 年上半年，雅虎已经实现了 19 种无线互联网应用，并签约了 23 家无线互联网络技术的提供商和移动电话运营商。雅虎的无线接入用户可以使用雅虎的在线拍卖、黄页、人名搜索和行驶路线指引等无线服务。

在跨地域上，1996 年 4 月"雅虎"在日本成立公司后，短时间内已成为日本最大的检索公司。当年，"雅虎"在加拿大设立公司，继而进军欧洲，然后轮到中国内地、台港澳、东南亚及韩国市场。截至 2006 年 10 月，多个国家雅虎网页主页已经推出新版面。已经推出并全面改用新版面的地区有：美国（英文）、美国（西班牙文）、加拿大（英文）、加拿大（法文）、墨西哥、巴西、阿根廷、英国与爱尔兰、西班牙、意大利、法国、德国、印度、韩国、中国香港、中国台湾、菲律宾、泰国、越南、马来西亚、新加坡、印度尼西亚、澳纽、中国大陆等。雅虎成为当时世界上最大的提供新闻、财经、娱乐、游戏、地方和社区信息以及电话黄页服务的网站之一。

互联网的开放性、多重性和巨大的发展空间是门户网站具备的巨大优势。雅虎将这些优势充分发挥，通过合作或收购等方式介入互联网各个领域，综合提供新闻、搜索引擎、聊天室、电子公告牌、免费邮箱等服务，很快成长为全球访问量最大并设立了 20 余个子网站的互联网巨人。

4.4 杨致远与雅虎品牌

2012 年 1 月,作为雅虎联合创始人之一,杨致远辞去公司所有职务,结束了与雅虎长达 17 年的剪不断、理还乱的关系。在这 17 年里,杨致远见证了雅虎的繁荣与兴衰。杨致远在 2012 年离职信中回顾在雅虎的时光时称,"我在雅虎的时光,从公司创办到如今,是我一生当中最令人激动、最有意义的经历。然而,现在是我寻求雅虎以外其他乐趣的时候了。"媒体对他的功过进行盘点分析,比如"创办雅虎、进军搜索、投资阿里巴巴"之功以及"错失 Google、拒绝微软收购"之过,等等。但这些总结与盘点大多遗漏了其中最为重要的一点,就是杨致远之于雅虎更多是精神层面的。虽然杨致远参与创办了雅虎,但是长期以来他并没有涉足具体的经营事务,而是从战略、公共关系、文化、品牌等角度来影响公司的发展。2008 年 11 月,杨致远辞去雅虎 CEO 时称,"一旦新任 CEO 人选确定,我将会回到以前'雅虎酋长'的位子并将继续以董事会成员的身份为雅虎服务……正如你们大家所知,我一直、并且将永远流淌着紫色(雅虎的代表色)的血液。"不过在杨致远心里最割舍不下的头衔应该还是雅虎"酋长"(Chief)这个称谓,那是一种精神领袖的自我定位。

作为互联网领域的先行者,17 年中,杨致远希望在消费者心目中建立起对雅虎的认同感以及随之而来的品牌意识,以为竞争对手进入同一领域筑起一道意识层面的屏障,成为进入网络世界的唯一门户。品牌不仅能招来更多的新用户,还使老用户因为习惯使然而不断回访网站。对于新的网站、新的服务,用户还需要一个学习的过程,要花时间和精力登记注册,由于不愿付出代价而成为网站忠实的用户。因此,雅虎公司最初的宗旨就是创立名牌。杨致远认为干这一行最重要、最基本的东西就是:要"让用户有足够多的理由来访问你的网站,使用你提供的服务,要不顾一切地宣传自己的品牌"。杨致远是这么说的,更是这么做的。

1996 年第二季度末,每天已经有 200 万名网民造访雅虎,累计每天 1 400万次。其中有 75%是回头客。但杨致远并不满足,他需要进一步扩大雅虎品牌的影响。20 世纪末,在雅虎发展初期,报纸、杂志、广播、电视等传统媒体在大众视野仍旧占据主导地位。因此,除了在网上为自己做广告外,日益减少对网景网站的依赖,雅虎在网下还打进了电视领域,并跟一些传统的出版物进行合作。

"雅虎"斥资 500 万美元做电视广告。"雅虎"的广告是针对那些听说过万维网，但是还没有上网的人。广告播出之前，大约仅有 8% 的美国人能说出"雅虎"是干什么的，甚至有人认为它是饮料。广告播出后，知道"雅虎"的人就大大增加了。出版了发行量很大的《雅虎路路通》(*Yahoo! Unplugged*)。雅虎又与 Ziff-Davis 合作，将后者的原有杂志《互联网生活》改名《雅虎：互联网生活》出版，这是一项互惠互利的合作。此杂志在报摊、机场及其他公共场所均有出售，极大提高了雅虎的知名度，同时对 Ziff-Davis 也有利，改名后杂志发行量在短期内翻倍，达到 20 万份。雅虎还搞了许多常规和非常规的市场营销，如让公司标识不断地出现在体育比赛、摇滚歌星演唱会等大众场合，公司还别出心裁提供经费为员工油漆汽车，条件是要喷上公司的标识。在狂热的推广氛围中，一个员工甚至把雅虎标识当作刺身图案纹到了身体上。由于雅虎所开发的产品兼具发展与商业前景，因此包括路透社新闻传媒公司等一些著名电脑及资讯企业都有意与他们合作。

在最初那段日子里，雅虎在塑造成为网民浏览网页入口方面显然是成功的，作为 Web 1.0 时代全球最大门户网站，雅虎几乎成为"上网"的代名词。杨致远曾信心满满地说："Yahoo 在美国创出名声，是国际网络上的新品牌，就像当初有线电视发展时 CNN 建立起领导地位一样。Yahoo! 凭其名声进行各种投资，只要国际网络存在，就有 Yahoo!。"可面对新的媒体阅读时代来临，雅虎在新世纪发展态势并未如杨致远上述所言，雅虎品牌认同感长期滞留于门户网站的定位，随着 2012 年 1 月杨致远的离职，雅虎也终于告别了雅虎"酋长"时代，少了创业者情感中那道紫色彩虹，如同一个 17 岁的"孩子"（尽管已是互联网业界的先驱）在"青春期"的迷茫和困惑中，开始独立寻找属于自身的发展定位。

以下为杨致远与雅虎在过去 17 年间的大事记：

1994 年，杨致远与雅虎另外一位联合创始人大卫·费罗(David Filo)在斯坦福大学创办了一个他们喜欢的小说索引网站。该服务很快得到流行——与当时的网景一样——成为互联网萌芽初期的标志。

1995 年，杨致远与斯坦福大学工程研究生大卫·费罗从学校请假，着手开发互联网浏览导引指南，并于 1995 年 4 月创立雅虎。杨致远随家人从台湾移民到美国加利福尼亚州圣何塞，当年他只有 10 岁。

1996 年，杨致远和费罗带领雅虎上市。雅虎的上市让杨致远和费罗在 20

多岁便成为百万富翁。当时,他们二人均给予了自己"雅虎酋长"的封号。如今,雅虎的股价已经较首次公开招股时的发行价上涨了1000%以上。(自谷歌2004年进行首次公开招股至今,该公司股价累计涨幅为480%。)

2007年,时年38岁的杨致远再度出山,接替离职的特里·塞梅尔(Terry Semel)出任公司首席执行官。塞梅尔在6年前加入雅虎,帮助雅虎成长为一家媒体和娱乐品牌的公司。

2008年,在雅虎拒绝了微软的收购要约之后,微软公开收购雅虎。微软当时向雅虎提交了一份总金额达446亿美元的收购要约。在谈判数月之后,微软宣布放弃收购雅虎。一些投资人随后抱怨称,由于杨致远不愿意同微软交易,导致了该交易的最终流产。

2009年,由于仍受到投资人关于未能出售给微软的指责,杨致远宣布辞去雅虎首席执行官的职务,继任者为卡罗尔·巴茨(Carol Bartz)。巴茨在去年被雅虎辞退,任职尚不足两年时间。

2012年1月17日,美国雅虎公司宣布,公司联合创始人杨致远已辞去雅虎董事会董事及其他所有公司职务,辞去雅虎日本与阿里巴巴集团董事职务和"雅虎酋长"封号。

4.5　门户网站转型之痛

4.5.1　雅虎:门户网站的守望者

当你什么都没改变,而时代改变了,问题就来了。雅虎恰恰如此。尽管雅虎是渐进式滑落,但仍旧让人感到意外。作为朝阳产业,整个互联网行业发展迅猛,网络用户基数呈几何倍数增长;互联网应用融入生活各个方面,成为一种生活方式;全球网络商业机会大量增加,新兴市场成长尤为迅速。当几乎所有新兴的互联网企业磨刀霍霍,雄心勃勃开展更为宏大的商业计划时,作为先驱者,雅虎固守门户网站模式,在这一过程中沦为"看客",坐视谷歌、Facebook壮大,对于搜索、社会化网络等新阵地、新疆域一再失守,彷徨犹豫中终于迎来自身危机。流量是门户网站的生命线,是其生存状况的衡量坐标。截至2012年7月,根据Alexa全球流量排名,2004年一度还雄踞第一的雅虎已滑落至第四,而且还即将被著名社交网站Pinterest等后起之秀超越,呈现继续滑落态势,昔日门户绝对优势早已风光不再。

流量与广告紧密挂钩,成正比例关系,雅虎流量下滑直接导致其网上广告的流失。在谷歌和 Facebook 的网上广告业务蒸蒸日上的同时,雅虎的这一核心业务却没有起色。雅虎 2011 年上半年的广告收入仅为 10 亿美元,同比持平,而整个行业的增速则达到 27%。雅虎的广告净利润(扣除广告佣金之后的公司留存)在 2011 年第二季度下跌 5%,而谷歌的广告净利润则大涨 36%。除此之外,数据还显示,雅虎的流量还在持续减少。2011 年,根据 ComScore 的数据,用户花在雅虎的时间比例已经较 3 年前的巅峰期下滑了 1/3,而 Facebook同期的用户停留时间比例则增长了 6 倍多。雅虎发布的 2012 年第二季度财报显示,雅虎第二季度总营收 12.18 亿美元,同比下滑 1%;净利润 2.27 亿美元,同比下滑 4%。流量下滑,广告额缩水,雅虎步履蹒跚、疲态尽显,更为关键的是雅虎的前景没有给人想象力,无法像 Google、Facebook 一样,继续创新,难以发现复苏迹象。

有人说雅虎将成为最后的门户网站,这在一定程度上点出了雅虎问题的关键所在。雅虎之伤根本原因是 Web 1.0 向 Web 2.0 转型之痛,那个在线阅读初期的时代宠儿带着自身庞大的身躯,没能顺应互联网新媒体发展潮流和趋势,做出主动转变,固守着自身开创的 Web 1.0 时代不舍离去,很长一段时间里,门户的形态没有本质的改变,始终扮演用户在互联网上的一个入口和资讯提供商的角色,终于随着自身所处时代的离别而陷入困境。随着 Web 2.0 时代席卷而来,用户习惯发生颠覆性改变。社交媒体发展以及移动终端的普及,深刻改变每个人接收信息的习惯和路径,通过用户自身的力量,推送更加贴近用户需求的内容和服务;"个人门户"也开始取代门户网站,大众化的内容需求已不能满足个体网民,网民较之前有了更为强烈的自我意识,有了更为细分的个体需求,自主生产内容的渴望更是泉涌。微博客等新的媒介形态不断发起挑战,传统门户网站用户被大量分流,赖以生存的流量流失,导致门户网站广告收入大幅缩水。

"走得太远,而不能忘记出发时候的路。"雅虎陷入困境的另一个重要原因是丧失了其起家资本——搜索,把自己蜕变为一个纯粹资讯类的门户网站。雅虎崛起于分类目录、搜索导航,它是寻找信息的助手而不是直接提供信息的生产者。雅虎在发展门户网站的过程中,忘记了自身作为导航者、指引者的使命,忽视了"师傅领进门,修行在个人"的分界线,没能想到让用户贡献自身力量。

雅虎凭借创新和科技起家,却过分执着于"内容为王"、过分追求当前利益而忽视了技术创新,终于陷入自身发展的困惑——纠结于究竟是一家媒体内容公司还是一家互联网科技公司,品牌认识开始进入混乱期。

Google 搜索引擎的创始人之一拉里·佩奇曾表示:"一些网络搜索公司总是试图在同一时间做很多事情,它们几乎把自己的本行都忘记了。不过,正是由于这些公司的'不务正业',谷歌才会有今天的成绩。"Google 的成功除了感谢雅虎的"不务正业",还要感谢雅虎给自己带来的流量、品牌和启动资金。2000年,雅虎开始把搜索引擎业务外包给谷歌,并宣称谷歌为"互联网上最好用的搜索引擎",雅虎按年向谷歌支付 720 万美元的搜索技术服务费,这笔资金无疑是雪中送炭。雅虎做了当初网景公司为它所做的一样的事情,但雅虎走得更远,它养虎成患,无论是在流量导引上还是在资金支持上,都让谷歌走上了快速发展的道路,终于在核心业务领域直接培养了自身的竞争对手。2002 年前后,雅虎看着谷歌逐渐做大,又企图重夺搜索引擎市场,但是雅虎此时已有心无力,面临着现在和将来的抉择。此时雅虎在资本的冲动下,继续投入优先保障有利可图的网页广告业务,为了保障现实的收益,放弃了搜索引擎等大量前瞻性的服务。雅虎所做的应对方式是,将搜索业务交给了微软 Bing,从一个旋涡走向了另一个旋涡。这从另一个角度上说,雅虎视代表未来趋势的搜索引擎始终如鸡肋,忘记搜索与目录正是雅虎当初让人眼前一亮时的起点。雅虎的短视甚至是漠视,成就了谷歌。调研公司 comScore 报告显示,2012 年 6 月,谷歌美国搜索市场份额为 66.8%,高于 5 月的 66.7%,微软必应市场份额为 15.6%,高于 5月的 15.4%,均有所提升;相比较而言,雅虎的市场份额则出现了下滑,从 5 月的 13.4%降至 13%。雅虎的行为可以说是自食其果。

现如今,作为一代互联网企业的先驱,最终选择成为一家以内容和广告为驱动的媒体公司的雅虎,由于没有因应 Web 2.0 阅读时代,疏于科技创新,正遭受后起之秀 Facebook、Twitter、YouTube、Google 的集体"围剿",做"困兽之斗"。

4.5.2　雅虎的国内门徒

正如纸媒受到互联网冲击而改变自身生存方式一般,门户在让位于社交媒体之后,也要思变求生。虽然雅虎至今仍然拥有庞大规模的用户,不可小觑,但是他们的处境却危机重重。互联网生态复杂,险恶和机遇并存,用沉痛的教训帮助更多的互联网企业,认清企业的发展方向,抓住未来的发展机遇。在

Web 1.0 时代,新浪、搜狐、网易几大门户之间始终没有突破同质化竞争的瓶颈,尽管各有特点,但是本质上仍大同小异。当 Web 2.0 时代大潮袭来,国内几大门户网站也开始式微,感受到雅虎门户之痛。

广告份额和广告收入的变化可视为网站发展状况的"晴雨表"。传统门户网站的广告份额近年来不断遭遇到新兴网站的侵蚀。易观智库发布的监测报告显示,2012 年第一季度,中国互联网广告运营规模达到 140.3 亿元人民币,其中百度占据 30.9%的市场份额,阿里巴巴占 17.9%,而新浪、搜狐、网易和腾讯四家门户网站合计只占据市场份额的 12%。此外,从新浪、搜狐、网易等相继发布的 2012 年第一季度财报来看:新浪第一季度广告营收 7 850 万美元,同比增长 9%;搜狐广告收入为 6 100 万美元,同比增长 7%;网易广告服务收入为 2 278 万美元,同比增长 13.1%。三大门户网站目前这种广告收入增长速度,和其他一些新兴网站动辄百分之四五十的增速相比,已明显落后。腾讯公司第一季度营收 96.48 亿元人民币,网络广告业务收入为 5.401 亿元,占比仅为 5.6%,而其网络广告不仅来自其门户业务,也来自 IM、QZone 的共同推动。

为避免"门户网站的鼻祖"之困,雅虎的国内门徒们纷纷展开自救,不再将门户网站模式作为主营业务或重点发展业务。在 21 世纪初,互联网公司特别是门户网站曾掀起一波进军网游的风潮。2011 年各大互联网上市公司第四季度财报显示,网易游戏收入占总营收的 90%,腾讯游戏收入占总收入的 55.36%,搜狐游戏收入占总收入的 49.79%。可以说,网游挽救了国内门户网站的大幅滑落。从未来发展规划上,国内门户网站各有不同。新浪将赌注压在了微博上,其微博的流量已经赶超新浪门户的流量。2011 年投资 1.5 亿美元,2012 年则追加投资到 1.6 亿美元,新浪 CEO 曹国伟表示这一投入未来还会持续。网络游戏则一直是网易最重要的业务。网易 2012 年第一季度总收入为 20 亿元人民币(3.18 亿美元),其中在线游戏服务收入为 18 亿元人民币,占比高达 90%。搜狐则选择在视频、搜索和网游方面发力。2012 年第一季度,搜狐营收 2.27 亿美元,在线游戏收入为 1.27 亿美元,占据半壁江山。而其搜索业务也增长迅速。2012 年 7 月,腾讯网完成首页改版。腾讯网主编陈菊红表示将把腾讯微博、腾讯视频、腾讯网三大平台进行整合,以"打造一个即时在线、以用户为中心、个性化、专业化为特色的新一代网媒平台",把各平台打通更加方便广告推送。

4.5.3　门户网站何去何从

门户网站在 Web 2.0 时代渐显乏力,惨淡经营、前途堪忧,甚至有人预言门户行将入木。如吴军在《浪潮之巅》描写雅虎公司"英名不朽"章节中的开篇所言,"让我们来缅怀这位开创'开放''免费''盈利'模式的互联网英雄"。门户网站从内容到运营模式过于僵硬粗放,不适合个性化网络时代需求,传统的网页广告和邮件推送降低了用户体验。门户网站正在失去其核心价值,它所能提供的服务,搜索引擎几乎都可以聚合实现,它以最简单的方式最大化地共有了巨大成本下制作出来的新闻、网页、图片等内容。

门户网站命运到底如何,将何去何从,寻找这个答案的钥匙就是新媒体背景下的用户需求走向。艾瑞咨询分析师陶峥蔚认为,在 Web 2.0 时代,随着社交化媒体的发展,以及移动终端的普及,人们接收资讯的方式更加灵活,也更加倾向于碎片化信息的接收。传统的门户以大信息量著称,需要用户自己去找寻信息,读者属于被动的接收者。这种特性有悖于信息社交化、碎片化的发展趋势,不能适应移动互联的发展。由于用户阅读习惯的惯性,门户网站在短期内还不会灭绝。门户网站的出路并非一条,答案也非唯一。所谓的门户网站需要结合自身情况,将"内容为王"向"用户为王"、"渠道为王"的理念转变,通过把握用户需求,根据用户终端特性,加强用户渠道建设,推出个性化服务。正如,网易专注于网游,搜狐专注于视频和搜索,腾讯则专注于网媒平台的打造,新浪专注于微博客,一些具有专业背景的门户网站也可以转型专业门户。雅虎的教训提醒后来者要因应阅读时代变迁,在未来移动互联时代,将会出现更多新的需求,适应新媒体发展趋势,不断开拓新兴服务。

4.6　相 关 链 接

4.6.1　股市走势

雅虎在 17 年中股市表现,简单概述可称为"∧"金字塔形,快速飙升,到达顶峰后不断缩水。

雅虎是于 1995 年 5 月 5 日创立的,1995 年 8 月卖出第一份广告,赚到第一份销售收入。1996 年 4 月,公司以 13 美元的发行价在纳斯达克挂牌上市。上市当天引得各界人士争先购买,交易狂热,平均每小时转手 6 次之多,一度飙升至 43 美元,最终以 33 美元收盘,雅虎市场价值达到 8.5 亿美元。1997 年第三季度市场价值超过网景,升至 28 亿美元。此后,伴随着席卷全球的互联网热潮,雅虎股价一路攀升,1997 年上升了 517%,1998 年上升了 584.2%,1999 年上涨了 265.2%。1997 年 1 月 31 日用于购买雅虎股票的 1 000 美元投资,在 3 年后的 2000 年 1 月 31 日市值已升为 5.6 万美元,年回报率高达 380%。

1998 年是"雅虎"发展史上辉煌的一年:"雅虎"的平均日点击量超过 7 000 万次,"雅虎"成为世界最知名的品牌之一;1998 年 9 月公司市值达到将近 250 亿美元,市盈率达到 416%,创造了两年进入《福布斯》(Forbes)500 强的惊人纪录。"雅虎"的崛起是网络世界发展的一个象征,受到资讯业股市业界的重视。雅虎的股票成为天价,两年后已是 1996 年刚上市时的 23 倍。1998 年 8 月 25 日它的股票价格为 97.50 美元,是 1998 年计划每股红利 32 美分的 305 倍,公司市值达 91 亿美元。连计算机产业盈利首户微软都感到震惊,因为它的股票价格才是其预期红利的 52 倍。据美国《商业周刊》1998 年 12 月 18 日公布的数据,雅虎是 1998 年股票增值最快的公司,股值增长率达 455%,居第二名。

雅虎的早期股市就像一个神话故事,而之后雅虎股市起伏就像浪潮般不断推动 CEO 改朝换代。企业不是公益组织,盈利是企业的本质属性,雅虎 CEO 的每次变脸换届都以此为导火索。雅虎自从走上 Web 1.0 时代免费+广告盈利模式,一直没有因应时代做出转变,你可以认为这是投资者的短视,也可以说是雅虎自身的挣扎和慌乱。

最初,雅虎前景看好,股价与其实际营收而言长期不成比例。雅虎自 1995 年成立公司以来,总体而言在前四年的经营中一直处于亏损状态。1999 年和 2000 年全年开始盈利。2001 年再次出现亏损。当互联网寒冬袭来,首任 CEO 库格尔由于 2000 财年业绩不理想、股价下跌 90%,被迫辞职。

2002 年到 2005 年雅虎的盈利额持续增长。雅虎财报显示,由于广告商们纷纷加大互联网广告投入,2005 年全年雅虎营业收入达 52.58 亿美元,比前年增长了 47%,净利润达 18.96 亿美元,同比增加了一倍以上。2006 年、2007 年及其后,雅虎利润额一路下滑。对于雅虎来说,尽管拥有大量搜索技术专利,但它们仍将公司战略放在最容易看得见股价回报的广告销售层面,而在最核心的搜索技术上被谷歌后来居上。谷歌并未通过流量发展模式,而是通过技术创新开创新的广告模式,如搜索广告。2007 年,雅虎在广告市场上的份额缩水到只有谷歌的一半,第二任 CEO 梅塞尔离职。

　　第三任 CEO 也是雅虎的创始人杨致远离职,其中最大原因是其放弃了微软对雅虎的收购案。2008 年,面对日渐式微的雅虎,微软、美国在线、新闻集团,都曾考虑收购并改造雅虎,当年 2 月 1 日微软宣布向雅虎董事会提交收购报价,计划以每股 31 美元收购后者全部已发行普通股,交易总价值约为 446 亿美元,此报价较雅虎 2008 年 1 月 31 日的股票收盘价 19.18 美元溢价 62%。Google 随后也伸出"橄榄枝",之后看来很可能为一种搅局手段。雅虎最终选择拒绝了微软的收购报价,认为这一价格"极大低估了雅虎的价值"。最终,各方都放弃了对雅虎的收购。2008 年雅虎全年净利润为 4.24 亿美元,其中第四季度净亏损 3.03 亿美元。3 年之后,市值也从当年的 446 亿美元缩水至 200 亿美元。

　　2011 年 9 月,第四任 CEO 巴茨被董事会解雇,理由是她任期 3 年内,雅虎股价没有丝毫起色。2009 年 7 月,在巴茨主导下,雅虎与微软达成协议:未来 10 年内,微软 Bing 将成为雅虎网站的独家算法搜索和付费搜索平台,而雅虎则将成为双方搜索广告主的全球独家销售团队,这标志着雅虎退出了曾经引领的搜索引擎竞争市场,把目光集中到互联网内容和显示广告的传统盈利模式上。然而雅虎的固守并没有能够抓住广告商,广告份额遭受其他新兴者的蚕食。

　　频繁的 CEO 更迭未能帮助雅虎挽回颓势,反而加速了其没落。截至 2012 年 6 月,曾市值突破 1 300 亿美元大关,股价超过 140 美元的雅虎市值缩水超过 85%,现不足 195 亿美元,股价长期在 15 美元徘徊。而且投资者认为雅虎广告业务没有太大价值,雅虎的市值部分很大一部分与其在阿里巴巴等亚洲互联网公司中的投资有关。反思这一变化过程,机构投资者对企业长远发展没有耐心,CEO 成为被操控者,缺乏对公司的掌控力。雅虎 CEO 去留取决于能否带来短期财务回报,而非是否带动公司创新、并开创新的商业模式。在这种情况下,雅虎对投入巨大、前景难测的技术研发工作丧失信心,放弃了自身法宝"搜索与目录",把自己定位为一家网络媒体广告公司。下面让我们全面梳理一下雅虎 CEO"变脸"过程,从中寻找雅虎发展方向变动脉搏。

4.6.2　雅虎 CEO"变脸"

　　作为企业运营的唯一领导者和掌舵人,每一任 CEO 的管理能力直接决定企业的产业位势、战略选择、人力结构、市场运营等,直接决定企业命脉。自

1995年,雅虎已经走过了17个年头,截至2012年7月,雅虎一共任命了8位CEO(包括两位临时CEO),从1995年加盟的库格尔,到华纳元老级人物梅塞尔,再到杨致远,再到巴茨,每一任的CEO都高打高举,受人关注却又令人失望,他们都按照自己的方式运营和管理雅虎这家综合的互联网服务公司,他们错过了一次又一次的机遇,到如今,雅虎被外界看来仍是一片迷茫,他们的平均任职时间仅为2年多。即使不计入临时CEO,雅虎CEO的平均任期仅为3年多,这远远低于科技产业内部平均6.8年的任期时长。最近5年,雅虎已换6名行政总裁。美国硅谷曾嘲讽雅虎"苹果一个月发布一部iPad,雅虎一个月发布一个CEO"。雅虎走马灯似的更换公司高管,反映了其发展方向的波动与震荡。

第一任CEO库格尔宣布离职时,正逢互联网寒冬,雅虎网络广告收入锐减,处于投资者高压下的库格尔宣布离职,只保留董事长一职。库格尔来到雅虎的第一件事,就是"让雅虎像个赚钱的公司"。面对互联网行业日益激烈的竞争,许多掠食者虎视眈眈地窥伺着互联网这块诱人的蛋糕。在杨致远和库格尔的共同努力下,雅虎于1995年8月全新改版。通过不断地增加服务项目,雅虎不仅开始获利,同时开始真正进入人们的生活,逐渐成为人们生活中不可或缺的工具。

第二任塞梅尔被看成互联网的外行。将免费电子邮箱转向收费模式,将第一任的商业模式,做了重新调整。但在梅塞尔的努力下,直到2002年第二季度,雅虎公司才宣布,2年之后,重新盈利,并且使广告份额从总收入90%下降到60%。塞梅尔在领导雅虎专注广告和媒体等核心业务的转型中成绩显赫。随着近年Google在搜索领域异军突起,MySpace、Facebook等社交网站纷纷崛起,塞梅尔因未能及时制定应对措施而遭到外界的强烈批评。2007年6月,塞梅尔因公司业绩长期低迷被迫下台,杨致远再度出山担任CEO。

第三任,2007年6月18日,杨致远重新出山,执掌CEO。但杨致远依然没能带领低迷的雅虎重新焕发活力,持续的业绩下降,让人们对他的领导才能产生怀疑。上文提到的放弃微软对雅虎的收购更是被认为是他的一大败笔。2008年11月18日,雅虎董事会宣布杨致远将离职,正寻求新CEO,但仍将留任公司董事会成员。2009年1月13日,素有"硅谷女王"之称的卡罗尔·巴茨(Carol Bartz)接替了杨致远。

第四任,2009年1月13日,巴茨以61岁高龄出任雅虎CEO。同一年,巴茨从雅虎得到的薪酬高达 4 720 万美元,成为全球收入最高的 CEO。巴茨作风强硬,非常强调执行力,多次对雅虎部门重组,砍掉多个非核心业务,确立了雅虎"首屈一指的数字媒体公司"的发展定位。但在两年的时间里,巴茨的努力并没能让正在走下坡路的雅虎好起来,工作业绩得不到公司董事会和股东的认可。2011 年 9 月 7 日,巴茨被雅虎董事长电话通知解雇,由蒂姆·莫尔斯(Tim Morse)临时行使首席执行官的职权。

第五任 CEO 斯科特·汤普森(Scott Thompson),原电子支付巨头 PayPal 总裁,全面负责 PayPal 的在线支付业务。于 2012 年 1 月担任雅虎首席执行官,为雅虎公司引进技术背景。2012 年 5 月因学历造假被雅虎辞退。罗斯·莱文索恩担任历时 3 个月的临时 CEO 之中,一度作为正式 CEO 热门人选,但随着玛丽莎·梅耶尔出任雅虎 CEO 而选择离职。

第六任 CEO 玛丽莎·梅耶尔于 2012 年 7 月 17 日上任,她是谷歌公司第一位产品经理和首位女工程师。雅虎选择梅耶尔很大程度上是着眼于用户打造"产品"。在雅虎的董事声明中,写道:"我们期望跟她合作,以增强雅虎产品为全球 7 亿多用户服务能力。"之前谈到雅虎董事会在雅虎困顿中所起的不良影响,从 CEO 自身而言,无论是巴茨、塞梅尔还是临时 CEO 罗斯·莱文索恩由于来自传统行业的关系,他们没有能力也不可能带领雅虎在技术上持续创新。因此从这个角度来看,梅耶尔比他们更具优势,她对打造符合用户需求的互联网产品具有独特心得。入主雅虎后,梅耶尔并不打算将之前出售阿里巴巴股权收益回馈给股东,而是加大对雅虎搜索和电子邮件等业务的投入,开发或收购能充分利用社交网络等新"平台"、移动设备,以及包括本地业务在内的向用户提供周围信息技术的 Web 服务,下令将雅虎股票报价器从公司内部网站主页上撤下来,提醒员工专注于更好的互联网服务,而非公司财务状况。梅耶尔希望将注意力放在网络技术和产品上,但回顾雅虎发展历史,她需要说服投资者,减轻雅虎在营收上的压力。正如乔布斯所说,"如果你看好你的顾客、你的产品、你的战略,金钱会跟随而来。但如果你只看金钱而忘了其他,你就会灭亡。"希望雅虎从过往的经历中吸取教训,给梅耶尔更多的时间和更大的空间。

以下是历年来担任雅虎 CEO 的人物列表:

蒂姆·库格尔(Tim Koogle)——1995 年至 2001 年 5 月。他是在雅虎 1995 年 3 月成立后不久出任 CEO 的。在找到继任者后,他于 2001 年 3 月宣布卸任。

特里·塞梅尔(Terry Semel)——2001 年 5 月至 2007 年 6 月。塞梅尔是从华纳兄弟跳槽来的,他最终在股东压力下离职。

杨致远——2007 年 6 月至 2009 年 1 月。身为雅虎联合创始人,杨致远在库格尔就任前其实就充当了 CEO 的角色。在 2008 年 11 月因为压力而同意离职后,他便一直在寻找继任者。

卡罗尔·巴茨(Carol Bartz)——2009 年 1 月至 2011 年 9 月。巴茨曾经担任设计和工程软件公司 Autodesk 公司 CEO,但由于未能带领雅虎复兴而被炒鱿鱼。

蒂姆·莫尔斯(Tim Morse)——2011 年 9 月至 2012 年 1 月。在担任雅虎临时 CEO 期间,莫尔斯仍然兼任雅虎 CFO。

斯科特·汤普森(Scott Thompson)——2012 年 1 月至 2012 年 5 月。汤普森是从 PayPal 跳槽至雅虎的,他因为学历造假丑闻被迫离职。

罗斯·莱文索恩——2012 年 5 月至 2012 年 7 月。莱文索恩担任的是临时 CEO。他 2010 年 11 月加盟雅虎,此前在新闻集团负责互联网服务。

玛丽莎·梅耶尔——2012 年 7 月 17 日上任。她此前在谷歌负责地图、地理定位和本地化服务。

4.6.3 阿里巴巴与雅虎的中国之路

2012 年 5 月 21 日,阿里巴巴集团与雅虎联合宣布,阿里巴巴集团将动用 63 亿美元现金和不超过 8 亿美元的新增阿里集团优先股,回购雅虎手中持有阿里集团股份的一半,即阿里巴巴集团股权的 20%。作为交易的一部分,雅虎将放弃委任第二名董事会成员的权力,同时也放弃一系列对阿里战略和经营决策相关的否决权。阿里董事会将维持 2∶1∶1(阿里、雅虎、软银)的比例。至此,在出售股权变身为职业经理人 7 年后,马云夺回了对于阿里巴巴集团的控制权。实质而言,这是阿里巴巴集团的成长故事,其赖以发展的资金和技术需求得到满足,不断壮大的集团规模已为雅虎的几倍,而雅虎则沦为这个故事中的配角,中国雅虎在国内几大门户网站的夹缝中生存,发展前景黯淡,如果说获益那也仅仅局限于投资阿里巴巴集团层面。有人说,这是雅虎与阿里巴巴难以逾越的"七年之痒",雅虎的中国之路希望借助阿里巴巴集团实现落地生根的愿望最终破灭。

自 1999 年至 2004 年,也就是与阿里巴巴合作之前,雅虎中国经历了两个时期,一个是全面照搬美国模式时期,一个是周鸿祎时期。1999 年 9 月雅虎中国开通,完全以美国总部为主导,执行全球统一的战略和商业模式。中国职业经理人团队使命就是把雅虎模式复制到中国。雅虎中国在本质上就是雅虎网站的汉化版:新闻频道是美国雅虎的汉化,如汉化的邮箱、雅虎通、雅虎相册、雅虎公文包、雅虎聊天室和英汉字典等。这种照搬美国目录分类式的网站导航根本不适合中国国情,难以满足广大中国网民的信息饥渴,迅速被本土涌现的新浪、搜狐、网易等门户网站甩在了后面。雅虎对中国市场的观望、迟疑和误判,让雅虎在与本土互联网企业竞争中输在了起跑线上。2003 年 11 月,雅虎出资 1.2 亿美元收购搜索网站 3721。收购完成后,雅虎大部分的中文搜索技术便来自 3721,3721 公司总裁周鸿祎也成为雅虎中国区总裁。2004 年,周鸿祎大刀阔斧地改革让雅虎在搜索领域、邮箱领域分别仅次于百度、网易,位居第三位,其中国内市场搜索份额达 38.1%,并一度实现盈利。雅虎与周鸿祎经历了短暂的甜蜜后,在雅虎中国未来发展问题上出现较大分歧,周鸿祎需要雅虎总部大幅度增加投资预算,而雅虎总部则看重投资回报率。双方的矛盾随着雅虎财政年度预算开始慢慢公开化。2005 年年初,周鸿祎与雅虎总部彻底决裂。

雅虎在进入中国交过了 7 年学费后,得到一个教训就是照搬雅虎美国模式的道路行不通,它开始选择进行更为彻底的本土化经营。杨致远曾说:"我不否认我们(在中国的发展)确实错过了一些机会,比如短信,就是雅虎错过的一个机会。这不是因为雅虎的产品问题,而是因为环境与各自承受的压力不同。同时,我觉得更重要的问题是,我们团队的本土化做得还不够。只有本土公司才能把握中国的环境,它们更了解市场需求,更了解政府的需求。"2005 年 8 月 11 日,雅虎与电子商务公司阿里巴巴合作,在交出雅虎中国的管理权和经营权的同时,向阿里巴巴注资 10 亿美元现金,获得了阿里巴巴 40% 的经济利益和 35% 的投票权。雅虎中国从此迈入马云时代。

自 2005 年至今,马云不断转换经营思路,试图通过多种尝试提升雅虎中国的业绩。2005 年,雅虎中国关闭了大部分业务,先后整合 3721 网络实名,推出雅虎助手,随即关闭了一搜,启动搜索门户,并将一拍网注入淘宝,重点全面转向搜索,一度"雅虎就是搜索,搜索就是雅虎",但搜索份额到当年年底时下滑到 15.6%,并呈现继续下滑趋势。2006 年开始,雅虎中国主页在不断改版中由短变长,财经、股票、体育、娱乐等相关内容服务在首页重新出现,回归门户网站态势不断明显。尽管雅虎中国着力于搜索,但搜索份额不断下降,当年降至

5.2%,到 2007 年又减至 2.3%,2008 年减至 1%,2009 年已经减至 0.3%,搜索份额变得微不足道。雅虎中国在搜索上的困境逼迫其重新回顾门户网站发展轨道。2007 年雅虎中国改名为中国雅虎,希望能够拥有主导权和独立发展空间;2008 年又与口碑网合并为雅虎口碑,推出生活服务平台;2009 年彻底回归门户,主推新闻资讯、搜索、邮箱等服务,并在其后推出科技、教育、旅游等各类频道。中国雅虎被阿里巴巴集团并购之后的前四年,就像一辆车绕着一个圈在行驶,没有向前也没有向后,转了一圈后又回到了原点。"曾经是门户的时候改得不像门户,现在网民不把它当门户的时候,它又要变成门户。真的是'鸡肋'了吗? 就是个试验品,玩呗。"一位对中国雅虎的服务培养起黏性的草根网友,失落、委屈、又愤愤不平地在自己博客里吼道。中国雅虎对于发展方向的震荡与转速让人眼花缭乱。无论过程如何,结果仍是中国雅虎作为雅虎门户网站全球布局战略的一个环节,也不能独善其身。不能说中国雅虎转的这一圈毫无意义,站在雅虎的角度,它也希望能够通过一个局部大手术,测验一下雅虎的整体战略转型,不然它也不会全面让本土的阿里巴巴公司"代为管理"了。

回顾发展历程:

2005 年 8 月,阿里巴巴与雅虎正式联姻,雅虎以 10 亿美元加上雅虎中国的全部资产换来阿里巴巴集团 40% 的股权。

2007 年 11 月,阿里巴巴在香港联交所挂牌上市,一跃成为中国互联网首个市值超过 200 亿美元的公司,雅虎的收益最大。

2009 年 8 月,阿里巴巴集团宣布将剥离 2008 年加入中国雅虎的分类信息业务,成为两者高调合作后的一大挫折。

2010 年 9 月,阿里巴巴欲回购雅虎所持股份,雅虎坚决抵制,矛盾激化。

2010 年 10 月后,按照 2005 年的协议,雅虎在阿里巴巴集团的董事会席位数将增加到两个,与马云等阿里巴巴集团管理层席位数相同。除此之外,雅虎投票权增至 39%,而马云等管理层的投票权却降至 31.7%。"马云不被辞退"条款亦到期,马云等阿里巴巴集团管理层相当被动。

2011 年 7 月,支付宝股权转让事件正式签署协议,支付宝的控股公司承诺在上市时予以阿里巴巴集团一次性的现金回报,雅虎方面对这个结果表示满意。

2011 年 9 月,坚决反对阿里巴巴回购股份的雅虎 CEO 卡罗尔·巴茨被公司董事会辞去职务,阿里巴巴回购雅虎形势趋暖。

2012 年 2 月,阿里巴巴集团和阿里巴巴网络有限公司联合宣布,阿里巴巴集团向旗下港股上市公司阿里巴巴网络有限公司董事会提出私有化要约。

2012 年 5 月 21 日,阿里巴巴集团与雅虎联合宣布,双方已就股权回购一事签署最终协议,阿里巴巴将从雅虎手中回购其 20％的股权,回购价格约为 71 亿美元。

4.7　专 家 点 评

以下摘自速途网发起的话题部分内容:“本来就日渐衰落的雅虎最近雪上加霜,雅虎首席执行官学历造假被股东‘逼宫’下岗。业内盛传雅虎下一步要么倒闭要么出售,大家认为雅虎下一步何去何从,它真能复兴吗?”多名评论分析师和速途网专栏作家通过腾讯微博参与了话题讨论,发表了自己的观点和评论。多数专家对雅虎未来看法较为悲观,认为从目前雅虎业务着力点来看,仍旧没有符合 Web 2.0 阅读时代的主打产品,总体上缺乏想象空间,复兴可能性较小,被收购或兼并或许是其未来出路。

部分观点摘录如下。

城宇(4G 时代主编):雅虎代表的是 Web 1.0 时代,即新闻和消息都是由编辑推荐。随着谷歌的技术主导和今天的社交媒体(自媒体)开始登上历史舞台,Web 2.0 已经深入人心。相比而言,雅虎时代的确已经远去,这是大势所趋。但雅虎的品牌效果犹在,如何进行资源的重新调配与整合,无疑将成为影响雅虎未来走向的重要因素。

王敏(电商观察家):雅虎是不太可能复兴的。因为目前来说雅虎面临的最大问题不是内部管理问题,也不是什么学历造假问题,而是一个商业模式根本都不再适合于整个时代的问题。因为模式的衰落,雅虎走下坡在情理之中,是时代的趋势,就算雅虎再怎么折腾也无济于事。从雅虎的业务线来看,陈旧、不适合于时代,那么,试问眼下还有哪一个公司会愿意购买一个转身就要死去的僵尸呢? 所以,雅虎被卖掉是不太现实的事情。所以,个人认为雅虎的最终结果就是:等死!

宋安民(网络推广专家):大浪淘沙,兴衰更迭,有高潮必有低谷。雅虎的衰落是其发展战略上存在问题,而不仅仅是由个人或是团队决定的。所以雅虎要实现复兴,也不能仅仅停留在内部整顿层面,而在于整个企业的战略规划与团队构建。

王易见(IT 评论家):不能复兴了,首先,没有谁对雅虎感兴趣,雅虎业务陈旧,没有竞争力;其次,雅虎在新兴的移动互联网领域也没有什么建树,未来缺乏想象空间。当然,如果雅虎愿意放低身价贱卖自己的话,谷歌或者苹果也还是可以考虑接手的!

新前程职业信用管理平台(网友):雅虎 CEO 造假事件而导致股东"逼宫",从表面看或仅涉及职业经理人职业诚信道德问题,但从另个层面来看,汤普森上任之后大刀阔斧的改革做法,或正引起了雅虎内部有关高层利益者的不满,雅虎的复兴之路并不是简单地调整业务的市场布局,同时还需强化和平衡内部的利益相关者,即雅虎的企业内部改革。

陈小欢(皮皮推 CEO):雅虎复兴没有意义依旧是反复的"振兴"口号,无任何实质上的改变,正如众多专家所述,若非转型、若非转变观念,那雅虎依然是躲在自己框架下整体的 YY,雅虎唯一可以尝试的是大刀阔斧的改革,发掘当前 Google、MSN 等不能实时解决的问题,并把这些问题作为自己的核心力量,倒是可以一试。

卢玉华(专栏作家):内部因素过多,外部媒体疯狂报道,雅虎几十年基业,到底是留还是去,还是合并,一切发展因素,必然离不开内部与外部,作为雅虎 CEO 是否为雅虎全体员工而考虑,更改战线,还是融资于他人,种种猜测,不如让我们从内部危机因素与外部危机因素进行种种猜测解剖,方能预测雅虎将会走哪种路。

刘宇凡(SEO 工程师):雅虎基本上不可能有复兴,一是内部问题;二是创新问题;三是业务问题;四是人员问题;五是定位问题。就此来说,雅虎要么出售,要么等死。但雅虎终究是一代传奇,我们也只能感到惋惜。

张雨芹(草根写手):从早些年杨致远过分相信个人的能力和坚持雅虎的独立性,理想地认为,他所创办的雅虎能够像在 20 世纪 90 年代拒绝被收购后继续保持成长一样,在拒绝被微软收购后同样能创造辉煌。如今他已辞去雅虎所有职务,留下诸多问题蔓延开来,过分追求商业化,而忽视了技术等问题,短时间很难找到购买方,复兴之路难上加难!

王利阳(网络观察家):大势已去,雅虎目前还没有壮士断臂的勇气,雅虎一直不停地内部整顿,整顿来整顿去也没有效果。摆在雅虎面前的出路只有出售。

张斌(中南大学校报记者):很多老师的观点都是雅虎不能复兴了。我觉得也不能太肯定了,雅虎作为 Web 1.0 时代的王者,即使在现在,也具有一定的品牌效应,即使正如大家所说的,它业务陈旧,没人收购,也像丁道师老师所说的,内部改革困难,但是有点像当年的谷歌、苹果,不是都过来了吗?一切皆有可能。

周晓锋(创业者):一步错,步步皆错,当移动互联网时代大势之下,巨头仍为往日的立足之地举步维艰。Yahoo 复兴之路谈何容易?所谓的内部整顿早已错失于卡罗尔·巴茨之手,错误的自身审视无法为公司带来任何实质的改变。如此一来,何谈创新、用户、市场发展?

虚子雨(SEO 工程师):雅虎的确不是那么容易就倒闭的,但是如果要复兴,出售后整合是一个比较好的办法,我认为只有外来的新鲜血液注入才能给雅虎带来生机,至于内部整合的难度自不必说,出售整合后这是最大的一个问题,也是雅虎复兴的关键!

颜色(网友):雅虎是倒闭还是出售,还是内部整顿,需看股东代表们对所持权益利弊的取舍;如果倒闭或出售,能带来远比内部整顿更大的好处,他们肯定毫不犹豫地让雅虎倒闭或出售(如同通用的破产);毕竟雅虎只是让大小股东利益聚合在一起的"关系体",解除关系,没什么大不了的。

莫湘兆(草根作家):雅虎作为曾经的互联网巨头给我们带来了许多惊喜,此次雅虎 CEO 学历造假的确震惊,但我认为:①雅虎 CEO 学历被质疑,并不能说明雅虎整个前途被质疑,说不好又是一个学历营销门。②雅虎最先门户,但不精业,选择单一核心发展,学新浪新闻、搜狐娱乐。③寻求改革或并购,建立独特企业文化和商业模式。

范锋(速途网 CEO):出售是出路,内部整顿很多年了,不见疗效啊!

陆海天(资深律师):雅虎不死! 这不是情绪化的判断,而是实实在在的力量。雅虎现在只是很虚弱,但是不是病入膏肓。这家企业的步伐太慢,没有跟上几次革新的浪潮,其实可以尝试依托庞大的邮箱用户,做一些文章。

杨世界(365 农资网站长):几次人事变动,毫无作为,再加上与之对应的改革并无明显效果,使这个昔日的虎霸王已经慢慢消殒到毫无价值的地步,假如出售的话,还可以凭借其核心业务获得一些筹码,如果不出售的话,那只能是表面象征性地随声叫个"雅虎"名字而已了。

第5章 全球最大中文搜索引擎百度的发展模式

曾灵华

5.1 创业史及创始人

5.1.1 综述

百度在线网络技术(北京)有限公司,简称百度,是一家提供中文搜索引擎的公司,2000 年 1 月由李彦宏以及好友徐勇创立于中国北京中关村。截至 2012 年 5 月,百度在 Alexa 网站排名中位居第五。

2012 年 5 月 3 日,国内调查机构艾瑞咨询发布的 2012 年第一季度中国搜索引擎市场报告显示,2012 年第一季度中国搜索引擎市场规模达 54.9 亿元。其中,百度的搜索市场份额不断增大,谷歌中国的市场蛋糕则遭到蚕食。从市场格局来看,2012 年第一季度中国搜索引擎市场集中度进一步提升。百度的市场份额达 77.6%,谷歌中国的市场份额为 17.8%。

美国市场研究公司 Net Applications 发布的数据显示,2012 年 4 月百度在全球桌面搜索引擎市场(Desktop Search Engine Market)所占份额为 7.22%,位居第二。

百度作为一家从中关村起步的本土小公司,用 10 年时间成长为中国互联网界的巨人,究竟是什么力量在推动它呢?

5.1.2 发展史

"百度"二字源自中国南宋词人辛弃疾《青玉案·元夕》的一句词:"众里寻他千百度,蓦然回首,那人却在灯火阑珊处。"

百度创始人李彦宏 1991 年毕业于北京大学信息管理专业,随后赴美国布法罗纽约州立大学完成计算机科学硕士学位。在搜索引擎发展初期,李彦宏作为全球最早研究者之一,最先创建了 ESP 技术,并将它成功应用于

INFOSEEK/GO.COM 的搜索引擎中。GO.COM 的图像搜索引擎是他的另一项极具应用价值的技术创新。

1999 年年底,身在美国硅谷的李彦宏看到了中国互联网及中文搜索引擎服务的巨大发展潜力,时年 31 岁的他辞掉了硅谷的高薪工作,携搜索引擎专利技术及 120 万美元的风投资金,与徐勇一同回国。2000 年 1 月 1 日,百度中国公司在北京中关村创建,注册地在英国的开曼群岛。

2000 年 1 月 3 日,百度历史上第一次全体员工会议在北大资源宾馆 1414 和 1417 房间召开,与会者是包含李彦宏在内的 7 名员工——后来他们被称为百度"七剑客"。当时,这 7 人或许难以想象,接下来的 9 年里,经历了诸多艰难和压力后,百度成长为一个拥有 7 000 名员工的神话企业。

2000 年 5 月,百度开发出了自己的第一个中文搜索引擎,可以搜索 500 万个网页。当时中国的互联网用户数是 900 多万。硅谷动力(enet.com.cn)成为其第一个客户。同年 8 月,当时中国三大门户网站之一的搜狐(sohu.com)成为百度的客户。之后,百度接连拿下了新浪、263 等网站。

2000 年 9 月,百度获得第二笔风投资金 1 000 万美元。这一年,随着以科技股为代表的纳斯达克股市的崩盘和网络泡沫的破灭,全球互联网行业进入寒冬。李彦宏后来回忆说:"如果第一笔风投资金花光之后,还没有找到适合的二次融资商,到时候百度将发不出工资,做不了市场推广,技术研发也将被迫中止,最后自生自灭。或者出现另一种情况,某家风险投资商看好百度的发展前景,趁机压低价格,以获取与其投入不成比例的超额股份。这样一来,百度将会变得极其被动,我和其他创始人甚至将失去对公司的控制权。"二次融资是百度发展史上一个至关重要的节点,它决定了百度没有被当时互联网的冬天所吞噬。

2001 年 8 月,百度发布 Baidu.com 搜索引擎 Beta 版,转型为面向终端用户的搜索引擎公司。此前百度已经垄断了当时国内门户

图 1　Baidu 标识

网站搜索引擎技术服务市场。同年 10 月 22 日,正式发布 Baidu 搜索引擎,直接为终端用户提供服务。

www.baidu.com 推出后的一段时间内,由于没有知名度,这一独立的中文搜索引擎网站每天的流量很小。如何让互联网用户熟悉并使用这一搜索引擎成为一个难题。

2002 年 3 月 12 日晚,很多网民像往常一样在当时国内第一大门户网站新浪的搜索框输入关键词,希望得到理想的搜索结果的时候,不曾想到的事情发生了——搜索界面并没有像往常一样显示出一页页的搜索结果,而是赫然出现几个四号字大小的红字:"因新浪欠费,百度暂停对新浪的搜索服务!"这是百度在催交新浪拖欠费用无果的情况下做出的决定:停止对其服务。在这之前,几乎没有网民知道新浪搜索框的搜索服务是由一家名叫百度的公司提供的。正是这次的新浪停机事件让百度在网民中名声大噪。

同样在 2002 年,百度"闪电计划"正式开始。李彦宏等公司高管希望通过做这样的特殊项目形式,将百度的技术再提升一个层次。为了让大家能集中到"闪电计划"中,李彦宏等公司高层做了许多说服工作。当时,李彦宏说了一句话:"你们现在很恨我,将来你们一定会感激我。"除了精神上鼓励,百度也在物质上给了员工很大激励,比如给予一些核心技术人员相应的股票、期权。2005年百度上市后,这些人里涌现出了一批千万富翁。

李彦宏当时说,"根据我们的预测,'闪电计划'后,百度就会成为一个成熟的搜索引擎",也就拥有了真正能够抗击巨头 Google 的能力。事实证明,"闪电计划"开战后,百度在中文搜索引擎核心领域的研究步伐明显加快,一年下来,百度在索引量,相关性、中文处理的相关检索、拼音的检索、纠错技术等方面大大提高,奠定了其在中文搜索引擎领域的领先地位。

2004 年 6 月,百度宣布获得 8 家风险投资机构对其投资约 1 470 万美元。2005 年 8 月 5 日,百度在纳斯达克上市,每股发行价为 27.00 美元,代号为BIDU。开盘价 66.00 美元,以 122.54 美元收盘,涨幅 353.85%,创下了 5 年以来美国股市上市新股当日涨幅最高纪录。

据国内调查机构艾瑞咨询发布的数据,2003 年百度所占中国搜索引擎市场份额为 30.7%,仅次于 Google,位居第二。2004 年,百度跃居市场老大位置,市场份额达 44.7%。此后百度的市场份额逐年扩大。

2008 年 1 月 23 日,百度日本公司正式运营,国际化战略全面启动。

2009 年 11 月 17 日,百度举办了盛大的乔迁典礼,庆祝公司正式迁入位于上地信息产业基地的新办公和研发大厦——百度大厦。此时的百度已然成为拥有 7 000 员工的互联网界航母。

据百度 2011 财年年报数据,百度全年总营收 145.01 亿元人民币(约合23.04 亿美元),净利润 66.39 亿元人民币(约合 10.55 亿美元)。

目前,百度是中国人最常使用的中文网站,全球最大的中文搜索引擎,同时也是全球最大的中文网站。"搜索是百度成功的所有秘密,"李彦宏说,"这是互联网用户最常用的服务之一,越来越多地影响着互联网产业,百度就是一个佐证。"

5.1.3　李彦宏其人

作为全球最大中文搜索引擎的创始人、董事长兼首席执行官,李彦宏的创业史无疑是一个创业型公司成功的标本案例。

李彦宏在 2008 届北大本科生毕业典礼的演讲上说过:"我一生有两个最大的幸运,一是找到我的太太;二是从事一份自己喜欢的工作。但太太与工作唯一的不同就是:太太只有一个,而工作每时每刻都充满了诱惑。很多人都会专注于一个妻子,但很多人都会喜欢上多个不同的工作。"

1968 年,李彦宏出生于山西省阳泉市。李彦宏的父亲是兵工厂工人,母亲是皮革厂工人。他在家中排行老四,有三个姐姐和一个妹妹。

1987 年,李彦宏以阳泉市高考第一名的优异成绩考入北京大学,进入图书情报专业(即现在的信息管理专业)。1991 年,李彦宏收到布法罗纽约州立大学计算机专业的录取通知书并拿到奖学金。

1992 年,李彦宏偶然间听到导师的一句话:"搜索引擎技术是互联网一项最基本的功能,应当有未来。"这时候,互联网在美国还没开始普及,但李彦宏已经开始行动——从专攻计算机转回来,开始钻研信息检索技术,并从此认准了搜索。

1994 年,李彦宏从布法罗纽约州立大学毕业,放弃了继续读博士,而选择进入职场。他先后担任了华尔街道·琼斯公司的高级顾问、《华尔街日报》网络版实时金融信息系统设计人员。期间他为道·琼斯公司设计的实时金融系统,迄今仍被广泛应用于华尔街各大公司网站。

1997 年,李彦宏离开华尔街,前往硅谷著名的搜索引擎公司 Infoseek。

1999 年 10 月,中华人民共和国迎来新中国成立 50 周年庆典,李彦宏作为专家被邀请回国观礼。正是这次回国,让李彦宏看到了机会。李彦宏在国外的这 8 年时间里,中国互联网行业同样发生了巨大的变化,行业呈几何级数膨胀,涌现出新浪、搜狐、中国人、网易等一批知名度颇高的网站。

1999 年年底,Infoseek 被迪士尼收购,再次调整战略。李彦宏在这时决定放弃他在 Infoseek 的股票期权,回国创业。

从李彦宏决定回国创业,到百度的创立,一个人起到了至关重要的作用,她就是李彦宏的妻子马东敏。马东敏毕业于中国科技大学少年班,19 岁即毕业出国,聪慧度在圈里首屈一指。1995 年,李彦宏在纽约的一次中国留学生聚会上见到了马东敏。两人认识时,她正在美国新泽西州大学生物系攻读博士学位。仅仅用了 6 个月,李彦宏如愿让马东敏成了自己的新娘。

马东敏是当时中国留学生太太中少数支持丈夫回国的。李彦宏说:"太太对我影响非常大。她是个急性子,做出决定马上会行动,而我属于慢性子,考虑周到了才去做。我们的性格是互补的。我回国创业前在硅谷当工程师,但我太太鼓励我去加入公司。而那时候我希望做得更大些,并由自己去控制方向。因此,回国创业是最合适的选择。但这对她是一种挑战,一般出国的女孩子都更喜欢国外的环境。但为了我的事业,她毅然回国支持我,这是很不容易的。"

在李彦宏着手准备工作建立创业团队的时候,马东敏又向他推荐了自己在美国的同学徐勇。

李彦宏在其著作《硅谷商战》中提道:"在硅谷,成功之路的第一步应该是获得风险投资。"而徐勇,正是一个有办法拿到风险投资的人。

1999 年 11 月,相对内向的李彦宏和热情洋溢的徐勇成为创业伙伴。很快,他们获得了第一笔风投资金 120 万美元。同年 12 月 24 日,李彦宏坐上了回国的航班。

2000 年百度创立,5 年后登陆纳斯达克,诞生了 9 位亿万富翁、30 位千万富翁和 400 位百万富翁。在百度上市成功大型庆祝晚会上,李彦宏说:"百度精神中有一种勇气,而我的妻子马东敏博士,则是这勇气的来源。她总能在关键时刻,冷静地提出最勇敢的建议。事实证明,她的那些充满东方智慧的建议,将我引上了正确的道路。"

今天,作为拥有超过 16 000 名员工的全球最大的中文搜索引擎公司的创始人兼 CEO,李彦宏的身价不言而喻。2012 年 3 月 8 日,2012 年《福布斯》全球富豪榜揭晓,百度公司董事长兼 CEO 李彦宏以 102 亿美元身家列全球富豪榜第 86 位,同时蝉联大陆首富。

李彦宏在 2009 年 9 月写给北京大学贫困生的信中写道:"虽然有人常说:'性格决定命运。'但实际上对于这样的说法,我个人并不认同。我觉得无论你的性格怎样,你都有可能成功。"

2010 年李彦宏接受媒体采访时表示，"我进入的时代比较好。"李彦宏称在整个创业过程中，他完全在一个自由竞争的市场里，一步一个脚印做到现在的规模。"我可能是中国第一代真正按照市场经济原则成立、管理与经营企业的企业家。"①

在《福布斯》中文版推出的"2012 年中国最佳 CEO"榜单中，李彦宏高踞榜首。

5.2　创　新　模　式

5.2.1　搜索引擎

搜索引擎是指根据一定的策略，运用特定的程序搜集互联网上的信息，对信息进行组织和处理后，为用户提供检索服务的系统。

美国科学家在 2011 年 7 月 15 日出版的《科学》杂志上报告称，相关研究表明，搜索引擎的出现改变了人们学习和记忆信息的方式。哥伦比亚大学的心理学家贝齐·斯帕罗和同事进行了一系列实验后得出结论说，人们会忘记自己能在网上找到的信息，而记住自己认为无法在网上找到的信息。研究也发现，人们更容易记住在互联网的何处能找到这些信息，而不是记住信息内容本身。

在互联网发展初期，网站相对较少，信息查找比较容易。然而伴随互联网爆炸性的发展，普通网络用户想找到所需的资料简直如同大海捞针，这时为满足大众信息检索需求的专业搜索网站便应运而生了。

现代意义上的搜索引擎的祖先，是 1990 年由蒙特利尔大学学生 Alan Emtage 发明的 Archie。Archie 用于 FTP 服务器，并非 Web。

1993 年，搜索引擎历史上第一个用于 Web 网络的搜索引擎 World Wide Web Wanderer 出现，只做收集网址而用。同年，第二个 Web 搜索引擎 ALIWEB 诞生，已经可以检索标题标签等信息，但文件主题内容还是无法索引。

1994 年，Infoseek 创立，稍后即正式推出搜索服务，并允许站长向 Infoseek 提交网址。百度创始人李彦宏当时就是 Infoseek 的核心工程师之一。

---

① 李彦宏的外交辞令.南都周刊，第 388 期.

同年4月,斯坦福(Stanford)大学的两名博士生,David Filo和美籍华人杨致远(Gerry Yang)共同创办了超级目录索引Yahoo,并成功地使搜索引擎的概念深入人心。从此搜索引擎进入了高速发展时期。目前,互联网上有名有姓的搜索引擎已达数百家,其检索的信息量也与从前不可同日而语。

中国互联网络信息中心(CNNIC)2012年1月发布的《第29次中国互联网络发展状况统计报告》显示,2011年年底中国的搜索引擎用户规模达到4.07亿,在网民中的渗透率为79.4%,使用比例基本保持稳定,是2011年仅次于即时通信的第二大网络应用。

中国互联网络信息中心(CNNIC)发布的《2011年中国搜索引擎市场研究报告》显示,搜索引擎在中国经过多年发展,已形成包含SEO、广告代理商、渠道商以及各种流量导入网站在内的巨大产业链。电子商务网站是搜索引擎重要的广告主之一,几乎每一家知名电子商务企业都已设立SEO职位,专门针对搜索引擎进行关键词优化;各家搜索引擎均铺建自有的渠道商,从一级城市至三、四级城市,聚集大量营销人员。

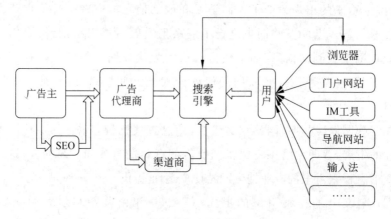

图2　搜索引擎产业链

(资料来源:CNNIC《2011年中国搜索引擎市场研究报告》)

5.2.2　百度模式

美国市场研究公司Net Applications发布的数据显示,2012年4月全球桌面搜索引擎市场(Desktop Search Engine Market)中,Google所占份额达79.71%位居第一,百度所占份额为7.22%,位居第二。Yahoo以6.51%的市场份额紧随其后。

表 1　全球桌面搜索引擎市场份额表

Search Engine	Total Market Share/%	Search Engine	Total Market Share/%
Google-Global	79.71	AOL-Global	0.33
Baidu	7.22	Excite-Global	0.03
Yahoo-Global	6.51	Lycos-Global	0.01
Bing	4.45	AltaVista-Global	0.01
Ask-Global	0.53		

国内调研机构艾瑞咨询发布的 2012 年第一季度中国搜索引擎市场报告显示,第一季度百度的市场份额达 77.6%,稳居首位。谷歌中国的市场份额下降到 17.8%,搜搜保持 1.5% 的市场份额,而其他企业的市场份额则被进一步压缩到 0.3%。搜索市场集中度进一步提高。

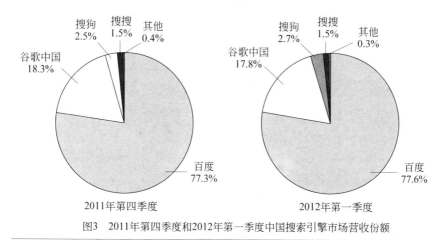

图3　2011年第四季度和2012年第一季度中国搜索引擎市场营收份额

注：1.2011年第四季度中国搜索引擎市场规模为57.9亿元;2012年第一季度中国搜索引擎市场规模为54.9亿元。2.百度、搜搜的营收为税前营收；搜狗的营收为税后营收,据访谈了解到搜狗搜索的税点为5.5%；谷歌中国等营收为预估营收,税点不确定。

Source: 综合上市公司财报及企业访谈, 根据艾瑞统计预测模型统计及预估数据。市场规模定义为运营商营收规模总和。

iResearch Inc.　　　　　　　　　　　　　　　www.iresearch.com.cn2012.4 ©

在《硅谷商战》中,李彦宏记录了 1994 年以来硅谷几家大企业之间的商业竞争,并进行了深刻的分析:"技术本身不是唯一的决定性因素,商战策略才是决胜千里的关键;要允许失败;让好主意有条件孵化;要容忍有创造性的混乱;要有福同享……"

李彦宏严格恪守着 721 的预算分配——将 70% 的资源投入到跟搜索直接

相关的技术和产品研发中,20％的资源投入到跟搜索间接相关的产品和技术上,只有 10％的资源投入到其他创新项目中。

李彦宏毫不掩饰百度的成功有其必然性——搜索是个技术门槛很高的产品,在百度最初做搜索的时候没有别的公司在做,后来进入的公司则都因为这些高门槛而被拦在了市场之外。因此百度的成功不会像电子商务那样容易复制。

在百度,具体的产品应用开发,每天都有很多小改进。这些小改进最终汇聚起来成为百度在搜索技术领域的技术门槛。百度搜索等主程序每隔一段时间就需要进行一次大规模升级。

同时,从百度的发展轨迹来看,其商业模式并不是一成不变的。

百度创始之初,将自己定位为门户网站的技术提供商。这一模式延续到2002 年。当发现给门户网站提供技术服务难以有大发展时,百度开始尝试另一种商业模式——给企业提供软件,以通过出售应用软件与服务获得经济回报。

2001 年 9 月,百度找到了一直持续到现在的商业模式——基于竞价排名的网络推广方式。到 2005 年年底,竞价排名的营收约为 3 亿元,占公司总收入的90％以上。此时,尽管百度企业搜索在行业内排名第二,但与竞价排名业务相比已显得很慢。于是这一商业模式在 2006 年被百度终止。

凭借巨大的资金优势,百度近年来大幅扩张,其触角广泛延伸到网络游戏、即时通信、支付业务、电子商务、网络视频、输入法、移动互联网等各个领域。

据百度 2012 年 3 月 31 日公布的第一季度财报,百度 Q1 营收为 42.64 亿元人民币,其中网络营销营收为 42.61 亿元人民币,占总营收的 99.9％。第一季度活跃网络营销客户数量约为 27.4 万家。第一季度来自每家网络营销客户的平均营收约为人民币 1.33 万元(约合 2 112 美元)。

5.3　产品及服务

作为全球最大的中文搜索引擎公司,目前百度收录的中文网页数量已经达到了 2 000 亿个,其中所包含的信息量,相当于 1 800 座中国国家图书馆。如果全国每人每天读一本书,大概要用 7 000 万年的时间才能读完,通过百度,网民平均只需花 0.05 秒时间,就可以在 2 000 亿个网页中找到他最想要的信息。

百度的产品及服务涉及面较广,总体可以分为搜索服务、导航服务、社区服务、游戏娱乐、移动服务、站长与开发者服务、软件工具等。按产品和商业服务的范畴来区分,其中最为网民所熟知且较常使用的产品主要是网页搜索、垂直搜索、社区服务等,而其最主要的商业服务则主要包括百度推广、百度联盟。

李彦宏 2011 年在南开大学演讲时指出,互联网产品有很明显的特点,就是用户"说要什么给什么,不必展开"。他进一步解释说,"用户没有要的你一定不要给他,用户要的你直接给他不要绕弯子。"百度产品与服务的成功或许源于此。

5.3.1　百度搜索

百度搜索的产品可以概括为通用搜索(即网页搜索)、垂直搜索和移动搜索。网页搜索是互联网用户最常用的搜索服务。用户只需要在搜索框内输入需要查询的内容,就可以得到相关网页内容。而 MP3、图片、视频、地图等多样化的垂直搜索服务,则给用户提供更加完善的搜索体验,满足用户多样化的搜索需求。移动搜索则是指以移动设备为终端,进行对普遍互联网的搜索。随着手机成为信息传递的主要设备之一,利用手机上网已成为获取信息资源的主流方式。

通用搜索引擎就如同互联网第一次出现的门户网站一样,大量的信息整合导航,极快的查询,将所有网站上的信息整理在一个平台上供网民使用,于是信息的价值第一次普遍地被众多商家认可,迅速成为互联网中最有价值的领域。互联网的低谷由此演变为第二次高峰。中国互联网络信息中心(CNNIC)2011 年 12 月 20 日发布的《2011 年中国搜索引擎市场研究报告》显示,2011 年年底搜索引擎用户规模达到 4.07 亿,在网民中的渗透率为 79.4%,使用比例基本保持稳定,是 2011 年仅次于即时通信的第二大网络应用。国内调研机构艾瑞咨询 2011 年 11 月发布的调查报告显示,2011 年第三季度百度网页搜索请求市场份额已达 85.5%。

从 2001 年 8 月 baidu.com 测试版上线,到 2005 年年初百度确定品牌广告语为"有问题,百度一下",到 2007 年至今广为流传的"百度一下,你就知道",再到今天的通过百度,网民平均只需花 0.05 秒时间就可以在 2 000 亿个网页中找到想要的信息,虽然百度网呈现给网民的只是一个搜索框,但百度在搜索技术上发生了很大的变化。

2009 年 8 月 18 日,李彦宏在 2009 年百度技术创新大会上提出了"框计算"的全新技术概念。用户只要在"百度框"中输入服务需求,系统就能明确识别这种需求,并将该需求分配给最优的内容资源或应用提供商处理,最终精准高效地返回给用户相匹配的结果。这种高度智能的互联网需求交互模式,以及"最简单可依赖"的信息交互实现机制与过程,即为"框计算"。例如当网民搜索"天气"时,在搜索结果可以直接看到所在城市未来三天的天气情况;当网民输入一道算术题时,搜索结果页最显著位置是已经计算出的结果;当输入某款热门游戏的名字时,在搜索结果页可直接玩这款游戏。

2011年李彦宏与清华经管学院·商学院 MBA 及大学生互动交流时曾这样解释"框计算":"现在在百度框里搜索 62 英寸,马上会知道等于多少厘米,不是传统意义上的搜索,但是我们知道,或者我们猜测用户输入这个东西的时候,想要干什么,输入路况,马上会出来实时的路况,不需要再到另外一个网站上去了。所以越来越多的内容被集成到搜索框里,对于用户来说,觉得好用,就会用得习惯,这是我们对于未来发展方向的判断,最早始于 2008 年。"

尽管通用搜索引擎信息量大,但查询不准确、深度不够、海量信息无序化是其不足。2009 年 9 月,微软公司全球资深副总裁、微软(中国)有限公司董事长张亚勤在接受记者采访时表示,目前的搜索技术远远不能满足用户的要求,大部分时间用户还要再作第二次搜索,60%可能找不到自己需要的东西,而且搜索往往给你的不是答案,而是一些网页。垂直搜索,便是相对通用搜索引擎的信息量大、查询不准确、深度不够等提出来的搜索引擎服务模式,通过针对某一特定领域、某一特定人群或某一特定需求提供的有一定价值的信息和相关服务。

垂直搜索引擎是针对某一个行业的专业搜索引擎,是搜索引擎的细分和延伸,是对网页库中的某类专门的信息进行一次整合,定向分字段抽取出需要的数据进行处理后再以某种形式返回给用户。其特点就是"专、精、深",且具有行业色彩,相比较通用搜索引擎的海量信息无序化,垂直搜索引擎则显得更加专注、具体和深入。

中国互联网络信息中心(CNNIC)发布的《2011 年中国搜索引擎市场研究报告》显示,网民在仍旧是综合搜索引擎用户的同时,更多细分化的需求开始通过垂直搜索引擎满足,2011 年这一趋势更为明显。在争夺垂直产品搜索用户上,三股力量在角力:综合搜索引擎、垂直搜索引擎、提供产品服务的网站站内搜索。目前综合搜索引擎的用户量非常大,但另外垂直搜索引擎以及网络应用站内搜索用户量增长迅速。用户通过搜索引擎搜索的前三大类内容是:新闻、视频和音乐,用户比例分别是 47.7%、45.2%、41.6%。

目前百度已推出新闻、图片、视频、MP3 等多项垂直搜索产品。中国互联网络信息中心(CNNIC)发布的《2011 年中国搜索引擎市场研究报告》显示,百度除了主要的网页搜索服务外,七大支柱产品共同撑起百度的巨大流量,视频搜索、百度新闻、百度图片也在其中。

2003 年 7 月,百度连续推出新闻搜索和图片搜索。百度图片从一推出就成为互联网上最大的中文图片库。新闻搜索则收录各类媒体网站、政府及组织机构的官方网站、行业资讯网站等,每天抓取近 10 万条新闻。用户通过在百度新闻搜索,可以获得所有和输入关键词相关的新闻。通过后台自动计算新闻被转载或引用的次数,达到一定转载或引用次数的新闻会被自动标记为红色表示为热点新闻,或在百度新闻页面的焦点新闻呈现。

目前垂直搜索占百度搜索总量的 50% 左右,对于其收入份额的增长前景,李彦宏表示,搜索的重要目的是使用户在需要了解信息的时候更加依赖百度,过去几年图片、视频和地图等搜索已经帮助百度维持或者提高在网络搜索方面的市场份额或者流量份额。百度并没有投入很多资金对垂直搜索流量追求盈利。在垂直搜索中,图片搜索占的份额最大,但很难找到方法对这部分流量追求盈利。

2011 年 9 月 2 日,百度发布全新首页,提出“百度新首页　一人一世界”的口号。新首页在传统的搜索框下,增加了导航通知、实时热点、应用、新鲜事四大模块,用户登录后可查看。导航通知模块支持用户添加经常访问的网站,如果是社交网站,则会即时显示用户在社交网站的状态;实时热点是百度提供的热门关键词,用户可单击搜索查询;应用模块方面,百度提供了分类应用榜单,包括游戏、音乐、工具、阅读、视频、工具和热门等七大类别,用户可以添加或删除应用;新鲜事模块类似社交网站的信息流,实时显示用户在百度贴吧、空间等百度社交产品的即时信息。

中国互联网络信息中心(CNNIC)2011 年 12 月 20 日发布的《2011 年中国搜索引擎市场研究报告》显示,搜索引擎用户规模虽然增长速度放缓,但网民网页搜索使用惯性已经养成。百度仍占据极为领先的市场地位,2011 年市场集中化趋势更为明显。百度对六大群体——少年用户群、大学生用户群、白领用户群、蓝领用户群、老年用户群、农村用户群的渗透率都很高,没有明显的用户渗透“短板”。与此同时,其他搜索引擎公司正在崛起,但是在传统网页搜索上,超过百度较为不易。

2010 年李彦宏接受媒体采访时表示,中国的搜索市场仍处于初期阶段,百度的核心搜索业务还能享受多年的高增长。中长期来看,百度重要的一个增长动力就是"登录页机会"(landing-page opportunity)。所谓登录页,是指百度开始构建自己的内容,并将这类内容整合到百度的搜索结果页面中。未来还可以在登录页上放置赞助商链接。"未来 5 年,我们应该有相当一部分收入来自登录页战略。"

5.3.2　知识社区

2003 年,李彦宏提出了搜索引擎社区化的概念。2003 年 12 月,百度推出"百度贴吧",其创意便是来自李彦宏:结合搜索引擎建立一个在线的交流平台,让那些对同一个话题感兴趣的人们聚集在一起,方便地展开交流和互相帮助,同时让用户创造内容。

李彦宏 2006 年 10 月在浙江大学演讲时说:"2003 年 11 月到 12 月间的时候,我们有了这样一个之前其他搜索引擎,包括在世界上非常成功的公司都没有提到过的理论,我们把它叫作'搜索社区化'。"

百度贴吧是一种基于关键词的主题交流社区,它与搜索紧密结合。百度推出贴吧的最初目的是做一个除了网页搜索结果以外的讨论区,当用户输入检索词后,不但可以查到相关网页,还可以在与所搜索的词对应的讨论区发言。百度贴吧以关键词为聚合依据,只要知道百度,就可以通过关键字找到同道者。

与一般意义上的网络社区所不同的是,贴吧创造的社区往往是一个话题非常封闭的社区,某一个明星、某一部影视作品甚至某一个歌曲可以成为一个"吧"。虽然理论上这些社区也可以有更开放的讨论主题,但是多数贴吧的成员更愿意围绕一个封闭的主题来展开交流。贴吧强调用户的自主参与、协同创造及交流分享,聚集了各种庞大的兴趣群体进行交流。

贴吧的庞大规模以及商业化,也造成了贴吧运作中的问题。2011 年,央视曝光百度贴吧借主题贴吧盈利,报道称百度贴吧为了赚取点击率,对侵害公民人身权利的内容不管不顾。中国互联网络信息中心(CNNIC)发布的《2011 年中国搜索引擎市场研究报告》显示,用户对百度反馈最强烈的是垃圾信息较多,其中包括了用户对贴吧表示不满意,认为垃圾帖子较多。

除百度贴吧外,百度知道和百度百科也是百度"搜索社区化"战略中的重要产品。从 CNNIC 监测数据看,2011 年,百度知道、百度贴吧、百度百科是百度七大支柱型产品中的三个,稳稳地推动百度发展,其中以百度知道贡献的流量为最大。

百度知道,是用户自己根据具有针对性地提出问题,通过积分奖励机制发动其他用户,来解决该问题的搜索模式。同时,这些问题的答案又会进一步作为搜索结果,提供给其他有类似疑问的用户,达到分享知识的效果。

百度知道于 2005 年 6 月 21 日发布测试版,于 2005 年 11 月 8 日转为正式版。其最大特点在于和搜索引擎相结合,让用户所拥有的隐性知识转化成显性知识。用户既是百度知道内容的使用者,同时又是百度知道的创造者,在这里累积的知识数据可以反映到搜索结果中。通过用户和搜索引擎的相互作用,实现搜索引擎的社区化。2007 年 9 月 20 日,百度知道推出首页分类定制功能,用户可以直接通过个性化首页访问他们所关注的领域,而不需要在分类目录中多次单击和切换。百度知道上线以来成功解答的问题已过亿。2010 年百度贴吧的流量峰值突破 10 亿。

中国互联网络信息中心(CNNIC)发布的《2011 年中国搜索引擎市场研究报告》显示,百度搜索的资料内容比较多是用户眼中百度的最大优势,高达73.1%。百度知道、百度百科也是用户认为做得较好的频道。

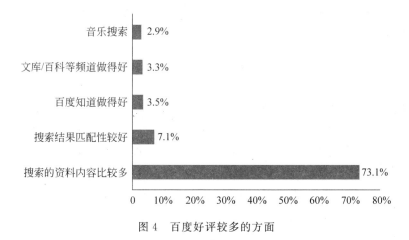

图 4　百度好评较多的方面

(资料来源:中国互联网络信息中心(CNNIC)《2011 年中国搜索引擎市场研究报告》)

对于百度知道的成功原因,百度前副总裁俞军总结为:一是百度作为搜索引擎平台,已经拥有了非常庞大的用户搜索量,这是百度产品的先天优势;二是百度的团队深刻理解用户体验和用户需求。2008 年 3 月俞军接受采访时也曾表示："百度做任何产品都是基于用户需求这个根本出发点。伴随着百度贴吧、知道、百科这些基于搜索的社区人气越来越旺,社区用户个体之间沟通的需求会逐渐凸显。"

2011 年 10 月李彦宏在南开大学演讲时表示,百度从 2003 年开始就已经从一个纯技术搜索引擎转向了一个技术和产品结合、技术和用户、技术和社交技术结合的道路,这也是百度在后来的很多年当中市场表现稳步提升很重要的原因。"因为用户不仅可以找到他要找的东西,而且也有一个归属感,他在这儿说什么东西,会有一帮人跟他讨论。在很多很多年当中,是只有百度的搜索引擎当中有的。"

对于"搜索社区化"的盈利模式,百度首席行政官李彦宏在 2012 年 2 月出席电话会议并答分析师问时表示,如果客户希望在社交媒体上投放广告,可以通过一系列的话题将具有相同兴趣的人组织在一起,进而更好地进行广告定向投放,并为客户提供更多广告曝光数。李彦宏同时指出,百度社交产品的发展态势良好,速度快于网络搜索流量的增长。"我们正活跃地探索货币化这些产品的机会,但是目前仍然处于初级阶段。"

中国互联网络信息中心(CNNIC)发布的《2011 年中国搜索引擎市场研究报告》显示,随着微博、SNS 的崛起,社区化内容的分量日益加重,社区化搜索将来是否成为搜索引擎的重头戏,谁将拔得社区化搜索的头筹,还未可知。

5.3.3　移动业务

中国互联网络信息中心(CNNIC)《第 29 次中国互联网络发展状况统计报告》显示,截至 2011 年 12 月底,中国手机网民规模已经达到 3.56 亿人,占总体网民中的比例达到 69.4%。智能手机的革命性发展大大提升了用户使用手机上网的体验,手机上网逐渐成了 PC 上网的延伸,传统互联网用户逐渐开始大范围向手机网络融合。移动互联网潜在的巨大市场空间正在逐渐释放,更是成为资本市场最热门的投资重点。

中国互联网络信息中心(CNNIC)于 2012 年 3 月发布的《中国移动互联网发展状况调查报告》显示,目前手机网民在手机用户中的渗透率仅为 36.5%,手机上网需求不足是大部分手机用户未能接入移动互联网的主要原因。随着智能手机的普及,庞大的智能手机网民规模为移动互联网应用的爆发提供了基础。未来,创新应用将是推动手机网民规模增长的主要力量。

2009 年年底以来,百度在移动互联网领域动作频频。2010 年 8 月,百度移动互联网事业部成立,相继推出了手机输入法、手机浏览器、掌上百度、百度搜索等产品。2011 年 4 月,百度无线事业部总经理岳国峰表示,百度已覆盖中国 80％的 Android 手机用户。以百度移动搜索数据为基础的《百度移动互联网发展趋势报告 2012 年第一季度》显示,移动互联网用户在休闲时段比在学习、工作时段下载量高出一倍。其中 TOP100 Android 应用数据显示,七成的应用属于软件类,三成属于游戏类。软件类应用中又以影音图像的占比最高,游戏类应用中休闲益智占比最高。

百度云智能终端平台是百度移动互联网战略的核心。2011 年 9 月百度世界大会上,百度技术副总裁王劲描述了百度移动·云整体发展规划:第一步是百度·易平台——把百度的移动软件打包整合放到手机上;第二步的核心是做云生态系统;第三步是百度云操作系统。

2011 年 11 月下旬,百度成立“百度移动·云计算事业部”。2011 年 12 月 20 日,第一款深度整合百度·易平台的戴尔手机 D43 正式推出。这是继在 2011 年 9 月百度世界大会上提出“百度·易”平台概念之后,百度迈入移动互联网领域的实质性一步。百度·易深度整合了百度的智能框搜索技术,包括音乐盒、阅读器、地图、身边等在内的各种百度特色应用,以及大量的第三方优质服务。

李彦宏在参与 2012 年第一季度财报发布后的分析师电话会议时表示,据百度统计,百度在中国移动搜索市场的份额已超 50％,并仍在高速增长。李彦宏称,过去百度基本上没有投入任何资源来货币化移动流量,但从 2012 年开始,百度将采取措施来找出更好服务于移动用户的方法。“尽管如此,或许今后三五年之内,我们在移动端的资源投入重点仍是用户体验,而非货币化机制。”

对于搜索引擎如何提高移动端的收入这一问题,李彦宏表示现在说什么是最佳的盈利模式还为时过早。随着越来越多用户通过移动设备使用互联网,基于地图的 LBS(基于位置的服务,英文 Location Based Service)将获得越来越多的盈利机会。但目前,移动端占百度总收入的比例还很低。

据国内调研机构易观国际发布的数据,2012 年第二季度中国 TMT(电信、媒体和科技,英文为 Telecommunication、Media、Technology)领域披露的投融资事件共 31 起,移动互联网只占到 4 起。相比 2011 年,2012 年移动互联网投资明显放缓,投资人转向投资与线下商业紧密结合的移动互联网项目。国内移动互联网环境尚未成熟,用户并没培养出良好的付费习惯,支付体系尚未健全,品牌广告主仍持观望态度,市场仍需培养。

李彦宏在 2012 年百度联盟峰会上表示,目前的移动互联网也在经历泡沫时期:这一领域的三种主流商业模式——广告、游戏、电商——都面临严重的挑战。目前移动广告的比例非常小,由于终端的屏幕较小,且主要占据碎片化的时间,使得移动广告的变现能力远低于 PC 互联网。不过尽管移动互联网面临诸多挑战,但仍有无数的人在往前冲。

北京时间 2012 年 6 月 12 日凌晨 1 时,在旧金山举办的全球开发者大会(WWDC)上,苹果公司正式宣布,苹果提供给中文用户的 iOS 6 设备,包括 iPad、iPhone 和 iTouch,默认搜索支持百度。同时,苹果下一代桌面操作系统 iMac OS X Mountain Lion 的 Safari 浏览器中,也将添加百度作为中文用户可选的搜索引擎。

业界普遍认为,与苹果合作的达成,将进一步提升百度在移动搜索的入口地位,为更多移动终端用户提供优质的搜索服务。

5.3.4　电子商务

2007 年 10 月 18 日,百度正式宣布进军 C2C,意欲在电子商务领域分一杯羹。彼时国内电子商务市场已经硝烟四起。淘宝手上牢牢抓着将近 80% 的市场份额,腾讯拍拍和易趣基本瓜分了其余的市场份额。在百度宣布进军计划的第二天,时任百度产品副总裁的俞军在接受采访时表示,百度加入 C2C 市场能带来竞争和发展。2008 年 10 月 18 日,百度 C2C 交易平台——百度有啊内测版正式上线,以搜索和社区两大资源作为其发展的跳板。

尽管百度信誓旦旦称百度有啊三年内会超过淘宝,成为中国最大的个人网上交易平台,但只是依靠百度的流量注入显然未能支撑起百度有啊的发展。中国电子商务研究中心发布的《2010(上)中国电子商务市场数据监测报告》显示,百度有啊只占据 0.60% 份额,落后于淘宝(83.5%)、腾讯拍拍(11.50%)和易趣(4.40%)。

2011 年 3 月 31 日,百度有啊发布业务调整公告,宣布将在一个月之内关闭百度有啊,并将相关业务迁移到百度两家电子商务合作伙伴:乐酷天商城和耀点 100 商城。此举被外界认为是百度电子商务转型较彻底的一步——C2C 转型 B2C。乐酷天是 2010 年由百度与日本乐天共同斥资组建的电子商务公司。

在乐酷天平台初期推广上,依靠百度最大中文流量"出口"的乐酷天,不仅享受到了与百度账号相通的优待,另外一些推广资源诸如竞价排名、广告联盟、展现广告、网址导航、框计算等,百度都尽可能提供了帮助。但据国内调研机构易观国际发布的数据,2011 年中国 B2C 的交易额达到 2 400.7 亿元。阿里巴巴旗下天猫商城占据 40%市场份额,京东商城也分得 14.7%,而乐酷天市场份额小于 0.1%。

2012 年 4 月 20 日,日本乐天集团宣布将于 4 月 27 日关闭与百度在中国合资开设的 B2C 网站乐酷天。百度在电商领域的投资和尝试再次遇挫,再次印证了电商的运作和搜索有区别,流量不等于销量。

不过乐酷天从电商行业急流勇退并未对百度造成太大影响,百度的电子商务战略甚至受到投资者的"支持"。

国内调研机构艾瑞咨询通过整理美国电子商务服务资讯公司 The E-tailing Group 在 2011 年年初对 158 家美国电子零售商所做调查的数据后发现,电商用于付费搜索的营销预算占比最多,达 30%。紧随其后的是用于电子邮件的营销预算,占 16%。搜索营销,包括付费广告和搜索引擎优化(SEO),合计占比为 41%。

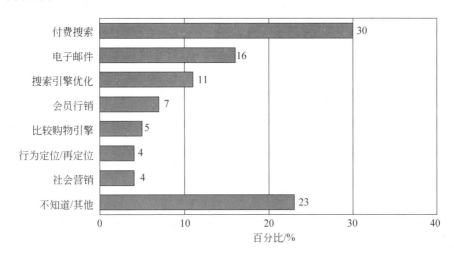

图 5　2011 年美国电子零售商营销预算分配情况

(资料来源:艾瑞咨询)

艾瑞咨询分析认为,美国电子零售商的营销预算分配情况,表明美国网络营销市场的成熟和营销手段的丰富。一方面,搜索引擎无疑是电商最主要的流量来源;付费搜索和 SEO 的营销预算份额分别占 30% 和 11%,可见搜索引擎营销深受电商青睐;另一方面,得益于美国庞大的电子邮件用户群体和独特的商业文化环境,电子邮件营销(EDM)的商业价值亦不容小觑。而目前国内的EDM 潜力仍有待挖掘,电商应吸取国外营销经验,探索出契合中国网民消费习惯的 EDM 新形式。伴随着营销手段的多样化趋势,电商有望实现"高效率,低成本"的营销目标。

分析人士指出,从全球市场统一的电子商务销售收入模式来看,影响销售额的三个核心要素分别是用户、转化率和单笔交易额。而在中国搜索引擎市场,只有百度能提供从搜索推广、网盟推广、Hao123 网址导航到针对效果营销的品牌专区、精准广告和掘金计划等丰富的产品线,可以满足电商对于用户、流量、转化率等的要求,保证电商销量。

而另一方面,搜索引擎作为连接沟通品牌与消费者之间的重要桥梁,参与了用户从产生潜在网络购买意识到购后体验分享的全过程。在竞争日趋激烈的电商领域,只有流量是不行的,但没有流量却是万万不行的。电商企业为了争夺更多流量,也会进一步加大对百度的投入,从而推动百度业绩更大发展。

据美国咨询公司 BCG(Boston Consulting Group)在 2011 年年底发布的一项研究报告,到 2015 年,中国电子商务市场规模将达到 2 万亿元人民币,届时中国将取代美国成为全球最大的电子商务市场。2012 年 3 月,国家工业和信息化部发布的《电子商务"十二五"发展规划》中指出:到 2015 年,我国电子商务市场规模将达 18 万亿元,这一数字高出 BCG 预测的数字足足 9 倍。

在摩根士丹利等投行对百度的描述中,除了"最大的中文搜索引擎",通常还少不了另一句话:"中国电子商务行业最大的受益者。"

分析人士认为,在为中国电商产业提供推广和生长平台方面,百度已经搭建起"完美三角":一边是 95% 的用户覆盖,每天超过 50 亿次的访问;另一边,通过网页搜索、知道、贴吧、百科等构成了全球最大的中文内容聚合与分发平台,互联网界独一无二;第三边,也是最显现商业影响力的一边,百度有着超过50 万家的联盟合作伙伴,可以将影响拓展至中文互联网的任意角落。[1]

---

① 董晖.关闭乐酷天 百度电商战略的盈冲之道.每日经济新闻,2012-04-26.

5.3.5　百度推广

在百度百科里,百度这么定义"百度推广"这项服务:"企业在购买该项服务后,通过注册提交一定数量的关键词,其推广信息就会率先出现在网民相应的搜索结果中。""百度按照实际点击量(潜在客户访问数)收费,每次有效点击收费从几毛钱到几块钱不等,由企业产品的竞争激烈程度决定。"

2009 年 3 月 30 日之前,"百度推广"有着另一个被人所熟知的名称——百度竞价排名。

1997 年,市场充斥着建立门户网站的疯狂热情[①],而搜索只是作为门户的一项辅助技术而存在。同时,由于当时访问量是证明互联网公司价值的"万金油",也就刺激了一些不道德的网站管理员为了获得免费的流量,设法在索引顶端设置非相关性搜索结果,诞生了大量搜索引擎垃圾网页,搜索中的作弊现象已经到使搜索完全不起作用的地步。就在这个时候,美国的 GoTo 公司登场了。

GoTo 公司的创始人比尔·格罗斯发现垃圾内容粘在各大搜索引擎的搜索结果列表中,他猜测同这一现象作斗争的唯一方式就是,使搜索过程真正同价值挂钩。[②]

1998 年 2 月,GoTo 公司首推付费排名获得巨大成功。1999 年 5 月 28 日,GoTo 公司申请了名为"影响在搜寻结果列表中的地位的零碎和办法"的专利。

1999 年,goto.com 在纳斯达克上市,因比其他搜索引擎公司收入高,股价曾达 30 多美元。2001 年,goto.com 更名为 Overture。

2001 年 9 月,远在地球另一侧的百度也在中国推出了搜寻引擎竞价排名服务。

百度的竞价排名即由客户设置想要的关键词,并在百度给出的统一起价标准上报出自己愿意出的价格,百度按照给客户网站带去的访问数量计费。如果多个客户同时竞买一个关键词,则搜索结果按照每次点击竞价的高低来排序,即出价高的客户排在靠前位置,出价低的排在靠后位置。

百度竞价排名推出的第一天,收入是 1.9 元。从 2001 年 9 月推出到 2001

---

① ［美］约翰·巴特利.通向世界的巨型引擎.

② ［美］约翰·巴特利.通向世界的巨型引擎.

年 12 月,百度在竞价排名服务上的收入是 12 万元左右,平均每天 1 000 多元。这个数字里包含了直销和代理商两方面的销售。该年年底,800 多个网站加入了百度的竞价排名联盟。[①] 2002 年,百度竞价排名销售额达到 580 多万元。2003 年 9 月,百度在全国近百个城市展开竞价排名服务的市场推广活动。之后,代理商模式逐渐取代直销成为百度竞价排名的主要推广方式。

随着竞价排名的发展,百度遇到了一个问题——由于是统一起价,总有一些价值高的关键词没有被客户认识到,因此竞投的人不多,唯一竞投的那个就成了幸运的人,这导致一些商业价值很高的词汇,即使通过竞价,其商业价值也不能充分体现。2006 年 6 月 1 日,百度竞价排名调整原先统一起始价规则,"智能起价"系统正式上线。关键词起价"由关键词的商业价值决定",以"综合排名指数"作为排名的标准,一些具有较高商业价值的热门关键词有了较高的起价。

当年,百度在商业模式的调整方面,除了引入了智能起价、智能排名外,后来又在搜索结果的左侧增加了智能匹配。

竞价排名对中小企业是有吸引力的。鉴于中小企业资金少,市场推广的预算有限,竞价排名推广能够让这些企业客户以小成本推广商业信息。但竞价排名模式存在一个漏洞——会遭遇竞争对手的恶意点击,造成广告经费被恶意消耗直到成本预算不足而下架。尽管包括百度在内的搜索引擎公司均采取了相应的技术手段来防止和反击恶意点击,但这仍是难以避免的。

此外,尽管百度在竞价排名搜索的结果后面标注出"推广"二字,但很多普通网民无法区分广告和自然搜索结果。这不仅导致用户体验的下降,也给一些骗子公司留下了可乘之机。

2008 年,百度竞价排名遭遇了成立以来最大的一场危机。2008 年 11 月 15 日,中央电视台《新闻 30 分》播出了《记者调查:虚假信息借网传播百度竞价排名遭质疑》的新闻,指出百度竞价排名中存在大量虚假广告,令消费者上当受骗。次日,中央电视台就这一话题进行跟进报道,又播出了《记者调查:搜索引擎竞价排名能否让人公平获取信息》的新闻,直指百度销售员工帮助客户造假,并对竞价排名模式提出了质疑。

报道中,据百度在线网络技术北京有限公司客户发展 C5 部销售代表韩亮的说法,在百度搜索结果排名上,"花的钱越多效果肯定越明显。"同时,还曝出

---

① 程东升.百度的世界.

多宗因网站管理者拒绝交钱参加竞价排名而被百度屏蔽网址的丑闻,有网民甚至称百度的竞价排名是"网络公害"。

11 月 17 日晚,百度回应称有部分网站利用竞价排名服务推广其网站上的虚假医药信息,是该公司对销售运营体系的管理不善造成的,就此向用户与客户表示歉意。百度还指出,已对遭央视曝光的竞价排名结果存在问题的信息进行下线处理。

以下为百度声明全文:

"中央电视台《新闻 30 分》栏目就百度竞价排名结果中存在的问题曝光后,我们立即对相关的信息进行了下线处理。有部分网站利用竞价排名服务推广其网站上的虚假医药信息,百度已对此进行专项审查,并将配合国家有关部门,对各类网络虚假医药信息进行清理整治。

"由于网络上销售药品的虚假信息泛滥,网络欺诈横行,百度提示广大的用户,警惕任何利用网络销售药品的虚假信息。

"有部分网站利用竞价排名服务推广其网站上的虚假医药信息,是百度对销售运营体系的管理不善造成的,对广大百度用户,对其他竞价排名客户的感情造成了伤害,百度对此表示真诚的歉意。

"在百度八年的成长过程中,为了与 Google 这样全球领先的技术公司进行竞争,百度过多地关注了技术和研发,而对销售运营缺乏严格的管理和系统的投入,百度对此进行了深刻的反省。作为足以影响人类历史进程的伟大发明,搜索引擎正在发挥更大的作用,其深远的影响甚至不是今天我们所能全部预见的。我们意识到,百度公司肩膀上承载着巨大的社会责任,而如果我们仅仅一心扑在技术和研发上,不重视我们商业模式的优化,不重视我们对销售队伍的培训,我们就不能对社会、对广大网民、对广大信任我们的客户负起责任。"

但这次曝光事件对百度的影响没有就此结束。11 月 17 日,百度股价在纳斯达克早盘大跌 28.29 美元,跌至 150.60 美元,跌幅达 15.81%。当日收盘百度股价跌至 134.09 美元,跌幅达 25.04%。在此前的 52 周,百度最高股价为 418.22 美元,最低股价为 162.00 美元。

11 月 19 日消息,花旗集团分析师贾森·布鲁斯因克(Jason Brueschke)发布投资者报告,将百度股票评级从"买入"下调至"卖出",并将目标股价从 300 美元下调至 110 美元。受此消息影响,百度股价当天大跌 13.22%,下跌 17.02 美元,跌至 111.74 美元,创 52 周新低。百度遭遇了成立以来最大的危机。

12月18日,李彦宏在上海参加节目录制时表示,竞价排名的商业模式本身没任何问题,百度不会放弃该业务模式。百度在上次危机后迅速进行了调整,这些调整将对百度长期发展有利。

李彦宏说:"要想持续给用户提供最好的搜索,这个搜索必须挣到钱。竞价排名是2000年以后起来的搜索引擎共有的商业模式,不仅百度,世界所有主流搜索引擎都有这做法。它受到质疑,还是因为很多人对这模式不够理解。"

2009年3月30日,百度竞价排名服务更名为百度推广,根据新名称体系结构,其下包括但不限于"搜索推广"、"网盟推广"等产品和服务。此外,百度原竞价排名业务的域名 jingjia. baidu. com 切换为 e. baidu. com。

竞价排名服务是百度的主要盈利模式之一。尽管遭遇过2008年的曝光事件,2010年再遭央视曝光陷入"假药门"事件,百度竞价排名的商业模式从未动摇,其市场盈利和股价持续保持增长。业界曾戏称:"传统媒体是给门户网站打工的,而门户是给搜索引擎打工的。"如果你没被搜索引擎收录,就意味着你在网上根本不存在,没人知道你在哪儿。现代人已经越来越依赖搜索引擎作为生活信息入口,搜索一切未知与商机。

而同时,业界对百度竞价排名的质疑也一直都存在。百度竞价排名被指过多地人工干涉搜索结果,引发垃圾信息,涉及恶意屏蔽。

国内IT咨询顾问公司互联网实验室2010年年底出具的《互联网行业垄断状况调查及对策研究报告》指出,百度在市场中涉嫌歧视性垄断。

研究报告中称,互联网歧视性垄断表现为,在同属免费产品的前提下,对用户提供质量有差异的服务。歧视性垄断是利用垄断地位展开不正当竞争的又一重要表现。"百度搜索是国内搜索第一巨头,搜索结果的排序非常重要,也因此形成了百度竞价排名的商业模式。""搜索引擎平台对搜索结果处理的'内外有别',有失公允的搜索立场,可以说在源头上强势控制了互联网流量,侵害了网民的知情权、自主选择权。"

值得一提的是,在美国,由于搜索结果对用户的影响巨大,必须接受行业监管。监管不是通过法律方式进行,而是通过制定行业内厂商共同遵守、互相监督的行业规范。FTC(美国联邦贸易委员会)有两条很重要的规定:一是广告内容与新闻内容必须标志清晰明白;二是不能屏蔽搜索结果,不能通过人工干预搜索结果。

5.4　品牌建设

5.4.1　用技术改变世界

2010 年,李彦宏作为首位受邀的中国企业家赴美参加名贯全球的"超级夏令营"太阳谷峰会,与比尔·盖茨、巴菲特、默多克等巨头围绕全球经济和互联网未来发展趋势等问题面对面交流;从美国回来后,他出现在国家形象宣传片《人物篇》的拍摄现场;紧接着,他又从北京市委书记刘淇手中接过"首都杰出人才奖"奖杯。

李彦宏接受媒体采访时表示:"上一个 10 年,百度通过技术创新成为全球最大的中文搜索引擎,我们计划用下一个 10 年,将百度打造成为全球互联网创新的大本营,要让百度这个名字在全球半数以上的国家成为家喻户晓的品牌。"李彦宏对于百度品牌建设的重视可见一斑。

2008 年的央视曝光竞价排名事件中,百度充分意识到了品牌建设的重要性。2009 年的央视春节晚会播出前的黄金时段,两条 15 秒长的向全国人民拜年的广告开启了百度"登陆"春晚的序幕。之后,姜昆和戴志诚表演的相声节目中巧妙植入了"百度一下"这句百度的口号。有评论指出,百度是想借助央视春晚之机,实施其品牌复苏计划的第一步。在百度 2009 年第一季度财报电话会议上,百度首席财务官(CFO)李昕哲确认,人民币 4 000 万元的营销相关支出大部分用于 CCTV。

彼时百度的发展虽已进入第十年,在中国网民中的渗透率也极大。中国互联网络信息中心(CNNIC)发布的《2008 年中国搜索引擎用户行为报告》显示,在 2008 年中国搜索引擎市场上,全国搜索用户中有 76.9％首选使用百度,并且,百度的首选忠诚度也最高,达到 96.0％。但在如此大好的数据背后,很多网民仍只将百度作为一个互联网搜索工具。因此,除了进一步保持在技术、产品、服务等方面的领先优势外,百度还必须进一步加强品牌建设,在拥有品牌知名度的同时大幅提升美誉度。

"竞价排名"是百度遭到诟病的主要原因。百度 CEO 李彦宏曾被问及"在搜索引擎工具的选择上,社会上有一个约定俗成的现象,那就是,有自主意志的人不太愿意使用百度,而选择其他的搜索引擎。这怎么解释?"李彦宏当时的回答是："其实,我不需要解释这个现象。我的理想是用技术改变世界,通过技术让人更便捷地获取信息。所以,在实现这个理想的过程中,我不需要刻意去思考哪类人是我要争取的。我要做的就是,让远在新疆种地的农民能像大都市里的人一样,想知道什么他就立刻能便捷地知道。这是我致力去解决的一个问题。"①

2011 年 6 月李彦宏在清华经管学院・商学院 MBA 及大学生互动交流时表示,媒体公司最根本的就是争夺所谓的媒体时间,让用户在网站上停留更多时间,百度做的事情是能够获得更多的消费者或者用户的媒体时间,这也是与谷歌很大的不同。"Google 一直讲自己存在的理由就是让用户尽快地离开谷歌网站,百度从来没有说过这个话,因为我们觉得,大家在做的事情是要获得媒体时间。"

值得一提的是,百度"登陆"2009 年央视春晚时,百度 CEO 李彦宏多次出现在此次春晚镜头中,身着白色西服、面带温情笑容的李彦宏俨然成为了百度最好的形象代言人。

5.4.2　百度,更懂中文

李彦宏在 2000 年向当时百度的 8 个员工宣布了一条纪律:办公室不许抽烟不许养宠物。李彦宏在后来接受采访时谈到这一条纪律时是这么说的:"'不许抽烟'这条纪律在美国公司是不需要特别声明的,但我知道在中国的公司需要申明。'不许带宠物'是针对西方的文明制定的,在一些美国的公司是允许携带宠物上班的。这条纪律把百度的定位说清楚了——结合了东西方文明的公司。"

2005 年 7 月 13 日,百度正式向美国纳斯达克提交上市申请书。7 月中旬,百度发布招股说明书。在这份招股说明书中,百度列举了"I"在汉语中的 38 种表达方式,用一

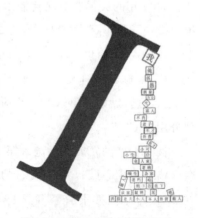

There are at least 38 ways of saying "I" in Chinese

Chinese language search is a complicated matter.

图 6　百度招股说明书封面图

---

① 李彦宏的外交辞令.南都周刊,第 388 期.

种最中国的方式向美国以及全球投资者清晰明了地传达了这样一个讯息:百度深刻了解中国文字,深刻了解中国。

2005 年举行的第 12 届中国广告节上,第一次将代表中国广告创意最高荣誉的全场大奖颁给了一部网络小电影——百度唐伯虎篇。2005 年 12 月最后一期的《国际广告》杂志称为"我国广告走向数字娱乐小电影的奠基之作"。

这是一部古装喜剧:面对城墙上的一张悬赏文字告示,一个老外自以为"我知道",随后风流才子唐伯虎出现,通过三次精妙的文字断句,将老外身边的众多美女吸引过来,最后一次连老外的女友也站到了唐伯虎身边,最终老外气至吐血,众人齐声欢呼"百度,更懂中文"。

这部网络小电影被众多业内人士称为"病毒营销的奇迹",没发一篇新闻稿,没花一分广告投放费,却通过员工给朋友发邮件以及在一些小视频网站挂出下载链接等方式传播扩散开来。

据国内调研机构艾瑞咨询发布的数据显示,2005 年中国搜索引擎用户使用量市场份额中,百度达到 46.5%,超过位居第二的 Google 将近 20 个百分点,已稳居首位。从上市前开始到 2005 年年底,百度以《刀客》、《唐伯虎》、《孟姜女》和《神捕》这四部网络小电影为核心,进行了一次基本为零推广成本的波浪式传播,网络小电影的策略非常明确,即为百度树立与当时最大的竞争对手 Google 及雅虎的品牌差异化定位:百度更懂中文。

2006 年 12 月 7 日,百度正式宣布进军日本市场,"百度更懂中文"的观念却成为一大障碍。并不精通日文的李彦宏如何拿百度日本对决雅虎日本和谷歌日本呢? 李彦宏对此表示:"百度更懂中文,不是说百度不可以懂其他的语言,我们做得好是因为我们认真地研究了中国的用户、语言、文化,做出了相应的产品。百度更懂中文只是一个现象,本质是根据当地实际情况开发产品的做法,这个方法论可以挪到其他国家,在日本就要找到最懂日文的人,他们做决策我们朝哪个方向走。百度不是因为在中国才能打败谷歌的,我们的技术、人员、体制,任何一方面都不输于国际大公司。"

百度的理论是,百度的国际化体现在技术上,技术是超越语言和文化的,是相通的;但产品是根据不同语言和文化表现出来的不同的形式,是本地化的。同时李彦宏也认为:"不要把进军日本看成'国际化',应该叫'本土化'才对。"

2010 年 2 月,在深圳市人民政府与百度控股有限公司举行的战略合作协议签约仪式上,李彦宏表示"计划用下一个 10 年,将百度打造成为全球互联网创新的大本营,要让百度这个名字在全球半数以上的国家成为家喻户晓的品牌"。

据 2012 年 8 月 8 日发布的《2012 胡润品牌榜》,搜索引擎公司百度以 1 470 亿元的品牌价值,在"中国最有价值的品牌"榜单中排名第四,并继续蝉联"中国最有价值的民营品牌"。

5.5　全球传播网络特点、趋势及启示

李彦宏曾表示,多年来坚持做一件事情,并且跟着公司不断成长,"最根本的原因,还是自己心目当中的一个理想,想把一件事情做成"。在成长过程中,既要想清楚利弊,又要能够经受各种精神困苦,要扛得住压力,同时要排除诱惑,才能做成功。

管理一个公司,到底需要在哪些方面做好? 以下是李彦宏 2011 年 6 月在清华经管学院与商学院 MBA 及大学生互动交流时谈及的四个方面(有删减)。

第一,是目标,或者说公司的愿景是什么,这一点从百度成立到现在一直没有变过——让人们最便捷地获取信息,找到所求。这个说法如果仔细琢磨的话,一是,没有提搜索。二是,甚至没有提到互联网,让人们更便捷地获取信息,找到所求,范围非常广,能做的事情很多,搜索只是实现理想的一个工具。三是,更没有提到中国。对于百度来说,我们更关心的是人们需要什么,所以我们是让人们更便捷地获取信息,找到所求。

第二,一定要有自己非常核心的企业文化。尤其在早期的时候,尤其在快速变化的市场和快速成长的公司当中,很重要。为什么? 因为这样的一个市场,这样一个环境,一个不是很规则的市场,没有规则靠什么做决策? 就是靠文化。百度的公司文化——简单可依赖,什么意思?

"简单"就是大家说话直来直去,没有上下级的考虑,没有客气、绕弯子,没有公司政治。这一点同时也反映在百度产品上,大家看到百度的首页非常简洁,没有特别多的东西,但是正是这样的首页,是全中国设首页最多的首页,就是因为简单好用,所以简单也有很大的价值。

"可依赖"是什么意思? 我们要求每一个员工都是可依赖的,都是有能力要做所做的事情。与此同时,可依赖和可信赖也是有区别的,可依赖是有感情因素的,如果遇到困难的话,有一个组织是可以依赖的,大家愿意帮助你,这就是有感情色彩存在。所以说不是每个人各自为战,做好了交出去就不管了,而是

说如果遇到困难,很多人会补位。一方面要求大家每个人的能力都很强;另外一方面,就是有一个可依赖的职业精神。

第三,是流程和制度。这一点在公司早期的时候,可能没有那么重要,因为人少。但是当公司做大以后,一个公司仍然要保持高效率,就需要流程和制度。

从没有流程制度到有流程,有好的流程和好的制度,怎么做? 第一个,遇到新问题首先看别人怎么办的,就是对于这个公司来说可能是新的,但是抽象出来看,其实那个公司已经 100 年了,也碰到过类似的问题,他们解决的流程制度是什么? 所以这是一个做法。

第四,当遇到新问题的时候,第一次解决,我们很可能是不设流程制度,因为没有,那么解决之后马上要总结,总结的新问题就是有没有普遍性,是不是未来还会出现类似的问题,如果是的话,好,我们需要有一个流程,就是在公司成长过程中,就是一步一步有了流程,流程的作用不是干活干慢一点,相反的是为了干活更快,因为知道怎么做一件事情,不用太多地琢磨和思考以及讨论。

所以在制定流程过程中,上次做事情出现一个问题,就在流程里加一个关卡,就是每次都加一个,发现流程很长,非常地影响效率,大家就说,这样的流程不出事,我说这样不行,流程的作用,就是做事情更有效率,如果说过一段时间发现流程阻碍了高效的执行,我们就要想办法简化流程。所以做好一个企业,要有一个清晰的目标、使命,强大的文化,还要有流程制度,公司的流程是世界级的,使得做事情更高效。

摩根士丹利一位副总曾说过,对于大多数中国互联网公司来说,它们像是在参加全国运动会;而对于百度来说,它是在参加奥运会。这句话的意思是:百度是在世界最前沿与对手进行竞争。

据国内调研机构艾瑞咨询发布的数据,2011 年中国搜索引擎市场整体市场规模达 187.8 亿元。据百度 2011 年年度财报,其 2011 年总营收为人民币 145.01 亿元。尽管中国早已成为网页搜索请求量第一大的国家,但流量变现的能力仍有很大的提升空间。李彦宏在 2012 年百度联盟峰会上曾提到,目前全球的互联网广告规模为 700 多亿美元,其中至少有 450 亿美元是搜索模式。

与资本实力雄厚的 Google 相比,百度尚不在其一个数量级上。但立足于拥有全球最多互联网用户的国家——中国,百度的发展后劲值得期待。

5.6　相关链接

5.6.1　IPO 文件、股市走势

2005 年 8 月 5 日,百度在美国纳斯达克挂牌上市,股票发行价为 27 美元。在首日的交易中,以 66 美元跳空开盘,股价最高达 151.21 美元,收盘价 122.54 美元,涨幅达 354%,创下美国股市 5 年来新上市公司首日涨幅之最。

在百度上市筹备进入倒计时的时候,Google 当时的 CEO 埃里克·施密特曾密访百度。2008 年李彦宏亲口证实,那次埃里克来百度的唯一目的是劝告百度不要上市。在央视《对话》栏目 2010 年 2 月 28 日播出的节目中,李彦宏称,施密特提出收购百度的想法后,他根本没问对方出什么价,就直接说,"我们上市就像泼出去的水,收不回来了。"

从 2003 年起,Google 在中国市场上的流量就开始落后于百度。2004 年 6 月百度的第三轮募资中,出现了 Google 的身影。坊间一度盛传 Google 试图"收购百度,异道进军中国"。有分析人士认为,Google 参股百度,可能是在模仿雅虎的方式,通过收购 3721 进军中国市场。不过这种说法随即被百度否认,表示百度和 Google 今后会独立运作,不会走 3721 与雅虎合作的老路。

李彦宏当时表示:"是百度选择了 Google。Google 第一次提出参股意图时,百度一口便回绝了,但是后来细想之后觉得对大家都有好处,谈判了 3 个多月后,终于定了下来。"

当时有评论认为,实力、财力都还欠缺的百度不能将业界一哥拒之千里之外——那说不定会激怒对方,引致百度被扼杀于襁褓之中。因此让 Google 适当参股是最好的选择。"竞合"的关系就此形成。在 1 470 万美元的融资中,百度接受 Google 的投资 499 万美元,即让 Google 拥有百度 2.6% 的股份。

但也有评论认为,有了 Google 资本的注入,其在资本市场上的放大效应可以迅速让美国股民关注百度。通过与 Google 的联手加强在国内市场的竞争实力、提高国际市场的知名度,是 CEO 李彦宏的如意算盘。因为只有在接纳了 Google 之后,纳斯达克投资人才能了解到搜索市场有多大,也只有在 Google 上市之后,纳斯达克才会接纳百度,Google 已成为百度在纳斯达克的样板。有了 Google 的投资,百度上市多少会多一些胜算。通过 Google 探路纳斯达克并为

此做准备早已是业界公开的秘密。[①]

对于这笔募资,李彦宏在央视《对话》栏目 2010 年 2 月 28 日播出的节目中是这么回应的:"谷歌通过第三方找到我,说想投资我们,我的第一反应是这怎么行呢,怎么能让公司的底牌都让对手知道了,后来又一想,这轮融资是为了上市,如果谷歌投资了我们,那说明他认可我们,这对说服美国投资者有帮助,但我从来没想过要(把百度)卖给它(谷歌)。"

谷歌提出有意收购百度的想法时,百度市值为 800 亿美元。百度当时计划筹资 8 000 万美元,公司估值 8 亿美元,为谷歌当时市值的 1/100。百度上市当天,股价暴涨,市值近 40 亿美元,为谷歌当时市值的 1/20。2012 年,距离百度成功上市 7 年,谷歌市值为 2 100 亿美元,百度市值为近 460 亿美元,差距缩小为 1/5。

此外,由于交易活跃,百度在 2007 年 12 月 4 日纳斯达克开盘之前被宣布成为纳斯达克百强成分股,从此,它的股价变动将影响全球最大科技股交易市场。纳斯达克 100 指数于 1985 年 1 月推出,是全球最受关注的股票指数之一,该指数包含了在纳斯达克上市的 100 家最大的非金融企业,因此一向被认为是纳斯达克整体表现的"风向标"。百度的入选主要是因为其交易量和快速增长的股价。百度也是首家进入纳斯达克 100 指数的中国公司。

5.6.2　小结

中国互联网络信息中心(CNNIC)发布的《2011 年中国搜索引擎市场研究报告》显示,2010 年年底以来,搜索引擎已成为中国网民第一大网络应用。用户通过搜索引擎搜索的前三大类内容是新闻、视频和音乐,用户比例分别是 47.7%、45.2%、41.6%。大部分综合搜索引擎都已经提供这三种内容的垂直搜索功能。分用户群看,老年用户对搜索引擎新闻的依赖度较高,有 60% 通过搜索引擎搜索新闻;大学生和少年用户搜索视频和音乐比例更高。

中国互联网络信息中心(CNNIC)2012 年 7 月发布的报告显示,2012 年上半年中国搜索引擎用户规模已达 4.29 亿。

美国《连线》杂志的编辑及创始人之一约翰·巴特利在他《通向世界的巨型引擎》一书中写道:"为了从搜索中获利并同时掌控自己的命运,一家公司必须

[①]　Google 注资百度:情非得已. 互联网周刊,2004 年第 20 期.

拥有三个重要的元素,而 Google 拥有全部。首先,它必须有高质量的有机搜索结果,也就是算法搜索,或者说编辑搜索。MSN 和雅虎都采取向 Inktomi 或 Google 外包的方式。其次,Overture 和 Google 的成功都证明,公司需要一个搜索付费网络体系。而 MSN 和 Yahoo 都向 Overture 外购这个元素。最后,它需要属于自己的访问流量,也就是顾客的搜索查询语句,根据这些语句才能提供编辑和付费结果。2002 年年底,微软和 Yahoo 意识到这是他们唯一真正拥有的元素。事实证明,这三大元素至今仍是。"

然而在百度与 Google 和 Yahoo 这两个雄心勃勃进入中国市场的世界级"搜索之王"战役的结果中不难看到,或许还有第四个元素的存在:真正本土化,了解市场需求。Google、Yahoo 等全球互联网行业的大佬对中国的独特国情了解得不够透彻,坚持其在世界其他国家的成功模式,最终导致败走中国市场。

李彦宏在 2009 年《经济半小时》国庆特别报道节目《中国符号改变世界》的节目中曾透露百度内部目标:2012 年与 Google 划洋而治。

李彦宏说:"现在的目标,我跟内部的人讲叫作 2012 划洋而治,以太平洋为界,2012 年的时候,我们要在太平洋的西边占主导地位。"这是百度继 2006 年进军日本之后,再次透露全球化策略。

2010 年李彦宏接受《华尔街日报》专访时表示,"国际扩张是一种长期投资","在未来 5 年到 10 年,我们将有非常大的一部分收入来自国际扩张。"

第6章 全球最大在线百科全书维基的发展模式

王 薇 赵 净 徐 芳 时 晨

打开中文维基百科的页面,"海纳百川,有容乃大"八个大字映入眼帘,而在英文的 Wikipedia 页面,free 和 anyone can edit 是那么旗帜鲜明。一份"人人可编辑的自由百科全书",这里的人人真正实现了全球人民,这听起来像天方夜谭的想法和创意,就这样在维基百科实现了。根据网络提供的数据,截至 2011 年 11 月,已经有超过 3 172 万名的注册用户以及为数众多的未注册用户贡献了 282 种语言超过 2 024 万篇的条目,其编辑次数已经超过 12.319 2 亿次,每天有来自世界各地的许多参与者进行数百万次的编辑。而始于 2002 年 10 月的中文维基百科,截至 2012 年 8 月已有 51 万篇中文条目,注册用户 1 263 098 名,确实可以称作"海纳百川"了。

"百科全书、中立观点、自由内容、友好社群、忽略所有规则"已成为维基百科的五大支柱,从中我们也可以看到"维基模式"所蕴含的复杂、深刻的传播特点。在学界和业内,对维基百科的研究一直是多样化的,从传播学、计算机科学、教育学、情报与图书馆学,乃至物理学、管理学、社会学等,都有关于维基百科传播模式、商业价值、社会影响等方面的研究发表。本章主要通过综述维基百科的创始与发展,阐释了"维基模式"对商业和社会的影响,并通过其与传统百科全书传播模式的比较,探讨维基的传播特点。最后,对同样基于 Wiki 技术,虽然模仿"维基模式"但又各具特色的国内同类产品"百度百科"、"互动百科"同维基百科做了比较研究,以期读者可以更加深入地了解维基百科。

6.1 维基百科的创立

维基百科(英文:Wikipedia)是一个基于 Wiki 技术的全球性多语言百科全书协作计划,同时也是一部用不同语言写成的网络百科全书,其目标及宗旨是为全人类提供自由的百科全书——用他们所选择的语言来书写而成的,是一个

English
The Free Encyclopedia
3 305 000+ articles

日本語
フリー百科事典
679 000+ 記事

Deutsch
Die freie Enzyklopädie
1 073 000+ Artikel

Español
La enciclopedia libre
601 000+ artículos

Français
L'encyclopédie libre
953 000+ articles

Polski
Wolna encyklopedia
703 000+ haseł

Italiano
L'enciclopedia libera
692 000+ voci

Русский
Свободная энциклопедия
538 000+

Português
A enciclopédia livre
582 000+ artigos

Nederlands
De vrije encyclopedie
604 000+ artikelen

图 1 维基百科

动态的、可自由访问和编辑的全球知识体。这一协作计划无论是从传播学还是社会学角度看,都是创造性的。

2001 年 1 月 15 日维基百科正式成立,由维基媒体基金会负责维持,其大部分页面都可以由任何人使用浏览器进行阅览和修改。因为维基用户的广泛参与共建、共享,维基百科也被称为"创新 2.0 时代的百科全书"、"人民的百科全书"。这本全球各国人民参与编写,自由、开放的在线百科全书也是知识社会条件下用户参与、大众创新、开放创新、协同创新的生动诠释。英语维基百科的普及也促成了例如维基新闻、维基教科书等其他计划的产生,虽然也造成对这些所有人都可以编辑的内容准确性的争议,但如果所列出的来源可以被审察及确认,则其内容也会受到一定的肯定。维基百科中的所有文本以及大多数的图像和其他内容都是在 GNU 自由文档许可证下发布的,以确保内容的自由度及开放度。所有人在这里所写的文章都将遵循 Copyleft 协议,所有内容都可以自由地分发和复制。

维基百科的中文版本中文维基百科正式开始于 2002 年 10 月 24 日,包括大陆简体、港澳繁体等。除了中文维基百科以外还设有其他独立运作的中文方言版本,包括粤语维基百科、闽南语维基百科、文言文维基百科、吴语维基百科、闽东语维基百科及客家语维基百科等。[①]

Wiki 一词来源于夏威夷语的"wee kee wee kee"，原本是"快点快点"的意思。在这里 Wiki 指一种超文本系统。这种超文本系统支持面向社群的协作式写作，同时也包括一组支持这种写作的辅助工具。我们可以在 Web 的基础上对 Wiki 文本进行浏览、创建、更改，而且创建、更改、发布的代价远比 HTML 文本为小；同时 Wiki 系统还支持面向社群的协作式写作，为协作式写作提供必要的帮助；最后，Wiki 的写作者自然构成了一个社群，Wiki 系统为这个社群提供简单的交流工具。与其他超文本系统相比，Wiki 有使用方便及开放的特点，所以 Wiki 系统可以帮助我们在一个社群内共享某领域的知识。最早将全世界的知识收集于一个屋顶下，供人查阅的要数古代亚历山大图书馆。而出版百科全书的想法则可以追溯到狄德多等 18 世纪百科全书派。在各国的大学中，图书馆是最佳的百科全书会集点。今天最常见的百科全书包括了英语的《大英百科全书》、《美国哥伦比亚百科全书》，以及中文的《中国大百科全书》等。

1995 年沃德·坎宁安为了方便模式社群的交流建立了一个工具——波特兰模式知识库（Portland Pattern Repository）。在建立这个系统的过程中，Ward Cunningham 创造了 Wiki 的概念和名称，并且实现了支持这些概念的服务系统。这个系统是最早的 Wiki 系统。从 1996 年至 2000 年间，波特兰模式知识库围绕着面向社群的协作式写作，不断发展出一些支持这种写作的辅助工具，从而使 Wiki 的概念不断丰富。Wiki 概念也得到了传播，出现了许多类似的网站和软件系统。

维基百科是由 Bomis 网站的总裁吉米·威尔士发起的。吉米·多纳尔·威尔士（Jimmy Donal Wales，1966 年 8 月 7 日—　）现为维基媒体基金会理事会荣誉主席，同时拥有一家名为 Wikia 的营利公司（和 Wikipedia 没有直接关系）。2006 年 5 月，威尔士被《时代周刊》选为 100 个最具影响力人物之一。

吉米·威尔士在此之前曾发起过一个虽属自愿创办但却处于严格控制下的百科全书项目 Nupedia，主编们都拥有博士学历，但他们只收集了几百篇文章，两年后由于缺乏资金和资源，这个项目流产了。为了不让这些内容浪费，2001 年 1 月威尔士将这些文章贴到一个 Wiki 网站上，并且邀请访问者对之做出修改和增添新的内容。这个网站第一年就取得了很大成功，第二年也是

---

① 　吉米·威尔士：维基百科背后的梦想者.

如此。

维基百科最初的构想是在拉里·桑格(当时 Nupedia 主编)和一个电脑程序员 Ben Kovitz 于 2001 年 1 月 2 日在美国加利福尼亚州的一次谈话中最早提出的。Kovitz 当时是 Wiki 程序的协作开发者之一(现在依然是)。当他在晚餐中向桑格解释 Wiki 的概念时,桑格立即发现 Wiki 可能是创建一个更开放的百科全书计划的技术。在此之前几个月,桑格和他的老板威尔士,Bomis Inc. 的总裁兼 CEO,讨论过如何通过建立一个更开放、轻松的计划来协助 Nupedia 的发展。

因此桑格立即说服威尔士在 Nupedia 中建立一个 Wiki。Nupedia 的第一个 Wiki 于 1 月 10 日上线,不过在 Nupedia 的编写人员中遇到极大阻力。因此,一个新的以"维基百科"(Wikipedia)命名的新计划于 1 月 15 日在 Wikipedia 网站正式启动。位于美国加州圣地亚哥的服务器和电缆都由威尔士捐献。在科技站点 Slashdot 的三次报道后,维基百科开始受到越来越多的关注,此外 Google 一天也会带来上千人的新流量。

英文维基百科在 2001 年 2 月 12 日达到 1 000 页,9 月 7 日达到 10 000 条条目。在计划的第一年,有超过 20 000 条条目被创建,平均每月 1 500 条。2002 年 8 月 30 日,已经有 40 000 条条目。成长的速度从计划之初就在平稳增长。

随之而来的就是国际化的维基百科,2001 年 5 月,13 个非英语维基百科版本计划开始(包括阿拉伯语、中文、荷兰语、德语、世界语、法语、希伯来文、意大利语、日语、葡萄牙语、俄语、西班牙语和瑞典语)。到 9 月,又有三个语言版本加入了维基百科大家族。到了该年度末,挪威语等另外三个语言版本也宣布成立。

2002 年 2 月,由 Edgar Enyedy 领导,非常活跃的西班牙语维基百科突然退出维基百科并建立了他们自己的自由百科(Enciclopedia Libre);理由是未来可能会有商业广告及失去主要的控制权。同年 10 月,维基百科参与者 Daniel Mayer(maveric149)及其他参与者试图重新整合两个计划,但是 Enciclopedia Libre 的参与者投票决定,在维基百科能够提出一个团圆提案之前,反对重新整合。然而,Enciclopedia Libre 的用户不排除在未来重新合并的可能性,并且希望继续与维基百科保持联系。这场纷争也引起了关于非英语维基百科版本的角色的广泛讨论,并且直接导致了非英语维基百科的几项重大改革。

也经常有破坏者访问维基百科并大肆破坏,通常这些破坏都很快被修复,但是对英文维基百科首页的不断破坏最终导致首页被"保护",以确保只有管理员可以对其进行修改。①

2002 年 3 月,用户 ID24 开始在英文维基百科发表许多极"左"文章,关于他的激烈讨论最终导致严重的人身攻击,吉米·威尔士最后于 2002 年 4 月禁止 ID24 对维基百科进行编辑(但允许继续浏览)。而经常在德国历史相关的文章中发表亲右翼观点,并且导致多次争论的用户 Helga,则在 2002 年 9 月被禁止编辑维基百科。

2002 年 8 月,在吉米·威尔士宣布他将不会在维基百科上刊登商业广告之后不久,维基百科的网址从维基.com 变为维基.org。

同年 10 月,Derek Ramsey(Ram-Man)使用机器人软件(Bot)自动添加有关美国城市的信息。这些文章都是自动从人口普查报告中产生的。同时,类似的程序还用于部分其他议题。

2002 年 12 月,姐妹计划 Wiktionary(维基辞典)正式开始,它的宗旨是建立一个所有语言的词典。它与维基百科在同一个服务器上运行,使用同样的软件。

2003 年 1 月,维基百科开始支援 TeX 数学公式显示,代码由 Taw 编写。2003 年 1 月 22 日,英文维基百科达到了 10 万条条目的里程碑,并再次被 Slashdot 报道,两天之后,当时第二大的维基百科——德文维基百科,也达到了 1 万条条目里程碑。现在在不断增加。

2011 年 1 月,维基百科创立十周年。

6.2　维基百科的编纂模式

传统百科全书一般是聘请各个领域的权威专家来编写,按照一定的编纂思想和体例来推出新的版本,一般出版一版需要花费数年的时间②。而维基百科采用的则是一个全新的机制,依靠全体网民的你修我改来编辑百科词条,经过多人协作,使词条质量渐趋中立、客观、科学,所谓真理越辩越明,参与人越多越

---

① 参见《通过维基百科看世界》
② 参见《可自由编写 互联网上互动的维基百科》

容易保证质量。然而,疑问是普通网友能像专家一样写出权威百科全书吗?美国著名社科杂志《自然》(Nature)给出了答案:2005 年《自然》(Nature)杂志对维基百科与《大英百科全书》在线版进行了比较评估,抽查了 42 个科学方面的词条。结果显示,《大英百科全书》平均每个词条出现 2.92 个错误,而维基百科则有 3.86 个错误。事实胜于雄辩,专家也会犯错误,而在科学的机制下,普通网民也一样可以编写出高质量的百科词条。那么支撑维基百科词条质量的编纂原则是什么呢?维基百科词条三大核心内容方针是中立原则、非原创研究原则、可供查证原则,这三大原则构成了贯穿维基百科始终的核心编纂思想。

(1) 中立原则,是指当同一主题存在多个或相互抵触的观点时,它们中的每一个都应被平等表达。目的是让读者可以接触到各种重要且已发表的观点。维基百科是一个关于人类知识的综合性百科全书,并且由于维基百科的词条撰写是由集体来完成,因此在撰写过程中不可能不出现争论。维基百科的工作就是把这些不同的观点和事实,以及它们的变化都记录下来。维基百科的中立原则并不标榜自己的客观,而是指维基百科应该试图去描述争论,而不是参与争论。中立原则背后蕴含的却是朴素的辩证唯物主义思想。中立原则使维基百科保证了很好的开放性。从技术上维基百科的版本保存功能为用户的不断修改和各种观点的兼容并包提供了支持:每个用户编辑的词条都作为一个版本保留,新用户的编辑基于之前用户的版本进行编辑,读者默认看到的都是最新的版本。此外,不进行商业化经营,也为中立原则提供了坚实的保障,使维基百科能够从根本上摆脱外部制约成为一个纯粹的知识网站,这一点对百科全书显得至关重要。

(2) 非原创研究原则,是指维基百科不是发表原创研究或原创观念的场所,维基百科的所有内容都应由已发表的可靠来源支持。非原创研究原则和可供查证原则紧密相关。

(3) 可供查证原则是指加入维基百科的内容须要发表在可靠来源中能被读者查知,而不能仅由维基百科认定它真实正确。编辑者应为条目中的引言,以及任何被质疑或可能被质疑的内容提供可靠来源,否则这些内容可被移除。百科全书应该依据已经获得具公信力的出版者发表过的事件、主张、理论、概念、意见和论证,"基于来源的研究",是撰写百科全书的基本功。简言之,维基百科内容的门槛,是可供查证,而非真实正确。当然,编辑条目时增加参考资料来源的链接还会起到搜索引擎优化的作用,后面谈到维基百科的影响时再专门进行探讨。

　　以上三个原则构成了维基百科的核心编纂思想,看似简单,实际上大道至简,这三个原则奠定了维基百科这一巨著的坚实基础:哪些内容可以被收录?素材如何取舍?观点争论如何处理?这都是编书尤其是大型综合书的最重要的原则。这些框架原则确定后,剩下的就是操作层面上如何找到编写词条的用户,并保证内容不断增长了。

6.3　维基百科的基本假设及防干扰机制

　　维基百科的基本假设是"人之初,性本善"。受编写人类知识的百科全书这一崇高理想鼓舞,维基百科的作者都只是为了一种创造和奉献的快乐而来义务工作,是一个最理想的乌托邦境界。维基社群的活动从某种意义上是网络文化的多元性、开放性、平民化和非权威主义思潮的真实反映。在这里,每个参与者都有权发出自己的声音,但每个声音都不可能成为绝对的声音。这也是维基百科受到以高校毕业生为主的认知盈余群体狂热追捧的根本原因。

　　当然,在这个宏伟的前提下,维基百科还需要有机制来解决捣乱者的干扰,这些捣乱者从纯粹恶搞、发布商业广告,到散播不健康或攻击言论,等等,不一而足。经过多年的发展,一方面维基百科的忠实粉丝中已经分化出一个群体,他们像忠实的清道夫一样与各种捣乱者进行着不懈的战斗。IBM 的一个研究小组发现,维基百科遭遇的多数破坏活动 5 分钟内就能修复,速度之快令人咋舌。一方面靠众多用户的眼睛和人手;另一方面维基百科建立了一套相对完整的反干扰机制,包括版本保存、内容删除、封禁账号和 IP、版本锁定。每个维基百科的作者对词条的编辑行为都会作为一个版本被保存下来,如果后一个编辑者的编辑被判断为捣乱行为,之前一个版本会被恢复,捣乱者的工作会成为徒劳;针对多次存在恶意编辑行为的捣乱者,其面临的处罚包括内容被删除、账号被封禁,甚至更严厉的处罚是其所在的 IP 也会被封禁,这样的捣乱成本无疑是非常高的。

6.4　维基百科的内容增长和版权机制

　　在共建人类一切知识的崇高理想和可靠的机制的保证下,剩下的问题就是如何保证内容的增长了①。当一个用户创建了一个百科条目,在阐释百科条目时必然会涉及各种各样的知识,通过维基百科的内部链接工具,在这些知识点下增加下划线,加了内链的词条如果已经被创建,可以方便读者延伸阅读,如果该词条没有被创建,则可以引导新用户来创建相关知识点。通过这个简单的机制,可以在用户自发创建的条目基础上衍生出数倍乃至上百倍的可创建条目,支撑维基百科词条数量的网状可持续增长。同时,大量优质内链还能起到搜索引擎优化的效果,连同前文提到的参考资料外链一起,为维基百科条目在Google搜索结果中排名前十提供了坚实的基础,维基百科的强大网络影响力绝非浪得虚名。

作为当下最大的资料来源网站之一,维基百科网上聚集了284个语言版本超过2 000万个百科条目。如何解决这个浩瀚知识库的版权问题是一个巨大的挑战。这数以千万计的条目由全体维基百科用户在线协作创建,维基百科版权遵循知识共享(署名-相同方式共享)协议(CC-BY-SA)3.0,同时还兼容GNU自由文档许可证(简称GFDL)。GFDL所代表的文档开放运动,是20世纪90年代初源代码开放运动的延伸,可以将它们都称为内容开放运动。所谓内容开放的作品是指任何在比较宽松的条件下发布的创造性作品,这些作品允许公众在不受传统版权的苛刻条件约束下,自由地复制和传播它们。维基百科所采取的GFDL协议还允许第三方在不受约束的情况下自由修改和发布修改版本的作品。这样做的前提条件是后者必须遵循GFDL的另一个条款:你必须保证自己允许公众对你的作品拥有同样的自由。自由获得,自由复制,甚至自由销售维基百科,不能独占所有的权利——维基百科因而被称为"公众的百科全书"。

通过事实上放弃版权,维基百科实现了内容的快速积累。由于维基百科公益的性质,对于用户来讲,尤其是对一些成熟条目经过多人协作成为一个共有作品,用户除了可以享有署名权外事实上不能再获得其他权利。甚至,在维基百科强大网络影响力感召下,用户在维基百科创建词条不被删除已经成为一件值得炫耀的事情,还有谁会去再细细追究自己的版权呢?在互联网环境下,包括文字、图片在内的作品面对过度知识产权保护问题,知识共享(署名-相同方式共享)协议(CC-BY-SA)3.0为用户提供了更多的版权选择。事实上,自愿放弃版权的情况比比皆是,比如新的歌手希望他的歌曲在网上广为传唱和欣赏,

---

① 张晶.维基百科挥别纯真年代.经济观察报.

新的网络文学写手希望他的小说在网上广为传播和阅读,新的摄影者希望他的作品被人广为使用,借以提高其知名度和影响力。但是现有版权保护环境下,作者没办法在作品上标出他保留作品的何种权益,使用者一方面为了免于侵权只能放弃使用,当然也有使用者由于无法找到作者冒险侵权使用。知识共享协议通过明晰作者的版权宣告,极大地方便了互联网环境下作品的传播,我们甚至能在苹果 Appstore 上看到商业性的维基百科应用,为提升维基百科影响力提供了又一保障。

当然,由于作者良莠不齐,针对作者在创建词条是不是合理引用第三方作品,还是涉嫌抄袭的侵权情况,则是维基百科的一个致命问题,或者说这也是当下互联网上乃至传统出版界和学术界的一个痼疾,只能靠越来越多的监督者雪亮的眼睛了。当然,由于维基百科的强大影响力,貌似现在越来越多的人也乐意自己的内容被其引用,这么多年来,还没有看到有第三方宣称不让维基百科使用自己版权内容的报道,真有点一俊遮百丑的意思。

6.5　维基百科的募捐机制

最后一个问题是支撑这样一个庞然大物需要大量的资金,内容固然可以有志愿者无偿创建和维护,但是所有网站都需要服务器和带宽支持。吉米·威尔士想到的办法是接受捐赠。在每一个维基百科词条上都有这么一段话:"若您在维基百科受益良多,请考虑资助基金会添购设备。"维基基金会的开放募捐机制为维基百科的持续发展提供了资金保障。或许大家都觉得不可思议,然而奇迹又一次被维基百科创造。成立以来维基百科的历年募捐情况如下:2006—2007 财年募捐 104 万美元,2007—2008 财年募捐 216 万美元,2008—2009 财年募捐 620 万美元,2009—2010 财年募捐 750 万美元,2010—2011 财年募捐 1 600 万美元,2011—2012 财年募捐 2 000 万美元。正是来自全球的千千万万用户的小额捐赠支持,保障了维基百科的近 700 台服务器和近百名员工成本,维系了遍布全球的用户能够无障碍访问维基百科网站,帮助维基百科向着"让人们拥有母语百科全书,提供全人类的知识"目标一步一步坚实前行。认真思索下,公益其实也是一个门槛,一方面相对于商业运营,公益运营可以激励志愿者更多的创造;另一方面公益运营的网站没有来自投资方的各种压力,可以集中精力做纯粹的知识网站。

综上所述,中立的编纂思想、人性本善的假设及反干扰机制、内容增长机制、开放版权机制和公益募捐机制构成了维基百科成功发展的基石,支撑了维基百科 11 年的成功,也将成就维基百科的未来。

6.6 维基百科四大创新模式

1. 开放

科技的快速进步是使开放性能够成为一种对管理者产生新激励的关键原因。大部分企业没有能力对产品持续有效地研发,更不要说将领域内最天才的人保留下来了[①]。因此公司为了维持行业的领先地位,必须向企业外部的全球人才库敞开大门。相关信息的公开即“透明度”正在成为经济生活中越来越重要的力量。在充满了即时通信、告发者、好奇的媒体和网上搜索(Googling)的世界中,居民和社区能够很容易地将公司置于显微镜之下。领先的企业向所有这些团队公开了相关的信息,因为他们从中获益颇丰。透明是商业成功的新力量,而不是令人担心的事。透明是商业合作关系的关键,会降低公司间的交易成本,加速商业网络的更新换代。开放性企业的员工相互之间以及与公司之间有着高度的信任感,从而导致了更低的成本、更好的创新和更高的顾客忠诚度。

2. 对等

自发组织的“非市场”生产正在走向过去常被营利公司主导的舞台。协作生产社区的参与者有很多不同的动机,为了参与,为了好玩,或者是出于利他主义,总之是为了得到对他们有直接价值的事物。尽管平等主义是基本原则,但大部分合作网络有支撑结构,在这种结构里,一些人比其他人有更多的权威和影响力。但是,操作的基本规则与公司的指挥控制层级制之间有着本质的区别,因为后者是从以前工业经济封建式的行业机构发展而来的。协作之所以取得成功,是因为在执行某些任务时,借助自发组织比层级管理体制具有更高的效率。

3. 共享

明智的公司将知识产权视为一种共同基金——他们尽量使知识产权平衡组合,一些进行保护,一些则进行共享。当然公司需要保护关键的知识产权,他

---

① 参见《比百度百科靠谱的维基百科》.

们应该保护王冠上的明珠。但是如果所有的公司都将知识产权藏匿起来,则不能有效地进行协作。对"创作共享"的贡献并不是无私的,通常最好的方法是利用加速增长创新的共享技术和知识来建造生机勃勃的商业生态系统。

4. 全球运作

新的全球化带来了合作的变革,也带来了企业整合创新和生产的方式,而后者也促进了新全球化的发展。在全球范围保持竞争力意味着在国际范围内维持企业的发展,利用更多的全球智力资源。全球联盟、人力资本市场和对等生产社区将提供利用新市场、新思想和新技术的途径。不但思维的全球化有意义,行动的全球化也有意义。商战的管理者发现全球运作是极大的挑战,大多数大公司是跨国公司而不是全球性公司,这对所有的人来说越来越是个大问题。

一个真正的全球公司没有物质或地区的界限,它建造全球经济生态系统,并在全球范围内设计、获取资源、装配和分销产品。开放的信息技术标准的出现,使得通过整合全球各地的最佳零部件建造全球商业变得更容易。新的全球合作平台为人们提供了各种新的机会进行全球活动。世界充满了教育、工作和企业家精神发展的机会——与世界连接,一个人只需具备终身学习的技巧、动力和能力以及基本的收入水平就可以了。

开放、对等、共享以及全球运作这四个准则越来越多地定义了 21 世纪的公司将如何竞争。这和主导 20 世纪的层级制的、封闭的、保密的和与外界隔绝的跨国公司完全不同。

6.7　维基百科的革命性影响

吉米·威尔士发明的维基百科,在互联网上依靠大众智慧来决定搜索结果,这一理念打破了 Google 以及其他搜索引擎的规则,这一模式,不仅是互联网发展的又一个创造,它更是一种重新构建信息的传播方式。这一理念也逐步从网络走向了社会,包括 IBM 和宝洁在内的一些公司均开始采取了"维基理念"模式来实现商业创意的延伸,表现出了一定的"商业力量"。这一理念的前提是对外开放的平台,打破边界,然而并不是所有的公司都能够或者愿意满足这一条件,比如微软。

"Google 在某些搜索中做得非常好,但很多搜索结果全是垃圾。比如你可以试试搜索'Tampa hotels',Google 找不到任何有用的信息。"显然,威尔士所指向的,是 Google 一贯奉行的根据页面互相链接数量来判断网页重要性的 Page Rank 算法:"计算机做这样的决策糟糕透顶,因为搜索算法只能通过间接的手段做这样的决策,但人有更好的办法。我们只要看看一个网页,几秒钟我们就知道一个网页是好还是糟。所以解决这个问题的关键是建立一个值得信赖的社区,来做这件事情。"

正如外界所看到的,维基百科之所以能够取得现在的成功,因为它建立了一套公平、透明的机制。而这一机制能够在最大程度上不被污染,因为威尔士始终坚守着维基百科非商业化的底线。

按常理推断,广告与中立客观的信息之间并非"天敌",Google 在营收和搜索质量上的双重成功即是实例。但威尔士甚至并不愿意承认这一点。Weblog 的联合创始人、硅谷最著名的"坏小子"之一杰森·卡拉卡尼斯(Jason Calacanis)曾在 2006 年年底的一次聚会上不遗余力地劝说威尔士开放维基百科的广告,"这样你每年至少可以赚 1 亿美元,否则就等于你把 1 亿美元扔在桌上等着别人来拿"。

威尔士再度拒绝。事后他如此评价与卡拉卡尼斯关于此事的分歧:"邪恶的卡拉卡尼斯希望维基百科成为一棵摇钱树,但贞洁的 Jimbo(吉米·威尔士的绰号)高贵地拒绝了。或者说,嗅觉敏锐的卡拉卡尼斯认为维基百科可以通过赚钱做得更好,但疯狂的理想主义者 Jimbo 歇斯底里地拒绝了。"

但威尔士并未完全与商业绝缘。在他看来,维基可以启迪人们的商业智慧,维基作为一种技术和应用,也可以商业化,但"维基文化"本身不能商业化。而他在对《环球企业家》解释为何进行 Wikia 的商业化尝试时,答案是:他对维基应用"深度和广度"的好奇。

威尔士这样表述维基百科与 Wikia 的不同:"前者是一部百科全书,后者是这个世界的全部。人们的兴趣不可能都在编辑百科全书上,而 Wikia 通过不同的分类,你可以找到任何一个感兴趣的门类(比如游戏),并在其中找到你所感兴趣的话题(比如星际争霸)——每个话题都是一个独立的 Wiki 社区,你可以在上面创造或修改任何和这个主题相关的词条"(比如玩家体验,比如游戏攻略等)。

与维基百科倡导的客观、公正立场不同,Wikia 的要义,在于围绕一个话题,人们无所穷尽地表达、发挥甚至是创造。如果说维基百科在凝聚公众智慧的同时,仍然保留着对"真理"与"正确"不无矜持的固守,Wikia 则是更为开放和自由的"全民表达"。

迄今为止,无可否认的是,真正使吉米·威尔士为人们所熟知,并使他在人类信息技术历史上被铭记的,仍然是"维基百科"这个颠覆了传统知识创造模式的发明。

一个普遍而显见的谬误是,全球仍有数不清的人们把"维基"(Wiki)这个概念与"维基百科"不由分说地画上等号——但试图解释清楚"什么是维基"的人们仍不得不承认一个多少令人尴尬的事实:如果不是威尔士用"维基百科"这样一个人人可以自由分享信息和知识的工具将"维基"的概念诠释得如此名声响亮,也许维基——这个由夏威夷土语"WeKee"("快"的意思)衍生,由计算机程序员沃德·坎宁安(Ward Cunningham)于 1995 年为方便模式社群的交流建立的波特兰模式知识库(Portland Pattern Repository)模型,将不过是众多湮没无闻的概念之一,知道它的人将远不会像知道尼斯湖怪兽的人那样多。

"我当然是维基的象征",对《环球企业家》记者奉送的赞美,威尔士完全没有任何谦虚的意思。而维基百科之于这个世界的全部意义,并非在于它的 20 多万用户、上百种语言的平台,以及超过 7 800 万个词条和每日新增的 7 000 多篇文章,也并非在于它已是全球最受欢迎的网站之一,浏览频率超过任何一家权威的新闻站点,甚至也不在于尼葛洛庞帝酝酿的"100 美元笔记本"也要预装维基百科——最为重要的,是它缔造了世界上最为庞大而具象的分散、即时的合作模式,并用它集成了来自网络上的各种智慧。值得注意的在于,这种"分散而即时"的模式,已在很大程度上改变了当下社会的商业语境。随着维基百科的风靡,威尔士已"预感到一切将要改变"。

这个改变的根本,在于信息的传递不仅存在于网络,也可以发生在任何特定的区域:比如大型商业组织。正如彼得·德鲁克曾指出的,信息是连接一个组织的核心元素,但在信息技术和组织方式足够发达前,让信息在一个组织内部顺畅流动并非一件容易事。

正因此,以往的管理大师的努力,几乎都是在推动内部信息有效流动之上:阿尔弗雷德·斯隆在通用汽车的分权让更多人可以决策,及对决策负责;杰克·韦尔奇在通用电气内所开创的"无边界"和"群策群力"则让一个数十万人的组织可以部门间相互学习,并让每个人尽可能真实地表达。

而现在,包括 IBM 和宝洁在内的一些公司则开始以"维基化"的方式重新构建信息的传播方式。

6.8 维基百科的品牌价值分析

网站排名跟踪机构 URLFan 日前根据各类标准评出了最具影响力的 100 大网站,其中维基百科、YouTube 和微博 Twitter 等多个社交网站纷纷上榜。此次排名主要依据各网站在博客中被引用的频率,在进行检测追踪后 URLFan 评出了在博客界最具影响力的 100 大网站,其中维基百科排名第一。维基百科一直以来致力于开发免费百科全书,允许志愿者贡献内容,有权编辑内容。现在,英语版本的维基百科已超过了 300 万篇文章。维基百科基金会官员表示,在一周内,英语版本的维基百科将推出针对现实人物的文章编辑评论。这一功能,名叫 Flagged Revisions,要求有经验的志愿者编辑对内容进行修改。目前,这种修改位于维基百科服务器中,用户会被引到早期的版本中。此举,旨在使维基百科更有影响力,必须适应全新的文化环境。每个月约有 6 000 万美国用户访问维基百科。对于许多网络查询来说,维基百科是首选,因为其网页通常引至谷歌、雅虎和 Bing。比如,自迈克尔·杰克逊去世后,关于他的文章已被浏览过 3 000 万次,在第一天内流量次数达到了 600 万次。由此可见维基百科对当今人们生活的影响。

自老托马斯·沃森时代起即试图打破“自上而下”精英管理机制的 IBM,终于不用再通过基层员工向老板写纸条的“Speech Up 盒子”来进行所谓的“扁平化”沟通了。一种“维基式”的“创新风暴激荡”(Innovation Jam)形式,成了 IBM 重大创新决策的主要来源。

几乎在“维基百科”开始为人们所熟知的同时,2003 年 7 月,IBM 内部发动了一次空前的实验——全体员工在内部互联网上进行了关于 IBM 价值观为期三天的大讨论:这场名为“Values Jam”的激荡风暴席卷了包括 CEO 彭明盛在内的 5 万名员工,产生了 9 300 个点子,当然,还包括混乱——而最终的结果是,这场打通一切层级与部门的大讨论提出了 191 个不同的建议和创意,其中,竟有 35 个建议在内部达成了共鸣和认同——它明确了 IBM 的价值观,包括以企业咨询服务为新兴业务的战略走向。这场空前的讨论改变了 IBM 诞生商业创意的方式,并形成惯例:从 2005 年起,IBM 每年都举行一次通过内部互联网平台组织的、为期数日的“创新大激荡”。2006 年,IBM 曾邀请来自 17 个国家的员工、员工亲友、部分客户与合作伙伴,针对"交通、健康医疗、环境永续与金融商务"四大议题展开了关于未来商业机会与方向的热烈讨论——3 天时间,5 万人参与,共诞生了 3 万多个主张以及 3 700 个独立的创意。一个可与维基百科每日 7 000 多个词条更新相互观照的是:在 IBM"创新讨论"的内部平台上,平均每 10 秒就有一个新的想法诞生!

这种"分散而即时"的洞见分享和商业模式创造,与维基百科确有异曲同工之处。而在"驾驭群体智慧"的方式上,IBM"创新风暴"的维基色彩则更为强烈:为避免讨论杂乱无章甚至失控(正如维基百科一直小心翼翼地避免成为"网络暴民"的乐园那样),组织者规定,Jam 内部的讨论内容必须与设定的话题有关,且建立在尚未实现、具体而非感性的基础上。四个不同的主题以及相关的子主题,都会有"联合负责人"负责监督和管理——他们的存在并非指摘众人的讨论成果,而在于确保讨论方向不致偏离话题的轨道,并鼓励参与者的创建更为集中和具有建设性。这与维基百科管理员的职能颇为相似。

维基跟知识完美结合后,通过维基相当于实现了劳动力的外包,成本扁平化了,商业价值也将会显现出来。互动百科是中国维基的先锋实践者,专注于维基行业,致力于互动百科(www. hudong. com)和 Hdwiki 软件,互动百科在运用上有很多本土化的创新,架构了知识云产品的产品创新在实践的过程中与众多的国际机构合作,使互动百科对于知识产生和传播都产生了更广泛的社会价值。

维基百科已经是全球第七大网站,它吸引着 2 亿互联网用户,30%的用户经常使用维基百科,这个是整个网站,包括百科知识类的情况是这样,下面就是企业应用里面的,很多的软件在企业应用里面,也是应用非常广的。随便举例子,像诺基亚、摩托罗拉整个公司的内部里面有很多的维基系统,作为企业的知识管理,企业内部的知识管理很重要。

作为一个非营利组织,维基百科没有 Google 那样令人瞠目的股价,也没有雅虎那么多的网络广告收入,但就欢迎度而言,则拥有着与两者比肩的能力。这个建立在开源基础上的百科全书,试图将互联网的孤独群岛连成一片新大陆,渗入获取新知的每个领域。

与此同时,维基百科不仅成为人们不可或缺的知识仓库,而且如宝洁、IBM等很多大公司还将这一思维和技术转化为有效的商业工具,促进内部更好地协作。它成为 Web 2.0 时代开放式创新的代表,甚至出现了一本《维基经济学》的书籍,专门谈论维基百科和其他维基应用如何创造"大众协同合作"。

6.9　在线百科全书与传统百科全书的生存模式比较

6.9.1　在线百科全书的生存模式

在线百科全书的存在必须依赖于网络和网络终端。换句话说,只有网络畅通,终端设备数量和质量都达到一定规模,在线百科全书才有生存的前提条件。相反,若缺少二者中的任何一者,在线百科全书都将无法生存。当满足了前提条件,在线百科全书便有了生长的土壤。在此基础上,不同的在线百科全书的生存模式,既有共性也有个性。

1. 不同的在线百科全书的生存模式的共性

(1)所有网民参与百科编撰。

所有参与在线百科全书编撰的网民,无形间成了他们的员工。一个工厂、一个学校、一个医院,无不需要员工,而且需要任劳任怨、敢于钻研、有热情、有动力的员工。而在线百科全书只需要调动起广大网民的参与热情,变成了自己的员工,且绝大部分无须付费,属于"义务劳动",而且能在劳动的过程中获得成就感。这些员工,成为在线百科全书生存的劳动力条件。

以维基百科为例,维基百科将自己定位为一个包含人类所有知识领域的百科全书,而不是一本词典、在线的论坛或其他任何东西。维基百科是一部内容开放的百科全书,内容开放的材料允许任何第三方不受限制地复制、修改,它方便不同行业的人士寻找知识。维基百科网站提供的最新统计数据显示,维基百科拥有以 260 多种语言写就的 15 711 465 个页面,被全世界用户编辑了275 159 817 次,拥有 8 616 513 个注册用户。[①]

维基百科以颠覆《大英百科全书》为代表的学院精英式的知识诠释方式,让所有网民参与百科的编撰,截至 2006 年 3 月仅英文词条就超过了 100 万条,目前达到了 170 万条,成为名副其实的"大众百科"。维基是一种新技术,一种超文本系统。这种超文本系统支持面向社群的协作式写作,同时也包括一组支持这

---

① 用户贡献内容,也贡献银子.维基百科,http:www.infzm.com.

种写作的辅助工具。①

百度百科亦是如此。如今，百度的"核心用户"概念已相当成熟。人人都能编辑百科全书，但也分"三六九等"，要想一步步地成为"至尊"的核心用户，那就需要忠诚。核心用户是从百度百科用户中产生的优秀科友，需具备原创及信息整理能力，了解百科相关规则，能够为百科词条内容建设持续发光发热。只要百科等级达到四级，通过率达到 85%，复杂编辑达到 50 个，就有资格成为百科核心用户，进入核心用户体系，获得核心用户精美徽章，享受百科为核心用户量身打造的专属特权，与科友们一起在"百科号"上汇聚智慧、传播知识、分享精彩。②

试想，若在线百科全书中没有这些忠实的"义务员工"，全部内容需要自身完成上传、编辑、更新等工作，那巨大的人工费用、管理成本，是一个互联网企业所不能够承受的，也失去了生存和发展的可能性。

（2）绝大多数知识在这里是免费的。

维基百科创始人吉米·威尔士说，要把免费的知识普及全世界，不收费，也没有广告。而百度百科是这样介绍自己的："百度百科是百度公司推出的一部内容开放、自由的网络百科全书，其测试版于 2006 年 4 月 20 日上线，正式版在 2008 年 4 月 21 日发布。百度百科旨在创造一个涵盖各领域知识的中文信息收集平台。百度百科强调用户的参与和奉献精神，充分调动互联网用户的力量，汇聚上亿用户的头脑智慧，积极进行交流和分享。同时，百度百科实现与百度搜索、百度知道的结合，从不同的层次上满足用户对信息的需求。"

开放、自由、便捷，这些条件都是在线百科全书生存的条件。

2. 不同的在线百科全书的生存模式的个性：盈利主体

不管是任何一个企业，抑或是一个在线百科全书，若想生存，必须有资金支撑。

维基的概念始于 1995 年，创建者最初的意图是建立一个知识库工具，其目的是方便社群的交流。从 1996 年至 2000 年间，这个知识库得到不断的发展，维基的概念也得到丰富和传播，网上也相继出现了许多类似的网站和软件系

---

① 中国互联网协会网站. 维基百科模式遭商业化挑战 难在华复制. http://www.isc.org.cn/zxzx/jsyy/listinfo-9893.html.

② 信息来自百度百科.

统，其中最有名的就是维基百科（Wikipedia）。

创始人吉米·威尔士曾公开宣布不会在维基百科上刊登商业广告，随后维基百科的网址从 wikipedia. com 变为 wikipedia. org。随着维基百科的发展壮大，所需开支也越来越大，业界人士多次建议维基百科在词条文章中放置一定量的广告以弥补部分开支。Google 也一直在和威尔士接触，希望能够提供上下文广告，不过都遭到了拒绝。

维基媒体基金会的年度筹款计划从 2008 年 11 月开始，使用多个不同的标语来呼吁访问者慷慨解囊，例如"维基百科：令生活更便利"；"维基百科是一个非营利计划：我们希望得到您的捐款"；"当您需要维基百科的时候，它总在您身边。——现在它需要您的帮助！"等，但用户捐赠一直都很平稳。

2008 年 12 月 23 日，维基百科创始人吉米·威尔士向用户发出一封募捐信，捐赠数额开始猛增，接下来的 8 天里，就有约 5 万人向其捐赠了 200 万美元。

当地时间 2009 年 1 月 2 日，美国非营利机构维基媒体基金会（Wikimedia Foundation）宣布，已顺利完成 2008 财年 600 万美元的资金募集计划。

维基百科由非营利组织——维基媒体基金会运作，其资金来源为来自世界各地的捐款及美国政府的补助金，目标是将免费的知识提供给地球上的每个人。而此次 600 万美元的募捐并非第一次，2006 年他们筹集了 130 万美元，2007 年筹集了 220 万美元。另外，2008 年除了用户捐赠款外，维基百科还接受了来自基金会的捐款——2008 年 3 月，阿尔弗雷德·P. 斯隆基金会（Alfred P. Sloan Foundation）向其捐赠了 300 万美元，每年 100 万美元分批到位。2008 年 12 月，斯坦顿基金会（Stanton Foundation）也给了维基百科 89 万专项捐赠，用以让维基百科用户的编辑过程更加友好。

最后，全世界 12.5 万用户从 2008 年 7 月 1 日开始一共向其捐赠了约 400 万美元，再加上其他机构捐赠，维基百科本次一共募集到 620 万美元，足以维持其 2008 财年（截至 2009 年 6 月 30 日）的支出。

吉米·威尔士写给广大用户的答谢信中说："你们的行动，说明了维基百科对用户的重要性，说明我们的使命得到了用户的支持——把免费的知识普及全世界，不收费，也没有广告。我们对慷慨的募捐者表示由衷的感谢。"

而百度百科，只依赖于百度搜索，它们是互相促进的关系。百度百科让百度搜索更加权威,内容更为延伸,从而更能提高用户的忠诚度。①

6.9.2　传统大百科全书的生存模式

案例:《大英百科全书》如何生存?②

被认为是经典参考书的《大英百科全书》诞生于 1768 年,迄今已有 200 多年的历史,十多年前精装版标价每套 1 600 美元,在我国过时三四年的也要卖几千元人民币。《大英百科全书》是世界上最权威的综合性百科全书,它的一流知名品牌地位是全球公认的。人们在写作中对一些词语的定义和解释,对重要事件的叙述和评论,一般都引用《大英百科全书》的内容。

《大英百科全书》由 32 册组成,共有 33 000 页,4.4 亿个词。为满足各个层次读者的需求,在产品系列方面,该参考书有完整版、学生版、初级版、简明版等多种版本,为保持内容的全面和完整,每年还出版一本年鉴,若干年发行新版本。该全书的条目均由世界各国著名的专家学者撰写,对主要学科、重要人物事件都有详尽介绍和叙述,其客户是大型图书馆、跨国大公司、专业研究机构及一些有实力的家庭。这些机构和家庭购置的目的主要有两个,一是参考引用,二是文化象征。《大英百科全书》原先的市场定位是高档用户,因此它的质量是绝对保证的,价格也是很高昂的。

随着信息技术的迅猛发展,越来越多的纸质文档被电子文档取代。电子文档具有易组织易检索、使用便捷、传递迅速等优点,在价格上,电子文档相比于纸质文档也有很大的优势。可以预计,总的趋势是纸质文档被逐步淘汰。经典的《大英百科全书》历来以精美、准确、权威著称,但由于其纸质的性质也不例外地面临着信息技术产物——电子全书的挑战,面临着巨大的环境压力和被淘汰的风险。

百科全书市场一直是一个相对稳定的传统市场,但自 20 世纪 90 年代初开始发生了变化。1992 年微软公司购买了 *Funk&Wagnalls* 的版权,开始进入百科全书市场。微软将 *Funk&Wagnalls* 删节后制作成带有多媒体功能和友好界面的光盘,以 49.95 美元的价格在超市出售,还以优惠的价格出售给电脑制造

---

①　用户贡献内容,也贡献银子.维基百科,http:www.infzm.com.

②　《大英百科全书》如何生存? 信息时代的生存危机,http://wenku.baidu.com/view/0dbb27befd0a79563c1e727b.html.

商,让他们将该光盘作为免费赠品捆绑销售。*Funk&Wagnalls* 虽然是一个二流的百科全书,但对普通消费者来说已足够了。实际上,每一个消费者对百科全书的使用,都只是其中极小的一部分,百科全书的很多内容几乎不会被普通消费者阅读和采用。微软公司发挥其信息技术的优势,进军和占领百科全书的大众市场,也意味着以后向高端市场拓展的趋势。

面对信息技术的挑战,《大英百科全书》很快意识到生存的风险,也开始制定电子出版战略,1994 年正式发布了《大英百科全书网络版》,该版本成为互联网上第一部百科全书,可检索词条达 98 000 个,以每年 2 000 美元的订阅费提供网上图书馆服务,但这只能吸引大型图书馆。对小图书馆、企业和家庭来说,微软公司那样简化的光盘版已够用了。因此《大英百科全书》在电子出版市场无竞争优势,销售额大幅下滑,到 1996 年只有 3.25 亿美元,跌去一半。

《大英百科全书》对此景况也有预计,1995 年决定进军家庭市场,提供每年订阅费为 120 美元的在线版本,1996 年推出标价为 200 美元的光盘版本,但市场效果仍无起色,因为这样的价格是微软产品价格的 4 倍。另外,在使用上不如微软同类产品那么流畅,多媒体资料不够丰富,阅读软件也有专门的要求。

1996 年早期,瑞士银行家雅格布·萨弗拉购买大英公司后,裁减了 110 名代理人和 300 名独立承包商,实施大胆的减价策略,每年的订阅费降至 85 美元,尝试差异价格的直接邮购销售。但尽管《大英百科全书》被《电脑》杂志评为质量最好的多媒体百科全书,获得多项电子出版物奖项,受到多方好评,当时也只吸引了 11 000 名付费订阅者。1998 年,大英推出由 3 张光盘构成的《大英百科全书》CD 98,其中包含了 32 卷印刷版的全部内容,还提供了多媒体信息和快速搜索功能,邮购价为 125 美元。与 1 500 美元的纸版相比,价格已是极其便宜。

21 世纪初,大英百科的版权被卖给了美国。但光盘版百科全书市场竞争还在延续,价格仍在下跌,《大英百科全书》能否夺回原有市场,收回成本是个问题,但更为严峻的问题是能否再生存下去。

过去的《大英百科全书》是传统的纸质出版企业,属于传统的信息服务业。《大英百科全书》在信息时代面临的问题具有普遍性,许多传统的信息服务业,如专业的或综合的出版社,有一定历史的律师事务所、会计事务所、咨询服务公司等,都带有传统的观念,形成了旧时代的经营模式。这些企业面临着现代信息服务业的挑战,面临着生存与发展的危机。传统的工业企业与信息服务业,在产品的生产和服务上有显著的差别,但在观念上、在经营模式的本质上是有共同之处的,他们面临着类似的挑战问题和生存与发展问题。

《大英百科全书》的案例告诉我们,现代信息技术对传统企业的影响是巨大的和革命性的,保守、不能跟上时代发展的企业即将被淘汰。传统企业要生存与发展,就必须在战略层面和战术层面进行全面的变革,而变革的依靠就是现代信息技术。传统企业如何正视信息时代,如何结合信息技术进行变革,将决定它们的未来。

通过对《大英百科全书》案例进行分析,探讨传统纸质百科全书未来应有的生存模式。

首先,告别大部头,分门别类做细做精。

《大英百科全书》的确是个大部头。当今社会,大部分人所从事的职业以及喜好的方向越来越专业化,比如城市中养宠物的人越来越多,养宠物的人当中,有相当一部分人喜欢狗,而狗的种类又非常多,常见的有哈士奇、西施、吉娃娃、贵宾等。养上宠物之后,就想给它更好的生活,吃什么更健康、怎么跟它玩它会更开心、怎样应对狗狗出现的各种疾病,这时候他们就需要权威的资料。针对这种针对性强的需求,将传统百科全书中的内容提出来,再加以补充完善,该配图的地方配图,该注释的地方注释,这种书就成为了有固定用户群的参考书。

如今,市面上有许多这种类型的书,而且比较畅销。比如厨房装修百科全书、花草种植百科全书、职场百科全书、营养粥百科全书等,每一本都是从一个小的角度切入,充分地展示这个领域的知识、可能遇到的问题以及解决的办法。

其次,与移动终端合作,充分享受新技术。

基于传统百科全书分类详细、相关知识密集的特点,传统百科全书可与移动终端进行合作,将内容电子化,植入各品牌终端机中,盈利的方式可以是有偿查询,可以是按流量收费,可以是下载收费。只要与终端合作,那盈利的方式就可以有成千上万种变化。

6.9.3　在线百科全书与传统百科全书生存模式优劣势对比

1. 内容修改的及时性

在线百科全书以网络为载体,所有网民参与编撰,当新问题出现,或旧问题有了新解释时,随时可以更新。这让在线百科全书时刻保持生存的活力。而传统百科全书在此项较为滞后。

2. 维护的方便程度

传统百科全书前期制作较为复杂,但当定版以后,便可以在较长一段时间内"一劳永逸",无须在后期投入大量的人力进行维护。而在线百科全书在此项较为费力。

3. 收入的多样性

目前,传统百科全书主要依靠出版发行获取利润,而在线百科全书由于依存于网络,可以有广告投放,可以查询收费,收入方式比较多样。

6.10 维基百科与百度百科、互动百科的比较研究

在维基百科的影响下,诞生了众多活跃的 Wiki 平台,如我国国内的百度百科和互动百科等。特别是百度百科,近两年来发展迅速。目前国内外针对维基百科及其有序化的研究相对较少。少数感兴趣的研究者已开始着手 Wikipedia 演化过程、外界环境对维基百科有序化过程影响的研究,等等,但总体上仍处于起步阶段。关于各个 Wiki 平台之间的比较研究也很少,虽然有专门比较 Wiki 平台的网站,但是只限于从技术角度比较各个开源 Wiki 系统的特征。Web 2.0 环境下的信息有序化主要是由信息自组织实现的,维基百科无疑是自组织的杰出代表,而百度百科则更像是自组织与他组织的结合体。因此,比较维基百科与百度百科的异同,一定程度上也是对自组织和半自组织实现有序化的效果比较。

6.10.1 维基百科与百度百科比较

1. 常规特征比较

维基百科与百度百科都基于 Wiki 平台,虽然不同 Wiki 平台的界面各具特色,但设计目标都是要实现方便地集体协作编辑内容。它们至少都具有以下功能:免费申请账号,即时内容编辑,全面地修订历史版本并保存,伴有"讨论"或"评论"页面,等等。在线百科全书尤其适合于使用 Wiki 平台,其动态更新的优点能够及时反映迅速增长的知识,而这也依赖于 Wiki 平台众多用户的参与。尽管二者有以上相同特点,但在对 Wiki 平台的具体使用和操作上,维基百科与百度百科还是存在很多不同之处。为了提供参考,笔者在比较过程中加入了互动百科的信息,但在本文中并不对其做具体的分析。要从宏观上比较两个

Web 2.0 网站的有序程度,就不得不比较两者的运营机制,如网站定位、发展情况、运行方式等。另外,在线百科网站从理论上说包含两个最重要的特征:①一群活跃的用户;②一组高质量的词条。^①

2. 运营机制比较

(1) 发展历史与定位比较

维基百科从 2001 年 1 月 15 日开始运行,由维基媒体基金会负责维护,也是目前世界上最大的 Wiki 系统。它定位于多语言、完全公开、共同协作编写的百科全书,依照 GFDL(GNU Free Documentation License,GNU 自由文档协议) 许可证授权分发,使全人类都可便利使用。中文维基百科(http://zh.wikipedia.org/)是维基百科协作计划的中文版本,自 2002 年 10 月 24 日正式创建。百度百科是 2006 年 4 月 20 日由百度公司发布的开放编辑的在线百科全书,2008 年 4 月 21 日推出其正式版。技术上,百度百科与百度贴吧、百度知道构成三位一体的系统,并且相互结合以补充百度搜索引擎。内容上,百度百科的定位和维基百科一样,是一部开放的、人人可编撰的百科全书,知识共享,人人参与,让免费的知识服务每一个人。由于维基百科的定位是建立一个全人类知识的总和,它具有多语言入口页,目前已有 255 种语言的版本,所有语种词条总数突破 1 000 万。百度百科则是作为百度这一中文搜索引擎的附属产品,目前只支持中文版本。

(2) 词条增长比较

英文与中文维基百科数据来源于维基统计,百度百科数据来源于词条 Baidu Baike。一个常用维基百科的词条增长模型是更多的内容带来更多的流量,从而带来更多的编辑。所以,平均增长率应该是维基百科文章数量的一个比例,即增长曲线呈指数模型。但是对于百度百科而言,运行伊始词条数量就迅速增长,其平均增长率明显快于维基百科初创时期。笔者认为,这可以用产品生命周期理论进行解释。Wikipedia 的初创时期属于 Wiki 产品的导入期,产品不定型,所以增长速度较慢。而百度搜索引擎已经有庞大用户数量,使得百度百科可以跳过导入期,直接进入高速成长期。同时,中文维基百科的缓慢增长也再次说明外部因素对 Web 2.0 网站序化过程的影响。

---

① 罗志成,关婉漱,张 勤.维基百科与百度百科比较分析(武汉大学 信息资源研究中心,湖北 武汉 430072).

（3）运营方式比较

维基百科目前以非营利组织形式运营,其资金来源于维基媒体基金会的大力支持。根据文献的数据,维基媒体基金会历年约有 80% 的收入来源于捐赠。而随着维基媒体负责的各个子项目的影响越来越大,基金会收到的捐赠及参与的志愿者们越来越多,这种捐赠思想与志愿行为反映了美国社会独特的慈善文化。对于维基百科而言,Wiki 的理念和模式体现在整个社区的价值观,旨在为社区创造更多的价值。而对于百度百科而言,Wiki 的理念和模式服务于百度公司的搜索引擎发展战略。百度创始人李彦宏曾说,互联网的第四代必定是搜索社区化时代。相应地,百度已形成由百度知道、贴吧、百科三位一体,构建"知识互动社区三驾马车"的初步框架。随着社区化色彩的加强,百度也开始尝试改变相对单一的竞价排名模式,推出"百度币"等系列产品以建立面向社区用户的消费和商务平台雏形。百度的社区和搜索紧密相连,百度社区依托于百度搜索的巨大流量和技术优势;而百度百科一方面丰富了百度社区的内容;另一方面积累了用户个性化数据,使得精确定位广告成为可能。这也能给百度带来丰厚的广告利润。[①]

3. 用户相关特征比较

（1）管理方式

作为同在 Web 2.0 环境下的典型应用,维基百科和百度百科都有外部参与者众多、网民自主性强等特点。但二者的管理方式存在显著差异。维基百科完全采用志愿者管理的方式,而百度百科管理者中既包括志愿者,也包括内部员工。从这方面而言,维基百科完全是自组织的,而百度百科则更像是自组织与他组织的结合体。管理方式的不同,导致了维基百科和百度百科的组织结构的差异。其中,二者都包括注册用户和匿名用户,目前都只有注册用户可以编辑。在维基百科中,管理员是拥有"系统操作员权限"的维基人,拥有各种具体的管理用户及其编辑内容的权限。行政员可以将一名用户变为管理员或行政员(但不能移除此权限),也可以变更其他用户的用户名。仲裁委员会是一些语言版本的维基百科中存在的机构,目的是针对最为严重的争执及破坏规则的案例做出强制的解决方案。维基百科所有的管理员、行政员和仲裁委员会成员都是志愿者,并且都是通过社区民意调查之后才获得相应权限。而在百度百科的管理

---

① 罗志成,关婉湫,张勤.维基百科与百度百科比较分析（武汉大学 信息资源研究中心,湖北 武汉 430072）.

层中,百度蝌蚪团(http://baike.baidu.com/view/881001.htm)成员是志愿者,
权限包括发起任务、推荐精彩词条、添加同义词等。蝌蚪团成员都是社区成员
向管理员申请,经审核后获得权限。目前,蝌蚪团成员有限,并且权限也非常有
限,包括发起任务也需要和管理员沟通。而目前所有的管理员和内容审核员都
由百度公司内部员工担任。

(2) 用户自组织管理规则

维基百科与百度百科的管理方式存在显著差异,从而它们的规则也存在显
著差异。因为维基百科完全是自组织形式,所以需要更多明确的公开的相关站
务管理的词条,即用户自我管理的规则。而目前的一些研究也表明,维基百科
当中与规则相关的文章增长迅速,从 2003 年的 1 211 篇增长到 2005 年的
81 738 篇文章。这说明活跃的维基用户不再仅仅关注于局部焦点——编辑单
篇文章,而且关注到更高的层次——内容的质量和整个社区的健康发展。在百
度百科中,因为管理员都是内部员工,所以公司的内部规章制度变成了百度百
科的管理规则,但是内部规则往往不为人所知。另外,这种自我管理规则的差
异也与维基百科与百度百科所处不同发展阶段有关。规则与有序性的关系非
常紧密,系统规则保证了系统的持久和健康发展,也是系统有序的重要特征。
目前,百度百科还处于尽可能增加词条量的阶段,对于规则的建设考虑不多。
序排列后发现,乐趣、理解、行善和保护性这四者作为前四名,与用户的贡献度
呈现高相关性。作为一个商业站点,百度百科在道义层面上具有先天的劣势,
所以它采取精神激励与物质激励相结合的方式。用户编辑、新建词条均可获得
相应积分并进行荣誉升级,还有获得百度公司礼品、奖品的机会。这种积分制
方式虽然致使部分用户依靠复制现有内容或无意义编辑来赚取积分,但其对我
国国情的适应度反而成就了百度百科词条数量的爆炸式增长。

(3) 激励机制

维基百科以非营利性为目的,词条贡献者也没有显性利益可得。但是参与
公共事务,分享知识却极大地激励了奉献者去写作和编辑。从这个角度说,维
基百科是纯公益组织在互联网环境下成功的一个典范,是网民对过度商业化互
联网环境的反动。

4. 词条相关特征比较

(1) 词条编辑功能

因为维基百科与百度百科使用的软件不同,它们在编辑功能的支持上也各

具特征,对这些特征的异同进行了分析。维基百科与互动百科编辑功能较为强大,两者都支持插入表格、插入公式和使用模板等功能。百度百科则认可"以简单取胜"原则,试图创建一个简便、易操作、宽松的用户环境。然而,这个简便性原则在某些方面却影响了百度百科的专业性和准确性。用户使用时无法输入数学公式和绘制表格。虽然用户入门的难度降低了,但功能的简陋却使之丧失了一大部分专业、有责任心的词条贡献者。百度百科的很多贡献者并非知识爱好者,而仅是百度积分或积分奖品的爱好者,这使得百度百科的模式和百度贴吧趋于雷同。但值得期待的是,百度百科已经采取相应方案完善类似于维基百科的更加全面的编辑功能,如规范模板,在词条中插入多图,等等。

(2)审核机制

维基百科和百度百科的组织性质和商业环境不同,决定了二者的审核机制大不相同。维基百科的审核更侧重版权保护与原创性,而百度百科的审核更侧重政治敏感性。维基百科在创始之初采取无审核机制,后来为了提高准确度和有序化程度,系统增加了管理员规则以及事实校验和实时同级评审规则。它仅依赖于管理员对用户编辑内容进行事后审核,删除侵犯版权的内容,将表述不够中立或来源不明的词条进行明确标记。敏感的议题由仲裁委员会把关。从这个角度来看,维基百科是个民主制、精英制的混合。相比之下,百度百科的审核机制则要严格得多。所有提交的编辑内容都需经过百度公司内部员工进行人工审核。编辑过程中涉及一些敏感问题的词条通常会被屏蔽。这种审核机制可以避免一些蓄意的破坏,但也导致百度百科在内容的中立性和质量的全面性上有所欠缺。

(3)版权保护

对于维基百科与百度百科而言,版权保护包括两个部分的内容,一部分是用户创造内容的授权许可证;另一部分是对用户引用内容所属版权的保护。维基百科中,所有的条目都是原创的。需要注意的是"原创"是指一种想法的创造性表达方式,而不是想法或信息本身。对于用户创造的内容,维基百科采用GNU自由文档许可证,即允许使用于非商业目的,并可散布修改后的衍生创作。而百度百科虽然声明"用户发表、转载的所有内容及其他附属品的版权归原作者所有",同时却赋予百度百科所有权限,包括对"公开获取区域的任何内容进行任意修改和部分删除"。在对用户引用内容所属版权的保护这一方面,维基百科坚持用户引用内容必须列明出处,并作为格式指引之一。而百度百科虽然规定了在编辑修改词条时引用他人文章、网页必须注明出处的说明,但在内容审核过程中此规定却往往形同虚设。这也造成部分用户为了积分而进行复制抄袭、无意义编辑的现象,百度也曾因此陷入版权纷争。[①]

(4) 词条质量维护

在维基百科和百度百科发展初期,其词条的质量都受到了广泛的质疑。为了应对这些批评并持续改善词条质量,它们都分别开展了一系列质量提升计划。例如,百度百科为了提高词条内容质量,创办了百科任务这一长期栏目。而在中文维基百科中,也存在条目质量提升计划,即用特定网页收集所有用户提议的条目并选出签名最多的条目,作为下一个时段中要被加工的条目。另外,维基百科中还有一系列关于质量保障的规则,例如三大内容政策:非原创研究、中立的观点和可供查证。研究者还发现,讨论页面在维基百科的质量提升计划中发挥着重要作用,经常被编辑的文章相应的讨论页面也经常被编辑。英文维基百科里,94%的编辑次数在 100 以上的页面有对应的讨论页面。而在百度百科中,虽然每个词条都可以添加评论,但是鲜有用户在其中讨论如何提升词条质量。另外,百度的后台审核机制也是影响其质量的重要因素。

根据上述分析可见,维基百科在多个方面堪称 Web 2.0 时代的楷模,在用户自组织管理、用户激励、词条编辑功能、审核机制、版权保护等各个方面都比较出色。百度百科充分借鉴了维基百科的成功经验,借助于百度搜索引擎巨大的用户数量,并采取了适合我国国情的运营机制、审核机制和激励机制,从而获得了迅速的增长。但是,百度百科在版权保护、词条质量提升和编辑功能等方面仍然有待提高,它也可以参考维基百科的方法。在下一步的工作中,笔者将以维基百科的数据为例,从微观角度详细描述有序化的特征,建立 Web 2.0 的序化模型。

6.10.2　维基百科与互动百科的比较

2001 年维基百科创建,并逐渐成长为全球第五大网站,2011 年维基百科迎来了它的 10 周岁生日,据皮尤研究中心的资料显示,53%的美国互联网用户经常在维基百科上寻找信息。维基百科被称为最自由的百科全书——自由、免

[①]　罗志成,关婉湫,张勤.维基百科与百度百科比较分析(武汉大学 信息资源研究中心,湖北 武汉 430072).

费、开放、自动净化、内含文化价值、用户协作创造内容。相对于国外维基行业的发展,中国维基的起步相对较晚。2005 年,潘海东借鉴维基百科成功模式,经过本土化创新后,创立了同样基于维基技术的互动百科。5 年间,互动百科为数亿中文用户免费提供海量、全面、及时的百科信息,为全球 14.8 亿中文用户提供百科知识查询服务,并通过全新的维基平台不断改善中文用户对信息的创作、获取和共享方式。最终成长为拥有 300 万贡献用户、500 万词条、52.2 亿文字、550 万张图片的全球最大中文百科网站,被喻为中国的"维基百科"。

(1)互动百科更适应中国人习惯。互动百科潘海东表示:维基最大魅力在于群体协作,可由多人维护,每个人都可以发表自己的意见。维基精髓在于给了普通人对知识的定义权和诠释权。互动百科是参照"维基百科"创建的,但国外的成功模式不能完全复制,为适应国人的使用习惯,互动百科自主研发了全球第一款免费开放源代码的中文维基建站系统——HDwiki,使任何一个完全不懂技术、对维基概念也不清楚的人都可以快捷地创建属于自己的维基类百科站点。目前,HDwiki 已占据国内 95% 的市场份额,中国境内共计约 150 000 万家网站及商业用户应用 HDwiki 系统,搭建各个领域的百科知识站点或频道。在满足众多中小网站的建站需求的同时,也建立起了一个活跃的维基社群,推动了中国维基行业的发展。[1]

(2)互动百科创造"词媒体"概念,具备更强的互动性。截至 2010 年年底,互动百科词条量突破 500 万量级,被艾瑞专家评价为网络热词的发源与集散地。据此,2010 年互动百科打造了"词媒体"概念,并成立知识媒体联盟,主动为数千家媒体输送以词为核心的新知趣闻,传播"新知"于天下。这已区别于维基百科海量知识库的单一存在模式,具备了更强的互动性,同时也促使了互动百科从单纯的维基模式逐渐向知识类媒体转变。2010 年"词媒体"这一新媒体形态甚至成为了人民网舆情监测室舆情发布的《2010 年中国互联网舆情分析报告》中的四大关键词之一。

(3)互动百科兼具公益性发展与商业化探索。维基型百科网站经过在中国的几年发展,已逐渐成为网民获取知识、分享知识的重要途径,目前中国已建立维基型网站 12 万家。艾瑞研究院的曹军波院长表示:2010 年中国维基行业形成爆发式发展趋势。从 2010 年中国政府工作报告首次增加百科注释,到百科

---

[1]　维基百科迎 10 岁生日 正遭遇"成长危机"? 科学时报,2011-01-05.

联盟的成熟和扩大,再到网站百科数字内容出版、百科建站软件与服务、无线互联网上的百科类增值服务都展现了网站百科的巨大潜力。我国维基开拓者依旧在维基中国模式之路上进行着大胆的探索。其中,互动百科最有代表性,形成了独具特色的互动百科模式,即以本土发展为重心,与百科联盟广泛协作;兼具公益性发展与商业化探索;重视启蒙市场,激发公众参与意识。他强调:维基型百科网站将话语定义权大众化,让人们更关注自身价值,维基社会将逐渐成为舆论传播的重要源头。①

2011 年维基百科迎来了 10 岁生日,2011 年互动百科也已创立 5 年有余,维基百科创始人吉米·威尔士表示,维基百科对外界的影响力尚未完全发挥出来,要进一步解决维基百科在中国访问速度太慢的问题。对此,互动百科创始人潘海东表示:互动百科早在 2009 年,即无偿将维基百科的中文商标赠送给了维基百科基金会,良性的市场竞争,有利于推动中国维基行业的发展,也可以激励互动百科更好、更快地成长。

6.11　维基百科的创新传播

维基百科的传播模式可谓"相信大众的力量",从这一点来看,用大众化传播理论去研究维基百科似乎顺理成章。但是,当我们深入分析,具体到一个又一个单独的词条、一位又一位默默的编辑者,小众化传播的意象出现了。这里首先需要了解一下,究竟什么是小众化传播。

随着社会的进步,文化越来越呈现多样共存的发展趋势,人们也形成了越来越多元的价值观,整个社会呈现出多元化、去中心化的特征。在这大环境下,大众传播发展到今天,为了满足受众逐渐增强的个体需要,开始步入小众化时代。小众化传播是相对于大众传播而言,但小众化传播不是要取代大众传播,而是大众化传播发展到一定阶段的特定形式。因此,小众化传播是大众化传播下的小众,是随着社会的发展、人的个体需要,并在传播技术的推动下得以实现的。

小众化是大众化细分的结果,无数的小众,构成了数量庞大的大众。既往的时代都有潜在的"小众",但相对而言,既往时代的传播者无法像今天这样满

---

① 互动百科探路维基中国盈利模式.中国经济时报,2011-05-05.

足受传者潜在的个性化、差异化的需求，既往时代，传播者只能将受传者作为无差异或差异较小的整体，提供笼而统之的传播内容。因此，受众才不得不接受作为"大众"这样一个整体而存在，事实上，受众的小众化媒体诉求是一直存在的。大众媒体在进行信息传播的时候对受众的定位就是基于对受众小众化诉求的考虑，只有更好地满足受众的这种要求，才能赢得受众。

对于小众化传播，尚难有准确简明的定义，但是可以通过这样几个特性去认识它：小众化传播是相对于大众化传播的"信息集中化"而言的，首先是受众细分，在细分后获得稳定、精准的受众群体；其次是受众的主动性增强，地位相对更加平等，以更好地实现按需传播；再次是交互性强，传受双方互动增多，得以实现更顺畅的沟通；最后是媒介资源的利用更加开放，受众不再仅满足于接受，而要利用多样化的传播媒介，特别是新媒介发布信息，传受双方界限模糊，人人都可能成为传播者。

分析这些特性，不难发现，维基百科不正是大众化传播时代的小众化传播尝试吗？就是这样一个走在社会传播发展趋势最前端的尝试，成就了一个全球2亿多受众的维基百科，也打造出了一个全新的维基模式。

6.12　结　　语

短短的 11 年，对任何事物来说都算不上是个很长的历史，甚至只能说是一段历程。但是，维基百科就用短短的 11 年极大改变了社会经济生活中的很多事物，成为全球最著名的网络传媒之一。这也是本次全球十大网络传媒发展研究课题收入维基百科的原因。目前国内外对于维基百科的研究是多样化、多学科的，但是量化研究仍然比较少。如果能对维基百科的传播主体、受众、词条科目、编辑习惯等进行量化研究，搭建不同视角的研究模型，相信会有更多有益发现。

维基型百科网站经过在中国的几年发展，已逐渐成为网民获取知识、分享知识的重要途径，目前中国已建立维基型网站 12 万家[①]。本文选取了百度百科和互动百科作为比较研究案例，两者也是目前发展最好、最为受众所熟悉的两家维基模式网站，相信在未来一定还会有更成功案例出现。维基模式对社会发

---

① 维基百科十年与互动百科五年. http://www.techweb.com.cn/news/2011-01-18/768750.shtml.

展最大的贡献恐怕是将解释、定义权大众化,给了普罗大众更多话语权,让知识真正无国界无壁垒,让人们更关注自身独有的价值。这是维基带给我们最大的改变。

参 考 文 献

[1]　罗志成,关婉湫,张勤:《维基百科与百度百科比较分析》。

[2]　罗志成,付真真:《若干外力对维基百科序化过程的影响分析》,图书情报知识,2008 年第 3 期。

[3]　黄佳:《从自组织理论角度分析 Web 2.0 信息有序化》,图书情报知识,2008 年第 3 期。

[4]　夏永红:《基于 starlogo 的 Wiki 演化过程模拟》,图书情报知识,2008 年第 3 期。

[5]　赵飞,周涛等:《维基百科研究综述》,电子科技大学学报,2010 年 5 月。

[6]　互联网实验室:《知识全球化时代中国互联网维基产业研究分析》。

[7]　陈赛,尚进,刘宇:《专访维基百科创始人威尔士》,三联生活周刊,2005 年 9 月。

[8]　李德毅,张海粟,王树良,伍爵博:《维基百科统计分析研究》,武汉大学学报(信息科学版),2012 年第 2 期。

[9]　尹开国:维基百科社群发展策略研究》,图书情报知识,2007 年 5 月。

[10]　黄旦:《新闻传播学》,杭州:杭州大学出版社,1997 年。

第7章 全球微博鼻祖推特的发展模式

张春梅

微博即微博客(MicroBlog),是一个基于有线和无线互联网终端、通信技术进行即时通信,通过关注机制分享简短实时信息的广播式的社交网络平台,由于用户每次用于更新的信息限定在 140 个字符以内,因此得名。

Twitter(中文名称推特)是全球微博的鼻祖,创建于美国,于 2006 年 7 月面向公众开放,2007 年 4 月开始独立运营,2012 年最新数据显示,Twitter 注册用户数已突破 5 亿,其中全球月活跃用户量 1.4 亿,该用户数量与 2011 年 9 月的 1 亿用户数量相比,增长了 40%。巴黎分析公司 Semiocast 报告显示,Twitter 大多数的用户都来自美国以外市场,按发布的 Twitter 消息数量计算,排名前三的城市分别是印度尼西亚首都雅加达、东京和伦敦。

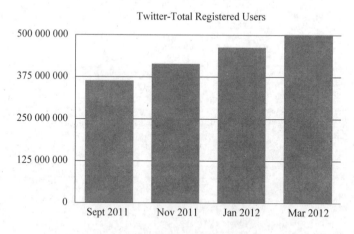

图 1　Twitter 用户数已突破 5 亿

(来源:中文互联网数据研究中心)

根据 pew Internet 的研究报告,每日有 8% 的 Twitter 用户活跃在 Twitter 上。这个数字是 2011 年 5 月的 2 倍,是 2010 年年底的 4 倍。Twitter 上分享的图片数量在 2011 年增长了 421%,仅在 2011 年 12 月份,Twitter 上分享的图片数量为 5 840 万张。2012 年 Twitter 上每天发布 3.4 亿条消息。作为对比,一年前 Twitter 上每日发送的消息数量为 1.4 亿条。

到目前为止,Twitter 是互联网上访问量最大的十个网站之一,有 60 余位首脑活跃其中,世界排名前 100 名的公司中已经有 73% 出现在了 Twitter 上。比尔·盖茨、LadyGaga、FBI、美国红十字会、卡塔尔半岛电视台等很多名人和组织都通过 Twitter 与大众进行互动。从个人的生活琐事至官方代言、企业营销,再到全球性的灾难事件,微博已经成为网民们表达意愿、分享心情、获取信息的重要渠道,以 Twitter 为代表的微博网站作为互联网 Web 2.0 时代的最先进应用,凭借其对信息传播模式的变革影响着这个世界的沟通方式与生活方式。

7.1　创业史及创始人

关于 Twitter 名字的来历,最初 Twitter 团队想专注于移动领域,所以将 Twitter 中的元音字母去掉,希望能得到 TWTTR 这个短信平台号码,但《Teen People》杂志当时已经买下这个号码了。Twitter 是一种鸟叫声,创始人认为鸟儿清脆、短促的叫声,不但是一种传递信息的方式,且非常悦耳动听,同时鸟叫是短、频、快的,符合网站的内涵,因此选择了 Twitter 为网站名称。

Twitter 由博客技术先驱 blogger.com 创始人埃文·威廉姆斯(Evan Williams)创建的公司 Obvious 推出。在最初阶段,Twitter 只是用于向好友的手机发送文本信息的一种手机信息服务。因为超过 160 个字符的短信,将被编成多个短信,顺序发送,这使得短信费用增加。因此 Twitter 每次发送字符数字被限制在 140 个,以保证为用户名或短信前面的标点预留出空间。2006 年年底,Obvious 对服务进行了升级,用户无须输入自己的手机号码,而可以通过即时信息服务和个性化 Twitter 网站接收和发送信息。

Twitter 的开发团队一共有四个人:诺亚·格拉斯(Noah Glass)为网站命名,并统筹安排;弗洛里安·雷柏特(Florian Leibert)和杰克·多尔西负责编程;比兹·斯通负责设计。所有工作都是以埃文·威廉姆斯的 Odeo 公司的名义完成的。刚开始,威廉姆斯和他的团队只想把它做成一个分享用户生活的休闲类网站,写写自己的状态,上传自己的生活图片。他还一度担心 Twitter 上会出现过多的"今天你吃了什么"之类的垃圾信息,然而随着 Twitter 的迅速成长,其发展已经远远超出了它的初衷,无可争议地成了具有革命性和标志意味的网络符号。[①]

2006 年 5 月,第一条 Twitter 信息是多尔西发出的"just setting up my twttr"(我刚刚建立起 twttr)。

2006 年 8 月旧金山地震时,有上百名旧金山市民第一时间在 Twitter 上发布了关于地震的简要报道,比 CNN 和福克斯新闻频道的电视新闻快了近 20 分钟。这可能是人们首次意识到,Twitter 并非只能传播"午饭吃什么?"等无聊的信息,Twitter 还有潜在的新闻传播力,它即时、精悍、便捷的发布方式不仅仅可以用于传播无聊信息。

2007 年 3 月,Twitter 在美国得克萨斯州奥斯汀市举办的全美最大的 SouthbySouthwest 音乐节上一炮走红。在这次活动期间,Twitter 的使用量从每天 20 000 推增长到 60 000 推。许多人在音乐会现场用 Twitter 发布信息和图片,人们可以通过现场的 Twitter 屏幕上用户所发的信息来了解音乐节的最新状况。这个新奇的产品引发了参加音乐节的人们的高度关注,随后引起媒体广泛关注和纷纷报道,Twitter 也获得了当年的 SouthbySouthwest 音乐节互动大奖。

在 Twitter 的发展过程中,美国总统奥巴马绝对是一个不可忽视的人物。2008 年年底的美国总统大选之前,奥巴马开辟了 Twitter 账户,并进行了超过 250 次更新。一位选民的发言记录显示:"今天发现希拉里和奥巴马都上 Twitter 呢,赶紧 follow 了一下。结果两分钟后我就被奥巴马 follow 了,让我大感意外。再看希拉里的,则没有动静。"研究者认为,奥巴马的技巧高明表现在他"关注"的人始终超过了关注他的人。到大选结束时他关注的对象超过 13 万,关注他的人接近 13 万。对照希拉里的 Twitter 就能看到,有五千多人关注她,但她关注的对象是 0。正是通过 Twitter 上的互动,奥巴马拉近了自己和选民的距离,Twitter 也为他入主白宫助了一臂之力。而对于希拉里来说,Twitter 只是一个信息发布平台,而不是交流工具,或者说,她并不关心那些关注她的人。这使她丧失了亲民的机会。

2008 年,孟买恐怖袭击案爆发后,Twitter 上及时发布的信息和交流,让公司声名鹊起,《福布斯》称之为"Twitter 时刻"。比兹·斯通高调地说:"Twitter

---

① 胡卫夕,宋逸.微博营销:把企业搬到微博上.北京:机械工业出版社,2011.

并不是技术的成功,而是人类精神的成功。"

2010 年 1 月 22 日,国际空间站的美国国家航空航天局宇航员提摩西·克林姆在 Twitter 上发布了第一条来自地球外的 Twitter 消息。

2011 年,埃及总统穆巴拉克下台到伊朗的大选冲突也都有 Twitter 的身影。

Twitter 公布的最新数据显示,该网站 2012 年欧洲杯决赛期间的峰值消息发送量达到每秒 15 358 条,创体育赛事最高纪录。在当天的决赛中,西班牙以 4∶0 完胜意大利。整个决赛过程中,共计吸引全球用户发布了 1 650 万条消息。由于很多球星也在使用 Twitter,也加大了该平台对球迷的吸引力。如果将所有活动计算在内,Twitter 目前的最高消息发送纪录出现在 2011 年 12 月,当时正值《天空之城》电视版上映之际,达到每秒 25 088 条。

2009 年 7 月 29 日,Twitter 把首页的那句经典的"你在做什么?"(What are you doing?)的问句换成了一个祈使句:"分享和发现世界各处正在发生的事。"(Share and discover what's happening right now, anywhere in the world.)Twitter 不再满足于简单的、絮絮叨叨的个人具体行为的诉说,不再仅是朋友之间的交流工具,而是转向发现和传播社会事件,逐渐成为全球或地区热点事件的传播中心,向一个有担当、有影响的媒体转变。这是 Twitter 和其他所有微博网站共同向世界发出的信号:信息传播进入微博时。

2011 年 6 月,Twitter 联合创始人比兹·斯通(Biz Stone)和埃文·威廉姆斯(Evan Williams)脱手在 Twitter 的部分工作,重新开启 Obvious 集团的业务,专注于孵化新想法。斯通在个人博客中表示,Obvious 将致力于"解决重要问题",并开发"能够改进世界"的系统。Obvious 的负责人还包括 Twitter 前高管贾森·戈德曼(Jason Goldman)。威廉姆斯已于 2010 年将 Twitter CEO 一职交给了谷歌前产品经理迪克·科斯特洛(Dick Costolo)。目前,科斯特洛和 Twitter 另一名联合创始人杰克·多尔西(Jack Dorsey)是 Twitter 的领导者。

7.2 创 新 模 式

美国著名科技网站 FastCompany (www. fastcompany. com) 按照惯例评选出了 2012 年全球五十大最具创意的公司(The World's 50 Most Innovative Companies in 2012),Twitter 名列第六位,仅次于苹果、脸谱、谷歌等行业巨头。

毫无疑问，在 Web 2.0 时代，与传统的产品提供商不同，Twitter 是搭建平台的成功代表。它是以用户个人为出发点，SNS 为内在动力，开放为扩张手段的新一代网络服务。但是，它与 Facebook 和 Myspace 的切入点不同，具有自己的创新。其核心技术设计思路是关注与被关注。用户关注他们感兴趣的人，只要这些人发布了新的信息，用户就会收到通知。被关注者不必做出回应，所有的留言都是自动公开的。

7.2.1 广播与交互：社会性媒体开启了"大众的反叛"[①]

新的技术革命推动社会性媒体的发展，微博的异军突起改变了受众的被动地位，也填补了大众传媒与受众之间的鸿沟。社会性媒体打破了传统媒体的垄断地位，改变了社会的话语权分配，以一种自下而上的方式赋予了大众"全民记者"的力量。受众从被动地接收信息转变为主动地生产信息、传播信息、分享信息的社会性媒体。

（1）用户参与信息传播，传播主体更多元。以往的大众传播中，用户只是被动地接收，但随着 Twitter 等平台的出现，促使每个人都可以扮演记者的角色，因为他们不但是事件的亲历者、发布者，同时拥有了信息发布的平台和一定数量的受众。该信息会随着相关联用户的关注与转发继而得以扩大传播影响，其时效性和传播力丝毫不逊于传统媒体。这种用户高度参与的信息传播，可以说突破了单纯的用户反馈模式，形成了信息的去中心化传播。Twitter 如今已成为一个新的信息传播途径和信息发布平台，信息传播不再是专业媒体机构的特权。不仅如此，Twitter 上大量来自草根的个性化信息和由新闻现场发来的信息被越来越多的报纸和电视台引用，微博的媒体价值正在提高。

（2）简短写作，快捷发布，实时交互传播。Twitter 作为即时互联网，它发布的消息可以在第一时间传递到用户的手机或者其他即时通信软件上。"Twitter 网站的最大吸引力之一在于一种交流感。"不超过 140 字的简短写作和一键即发的（无须后台审核）快捷发布，促成了这种半广播半实时交互的微博机制，使得用户组成多个交流分享的小群类，群体传播在这里得到凸显，而大众传播在这里被弱化。

（3）社会化、个性化，自媒体特性更加突出。Twitter 用户发布信息可以不

---

① 王晓光.解码社会性媒体.2008.

需要深思熟虑,处于"随时随意发布"的状态,更多的是用言语即时呈现自己当下的状态。与传统博客相比,由 Twitter 引领的微博客进一步下放话语权,同时也一定程度上削弱了博客中精英的话语权,凸显了草根性与平民化。任何人都可以在自己的 Twitter 中表达自己、呈现自己,而且整个过程的实现较为简单。对用户的发布状态没有太多的限制与要求,与传统博客相比用户更容易完成个人的表达,其个人化、私语化的叙事特征更为明显。在社会性媒体时代,Twitter 在突发事件中的速度与力量不容忽视。

7.2.2 开放与融合:让用户来创新是 Twitter 发展的不竭动力

从数据来看,Twitter 的发展非常迅猛:其注册用户目前已经超过 5 亿,API(应用编程接口)每天要处理 30 亿个请求,每月要处理 190 亿次搜索。Twitter 平台经理沙弗曾指出,Twitter 平台工作组的核心工作是:①鼓励创新;②缩短与用户的距离。Twitter 的工作是搞清楚如何提供新的 API、策略,从而进行应用创新。

Twitter 与其他企业相比,更鼓励用户导向的创新活动。Twitter 联合创始人威廉姆斯说:"大多数公司或网络服务开始的时候都对自身定位和未来发展抱有错误设想。Twitter 在灵活性和可塑性方面实现了有趣的平衡,从而让用户来创新,提供网站所未想到的功能设想。"威廉姆斯说,这对 Twitter 来说也是一个不断学习的过程。Twitter 创始人最初并不喜欢用户想出来的几项功能,但一旦看到其他用户采纳这些功能之后,他们就开始接受这些创意了。人们一开始将 Twitter 信息称为 tweet 的时候,Twitter 还表示了抗拒态度,但几个月前他们为这个词汇申请了一个商标。

Twitter 用户最初提到别人名字的时候都会在前面加一个"@"的符号。举例来说,Twitter 创始人之一的比兹·斯通(Biz Stone)最近写到他妻子:"哇,@莉维亚(Livia)刚刚从微波炉里拿出了她自己做的素食烤宽面条——我饿坏了!"从那时起,Twitter 就在网站上新增了一个功能,用户每次使用"@"符号提到人名的时候就可以看到。这个功能能够对人名加上超链接,以便其他人可以单击看看这个人的资料页。这项由用户"开发"的功能令 Twitter CEO 兼创始人埃文·威廉姆斯都惊讶不已。

2007 年,一位 Twitter 用户克里斯·梅西纳(Chris Messina)想出了另外一个创意。她从其他网站使用的一项惯例中得到了启发,用"♯"符号来标识某一话题的对话。梅西纳说:"我当时请求 Twitter 接受这一建议推出相关功能,但他们却说'专业人士才会这么用,普通用户不会喜欢的'。"但 Twitter 用户却很快接纳了这一创意。例如,很多会议在开始的时候宣布所谓的♯标签,以便参加者可以用同一方式标出他们的 Twitter 信息,这样人们就可以很方便地在 Twitter 上搜索关于这次会议的信息。此后,Twitter 为这一符号提供了超链接,这样读者就可以单击链接,看看同一话题的所有其他信息。Twitter 对♯话题标签的管理非常出色,它的作用已经逐渐超过冗长的网址和 Facebook 资料页面,为企业和政客们提供了简短、便利的标识符。在 2012 年 1 月的美国国情咨文演讲前,白宫就利用不同主题的话题标签发布了演讲稿。2012 年"超级碗"的 42 家电视广告主中,有 8 家在广告中包含了 Twitter 话题标签。2011 年只有奥迪一家。威廉姆斯说,Twitter 以后可能还会提供其他符号功能,例如更为明确地对关于某一事件的所有消息进行分类。

Twitter 的其他很多重要的功能也是来源于用户。一个功能被称为 Lists。它可以帮助新用户找到关注对象,帮助用户过滤掉冗余信息。威廉姆斯说,这个创意来自那些对如何使用 Twitter 感到困惑的用户,软件开发商也提供了帮助。例如,为 Twitter 开发桌面软件的 TweetDeck 就提供了帮助信息。另外一项新功能 Follow Friday 也源自用户。通过这一功能,Twitter 用户每周五可以发布信息推荐其他人关注该网站。[1]

7.2.3 制定规则:保护创新力

Twitter 鼓励创新产品的开发,并阻止那些有碍创新的做法。2010 年 5 月 Twitter 发表官方博客,称之所以修改服务条款,禁止开发者在第三方应用里放置非 Twitter 提供的广告,目的在于维护整个 Twitter 生态系统的统一性和保证 Twitter 独特的用户体验,并防止 Twitter 平台的创新力受阻。

2012 年 4 月 17 日 Twitter 公司发布了一个内部的专利协议,该协议将让设计师和开发工程师对于专利有更大决定权。同时也期望以此为开始发起一个运动,来平息科技产业界内持续不断的专利侵权案件。协议得到了大量科技界人士的拥护。这一协议公开地发布在 Twitter 公司博客上,并将其命名为"创

---

[1] 纽约时报:用户成为 Twitter 创新源泉,新浪科技,http://tech.sina.com.cn/i/2009-10-26/20583539133.shtml.

新者专利协议"(Innovator's Patent Agreement)，该协议是向 Twitter 员工作出的承诺，即在未得到专利技术背后开发人员的同意时，Twitter 不得把该专利用于攻击性的法律诉讼。但是当 Twitter 因为一个专利问题受到别家公司起诉的时候，Twitter 可以利用员工的专利进行自身防御。这份《创新者专利协议》受到了大量开发人员的欢迎，将其视为商业界脱离常见的"专利战"的重要一步。Twitter 副总裁梅斯格发布消息称："《创新者专利协议》是个伟大的创新，我们一定会采用它。"

7.2.4　Twitter 遭遇成长烦恼：创新还是盈利

2012 年 5 月 18 日，Facebook 在纳斯达克上市，并在此次 IPO 中融资至少 160 亿美元，该公司估值达到了 1 040 亿美元。在 Facebook IPO 尘埃落定之后，社交互联网公司的"双子星"的另一家——Twitter 公司何去何从正在吸引更多的关注，但 Twitter 表示并不急于 IPO。Twitter 首席执行官迪克·科斯特洛表示，在能够展示出可预期的利润增长之前，Twitter 还不会准备进行首次公开招股。科斯特洛解释，Twitter 当前着重考虑的是打造公司业务。科斯特洛说："当他们开始理解我们的举措后，就会明白我们正按照自己的节奏在做着正确的事情。"

日前，Twitter 高管宣布，公司很快就将推出"更严格的规范"，指导独立开发者以 Twitter 为基础开发应用。与此同时，职业社交网络 LinkedIn 也披露，已经无权继续嵌入 Twitter 信息流。作为整体计划的一部分，这些举动都对 Twitter 消息的显示方式和显示地点制定了更严格的规范。

对 Twitter 而言，加大内容控制可以帮助其顺利出售广告，进而开展其他创收方式。加大控制可以简化 Twitter 根据内容出售广告的难度，这也是媒体行业的传统商业模式。除此之外，还有助于今后进一步拓展电子商务计划，届时，用户可以直接在 Twitter 消息内单击购买商品，而 Twitter 则可以收取分成。

Twitter 对广告业务的看重似乎已经引发了第三方开发者的不满。其中很多应用都是凭借 Twitter 所不具备的功能实现了早期的繁荣，包括 Tweetdeck 这样的桌面客户端和 Twitpic 这样的图片上传工具。开发者仍然希望其保持自由、开放的环境，继续将创新作为主要目标，不要对应用的开发方式加以限制。

正如雅虎前高管格雷格·科恩（Greg Cohn）所说，"开发者与平台之间的关系非常微妙。Twitter 正在经历成长的烦恼,与其他平台走向成熟的过程中所经历的一切别无二致。"

7.3 Twitter 的产品及服务

7.3.1 Twitter 调整平台战略：Cards 和视觉一致性

开放平台(Open API)是企业融合创意提高自身产品深度的重要手段,根据统计,目前全球互联网行业中,位于各行业领先地位的企业都选择了开放平台来获得更多的技术和创意支持,丰富自己的网站功能与结构。

表 1　开放平台(Open API)类型及说明

全球主要 API 开放提供商	开放应用类型列举	说　　明
Amazon	后台管理(Amazon store fronts)	最早开始创立了 API 商务应用的新模式
Bebo	好友互动、游戏、网络应用整合等	英国最大的 SNS,Open social 的成员之一
Facebook	好友互动、网络应用等	全球最大的开放平台和 SNS 网站
Google	工具型以及数据共享型的 API	Open social 联盟的发起者,定义了开放 API 的规范
Twitter	网络应用整合、页面展示、好友互动等	全球最大的开放 API 的微博,利用 API 开放而制作的 Twitter 客户端 Twhirl,是典型的第三方成功案例
LinkedIn	工具条、Profile 页面展示等	全球最大的商业社交网络,Open social 的成员之一
ebay	商品页面展示等	C2C 展现模式创新,是最早 API 运用者之一

Twitter 的成功和开放 API 密不可分。Twitter 开放 API 接口,允许第三方应用接入(如音乐推荐、网站分享、内容转载等)激发了个人创作的积极性,引来了大量的第三方应用,这些第三方应用同时又扩大了 Twitter 原有的功能,让Twitter 更好用,从而极大丰富了 Twitter 平台自身的功用和乐趣。

随着 Twitter 的 Open API 发布数量不断增加,运营过程中也开始暴露出一些问题。Open API 的巨大的访问量引起了 Twitter 种种性能问题,使得Twitter 的稳定性大为降低,为了支持大量的外部 API,Twitter 宕机频繁。

2012 年 6 月 29 日,Twitter 产品副总裁迈克尔·希派(Michael Sippey)在公司博客上发表了一篇 439 字的文章,全面地勾勒了 Twitter 平台未来的发展方向。其中一段话引起了公众的普遍关注,它称 Twitter 将在几周后针对其合作开发商推出更为严格的政策,对第三方开发者使用 Twitter 数据流的方式做出限制。

很多 Twitter 生态系统中的开发者和其他人将其视作警告信号,特别是 Twitter 宣布停止与 LinkedIn 的合作。看来意图很明显,Twitter 计划调整 API 使用政策,限制第三方开发者使用 Twitter API 以及应移动应用。

这种调整非同小可。不计其数的小型创业公司都在依靠 Twitter 面向公众的推送信息生存。如果获取这些信息的条款发生重大改变,那么可能会对数以千计的小型创业公司的生存造成影响。斯通在文章中并未详细说明 Twitter 会推出什么样的政策,而在文章发表以后也对此只字未提。斯通在文中多次提到一个单词,即 Consistency(一致性、连贯性的意思)。Twitter 未来计划的目标就是实现整个平台的连贯性。

Twitter 最新的 Cards 技术允许第三方开发者在 Twitter 内部创造更加丰富的、更加具有吸引力的——最重要的是,从视觉上来看具备一致性的——内容。Twitter 的目标是:对所有用户来说丰富的、具有一致性的体验。最有可能首先无法继续与 Twitter 整合的应用主要包括两个类别,分别是:从根本上来说是复制 Twitter 数据流的第三方客户应用,比如说 Tweetbot、Echofon 和 Osfoora 等;以及重新渲染 Twitter 数据来创造一种完全不同的 Twitter 消息视觉体验的新闻阅读应用,比如说 Flipboard 等。[1]

7.3.2　Twitter 大幅升级搜索功能:可在关注对象内搜索

2012 年 7 月,Twitter 大幅升级了搜索功能,允许用户将搜索结果限定为自己的关注对象,自动完成搜索关键词,并且可以推荐相似的话题和用户名。

最新的搜索功能已经可以在 Twitter 网站上使用,而搜索推荐、自动完成和拼写纠正也已经升级到 Twitter 的 iPhone 和 Android 应用中。

(1) 拼写纠正:如果用户拼错了单词,系统可以自动显示该用户希望查询的关键词。

---

[1]　The future of twitters platform is all in the cards,Mike Isaac,AllThingsD.

图 2　允许用户将搜索结果限定为自己的关注对象

（2）相关推荐：如果用户搜索的主题有多种关键词可选，系统便会自动推荐多数人使用的关键词。

（3）关联真名与用户名：当用户搜索"Jeremy Lin"（林书豪）时，便可以看到提到他真名以及 Twitter 用户名的结果。

（4）在关注对象中搜索：除了"所有"和"头条"这两个限定条件外，用户现在也可以将搜索结果限定在自己的关注对象中，从而更好地挖掘有用信息。

在此之前，Twitter 的内部搜索功能一直落后于其他网站。[①]

7.3.3　Twitter 数据分析功能

TweetStats 是专用于 Twitter 的在线统计分析工具，有点类似于网站统计，只需要输入用户自己的 Twitter 用户名，TweetStats 立刻会自动为用户分析该用户 Twitter 在线的时间以及习惯，甚至会给出类似博客标签云的 Tweet

---

① 　Twitter 大幅升级搜索功能：可在关注对象内搜索，新浪科技，http://tech.sina.com.cn/i/2012-07-07/09367360784.shtml.

Cloud，用以了解该用户最关注的言论。

其他同类工具比较著名的有如下几个。

Trendrr：一家专门提供在线创建和共享趋势图的网站，支持 Twitter。

Tweetmeme：一个媒体跟踪器，用于跟踪 Twitter 上流行的 retweet（转播）信息。

WeFollow 和 Twellow：Twitter 用户目录服务。

Xefer Twitter Charts：可视化 Twitter 消息的发布分析图。

Twitter 于 2010 年 4 月 13 日正式发布 Promoted Tweets 平台，创意总监 Biz Stone 以 Hello World 作为宣传口号。这是 Twitter 上的主要广告合作模式和收入来源。

2010 年 6 月，Twitter 收购数据分析公司 Smallthought Systems，这家公司提供名为 Trendly 的数据分析服务，能够为网站所有者即时跟踪数据变化和用户动态。

2011 年，Twitter 收购了社交数据分析创业公司 BackType。BackType 帮助企业机构分析、理解社交媒体的商业影响力，以做出更加明智的营销决策。其推出的 BackTweets 分析工具能够帮助出版公司分析其 Twitter 消息及内容的影响范围和人群，以及 Twitter 消息是如何转化为网页流量、销售额及其他关键业绩指标的。此外，BackType 还提供了一款 WordPress 插件，用户可将 Twitter、Facebook 等社交媒体上的相关评论整合到 WordPress 的原始文章中。

2012 年，Twitter 联合社交分析服务商 Topsy 和两家民调机构发布 "Twitter 政治指数"，更好地帮助外界了解 2012 年美国总统大选的情况。Topsy 的技术能实时分析所有 Twitter 消息，从而可以根据 Twitter 用户的态度为候选人奥巴马和罗姆尼进行每日评分。该公司 CEO 邓肯·格雷特伍德 （Duncan Greatwood）表示："Topsy 实时分析 Twitter 上的大量内容，对用户会话进行衡量，并理解用户正在谈论及表达什么。" 通过分析每天 4 亿多条 Twitter 消息，Topsy 将捕捉与美国大选有关的信息，并对用户谈论的特定关键词进行量化跟踪。随后，Topsy 将利用该公司私有的社交情绪分析技术来打分。Topsy 将以百分制来打分，更高的得分意味着用户更积极的情绪。Twitter 政府、新闻及社交创新主管亚当·沙普（Adam Sharp）表示："Twitter 政治指数使外界能获得有关选民的中立信息。" 他表示，这将成为传统民意调查方式的补充，使外界更好地对政治形势做出预测。

通过对提及两位候选人的 Twitter 信息的情绪指数与其他主题 Twitter 信息的情绪指数进行比较,预估广大选民对两位候选人的满意程度。

2010 年开始 Twitter 陆续收购数据分析公司,可见其一直在努力重点发展向企业用户提供数据、数据分析等特殊的服务来获得利润,但是时至今日,Twitter 依然没有推出该服务。

7.3.4 Twitter 未来发展:增强服务实用性

2012 年伦敦奥运会开幕前一周,Twitter 与 NBC(美国全国广播公司)达成了伦敦奥运报道合作协议,这是 Twitter 首次担任体育现场比赛的官方直播方。Twitter 有望通过对奥运进行报道,打造属于其自身的追随者阵营,并以此证明其自身的盈利性及业务可持续性。

几乎是同一时间,Twitter CEO 迪克·科斯特洛(Dick Costolo)在接受《华尔街日报》访问时表示,该公司目前的优先任务,即将 Twitter 这个短信息服务打造成为更加具有实用性的平台。Twitter 正在努力扩大一项计划范围,帮助用户从海量的信息中厘清事件的来龙去脉,特别是发生重大事件或盛大体育盛会举行时,该计划将其打造成一个更加主要的事件直播平台。Twitter 还致力于让大会组织方等第三方能够更加简便地使用 Twitter 平台,让第三方能够在小型活动中使用该平台的短消息服务。

科斯特洛表示,Twitter 成立已六年,公司计划将自己打造成一个对企业用户更加友善的平台,以此创建一些 Twitter 不能或无法拥有的功能,例如对微博信息中所包含情感进行深度分析等。此举将让 Twitter 更像一个"平台",让开发者们能够像他们对待 Facebook 和苹果设备那样,也为 Twitter 开发应用程序。

这些措施是 Twitter 持续发展战略的一部分,意在增强其服务实用性,建立可持续发展业务模式。

7.4 专访 Twitter 创始人多尔西:让事情简单化很复杂

Twitter 董事会主席,也是 Square 创始人的杰克·多尔西(Jack Dorsey)参加以主持人查理·罗斯(Charlie Rose)名字命名的脱口秀时接受了罗斯的专访。专访中多尔西谈到,作为两家技术创新公司 Twitter 和 Square 的创始人,他的地位特殊，担负着让两家公司变得"简约化"的任务。从访谈中可以看出，多尔西的成功并不是靠运气得来的，他的成功在于专注创造纯净的产品，抛弃那些不必要的细枝末节。多尔西在访谈中告诉罗斯："把事情变简单这件事很复杂。"多尔西把自己称为"编辑"，编辑着技术和各个团队，所以"才能向全世界推出一个具有凝聚力的产品"。多尔西谈到他对城市和调度系统的痴迷催生了 Twitter 理念，但他认为这些系统少了一样东西：人、他的朋友。现在 Twitter 已经不仅是显示状态更新，而是可以通过短链接指向和传送互联网上的其他媒体。他将 Twitter 的精髓归结为："任何你可以想到的媒体，都可以实时显示。而唯一能达到这种效果的另外一种技术，就是互联网本身。"而在访谈最后，当被问到 Twitter 是否在赚钱时，多尔西表示公司有收入，但听起来没有什么利润。

以下是访谈的完整记录：

罗斯：今天来到节目的是杰克·多尔西。他是 Twitter 的董事会主席。自 2006 年成立以来，Twitter 已成为最强有力的信息和沟通工具。全球几乎有 2 亿用户每天在上面发消息。

这让 Twitter 成为一个实时的新闻来源。它也重新定义了从名人到政客等公众人物的交流方式。该公司目前正在努力将口碑转化成货币。实际上，Twitter 只是 2006 年多尔西和埃文·威廉姆斯（Evan Williams）和比兹·斯通（Biz Stone）的无心插柳之作。

他最新创办的企业名叫 Square，可以让手机变成一个信用卡读卡器。很高兴杰克·多尔西首次光临节目。欢迎。

多尔西：谢谢你邀请我来，查理。

罗斯：很高兴你能来。我们先谈谈 Square，等下再谈 Twitter。Square 的创意是哪里来的？

多尔西：因为我的联合创始人是一位玻璃艺术家，他出售这些漂亮的玻璃水龙头，有一个要卖到 2 000 美元，而他口袋里就放了一部手机。有个女的想买那个水龙头，但他无法接受信用卡，这个女的也没有带支票簿，显然她身上也没有 2 000 美元的现金，所以这单生意就黄了。

我们当时讨论过这一点，这些电话要是除了有接听功能，还有……

罗斯：你是说 iPhone 4？

多尔西：还有 Android 或黑莓等手机。但当时我的这位联合创始人不能接受信用卡，所以我们想知道为什么，Square 就是我们的答案。

罗斯：你写的代码，是吗？

多尔西：是的，我写的代码。

罗斯：这是你擅长的事情？

多尔西：是的。

罗斯：你在 14 岁或 15 岁时就发现自己擅长这个？

多尔西：是的。

罗斯：那你马上着手做的事是什么？

多尔西：我的目标是把复杂的事情简单化。我只想在人类交流的基础上，将东西搞得真正简单。Twitter 将世界上发生的事情进行实时交流和可视化。Square 则使人接受这种目前用信用卡支付的方式。

因此我们建立了最简单的方法来接受信用卡。这个小型设备我们是免费赠送，你只要再下载一些程序，再把这个设备插到你的手机或 iPad 上，它就能马上接受信用卡了。因此，不管是税务会计师或律师或医生，甚至是发型师，都可以用这个设备接受信用卡付款。

罗斯：你这样怎么赚钱？

多尔西：每一笔交易我们收佣金。因此我们会收交易总额的 2.75%，我们再付 15 美分给信用卡公司。因此用户只要支付这 2.75%。他们不用支付其他费用。他们不用交安装费，相关的硬件和软件都不需要付费。

罗斯：硬件免费，软件也免费。

多尔西：只要用口袋里的手机就行。

罗斯：好，听起来对每个人来说都是双赢。小企业会喜欢……

多尔西：是的，他们喜欢。

罗斯：想用信用卡支付的人会喜欢。

多尔西：你到哪里都可以付钱了。

罗斯：所以你和你的搭档都喜欢这个创意。这个创意理念看起来很基本，怎么之前就没人想到过呢？

多尔西：因为它刚出来的时候很复杂。把事情变简单这件事本身就很复杂，特别是在金融世界里。

我们有许多事情要做，为了能接受信用卡必须和银行谈判。通常，如果你是小商贩，或是小企业，或是个人，你必须办一个商家账户，这意味着你和某家银行要保持一到两年的关系，然后总会有些费用、安装成本、每月最低消费等。简直是一团糟。

而且它从来就没有设计得很漂亮，这就是我们擅长的，但真的很难做到。

罗斯：如何减少诈骗事件的发生，因为这可是个关键。

多尔西：没错。实际上，使用信用卡本身能得到很多好处，因为针对付款人有大量的保护措施。当有人发信用卡给你，有银行发信用卡给你，他们已经预料到信用卡会丢失、会被窃。所以所有的保护措施都是针对付款人的。

因此如果我们的服务接受了刷卡或者得到了用户签名，大部分情况下是没有风险的，因为我们知道付款人身在何处。除此以外，手机本身也可以提供很多信息。手机上有 GPS。我们知道交易发生的地点。人们还会提交他们的 Twitter 账户，提交他们的 Facebook 账户。他们告诉我们他们是谁，我们可以用这些来建立关于人们与这个世界交流的信誉体系。

罗斯：我听说你卷入了一些诉讼，因为别人也在做类似的事，是这样吗？

多尔西：我们的系统是先有技术。然后我们跟一个过去合作很愉快的人共同开发了这个小型信用卡系统。但是很遗憾，双方共同创建的部分我们没有申请专利。这只是件小事。我们并不独立拥有知识产权，只是能获得它感觉不错。

罗斯：按照你的判断，这就是移动支付的未来？

多尔西：我想是的。我认为最重要的是它使整个世界变得简单。先谈谈目前的支付状况。很多美国人，几乎是每个人都在使用信用卡付款，但要实现信用卡付款其实非常困难。我们让它变得简单，并减少摩擦。

罗斯：全世界的反应怎么样？

多尔西：反应都非常好。针对每个市场，需要对技术进行调整。我们先在美国开展业务，不同的国家会使用不同的方法。比如在日本，他们使用近场通信多一点。肯尼亚人则使用短信，使用手机里的电子货币。

因此每个市场都有自己的技术来进行支付和价值交换，我们需要确保 Square 的技术可以满足每个人的支付需要。而在美国，就是信用卡支付。

罗斯：你如何分配在 Square 和 Twitter 的时间？

多尔西：我面临一个可喜的局面。现在我正身处全世界最伟大的两家公司之中。我是 Twitter 的董事会主席，所以需要我的时候我就会去参加会议，我想说的就是向前看,技术是有趣的,我们需要去修补一些事情,去做一些我们擅长的事情。我一直在这样做。

罗斯：Twitter 又是如何开始的?

多尔西：Twitter 的故事说来话长。我一直对城市和它们的运作方式着迷。我自学编程,所以我可以理解城市运作的方式。

罗斯：你自学编程就能理解城市的运作方式?

多尔西：我想将这些运作方式可视化。我想看到它们,我想和它们一起玩耍。我的灵感来自纽约。如果你认真想过纽约的一切,在所有这些实体——城市、出租车、救护车、消防车间漫游。它们总是在报告自己身在何处,在干什么。如果将这些可视化,就可以看到城市是如何生活的,如何呼吸的,城市里正在发生着什么事。于是我开始编制调度软件。这个软件在这些实体中运行,一直在通报它们的方位和所做的事情。我在第五大道和百老汇交叉叉口的救护车中,正在运送一名心脏骤停的病人去圣约翰慈爱医院,这就是一个最最简单的模型。

2000 年的时候我意识到,我勾画出了城市的美丽画卷,但却遗漏了城市里生活着的人。我把人给漏掉了。我把朋友漏掉了,我带着手机又怎样,而且 2000 年手机还没有现在这么多功能。我那时有个很简陋的 RIM 设备,算是黑莓的鼻祖。如果我在任何地方分享发生的事情,我能实时得到反馈吗?如果那样做会怎样?

后来证明时间点不对。2006 年短信在美国才大大普及开来。我碰到了 Twitter 的另两位创始人比兹·斯通和埃文·威廉姆斯,他们那个时候正在打造 Blogger。所以他们了解自我出版的重要性,而我又加入了实时这个概念,短信的概念。我们认为只要有了短信和网络,我可以去任何地方,报道我在做的事情,并且可以实时看到别人在做什么事情,一个非常简单的开始,用户负责以后的事情就行了。

罗斯：是经过谈论让你这么做的,还是这个理念已经在你的脑子里了?

多尔西：你知道,我们当时在……

罗斯：因为是在 Odeo 公司工作?

多尔西：我们当时在 Odeo 公司工作,这是一家播客公司,我是公司的工程师。Odeo 很有趣的地方是公司里的人都对播客不感兴趣。因此我们没有……

罗斯：因此你对播客不感冒?

多尔西：是的。我只是想和埃文和比兹一起工作。我在做自己第一份真正的工作时,就从远处见到过他们,那是我第一次写简历才得到的工作。我想要做更多面对消费者的事情,因为我一直支持实时交易系统,他们提供了这个机会。

所以我进入公司,做这个播客项目,项目并不有趣。然后,iTunes 推出了播客概念,夺取了 Odeo 的商业模式,差不多使 Odeo 没戏唱了。所以我们开始探讨下一步该怎么做,如果让音频更加社交化,如果组织团体间的交流。

在此期间短信来了,你可以从运营商 Cingular 的手机上发条信息到 Verizon 的手机上,真是太神奇了。我爱上了这种技术,公司的其他人也一样。有一天比兹说:"出去,想一些可以做的事情,回来,我们展示给公司看。"所以我和他们两个组成一个团队,探讨这个很简单的创意,用电话和网络,以 160 个字母的容量来实时报告我在哪里,我在干什么。当时我们是在操场上讨论的,然后我们把这个创意提交给了公司。

这个创意并没有引起什么反响,但是一个星期后,我们又对此进行了深入探讨,我和比兹·斯通和另一个程序员弗洛莱恩决定花两个星期共同开发这个系统。我们真的在两星期内建立了这个系统。第一条推文是我写的,然后就开始向同事发出邀请。

罗斯:邀请同事?

多尔西:那是个开始。

罗斯:你、埃文和比兹,各自所负的责任是什么?

多尔西:产品的视觉和创意,一般都是我牵头。埃文为我们的工作提供资金支持。他给我们提供避难所。比兹则是个很有创意的人。Twitter 上的"跟随"等概念就是他想出来的。

罗斯:他是市场营销……

多尔西:他是营销天才。他真是不可思议,也是个非常有意思的人。

罗斯:那 Twitter 要往哪边发展呢?因为有人已经提出:它比社交网站的信息量更大,Facebook 那样的社交网站。

多尔西:是的。我认为这就是 Twitter 伟大的地方。我认为当大多数价值来自跟随你的人时,我们已经把很多重点放在了发送推文上。任何事只要是你感兴趣的,不管是查理·罗斯,或是捷蓝航空,或是哪个公众人物,或是你家附近的咖啡馆,他们都在 Twitter 上,向全世界播发他们的有趣见闻。组织也在播报它们的一切,它们在干什么。所以我可以即时从我感兴趣的东西中获取有价值的信息。实时获得信息和能跟随我喜欢的人，这两点很重要，我可以跟随奥巴马总统等人。我可以实时看到他们在干什么。

而且还有另外一点：你也可以参与进来。你可以回复他们，他们可能也会给你回信。他们也是实实在在的人。我们花了大量的时间把这些组织和公众人物放到这么大型的基座上，但是我们必须牢记他们和我们是一样的。他们不再神秘，你可以和他们进行交流。

Twitter 还不仅是人类交流，也是一场社会运动。看看全世界发生的事情就知道了。

罗斯：看看 Twitter 在全球的使用情况，我不明白的是，你们在日本做得很好，Facebook 就不行。这是怎么回事？

多尔西：我们在日本取得巨大成功，这可不是最近的事情。从一开始就很成功，从我们运营的第一年开始。人们马上就接受了 Twitter，我们也不明白为什么。但是我们发现了一些令人吃惊的事情。在日本，人们会把电子宠物与 Twitter 相连接，这样就可以随时播报电子宠物的状态。

罗斯：这跟文化有关？

多尔西：这跟文化很有关系，他们还非常注重技术的持续更新。用 Twitter 可以很快做到这一点。在日本可不是 140 个字母，而是 140 个字。所以你可以写一部微型小说，任何故事都可以。

罗斯：那在中国呢？

多尔西：在中国也一样，大同小异。所以人们总是在不停地写着周围发生了什么事情。从中可以看到当地的文化，这非常有趣。

罗斯：所以这两个创意。其中的 Twiiter 将是下一个互联网的成功故事。我希望你能同意这个观点，但如果你不得不同意的话，为什么你要这么做？

多尔西：我认为这个工程的规模很庞大。我觉得它庞大，是因为我们从来没有见过这种规模的即时信息。而且我们一旦看到信息就可以参与进去，进行交流。它跨越了任何一种单一媒体。这是一种伟大的方式，指向视频，指向图片，指向文字，指向网站。任何你想得到的媒体都可以实时进行。能做到这点的其他技术，我就知道一个，那就是互联网本身。所以我把 Twitter 和互联网相提并论。

罗斯：你上一次写电子邮件是什么时候？

多尔西：我每天写一封。

罗斯：就一封？你交流主要通过电子邮件还是短信息？

多尔西：我用短信更多。

罗斯：比电子邮件多？

多尔西：超过电子邮件。

罗斯：你认识的大多数人，同样是技术领域的人是否也遵循这一规律，遵循这一做法？

多尔西：我想是的。要让自己更年轻肯定要用，因为它更加即时。我把电子邮件作为参照。电子邮件是个很好的参照。它有主题栏，它告诉你电子邮件是什么内容，我可以参考，我可以搜索。

但它的沟通效果不好，因为它没有抓住重点。主题是信息，正文也是信息。即时消息中，主题就在信息里，你可以马上看到发送过来的内容。

我喜爱 iPad 的一个原因是，当你在使用 iPad 时，iPad 消失了，不见了。你是在读一本书，你是在浏览一个网站，你是在触摸一个网站。这真是不可思议。短信对我来说也是这个感觉。让人感觉不到技术，用 Twitter 让人感觉不到技术。你可以很简单地跟随你感兴趣的人，不管在哪里都可以轻松地发文。Square 也是一样。我们要让人感觉不到技术的存在，这样你就可以把注意力转移到刚买的卡布奇诺咖啡上。

罗斯：Twitter 首席执行官曾表示，当你在做广告的时候，Twitter 就破解了密码。他的话是什么意思，你是如何破解密码的？

多尔西：这不仅是广告，而且是人类行为。这是引发互动的全新交流方式。其中一个例子就是迪士尼和《玩具总动员》曾经用 Twitter 宣传。当《玩具总动员 3》上映，人们去电影院看时，这种事情很自然就发生了。观众会在途中发推文，甚至是看电影的时候也会发。他们会说："这真是不可思议。"它很自然地就爬到了趋势的顶端。迪士尼把它作为一个契机，捕捉这种自然的趋势，然后向它们的消费者和客户，指向他们想要的内容。

因此这是个很自然、很轻松的方式来吸引人的注意，这是广告商愿意看到的。但不管怎么说，你都会看到，因为这就是趋势。

罗斯：你和埃文、比兹的关系，什么时候会显得紧张，什么时候相反，为什么 Twitter 建立之后，高层人士变动频繁，这是什么原因？

多尔西：对于任何硅谷公司来说，最重要的是公司本身。任何伟大的创始人都要解决公司的出路问题。我们提出了一个很好的创意。我们见证了许多用户驱动的发展方向,有许多我们必须马上用专业的管理方法来解决。我们知道自己的强项。更主要的是,这家公司的重要性比任何个人都要大。大过比兹,大过埃文,大过我。

罗斯:所以我可以这么说,比兹的强项是市场营销?

多尔西:他的交际能力很强。他保护了 Twitter 这个品牌。

罗斯:埃文的强项是产品战略这些事情?

多尔西:是的,他对用户和用户使用这种技术都有独到的观点。

罗斯:你的强项是编程?

多尔西:我的强项是编程。我也觉得我最大的强项是简约化。这也是我喜欢做的事情。我喜欢使事情变得简单。我喜欢拿掉一切,拿掉一切细枝末节,拿掉技术一切概念上的细枝末节,这样你就可以专注于最重要的部分。

所以我觉得自己是个很好的编辑,这也是我想成为的角色。当我编辑一门技术的时候,我希望编辑一个团队,我希望编辑一个故事,以便告诉全世界我们拥有一个有凝聚力的产品。

罗斯:这意味着什么?"编辑"是什么意思?

多尔西:Twitter 的发展方向很多,Twitter 可以有的功能也很多,也有很多功能 Square 可以用,但其中只有一两个可以将我们带到一个新的层次。所以要编辑这个,去除其他的投入,编辑一个有凝聚力的故事,告诉全世界一个单一的事情,这就是我们做产品时的理念。

罗斯:你作为公司核心,主要角色是软件工程师?还是作出决策,带领公司发展的企业家?

多尔西:我觉得自己是两者的组合。我喜欢开发技术,我喜欢编程。我喜欢打造团队。我也喜欢打造美丽的事物。我喜欢艺术,我喜欢设计,我喜欢看到技术和团队工作结合起来。

罗斯:但你一旦投入其中,你会想下一步该怎么做吗?

多尔西:不,我在想我们建造的规模有多大,以及如何把它带给全球用户。

罗斯:你如何规划 Twitter 的规模?

多尔西:我们要让它无处不在,要让人们可以更简单地使用 Twitter。

罗斯:现在有多少用户,2亿?

多尔西:是的,有2亿人在使用 Twitter。

罗斯:Facebook 的用户数是5亿。

多尔西：所以我们的路还很长。

罗斯：你觉得你们能达到 5 亿？

多尔西：我们完全可以超越那个数字。我认为 Twitter 最重要的一点是可以在任何技术上工作。任何人都有手机，巴格达 60％ 的人有手机，他们可以发送短信。在巴格达他们可以免费发推，还可以实时接收到反馈。真令人不可思议，闻所未闻。所以我对这项技术感到兴奋，因为它用在任何技术上。

罗斯：你认为目前世界最令人兴奋的变化是移动设备的数量？我是说智能手机，全球越来越多的人使用智能手机，这就是促变因素，有多少人拥有了这种能力？

多尔西：我认为现在还只是星星之火。我想这是个很好的方式，可以理解移动的意义，加深对我们周围技术的了解。但 iPad 也是移动设备，笔记本电脑也是移动设备。所以我们可以带着这些设备和别人进行交流。但我认为重要的是这些对技术的意义。当设备知道自己身在何处，当它可以进行货币支付，我们可以用它来标记地点时，所有这些对于交流的意义。

罗斯：那么你的顾问是如何提议的？Twitter 应该和谷歌合并，还是使用 Facebook 的模式，保持独立，还是公开上市？

多尔西：我认为 Twitter 是独一无二的，必须保持独立。我们必须继续打造我们的梦想。我们才刚刚起步，就是这样。Twitter 已经取得巨大成功，但我们才刚刚起步。

罗斯：刚起步是因为小有成就还是只是刚起步？

多尔西：因为小有成就。

罗斯：最后，你觉得自己能做什么？

多尔西：我们现在已经建立了这种简单的模式，无论你身在何处，都可以分享周围发生的事情。但现在仍然很难找到实时的意义和相关性。我们该如何使人们发现什么是最重要的？我们该如何让人们注意到正在发生的事情？社交网站可以做到，你关心的事情你自然会去关心。但在实时情况下，如何把相应消息传给人们？这不仅是 Twitter 的挑战，这也是对科技业的挑战，因为我们现在身处信息的旋涡中。我们该如何更有意义地利用它？我们还需做出大量卓有成效的工作来实现这一目标。

罗斯：Twitter 赚钱吗？

多尔西：赚钱。我们有收入。（笑）

罗斯：我知道你有收入。赚钱，是因为有利润。赚钱，是因为有正向的资金流。

  多尔西：我们还有很长的路要走。

  罗斯：是还是否，答案是什么？

  多尔西：我们有收入。我们有收入。

  罗斯：每个人都有收入。谢谢你的到来。

  多尔西：非常感谢。

  罗斯：本期嘉宾是 Square 和 Twitter 创始人杰克·多尔西。谢谢收看，下次再见。[①]

7.5 全球传播网络特点、趋势及启示

  Internetworldstats.com 数据显示，截至 2011 年 12 月 31 日，全球互联网用户总数大约为 22.67 亿人，在全球 70 多亿人口中所占比例达 32.7%；截至 2011 年 3 月 31 日，全球互联网用户总数大约为 20.95 亿人。这意味着，从 2011 年 3 月份到 12 月份之间，互联网用户人数新增了大约 1.72 亿人，也就是每月约 1914 万人，每周约 478.4 万人，每天约 68.3 万人，每小时约 2.85 万人，每分钟 474 人，每秒钟约 7.9 人。

7.5.1 社交网络行为跨越了全球地理位置的差异成为全球最流行的网络活动

  根据 comScore 的统计，数据显示社交网络当前是全球最流行的网络活动。社交网络已经成为了一种全球现象。对许多人而言，社交网络已经成为了他们整个网络体验的中心。2011 年 10 月份，全球约有 12 亿用户访问了社交网站，占据了全球网民总数的 82%。最值得注意的是，全球网民平均在互联网上花费 5 分钟，就有近 1 分钟花费在了社交网络当中。[②]

  社交网络行为超越了全球地理位置的差异，从中国 53% 的使用率到美国 98% 的网民覆盖率，社交网络是一种全球流行现象，超越了国界。

---

  ① Twitter 创始人多尔西专访：让事情简单化很复杂，柯山，搜狐 IT，2011 年 1 月 12 日，http://it. sohu. com/20110112/n278826388. shtml.

  ② 亿邦动力网，http://www. ebrun. com/20120607/47508. shtml.

图 3　全球网络透视图

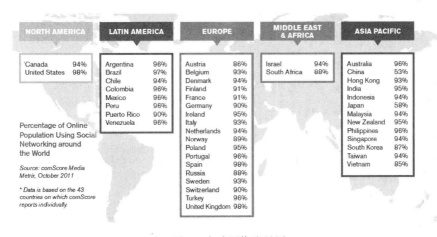

图 4　全球网络流量图

过去我们可以说社交网络是给小孩子玩的,但是在过去的 18～24 个月中,这个现象发生了显著的变化。社交网络开始侵入年长人群中,并在各年龄段获得广泛的使用。事实上,年龄在 55 岁以上的用户社交网络的使用率增长最快。

移动设备同样也激发了消费者的网络沉迷。comScore 在对年龄在 13 岁以上的用户调查后认为,移动社交网络将成为未来的发展潮流。得益于其移动性,移动将催化社交网络的发展。2011 年 10 月,美国有将近 1/3 的年龄在 13 岁以上的手机用户每月使用社交网站至少一次。移动社交网络在美国、英国都有较高的渗透率。但是移动的力量还没有成为主流,通过移动 APP 和移动浏览器使用社交网络的用户仍然远远低于传统的互联网。

微博崛起成为社交网络的新力量,这主要是得益于 Twitter 的发展,自 2009 年春季,用户开始迅速增长。目前,每 10 个互联网用户中就有一个 Twitter 用户,2011 年相比 2010 年增长了 59%。[①]

7.5.2　中国的微博时代

Pew Internet 在 2011 年 5 月宣布,Twitter 在美国互联网用户中的使用率从 2010 年秋季的 8% 上升至 2011 年 3 月的 13%,渗透率增加了 62.5%。Twitter 的使用率在增长,但该规模显然仍不足以让其脱离小众,成为主流。而对比艾瑞咨询网民行为监测系统 iUserTracker 最新数据显示,截至 2011 年 10 月,中国微博服务的月度覆盖人数达到 2.6 亿人,同比增长 105.6%,渗透率达到 64.9%,而月度有效浏览时间达到 2.5 亿小时,同比增长 311.4%。同时,微博的月度浏览时长已超新闻资讯大类服务,凸显媒体特性,成为主流信息资讯平台之一;而微博月度覆盖人数已超社交网络,成为社会化媒体中最重要的组成之一。中国的微博时代已经到来。

虽然中国的微博,被称为中文版本的 Twitter,但显然,其在中国社会所起到的作用和影响力,却远远超出了 Twitter。在美国,Facebook 比 Twitter 要流行得多,但在中国则相反。模仿 Facebook 的开心网远不如模仿 Twitter 的新浪微博的影响力大。对此,易观国际微博分析师董旭认为,这是因为 Facebook 强调的是社交概念,但中国大部分的社交功能被 QQ 替代了,所以开心网要复制 Facebook 就很难。相反,中国人对信息资讯需求旺盛,所以模仿推特并添加了媒体基因的新浪微博就脱颖而出了。

有人将 2010 年称为中国的"微博元年",在这一年,新浪、腾讯、搜狐、网易等门户网站巨头先后大张旗鼓地进军微博服务。这一年微博成为许多重要新闻发布的第一现场,从湖北石首群体性事件,到后来的唐骏"学历门"事件、

---

① 中文互联网数据资讯中心,http://www.199it.com/.

方舟子遇袭事件、江西宜黄拆迁自焚事件、李刚事件、腾讯与 360 大战事件等很多标志性事件都与微博有关,甚至从微博上率先引爆,逐渐影响社会。2012 年 7 月 21 日北京遭遇了六十年最强降雨的袭击,全城积水严重,北京周边很多受灾县区通信困难,微博成了重要的暴雨信息传播平台,同时也是重要的救助平台。微博在社会政治、经济、生活各个领域的影响力已经逐渐显现,微博成为诸多重大公共事件的引发者和推动者,其革新了信息传播的方式。目前,微博"正在上升为中国最具影响力的主流媒体之一,它的兴起彻底打破了传统媒体的'专业主义壁垒',在直接发掘新的议题的同时,也从传统媒介那里'抢'走了部分议题设置权"①。

中国社科院发布的《2011 年中国社会形势分析与预测》蓝皮书中称,微博正在改变着中国互联网舆论载体的格局,成为网络舆论中最具影响力的一种。微博带来的更大社会震动,在于实现了对突发事件的"现场直播",通过手机等无线终端,每个人都可以轻而易举地成为信息发布者。这一方式打破了传统媒体对舆论的垄断,为社会舆情的上传下达提供了载体,为不同意见提供了"发声地"。

7.5.3　Twitter 改变世界

新加坡资深纪录片制作人 Siok 去美国实地拍摄了一部 *Twittamentary* 纪录片,讲述了美国人使用 Twitter 的故事。她发现,虽然 Twitter 上并不是实名的,但是在美国线下活动非常多。在芝加哥、洛杉矶等 Twitter 重镇,几乎每天晚上都有相关的聚会,人们分享使用心得,或者讨论 Twitter 给细分行业带来的影响。相比之下,实名制注册的 Facebook 却没有这么丰富的线下活动。更重要的是,使用 Twitter 的人打通物理界限而成为好朋友,这些志趣相投的推友慰藉了彼此的精神世界。"在美国,Twitter 和 Facebook 就像苹果和 PC,没有人会炫耀自己有一台 PC,但会炫耀自己有一台苹果。"Siok 如是说。②

Twitter 上线 6 年,早已过了羽翼未丰的阶段正在逐步走向成熟,与 Facebook 的 8 亿多用户相比,Twitter 的 1 亿活跃用户似乎微不足道,但它却紧紧把住了全球新闻的脉搏,汇集了各种各样的信息。从政治选举到明星之死,

---

① 谢耕耘.中国社会舆情与危机管理报告(2011).北京:社会科学文献出版社,2011.

② 文清云.迪克·科斯特洛:一路狂奔.21 世纪经济报道.

可谓无所不包。它如今不仅已经成为一股足以影响互联网未来发展的重要力量，并且正在以超乎想象的力量改变世界。

7.6 相关链接：中国式推特新浪微博的发展现状

Twitter 从技术层面上来看并不复杂，2007 年中国就有类 Twitter 的网站"饭否网"出现。之后叽歪网、嘀咕网、腾讯滔滔亦纷纷加入微博阵营。然而这些网站对 Twitter 从内容到形式的模仿没有接到中国网民的地气，由于没有开发出新的模式来适应国内用户的习惯，这些率先的模仿者没有抢占到市场的先机反而纷纷陨落。随着门户网站新浪强势介入后，微博才逐渐走向大众视野。在新浪微博的带动下，综合门户网站微博、垂直门户微博、新闻网站微博、电子商务微博、SNS 微博、独立微博客网站纷纷成立，甚至电视台、电信运营商也开始涉足微博业务。中国真正进入微博时代。[①]

新浪微博是一个由新浪网推出，提供微型博客服务的类 Twitter 网站，用户可以通过网页、WAP 网、手机短信彩信、手机客户端（包括 Nokia S60 系统、iPhone(iOS 系统)、谷歌 Android 系统、Windows Phone 系统）、SWISEN、MSN 绑定等多种方式更新自己的微博。每条微博字数限制为 140 字，提供插入单张图片、视频地址、音乐的功能。2010 年年初，新浪微博推出 API 开放平台。用户可以通过网页、WAP 页面、手机短信、彩信发布消息或上传图片。新浪微博的口号是：随时随地分享身边的新鲜事儿，通过 140 字记录，"织围脖"是网友随时随地记录生活、分享社会新鲜事的生活方式。

2012 年 5 月新浪公布未经审计的第一季度财报显示，新浪微博注册用户数已增至 3.24 亿，超过 30 万认证用户，其中有 13 万多家企业与机构账户。新浪微博用户占据中国微博用户总量的 57%，以及中国微博活动总量的 87%，是中国访问量最大的网站之一。根据 2010 年官方公布数据显示，新浪微博每天发博数超过 2 500 万条，其中有 38% 来自移动终端，微博总数累计超过 20 亿条，是目前国内最有影响力、最受瞩目的微博运营商。

公众名人用户众多是新浪微博的一大特色，新浪微博采用了与新浪博客一样的推广策略，即邀请明星和名人加入开设微型博客，并对他们进行实名认证，

---

① 谢耘耕、徐颖. 微博在中国的发展历程、现状和趋势.

认证后的用户在用户名后会加上一个橙色字母"V"，以示与普通用户的区别，同时也可避免冒充名人微博的行为，但微博功能和普通用户是相同的。目前新浪微博邀请的重点转向了媒体工作者，同时也有大量政府部门、公安机关和民间组织在新浪微博上开通了账号，将其作为一个发布和交流信息的平台。认证后的群体用户在用户名后会加上一个蓝色字母"V"。获得认证的用户不能随意修改昵称，否则可能会需要重新进行认证。

自曹国伟将微博业务视为新浪的二次创业后，其商业化进程一直是一个热门话题。有分析认为，从成熟的广告模式起步是微博实现盈利的最稳妥的方式，这也已经在微博鼻祖 Twitter 和 SNS 社交网站大佬 Facebook 上有了成功的范例。而为了微博商业化提速，新浪方面也透露，它正在建立与完善相关的基础设施，如微博信用系统、微博支付系统、微博数据挖掘系统等。[①]

微博广告客户服务官方微博发布的一张有效时间为 2012 年 4—6 月的"2012 年 Q2 新浪微博报价单"显示，新浪微博已经开始全面启动商业化运作。新浪总裁曹国伟介绍，新浪微博将在 2012 年加速商业化进程，并首次明确将采用展示广告系统、游戏平台收费，以及企业版微博等货币化手段。曹国伟认为，新浪微博的主要盈利模式将会是平台广告和一部分数码产品的销售分成。新浪预计，2012 年将在微博投入 1.64 亿美元。

---

① 杨一. 曹国伟为新浪微博商业化提速 社交广告有望成重要收入来源. IT 时代周刊. 2012(11).

第8章 全球最大即时通信网站腾讯的发展模式

秦 杉 张 程 魏文欣

8.1 腾讯的创业史及创始人

1998 年 11 月,马化腾和他的大学同学张志东创办了"深圳市腾讯计算机系统有限公司",公司成立一个月后,腾讯的第三个创始人曾李青加入,年底许晨晔和陈一丹加入进来。腾讯有 5 个创始股东:马化腾、张志东、曾李青、许晨晔、陈一丹。5 个人中,马化腾是 CEO,张志东是 CTO,曾李青是 COO,许晨晔是 CIO,陈一丹是 CAO。腾讯创立之初,他们就互相约定:各展所长、各管一摊——技术、业务、行政和信息部门。如此设计,使创始团队能在维持张力的同时保持和谐,到今天,五位伙伴都留在腾讯,不离不弃。

8.1.1 腾讯的主要业务

1999 年 2 月,腾讯正式推出第一个即时通信软件——"腾讯 QQ",并于 2004 年 6 月 16 日在香港联交所主板上市(股票代号 700),2007 年 9 月 21 日,腾讯以 10 621 330 245.51 美元成为中国互联网历史上第一个市值超过 100 亿美元的企业。目前,腾讯公司的战略目标为"一站式在线生活服务",提供互联网增值服务、移动及电信增值服务和网络广告服务。通过即时通信 QQ、腾讯网(QQ.com)、腾讯游戏、QQ 空间、无线门户、搜搜、拍拍、财付通等网络平台,满足互联网用户沟通、资讯、娱乐和电子商务等需求。是目前中国最大的互联网综合服务提供商之一,也是中国服务用户最多的互联网企业之一,也已发展成为中国最大的互联网应用服务及移动应用增值服务提供商之一。

用互联网的先进技术提升人类的生活品质是腾讯公司的发展使命。目前,腾讯 50%以上员工为研发人员,在即时通信、电子商务、在线支付、搜索引擎、信息安全以及游戏等方面都拥有了相当数量的专利申请。2007 年,腾讯投资过亿元在北京、上海和深圳三地设立了中国互联网首家研究院——腾讯研究院,进行互联网核心基础技术的自主研发。腾讯的发展影响和改变着数以亿计网民的沟通方式和生活习惯,它为用户提供了一个巨大的便捷沟通平台,在人们生活中实践着各种生活功能、社会服务功能及商务应用功能。

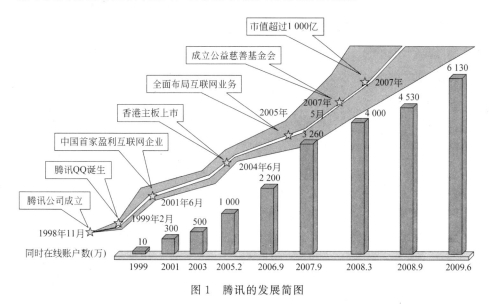

图 1　腾讯的发展简图

8.1.2　腾讯的发展历程

1997 年,腾讯主要创办人之一马化腾接触到了 ICQ 并成为它的用户,他亲身感受到了 ICQ 的魅力,也看到了它的局限性:一是英文界面;二是在使用操作上有相当的难度。这使得 ICQ 在国内并不普及,只限于"网虫"级的高手。马化腾和他的伙伴们一开始想的是开发中文 ICQ 的软件,然后把它卖给有实力的企业,由于在投标的时候,腾讯公司没有中标,腾讯决定自己研发 OICQ。凭借其简洁、实用的风格以及诸项细心的设计,OICQ 首先在高校一炮打响,然后凭借高校为中心,以令人吃惊的速度传播开来。

1998 年 11 月,马化腾和他的大学同学张志东决定下海做生意,1998 年 11 月 12 日正式注册成立"深圳市腾讯计算机系统有限公司",当时公司的主要业务是拓展无线互联网寻呼。

1999 年 2 月 10 日,腾讯公司即时通信服务开通,正式推出 QQ99 b0210,与无线寻呼、GSM 短消息、IP 电话网互联。同年 11 月 QQ 用户注册数突破 100 万。2000 年 4 月,QQ 用户注册数达 500 万。2000 年 6 月 21 日,在深圳联通公

司"移动新生活"服务首批推出 10 000 张 STK 卡中,嵌入了"移动 QQ"菜单,使
该服务使用起来更为方便快捷。在该卡中,"移动 QQ"服务包括了发送信息、查
询信息、查询好友状态、通过不同的条件查询腾讯 QQ 用户等功能。2002 年 3
月,QQ 注册用户数突破 1 亿大关。

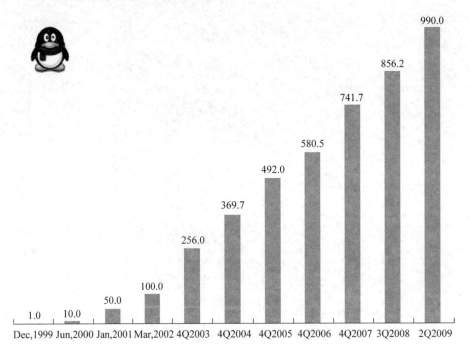

图 2　QQ 注册账户总数(百万)

2003 年 8 月,推出的"QQ 游戏"再度引领互联网娱乐体验。2003 年 9 月 9
日,腾讯公司在北京嘉里中心宣布推出企业级实时通信产品"腾讯通"(RTX),
标志着腾讯公司进军企业市场,并成为中国第一家企业实时通信服务商。12 月
15 日,腾讯一款最新的即时通信软件——Tencent Messenger(简称腾讯 TM)
对外发布,提供办公环境中和熟识朋友即时沟通。

2004 年 6 月 16 日,腾讯在香港主板上市(股票代号 700)。同年 8 月 27 日,
腾讯 QQ 游戏的同时在线突破了 62 万,标志着 QQ 游戏成为了国内最大乃至
世界领先的休闲游戏门户。10 月 27 日推出腾讯 TT (Tencent Traveler)。

2005 年 10 月 27 日,QQ 2005 正式版在北京发布,"丰富"、"安全"、"交流"、
"个性"、"整合"、"文化"六大特色功能,再次成为国内即时通信产品发展的风向
标。11 月 21 日推出 Foxmail。2006 年 11 月 16 日推出超级旋风。2006 年 12

月 7 日推出 QQ 医生。2007 年 7 月 24 日推出 QQ 日历。2007 年 11 月 20 日推出 QQ 拼音输入法。2010 年 3 月 5 日,腾讯公司宣布 QQ 同时在线用户数首次突破 1 亿。

目前,腾讯公司主要提供互联网增值服务、移动及电信增值服务和网络广告服务等。通过即时通信 QQ、腾讯网(QQ.com)、腾讯游戏、QQ 空间、无线门户、搜搜、拍拍、财付通、腾讯微博等网络平台,满足互联网用户沟通、资讯、娱乐和电子商务等需求。腾讯的发展影响和改变着数以亿计网民的沟通方式和生活习惯,它为用户提供了一个巨大的便捷沟通平台,在人们生活中实践着各种生活功能、社会服务功能及商务应用功能。如今的腾讯是目前中国最大的互联网综合服务提供商之一,是中国服务用户最多的互联网企业之一,也已发展成为中国最大的互联网应用服务及移动应用增值服务提供商之一。

8.2 腾讯的创新之路:从"拿来主义"到持续创新过程

2012 年 5 月 18 日,腾讯宣布进行大规模组织架构调整。2012 年第一季度,腾讯单季收入同比增长 52.2% 至 96.48 亿元,经营盈利 36.91 亿元,活跃账户数突破 7.5 亿,整体市值突破 4 400 亿港元。从营收结构来看,腾讯 85% 来自网络游戏、QQ 增值服务等用户付费。早在 2010 年 4 月的摩根士丹利《互联网趋势》报告中,腾讯就因为在虚拟物品销售和管理方面取得的成就,被列为最具创新性的公司之一。

维持腾讯高收入、高市值、高未来预期的正是创新。从专利数看,截至 2011 年,腾讯已申请专利超过 4 000 件,大幅领先于目前国内互联网企业的总和,腾讯 50% 以上员工为研发人员,在即时通信、电子商务、在线支付、搜索引擎、信息安全以及游戏等方面都具备相当的研发实力。美国最具影响力商业杂志之一 *Fast Company* 2011 年年初评选的全球最富有创新精神的前 50 家公司中,腾讯位列第八,同时,在网络/互联网行业的排名中仅次于谷歌位居次席。

8.2.1 中国最赚钱的互联网公司饱受"拿来主义"争议

腾讯是中国最大的互联网公司,其 2011 年全年业绩备受瞩目:"总收入为人民币 284.961 亿元(45.225 亿美元),比去年同期增长 45.0%;互联网增值服务收入为人民币 230.428 亿元(36.571 亿美元),比去年同期增长 48.8%;移动及电信增值服务收入为人民币 32.708 亿元(5.191 亿美元),比去年同期增长 20.4%;网络广告收入为人民币 19.922 亿元(3.162 亿美元),比去年同期增长 45.2%。"

据 WIND 资讯统计,截至 2011 年 2 月 11 日,腾讯控股、百度和阿里巴巴成为流通市值超百亿美元的 3 家境外上市的中国企业。腾讯控股股价从 2004 年 6 月上市时的 3.7 港元一路上涨至超过 200 港元,6 年间涨幅超过 53 倍,流通市值在香港非 H 股的中资概念股中排名首位,且已超过招商银行的总市值,并早已超过 eBay、雅虎等。这表明腾讯已经成为中国最赚钱的互联网公司之一。

腾讯的发展一直饱受争议,从早期的 QICQ 到现在的微博,腾讯的许多业务都充满了"模仿"的味道。2010 年 7 月,《计算机世界》发表文章《狗日的腾讯》,剑指腾讯在互联网业务中的模仿和抄袭,腾讯创始人马化腾对此并不回避:"模仿是最稳妥的创新"。早在 2006 年,泡泡堂游戏的开发公司韩国 NEXON HOLDING 株式会社状告腾讯侵犯其著作权并构成不正当竞争,这一事件将腾讯推向抄袭的争论旋涡中心。虽然世界上很多地方的互联网企业都在模仿跟随美国的脚步,但是腾讯获得的巨大成功却是个特例,这也被国外的观察者定义为"拿来主义"的胜利。

8.2.2 腾讯:伺机而动挑战"先发制人"法则

1. 何为"先发制人"

在网络效果和规模经济起着至关重要作用的网络经济中,技术创新被视为企业发展的有力支柱。新技术能够帮助产业部门革新技术、降低成本从而增加收益,更重要的是新技术能引发新产业的出现,晚进入市场将成为企业竞争的最大劣势。

卡尔·夏皮罗(Carl Shapiro)和哈尔·瓦瑞安(Hal Varian)曾指出网络经济中"先发制人"发展的优势主要有以下三点。

第一,可以形成抢占正反馈的先机,形成对竞争对手不利的局面。

市场的"先行者"可以采用适宜的战略,如低价甚至免费投放的方式,抢先获得产品的使用者,从而较快地达到正反馈的规模,拥有足够数量的忠实使用者,让"追随者"企业难以"翻盘"。

第二,可以抢先订立行业标准,在标准战中占有优势。

"先行者"在养成使用者习惯方面具有优势,忠实的使用者能使"先行者"的产品成为行业标准,从而帮助"先行者"掌控行业的竞争主动权。

第三,可以先获得宝贵经验,从而较快降低成本,获得收益。

先进入市场意味着"先行者"有更多的时间依据使用者的反馈对产品实现升级优化,使其更加满足使用者的需求,或通过经验改进生产技术,降低成本,增加收益。

2. 腾讯的伺机而动

从现今腾讯推出的互联网业务来看,无论是腾讯 QQ、QQ 游戏大厅、腾讯 TT、QQ 直播、QQ 医生、QQ 空间、腾讯拍拍、腾讯搜搜等都不是腾讯首先研发的,都和同行有很大的相似之处,或者是直接照搬,然后加入自己的元素,进行创新。相对于花费了大量资源进行市场调研、产品研发、推广的同行来说,腾讯省去了研发成本和大量的推广经费,这受到同行的指责,认为腾讯是"拿来主义"。

首先,在研发成本方面,腾讯的"拿来主义"策略降低了初始成本的投入。在互联网经济中,新技术的产生需要投入巨大的初始成本,例如微软为研究替代 DOS 操作系统,共投入 2 亿美元研发 Windows 95。

由于信息产品具有较为特殊的成本结构,即:生产成本很高,但复制成本很低。因此腾讯模仿相对成熟的产品,在信息经济的领域中获益非常明显,这种伺机而动让腾讯收获了低投入的好处。

其次,这种伺机而动也极大地规避了投资的风险,在信息经济中固定成本的绝大部分是沉没成本,必须在生产开始前支付并接受市场的考验,万一市场反应不好,就会出现资本损失。加之,新的产品要想吸引眼球,必须在销售上足够投入,因此营销和促销支出也成为初始成本的重要组成。选择一个好的时机进入比较成熟的业务领域为腾讯规避了市场风险。

例如:腾讯改写在线游戏平台格局的经历成为伺机而动的最佳说明,联众(www.ourgame.com)曾是中国游戏门户的代表,1998 年投入运营,提供在线网络游戏,并用了 5 年时间构建了中国游戏门户发展的模式,2003 年腾讯加入游戏门户网站竞争,总体上模仿了联众的模式,在细节和包装上做了改进,使其界面更为友好方便,不到一年 QQ 游戏在线人数突破 130 万,远远超越联众。

3. 腾讯:将"先发制人"法则改写为"追随者"

网络市场日新月异,随着技术的不断更新,产品的不断推出,腾讯走的路是:依靠"先行者"来判断,改进"先行者"做得不好的部分。将"先发制人"法则改写为"追随者"可以吸取前人经验,在"先行者"的基础上改进、降低成本,获得优势,使其掌握了最有利的发展时机和最稳妥的发展方向。

表1 腾讯产品与先行产品投入时间与市场占有量对比

产品名称	投入时间	腾讯产品	投入时间	市场排行
ICQ	1996年	QICQ(后更名QQ)	1998年11月	第一
联众	1998年	QQ游戏门户	2003年8月	第一
新浪	1998年	腾讯网	2003年12月	第一
博客大巴	2004年	Q-zone	2005年	第一
淘宝	2003年	拍拍	2005年9月	第二
百度	2000年	SOSO	2006年	第三
校内	2005年	QQ校友录	2009年1月	无

从上表可以看出,腾讯的业务扮演的都不是"先行者",而是最有威胁力的"追随者",并实现了短期反超、稳居前茅。这些都源于腾讯拥有强大的网络规模,2010年3月5日19时52分58秒,腾讯QQ同时在线用户数突破1亿,注册账户已超过10亿,活跃账户数达到5.229亿。腾讯的成功正是依托庞大的使用基数,这样一来腾讯无论开展何种业务,都能做到后来居上。例如,在综合门户领域中,新浪、网易、搜狐曾在中国互联网门户中拥有压倒性的市场份额,但在(www.qq.com)建成后,数亿计的QQ用户迅速转化为浏览者。TOM在线CEO王雷雷极为形象地用"插根扁担也能开花"来形容腾讯涉足互联网业务的轻松程度。免费下载、安装、注册、使用时腾讯得以实现这一网络效应的保证,随着QQ使用人数的增多,使用者会发现通过QQ能够方便地使用各项网络业务,腾讯的用户数正是带着这样的正面预期实现了正反馈的增长。

4. 创新是持续的过程

2012年5月18日,腾讯正式宣布,为顺应用户需求以及推动业务发展,将进行公司组织架构调整。腾讯将从原有的业务系统制(Business Units,BUs)升级为事业群制(Business Groups,BGs),把现有业务重新划分成企业发展事业群(CDG)、互动娱乐事业群(IEG)、移动互联网事业群(MIG)、网络媒体事业群(OMG)、社交网络事业群(SNG),整合原有的研发和运营平台,成立新的技术工程事业群(TEG),并成立腾讯电商控股公司(ECC)专注运营电子商务业务。

这一大规模的组织结构调整是腾讯 2012 年在业务再定位、组织再优化的创新。腾讯董事会主席兼首席执行官马化腾表示："我们希望通过这次调整,更好地挖掘腾讯的潜力,拥抱互联网未来的机会,目标包括:强化大社交网络;拥抱全球网游机遇;发力移动互联网;整合网络媒体平台;聚力培育搜索业务;推动电商扬帆远航;并且加强创造新业务能力。同时,我们也聚合技术工程力量,发展核心技术以及运营云平台,更好地支撑未来业务的发展。"可见,腾讯的业务已经渗透到了门户、游戏、搜索、电子商务、社交网络等各个领域。高盛曾在研究报告中指出,在未来的中国互联网公司中腾讯最有可能实现沟通、门户、商务、搜索和支付 5 类业务最佳组合,这也和腾讯在模仿之后的创新能力有很大关系。

多元的业务平台给用户带来了丰富的体验,满足了用户更多的需求,也带来了腾讯的盈利增长点。腾讯创新提供增值业务,围绕核心竞争产品,快速渗透市场。腾讯将种类繁多的增值业务统一纳入核心业务 QQ 界面,用户可以方便地通过 QQ 链接到这些增值业务中,形成相互扶持局面,保证了总体上的高幅度增长。

对于腾讯的创新模式,马化腾曾说:"中国互联网行业的发展需要创新。而且真正重要的并不是一两款创新的产品,而是创新的过程。产品总会过时,但创新的理念和过程是会永远持续下去的。"

2011 年,国内互联网最引人关注的产品当属腾讯的微信。在没有任何推广的情况下,一年内微信仅靠口碑注册用户就超过 5 000 万。且半数是 25 岁至 30 岁的用户,主要分布在一线大城市,白领人群占总用户的 24.2%,一举为腾讯在多年来梦寐以求的移动互联网和高端用户群中打开局面。从 5 000 万到 1 亿花费的时间更短,2012 年 3 月 29 日凌晨 4 时 11 分,马化腾忍不住发了一条微博:"终于,突破一亿!"说的正是微信,433 天微信从 0 到 1 亿,这正是创新带来的发展。

微信创造性地引入本地位置服务(LBS),第一个在通信产品中做出"查看附近的人"功能,被外界评价为"赋予了 LBS 真正的灵性"。紧接着,微信推出独一无二的"摇一摇"和"漂流瓶"功能,进一步打开微信的流行度。微信诠释了腾讯的创新想法和用户需求至上的文化。以"二维码"为例,只要手机摄像头对准图案扫描就能读取二维码并添加对方为微信好友,但多年的拍照习惯使用户会习惯性去寻找拍摄按钮。为了解决这个问题,微信做了提示性很强的取景框和不断移动的扫描线,让用户自觉对准二维码。

对腾讯而言,微信让腾讯在移动互联网这个新平台上打下了基础。智能手机大大延长了用户使用互联网的时间,这带来了整个产业链的变化。腾讯适时地推出微信业务,并及时抓住移动互联网契机,这就是腾讯创新理念和创新过程。

除了微信所代表的移动互联网,腾讯在过去还集中力量推进开放战略。在2011年6月的合作伙伴大会上,马化腾发表了"关于开放的8个选择",并宣布腾讯第一阶段目标是打造规模最大、最成功的开放平台,扶持所有合作伙伴"再造一个腾讯"。截至目前,腾讯开放平台上的注册开发者超过30万,超过4.5万款应用上线申请,总安装次数接近40亿,第三方月活跃账户数突破2亿,分成总收入突破6亿元,更有多家第三方开放商月收入超过1 000万元。腾讯表示,2012年开放平台为合作伙伴提供的收入将超过10亿元。

QQ是腾讯最老、最成功的产品,如今,腾讯邀请广大第三方开放商进驻QQ,力图将其打造成互联网基础服务平台。腾讯联席首席技术官熊明华表示:"希望通过开放QQ资源,将腾讯海量用户资源和流量与互联网上庞大的信息和应用结合起来,实现整个社会化网络之间的融合和共享。"通过QQ,用户可以方便地使用影音、办公等各种第三方应用。目前它还依附于QQ,表面上看只是桌面与应用入口,但至少在两个方面拥有独特的创新点:多用户关系链的引入和向网络操作系统(Web OS)演化的未来。

业内人士指出,QQ很有可能成为一个基于硬件、具有基本系统操作界面和海量Web应用的操作系统。谷歌的Chrome肯定具有成为Web OS的野心,国内很少有公司在从事这方面的研究,而腾讯是其中之一。

从技术小角色到网络巨头,腾讯的"克隆式"的成功改写了新经济中的"先发制人"法则,依托QQ庞大的用户群,提升用户体验,借助正反馈优势,抢占新领域的市场份额,同时依靠"先行者"的产品大大降低研发成本,吸取"先行者"的市场教训,降低投资新领域的风险。然后开始搭建腾讯帝国,从模仿适应到创新开拓,腾讯走出一条属于自己的创新之路。

8.3 腾讯现有产品及所提供的服务

8.3.1 腾讯现有产品

目前腾讯主要产品有IM软件、网络游戏、门户网站以及相关增值产品。

1. 通信

电脑端：腾讯微博、Web QQ、QQ for Pad、QQ 邮箱、QQ for Mac、RTX 腾讯通、企业 QQ、在线 400/800 版、企业邮箱、Mini QQ 群组、企业 QQ 办公版

手机端：超级 QQ、手机 QQ、QQ for iPhone、iPad QQ、QQ HD、3GQQ、WAPQQ、QQ 通讯录、玩酷 VIP、天翼 QQ 号码、QQ HD(mini)、微信、绑定、微视

2. 游戏

电脑端：

角色扮演：QQ 西游、幻想世界、大明龙权、寻仙、QQ 三国、QQ 幻想、自由幻想、QQ 仙侠传、天堂、天堂Ⅱ、轩辕传奇、万王之王 3、QQ 仙境、第九大陆、御龙在天、九界、QQ 仙灵

竞技：穿越火线、地下城与勇士、战地之王、QQ 飞车、QQ 炫舞、英雄联盟、NBA2K、Online 逆战

休闲：QQ 游戏、小熊梦工厂、洛克王国、七雄争霸、烽火战国、QQ 宠物企鹅、QQ 宠物猪猪、丝路英雄、游戏人生、小白大作战、QQ 音速、Q 宠大乐斗、楚河汉界、魔幻大陆、摩登城市、江湖笑、QQ 特工、QQ 九仙、王朝霸域、QT 语音、QQ 天堂岛、功夫西游、星魂传说、宝石总动员、弹道轨迹、QQ 水浒、QQ 堂、QQ 宝贝、夜店之王

手机端：

魔钻、手机爱宠国、精武堂、阳光牧场、美味小镇、手机游戏大厅、单机/联网游戏、QQ 御剑、QQ 聊斋、QQ 群仙降魔录、召唤之王、QQ 战国、神兽英雄、QQ 梦想城、部落守卫战、节奏大师、怪物大作战、圣犬帕拉、绿色精武堂、三国塔防魏传、欢乐王国

3. 社区

电脑端：

服务类：QQ 会员、QQ 空间、QQ 秀、QQ 音乐、朋友网、相册、搜搜、问问、读书硬盘、攻略、网吧达人、Q 吧、QQ 网吧、QQ 书签、QQ 影音、城市达人、活动专区、NBA 会员

应用类：QQ 农场/牧场、QQ 餐厅、魔法卡片、QQ 服装店、抢车位、QQ 超市、QQ 侠盗

公益类：腾讯公益网

手机端：

QQ游四方、手机QQ空间、手机腾讯网、社区、手机生活、手机QQ音乐、朋友网客户端

4. 软件

电脑端：QQ软件、QQ工具栏、TM软件、QQ拼音、QQ五笔、Foxmail、QQ地图、QQ旋风、QQ词典、QQ云输入法、QQ浏览器、QQ输入法for Mac、QQ影像、QQLive、QQ浏览器for Mac

手机端：Q拍、QQ个人中心、QQ桌面、手机QQ浏览器、手机QQ桌面、手机QQ阅读、手机QQ输入法、SOSO地图、腾讯订阅、腾讯微博手机客户端、同步助手、应用助手、腾讯桌面、应用宝、腾讯应用中心Web版、QQ空间软件版、手机QQ影音、应用宝、HD、QQ账号通、腾讯手机管家（PC版）

5. 商务

电脑端：财付通、拍拍、QQ网购、QQ彩贝、QQ票务、QQ团购、QQ旅游、QQ返利、个人账户、QQ积分、腾讯QQ卡、银行卡、宽带支付通、Esales固话小灵通充值

手机端：手机语音充值、移动充值、联通电信充值卡充值

6. 安全

电脑端：QQ安全中心、密保卡、密码保护、号码安全、QQ电脑管家、号码帮助、号码申请、反骗术、游戏安全

手机端：腾讯手机管家

从2003年开始，腾讯公司从单一的即时通信领域进入多项互联网业务中，开展相关多元化运营。同年8月，腾讯推出QQ游戏，拉开了多元化发展的序幕。2003年9月，腾讯推出企业即时通信产品腾讯通（RTX），12月发布腾讯TM，年底腾讯的即时通信产品实现了多样化。

2005年12月12日，腾讯的C2C网站——拍拍网上线试水，同时推出"财付通"，2006年3月13日，腾讯正式运营拍拍网，腾讯正式进军电子商务，并迅速与淘宝、eBay形成三足鼎立的格局。

2006年3月2日，腾讯推出搜索网站——SOSO网开始独立承载搜索业务至今，SOSO已超过新浪的"爱问"和搜狐的"搜狗"。

这种多元化发展的战略是互联网企业的常态和发展方向，腾讯正是在相关多元化战略的指导下，不断进入其他市场，提供多项服务，获取巨大利润。

8.3.2　七大业务腾讯,初步形成"一站式"在线生活

如今,腾讯已形成了即时通信业务、网络媒体、无线互联网增值业务、互动娱乐业务、互联网增值业务、电子商务和广告业务七大业务体系,并初步形成了"一站式"在线生活的战略布局。

1. 即时通信业务

QQ:腾讯 QQ 是腾讯公司推出的一款基于互联网的即时通信平台,支持在线聊天、即时传送语音、视频、在线(离线)传送文件等全方位基础通信功能,并且整合移动通信手段,可通过客户端发送信息给手机用户,用户可在电脑、手机以及无线终端之间随意、无缝切换。

企业 QQ 在线 400/800:腾讯企业 QQ 在线 400/800 版是在 QQ 的即时通信的平台基础上,专为企业用户量身定制的在线客服与营销平台,搭建客户与企业之间的沟通桥梁。

企业 QQ 办公版:腾讯企业 QQ 办公版是在个人 QQ 平台基础上,为中小企业用户提供的企业级即时通信产品。

TM:Tencent Messenger(TM)是腾讯公司针对办公环境精心设计的一款即时通信平台。通过强化安全措施、优化性能、屏蔽广告和骚扰消息、高速传文件,支持语音视频沟通、支持远程协助等功能。

RTX:腾讯通 RTX(Real Time eXchange)是腾讯公司推出的企业级即时通信平台。企业员工可以通过服务器所配置的组织架构查找需要进行通信的人员进行实时沟通。文本消息、文件传输、直接语音会话或者视频的形式满足沟通需求。

TT 浏览器:腾讯 TT 是一款多页面浏览器,特色功能有智能屏蔽一键开通、最近浏览一键找回、多线程高速下载、浏览记录一键清除等。

QQ 医生:QQ 医生是腾讯公司开发的一款免费安全软件,能够检测计算机存在的各类风险(如流行木马、系统漏洞等)。

QQ 邮箱:QQ 邮箱拥有来信即时提醒、阅读空间、1GB 超大附件、音视频邮件等多个特色功能。

Foxmail:Foxmail 目前除基础的邮件管理功能外,新增了全文检索、邮件档案、支持 IMAP4 协议、待办事项等特色功能。

QQ 影音:QQ 影音是一款支持任何格式影片和音乐文件的本地播放器。

QQ 拼音：QQ 拼音是腾讯公司于 2007 年 11 月推出的智能输入法软件。

QQ 旋风：QQ 旋风是腾讯公司于 2006 年推出的一款下载工具。

QQ 软件管理：QQ 软件管理目前提供了腾讯客户端软件产品的下载、安装、升级、卸载；为用户选择软件提供了一站式的体验，并提供了创新的一键安装体验。

2. 网络媒体

腾讯网：腾讯网（www.QQ.com）是中国最大的中文门户网站之一，是腾讯公司推出的集新闻信息、互动社区、娱乐产品和基础服务为一体的大型综合门户网站。

搜搜：搜搜（www.soso.com）作为腾讯旗下的搜索引擎网站于 2006 年 3 月正式发布并开始运营，搜搜目前已成为中国网民首选的三大搜索引擎之一，主要为网民提供实用便捷的搜索服务，同时承担腾讯全部搜索业务，是腾讯整体在线生活战略中重要的组成部分之一。搜搜目前主要提供网页、图片、音乐、博客、新闻、视频搜索及知识搜索——问问和百科、社区搜索——搜吧等 16 余项搜索产品与服务。

3. 无线互联网增值业务

腾讯公司从 2000 年运营短信业务开始，在无线领域已经覆盖短信、彩信、IVR 语音、Wap、手机 IM、手机游戏等整个无线业务。推出的产品有手机腾讯网、手机 QQ、超级 QQ、QQ 游戏等。

手机腾讯网：手机腾讯网（3G.QQ.COM）是腾讯公司的手机门户网站，为广大用户提供各种移动互联网服务，是目前国内访问量最大的手机门户网站。手机腾讯网基于腾讯网的资源优势，加上手机 QQ、QQ 联网游戏、手机 QQ 空间、手机社区、手机 SOSO 等特色产品，均与互联网实时互通。

手机 QQ：手机 QQ 是一款由腾讯公司自主研发的手机即时通信软件，更引入了语音视频、拍照、传文件、音乐试听、手机影院等功能。

超级 QQ：超级 QQ 是腾讯公司为手机用户提供的 VIP 服务。用户可以在以下三方面享受多项功能与特权：①无论什么手机都能上 QQ；②手机上网听歌玩游戏交友；③折扣优惠，最新资讯。

手机游戏：手机游戏是基于手机腾讯网平台，种类多元化，覆盖单机和手机联网游戏。用户可以通过手机和电脑随时随地联网。

手机 QQ 音乐：手机 QQ 音乐是集基础音乐服务（免费歌曲 MP3 试听下载）、

增值音乐服务(铃声、彩铃)、最新音乐资讯、音乐 SNS 社区(个性音乐小窝、火爆明星粉丝团)为一体的音乐服务的 WAP 音乐门户。手机 QQ 音乐是目前国内最大的无线音乐销售平台,日下载量为中国移动无线音乐合作方第一名。

4. 互动娱乐业务

腾讯游戏是腾讯四大网络平台之一,是全球领先的游戏开发和运营机构,也是国内最大的网络游戏社区。

大型 MMOG:寻仙、地下城与勇士、QQ 华夏、英雄岛、大明龙权、QQ 仙侠传、幻想世界。

FPS:穿越火线、A. V. A。

Q 版 MMOG:QQ 三国、QQ 自由幻想、QQ 西游、QQ 封神记。

休闲游戏:QQ 炫舞、QQ 飞车、QQ 堂、QQ 音速、QQ 仙境。

游戏平台:QQ 游戏。

桌面游戏:QQ 宠物、丝路英雄。

5. 互联网增值业务

腾讯的互联网增值业务基于腾讯即时通信平台,为 QQ 用户提供增值服务,主要服务包括会员特权、网络虚拟形象、个人空间网络社区、网络音乐、交友等。依托强大的即时通信平台,根据对用户需求及时和准确的把握,互联网增值业务近年发展迅速,每月活跃用户数超过 5 000 万,开创了中国互联网互动营销新模式。

QQ 空间:为用户提供抒发情感、内容分享交流、与朋友互动等多维度服务。

QQ 会员:QQ 会员是腾讯会员制服务品牌,2000 年推出至今,QQ 会员已发展成为全球互联网行业中领先的会员制品牌。

QQ 秀:QQ 秀是 QQ 虚拟形象装扮系统。

QQ 音乐:QQ 音乐为广大用户提供方便流畅的在线音乐和本地音乐的服务。

QQLive:QQLive 向广大用户同步直播各大电视台精彩节目,同时提供大量高清电影、电视剧、综艺、动漫、体育等点播视频。

校友:校友是为大学生量身打造的一个真实化生活社区。

城市达人:城市达人是全国最大规模的同城同好 SNS 交友娱乐活动社区。

6. 电子商务

电子商务业务是腾讯为互联网用户提供的在线交易和支付的整合服务。

拍拍网:腾讯拍拍网(www. paipai. com)是电子商务交易平台,网站于2005 年 9 月 12 日上线发布,2006 年 3 月 13 日宣布正式运营。

财付通：财付通是由腾讯推出的在线支付应用和服务平台。

7. 广告业务

腾讯提供从即时通信、资讯服务、休闲游戏到电子商务的多元服务模式。依托其产品进行广告合作，通过与不同产品的结合，达到推广效果。多年来，腾讯广告业务保持高速增长。

8.4 马化腾：用"小公司"精神打造世界级互联网企业

马化腾已经较为清晰地将腾讯"事业"界定为"在线生活"，意味着囊括Google、Yahoo、eBay、MSN所涉猎的搜索、门户、内容服务、电子商务、即时通信、游戏、电子邮件等核心领域。在网络的领域，腾讯可以看作是一个垂直集成的公司，以即时通信为核心技术，将网络平台、游戏平台、SNS业务平台、电子商务等多个领域集合起来，通过QQ界面向用户提供含有更高价值的集成系统，正如马化腾自己所说："在互联网行业，谁能把握行业趋势，最好地满足用户内在的需求，谁就可以得到用户的垂青，这个是我们行业的生存法则。"

对于腾讯不断尝试新业务，不断进军新领域，马化腾认为："在中国，互联网行业变化也非常快，不管企业做到什么样，作为创业者都要保持一种诚惶诚恐的心态才行。腾讯在很多方面很敏感，一有什么新东西就赶紧跟进、先去尝试，因为我们不知道什么东西会火起来，在探讨过它的前景之后，如果好，就会及时决策。"

腾讯在2005年进行组织架构调整，2012年再次宣布进行组织架构调整，马化腾强调：调整的基本出发点是按照各个业务的属性，形成一系列更专注的事业群，减少不必要的重叠；在事业群内能充分发挥"小公司"的精神，深刻理解并快速响应用户需求，打造优秀的产品和用户平台；同时，各事业群之间可以共享基础服务平台以及创造对用户有价值的整合服务，力求在"一个腾讯"的平台下充分发挥整合优势。

马化腾强调创新，他认为腾讯如果没有技术创新，将丧失很多机会，所以很多尝试都必须做。让腾讯以小公司的创业特质，激发激情、快速响应、引领技术和体验的创新。

腾讯的业务范围几乎囊括整个互联网业务，马化腾也表示腾讯希望把更多的利润投入到新兴领域，他认为只有这样未来才能保持整个战略顺利实施。腾讯关注市场的角度跟风险投资者角度不太一样，腾讯更多的是关注技术然后融合到自己的平台,腾讯的立业之本是 IM 平台,过去的业务都是从这个平台上"长"出来的,面向未来腾讯要多从产业层面思考。

腾讯经过 14 年的发展,现在用户基数和网站流量均是国内第一。业务也从原来的即时通信,逐渐拓展到网络媒体、社区、互动娱乐、电子商务四大领域。现在新的搜索引擎、移动互联网也在投入。马化腾却始终强调:"不要老觉得你的公司大了,其实如果看一个具体的业务,和其他任何公司没有任何的优势,所以一定要把这个心态压下来,像小公司那样灵活,才有可能获得成功。"

身为腾讯的"首席体验官",马化腾要求每个"产品经理要把自己当一个挑剔的用户"。这种长期以用户身份来体验公司产品的做法,在腾讯自上而下形成了不成文的规则。产品正式推出后,真正海量的用户体验收集才开始了,每一款产品,腾讯都专门提供了官方博客、产品论坛等用户反馈区;目的是获得更多用户反馈。为了解用户到底需要什么,腾讯专门建了一个秘密武器——Support 产品交流平台。Support 是一个海量用户与产品经理直接交流与沟通的平台,产品经理通过每天在自己的产品交流版面的浏览,获取到用户的需求与想法。

此外,马化腾还要求产品人员找到所有在其他博客、论坛里出现的关于腾讯产品的评价,还必须迅速反馈,每一个问题都必须给予回答并给出相应解决方案,而且还不能只是使用"知道了"、"谢谢"之类的敷衍话语。

腾讯对用户体验的研究极其细腻,据说仅仅是关于研究用户卸载一款产品的过程,腾讯工程师就能做出 30 页的文字报告。腾讯研究院院长郑全战说:"这个跟公司的文化有关系,因为我们公司整个强调以用户为中心,如果你不能够很好地满足用户,最后体现在你的产品就做得不是很到位。"

这就是被马化腾奉为金科玉律的法则:用户体验,快速迭代。马化腾解读说:"互联网化的产品都是这样,它也不像传统软件开发,一下子刻光盘就推出,我们永远是 Beta 版本,要快速地去升级,可能每两三天一个版本,就不断地改动,而且不断地听论坛、用户的反馈,然后决定你后面的方向。"

8.5　IPO 文件、股市走势

腾讯属于互联网资讯供应商/多媒体行业,公司主要持股人为 Naspers Limited。公司董事成员有马化腾(主席兼行政总裁兼执行董事)、张志东(首席技术官兼执行董事)、刘炽平(执行董事)、Charles St Leger Searle(非执行董事)、李东生(独立非执行董事)、Iain Ferguson Bruce(独立非执行董事)、Ian Charles Stone(独立非执行董事)。公司总部位于香港湾仔皇后大道东 1 号太古广场三座 29 楼,股份过户登记处为香港中央证券登记有限公司。核数师为罗兵。咸永道会计师事务所,主要往来银行为香港上海汇丰银行有限公司。以下为腾讯公司 2009—2011 年整体财务状况。

简明综合全面收益表

截至十二月三十一日止年度

	二零零五年 人民币千元	二零零六年 人民币千元	二零零七年 人民币千元	二零零八年 人民币千元	二零零九年 人民币千元
收入	1 426 395	2 800 441	3 820 923	7 154 544	12 439 960
毛利	956 526	1 983 379	2 703 366	4 984 123	8 550 492
除税前盈利	437 055	1 116 771	1 534 503	3 104 895	6 040 731
年度盈利/年度全面收益总额	485 362	1 063 800	1 568 008	2 815 650	5 221 611
本公司权益持有人应占盈利	485 362	1 063 800	1 566 020	2 784 577	5 155 646

简明综合财务状况表

于十二月三十一日

	二零零六年 人民币千元	二零零七年 人民币千元	二零零八年 人民币千元 (总重列)	二零零九年 人民币千元	二零一零年 人民币千元
资产					
非流动资产	916 138	2 090 312	3 359 696	4 348 823	10 456 373
流动资产	3 734 434	4 835 132	6 495 861	13 156 942	25 373 741
资产总额	4 650 572	6 925 444	9 855 557	17 505 765	35 830 114
权益及负债					
本公司权益持有人应占权益	3 717 756	5 170 396	7 020 926	12 178 507	21 756 946
非控制性权益	–	64 661	98 406	120 146	83 912
权益总额	3 717 756	5 235 057	7 119 332	12 298 653	21 840 858
非流动负债	64 909	40 770	644 628	644 033	967 211
流动负债	867 847	1 649 617	2 091 597	4 563 079	13 022 045
负债总额	932 816	1 690 387	2 736 225	5 207 112	13 989 256
权益及负债总额	4 650 572	6 925 444	9 855 557	17 505 765	35 830 114

图 3　2009——2011 年腾讯财务状况

资料来源:腾讯公布业绩报告

业绩

本集团截至二零零九年十二月三十一日止年度经审计的本公司权益持有人应占盈利为人民币51 556亿元，较截至二零零八年十二月三十一日止年度的业绩增加85.2%。截至二零零九年十二月三十一日止年度的基本及摊薄每股盈利分别为人民币2.862元及人民币2.791元。

简明综合全面收益表

	截至十二月三十一日止年度				
	二零零六年 人民币千元	二零零七年 人民币千元	二零零八年 人民币千元	二零零九年 人民币千元	二零一零年 人民币千元
收入	2 800 441	3 820 923	7 154 544	12 439 960	19 646 031
毛利	1 983 379	2 703 366	4 984 123	8 550 492	13 325 831
除税前盈利	1 116 771	1 534 503	3 104 895	6 040 731	9 913 133
年度盈利	1 063 800	1 568 008	2 815 650	5 221 611	8 115 209
本公司权益持有人应占盈利	1 063 800	1 566 020	2 784 577	5 155 646	8 053 625
年度全面收益总额	1 063 800	1 568 008	2 815 650	5 221 611	9 936 338
本公司权益持有人 应占全面收益总额	1 063 800	1 566 020	2 784 577	5 155 646	9 874 754

简明综合财务状况表

	於十二月三十一日				
	二零零七年 人民币千元	二零零八年 人民币千元	二零零九年 人民币千元 （总重列）	二零一零年 人民币千元	二零一一年 人民币千元
资产					
非流动资产	2 090 312	3 359 696	4 348 823	10 456 373	21 300 877
流动资产	4 835 132	6 495 861	13 156 942	25 373 741	35 503 488
资产总额	6 925 444	9 855 557	17 505 765	35 830 114	56 804 365
权益及负债					
本公司权益持有人应占权益	5 170 396	7 020 926	12 178 507	21 756 946	28 463 834
非控制性权益	64 661	98 406	120 146	83 912	624 510
权益总额	5 235 057	7 119 332	12 298 653	21 840 858	29 088 344
非流动负债	40 770	644 628	644 033	967 211	6 532 673
流动负债	1 649 617	2 091 597	4 563 079	13 022 045	21 183 348
负债总额	1 690 387	2 736 225	5 207 112	13 989 256	27 716 021
权益及负债总额	6 925 444	9 855 557	17 505 765	35 830 114	56 804 365

业绩

本集团截至二零一一年十二月三十一日止年度经审计的本公司权益持有人应占盈利为人民币102.031亿元，较上一年度的业绩增加26.7%。截至二零一一年十二月三十一日止年度的基本及摊薄每股盈利分别为人民币5.609元及人民币5.490元。

图 3　（续）

简明综合全面收益表	截至十二月三十一日止年度				
	二零零七年 人民币千元	二零零八年 人民币千元	二零零九年 人民币千元	二零一零年 人民币千元	二零一一年 人民币千元
收入	3 820 923	7 154 544	12 439 960	19 646 031	28 496 072
毛利	2 703 366	4 984 123	8 550 492	13 325 831	18 567 764
除税前盈利	1 534 503	3 104 895	6 040 731	9 913 133	12 099 069
年度盈利	1 568 008	2 815 650	5 221 611	8 115 209	10 224 831
本公司权益持有人应占盈利	1 566 020	2 784 577	5 155 646	8 053 625	10 203 083
年度全面收益总额	1 568 008	2 815 650	5 221 611	9 936 338	8 956 702
本公司权益持有人 应占全面收益总额	1 566 020	2 784 577	5 155 646	9 874 754	8 937 627

图 3 （续）

2010 年腾讯财务状况

公司上季纯利按季升 3.7％,增速较去年第三季 4.1％略为放缓,主要是公司近年作多项投资,包括如微博、微信、朋友及开放平台等,亦动用逾 50 亿元进行海内外的数十项收购,虽短期令毛利受压,但未来可成潜在新增长点。

就市场关注腾讯增长放缓,花旗认为市场低估了腾讯,未来在社交广告业务将会明显好转,以及手机应用程序业务（App)将有潜在"爆炸性"的增长,更预言腾讯长远而言,市值有机会升至 1 000 亿美元(市值为 512 亿美元)。

腾讯微博现拥有 3.73 亿注册用户,以及 6 800 万活跃用户;腾讯的实名社交服务即腾讯朋友的活跃用户,已增至 2.02 亿个。腾讯微博早前亦与新华微博展开账号互联、评论同步发放等互通合作,双方微博业务实现内容同步发布,用户群包括政府官员、机构及专业人士等,预料有助提升腾讯微博用户活跃度。

公司未来增长点将可更趋多元化,腾讯亦计划推出 SNS(社交网服务)的针对性广告系统,预料可提高收益回报率。2012 年伦敦奥运会将有利推高 2012 年广告收益,并预期腾讯的 Q-Zone 的应用收入模式,可复制至其微博业务,2012 年或可在微博平台上推出针对性广告及电子商务的业务。

腾讯(700)旗下手机通信应用程序"微信"发展迅速,注册用户人数于 3 月底已突破 1 亿户。虽然目前有关业务的盈利能力有限,不过市场预期集团将推出手机版 QQ 游戏平台及 SNS(社交网服务)的针对性广告系统等业务,智能手机应用程序市场及在线广告等将成为其盈利新增长点,有助抵消互联网增值服务及网络广告收入增长放缓的影响。另受惠 Facebook 以高估值上市,相信有利调升腾讯的估值。技术上,股价回吐至 50 天线(220 美元)有支持。目标 248 美元,止蚀于 220 美元。

2012 年 5 月腾讯控股首季收入 96.479 亿元,同比增长 52.2%。

腾讯控股有限公司(股票编号:00700),2012 年 5 月 16 日公布截至 2012 年 3 月 31 日未经审核的第一季度综合业绩。腾讯第一季度总收入为 96.479 亿元(15.328 亿美元),比上一季度增长 21.8%,比去年同期增长 52.2%。

腾讯第一季度权益持有人应占盈利为 29.495 亿元(4.686 亿美元),比上一季度增长 16.3%,比去年同期增长 2.8%。

腾讯 2012 年第一季度业绩:

总收入为 96.479 亿元(15.328 亿美元),比上一季度增长 21.8%,比去年同期增长 52.2%。

互联网增值服务收入为 73.816 亿元(11.727 亿美元),比上一季度增长 15.3%,比去年同期增长 40.6%。

移动及电信增值服务收入为 9.138 亿元(1.452 亿美元),比上一季度增长 7.0%,比去年同期增长 17.5%。

网络广告业务收入为 5.401 亿元(8 580 万美元),比上一季度下降 9.7%,比去年同期增长 92.3%。

电子商务交易业务收入为 7.528 亿元(1.196 亿美元)。

毛利为 58.115 亿元(9.233 亿美元),比上一季度增长 12.2%,比去年同期增长 40.2%;毛利率由上一季度的 65.4% 降至 60.2%。

经营盈利为 36.914 亿元(5.865 亿美元),比上一季度增长 19.4%,比去年同期增长 9.0%;经营利润率由上一季度的 39.0% 降至 38.3%。

非通用会计准则经营盈利 3 为 40.683 亿元(6.463 亿美元),比上一季度增长 15.8%,比去年同期增长 30.4%;非通用会计准则经营利润率由上一季度的 44.4% 降至 42.2%。

期内盈利为 29.623 亿元(4.706 亿美元),比上一季度增长 16.1%,比去年同期增长 2.7%;净利率由上一季度的 32.2% 降至 30.7%。

非通用会计准则期内盈利为 33.106 亿元(5.260 亿美元),比上一季度增长

13.0%,比去年同期增长 27.3%;非通用会计准则净利率由上一季度的 37.0% 降至 34.3%。

公司权益持有人应占盈利为 29.495 亿元(4.686 亿美元),比上一季度增长 16.3%,比去年同期增长 2.8%。

非通用会计准则本公司权益持有人应占盈利 3 为 32.811 亿元(5.213 亿美元),比上一季度增长 13.2%,比去年同期增长 26.9%。

每股基本盈利为 1.618 元,每股摊薄盈利为 1.587 元。

主要平台数据:

即时通信服务活跃账户数达到 7.519 亿,比上一季度增长 4.3%,比去年同期增长 11.5%。

即时通信服务最高同时在线账户数达到 1.674 亿,比上一季度增长 9.6%,比去年同期增长 22.0%。

"QQ 空间"活跃账户数达到 5.767 亿,比上一季度增长 4.5%,比去年同期增长 9.7%;"朋友网"活跃账户数达到 2.145 亿,比上一季度增长 6.0%,比去年同期增长 30.2%。

"QQ 游戏"开放平台最高同时在线账户数为 880 万,比上一季度增长 4.8%,比去年同期增长 14.3%。

互联网增值服务付费注册账户数为 8 180 万,比上一季度增长 6.0%,比去年同期增长 13.1%。

移动及电信增值服务付费注册账户数为 3 450 万,比上一季度增长 9.9%,比去年同期增长 26.8%。

腾讯主席兼首席执行官马化腾表示:"2012 年第一季度,我们的游戏平台上得益于中国春节假期而消费旺盛,以及开放平台提高了用户参与度,我们在收入和盈利方面继续保持稳固增长。透过品牌广告、视频广告、效果广告和搜索广告等广告业务的增长,我们提升了流量的变现能力。同时,随着我们巩固了在移动互联网领域的社交领导地位,我们进一步抓住了移动互联网的发展机遇。为了迎接中国互联网产业蓬勃发展所带来的挑战,我们将以预估和满足用户需求为依归,持续战略性地进行业务的优化。我们也会持续专注投资在创新和技术上,为我们的用户和股东实现长远价值的最大化。"

2012 年第一季度财务分析:

互联网增值服务收入比上一季度增长 15.3%,达到 73.816 亿元,占 2012

年第一季度总收入的 76.5%。网络游戏收入比上一季度增长 19.4%,达到 53.209 亿元。其增长反映《穿越火线》《QQ 炫舞》《地下城与勇士》《英雄联盟》及《QQ 飞车》等国内主要几款游戏受益于中国春节假期及学生寒假,导致用户增加及商业化提升。在国际市场,《英雄联盟》在美国、欧洲和韩国等地区取得强劲的用户增长。

社区及开放平台收入比上一季度增长 6.0%,达到 20.607 亿元,主要因用户在"QQ 空间"和"朋友网"等开放平台上应用的消费所带动。自 2012 年第一季度起,我们将社区增值服务收入更名为社区及开放平台收入,以反映公司开放平台的收入增长。

移动及电信增值服务收入比上一季度增长 7.0%,达到 9.138 亿元,占第一季度总收入的 9.5%。收入增长主要受捆绑短信套餐、手机游戏和手机书城等业务所带动。

网络广告收入比上一季度下降 9.7%,达到 5.401 亿元,占第一季度总收入的 5.6%。收入下降主要受广告主在中国春节假期期间活动减少的影响。然而,我们社交网络上的效果广告以及网络视频广告收入取得季比增长。

电子商务交易业务的收入达到 7.528 亿元,占第一季度总收入的 7.8%,主要包括本公司电子商务平台上销售商品产生的收入。本公司扩大了 B2C 电子商务交易业务的规模,并将此业务视作我们经营业务的一个独立分部。因此,从本季度起新增一项分部资料。由于之前季度所涉及的金额并不重大,故未呈列比较数字。就我们自营的电子商务交易而言,我们将商品交易总额(GMV)记录为收入;就我们代理的电子商务交易(占整体交易较大部分)而言,我们将代理费用,而不是 GMV,记录为收入。

2012 年第一季度其他主要财务信息:

本季度股份报酬开支为 2.366 亿元,上一季度该项支出为 2.444 亿元。

本季度资本开支为 6.621 亿元,上一季度该项支出为 8.920 亿元。

本季度公司在联交所以总代价约 1 590 万元购回 128 400 股股份,上一季度以总代价约 1.981 亿元购回 1 677 400 股股份。

2012 年 3 月 31 日,公司的财务资源净额为 208.185 亿元,其中未计总值为 47.207 亿元的无抵押短期借款、9.556 亿元的有抵押短期借款,以及 37.315 亿元的长期应付票据。

2012 年 3 月 31 日,公司总发行股数为 18.42 亿股。

2012 年首季腾讯纯利环比增 16.3%，每股盈利 1.618 元。

腾讯(00700.HK)公布，今年首季纯利 29.5 亿元人民币(下同)，按年及按季增长 2.8% 及 16.3%，每股盈利 1.618 元。

收入按年增长 52.2% 至 96.48 亿元，按季升 21.8%。当中，互联网增值服务收入 73.82 亿元，按年增 41%；移动及电信增值服务上升 17% 至 9.14 亿元；由于广告客户于春节假期期间活动减少的淡季影响，网络广告按年增 92% 至 5.4 亿元，唯按季减少 10%。

销售及市场推广开支年增 56% 至 4.69 亿元，反映产品及平台的广告及推广开支以及雇员成本增加。

首季 QQ 即时通信活跃账户按年增长 12% 至 7.52 亿。Q-Zone 活跃账户则增 10% 至 5.77 亿。

5 月 17 日上午，腾讯控股低开高走，盘中拉升，涨近 2%。截至 10:29，腾讯股价报 223.8 港元，上涨 4.2 港元，涨幅 1.91%。

5 月 16 日，腾讯控股有限公司(00700.HK)公布截至 2012 年 3 月 31 日未经审核的第一季度综合业绩。腾讯第一季度总收入为 96.479 亿元(15.328 亿美元)，比上一季度增长 21.8%，比去年同期增长 52.2%。

8.6 点　　评

互联网经过了这十多年的发展，尤其是近两年移动互联网的快速发展，令所有行业从业人员都不得不重视这样一个新兴话题。

腾讯主席马化腾工作的第一家公司是一个寻呼公司，当时负责寻呼机和互联网的一些消息系统的整合。当时他感受到在通信和互联网领域有着巨大的商机。那时候还没有人看到任何的征兆。所以当时模糊觉得这块有创业的机会，所以就下海创办腾讯。

腾讯第一个产品 QQ 叫作网络寻呼机。当时的产品也就是单向的终端，和网络整合的解决方案。直到腾讯推出移动 QQ，2004 年腾讯上市时，主要营收业务是无线互联网和短信相关的业务，后来延伸到互联网收入模式包括广告、电子和游戏等，这两年腾讯逐渐看到移动互联网卷土重来。

移动互联网中间经历了 WAP 年代，直到最近 3G 开始成长。但其流量、商业模式如何都还没有看清楚。腾讯主席马化腾与大家分享腾讯在这过程中的一些体会。

第一点,2011 年一年,整个移动互联网手机短信发生了翻天覆地的变化,智能终端普及带来了与过去时代完全不一样的格局。包括腾讯主席马化腾本人,工作、生活都依赖于手机和平板电脑。

大家看到移动互联网越来越真实地存在我们的身边。大家也看到很多消费者通过手机开始使用越来越丰富的应用,大大延长过去用户和互联网连接的时间。这就带来了产业链的变化,这个产业链非常长,未来的发展方向值得思考。

第二点,在移动互联网的时代,与过去 PC 年代、PC 互联网年代会发生什么样的变化? 前不久腾讯主席马化腾和《失控》作者对话,《失控》作者提出的一个观点值得我们思考。他说过去整个对内容的获取是文件夹和文件,到互联网时代是很多网页加上链接,未来它会变成数据流的标签。

数据流是云端。腾讯主席马化腾的理解是应用是对云端里庞大的各种数据进行筛选、获取,用各种各样的形式满足人们对资讯和通信的各种要求。

未来,移动互联网是应用为王的时代,任何一个小开发者一旦有了好的创意,开发了受欢迎的应用就会迅速被人发现,并在瞬间流行。这在过去传统的渠道,互联网之前都难以想象。因为中间需要很多环节。

第三点,移动互联网会有哪些特点? 过去互联网普及大家谈的都是搜索,今天移动互联网我们谈到搜索,社交化是全球的趋势。现在大家看到很多行业,过去讲的互联网的媒体、电子商务,都会与社交有联系。腾讯最新的是跟 LBS 调用高达 5 000 万次,这个领域的空间还没有挖掘出来。

另外,过去照片主要是从相机里倒出去后再传到网上,未来随拍随发随分享,中间环节会越来越少。腾讯有一个数据,2011 年“五一”腾讯平台每日上传照片 3.6 亿张,同比 2010 年增长 300%,其中 20% 是从手机上发来的。

手机 QQ 活跃度也非常强,过去 160 多条消息,两年前只有 20% 来自手机,现在已经超过一半。在微信平台,大家会感觉到微信和手机 QQ 是不一样的产品,用户需求也不太一样。这就是互联网的魅力所在,任何新机很快会发生,要把握住先机。

第四点,手机安全。过去手机 2.5G 年代,可能相对比较安全,上网也不是很快。安卓时代的到来会对手机产生很大的安全危机,安卓的开放有利也有弊,不管版本是多少,关键是没有一个 APP Store 监管环节。腾讯主席马化腾感觉未来安卓像 PC 一样，很多人用也很开放，一开放会产生各种各样的问题。

而一旦出了问题，个人隐私数据、照片、通信录甚至网络银行、手机银行的数据都有可能被窃取，包括流量，这个危害比过去 PC 时代更为严重。手机安全不是交给一家公司就可以完全解决的，是每一位安全产业链上的从业人员所需要关注的。因此，腾讯非常重视手机安全领域，而且将会有巨大的投入。

作为中国市值最高的互联网企业，腾讯（0700.HK）近来的动作颇让业界耳目一新。不仅难得地开放了自己的平台，而且，对外投资也呈现出兼收并蓄、来者不拒的开放态度。先后斥巨资入主了旅游网站艺龙网（NASDAQ：LONG）、影视公司华谊兄弟（300027，股吧）（300027.SZ）、鞋类电商网站好乐买、钻石电商网站珂兰钻石等。

不过，如果把腾讯上述诸多的动作比作围棋中的占"大场"的话，那么，近日腾讯对老牌 IT 公司金山软件的投资，则无疑是进入到了"对杀"的阶段，欲杀的对象，地球人都知道，那就是奇虎 360。

腾讯此番斥资 9 亿港元，从金山软件董事长求伯君和非执行董事张旋龙处购得金山软件 15.68% 的股权，一举成为这家拥有 14 年历史的 IT 公司的第一大股东。同时，腾讯还另外投资 2 000 万美元给金山软件的子公司金山网络。至此，腾讯可谓将金山一对"父子"全部注入 QQ 血脉。

公开资料显示，金山网络成立于 2010 年 11 月，由金山安全和可牛公司合并而成。目前金山网络旗下的永久免费软件产品包括金山毒霸、金山卫士、金山 T 盘、金山手机卫士、可牛影像等。从金山网络的一系列产品就可以看出，其与奇虎 360 的产品线几乎完全重合。事实上，金山网络就是腾讯、金山软件与 360 对战的桥头堡。而金山网络的 CEO 傅盛，还曾经是 360 安全卫士的总经理。因此，金山网络从产品到市场，对 360 的路数不可谓不清楚。

不过，即便如此，腾讯要靠金山网络来制约奇虎 360，也绝非易事。以金山软件"英雄迟暮"的基因来看，已经很难对付 360 这样的"新"公司。而从 2012 年的 3Q 大战来看，腾讯也无意中暴露出其"英雄迟暮"之态。两个迟暮英雄能否对抗 360，这的确很难讲。

此外，腾讯一直被视为互联网业的"公敌"，既然能被冠之"公敌"，与金山这样产品线同样很丰富的公司，就不可能没有交集。而且，金山软件新任董事长雷军，在从事天使投资时，也投资了不少与腾讯公司存在竞争的公司。因此，腾讯与金山的此番合作，可谓两个刺猬抱团，不能太远，也不能太近。

　　可做注脚的是,尽管求伯君和张旋龙将其持有的金山软件 9.79％ 和 5.88％ 的股份转让给了腾讯,成就了腾讯第一大股东的地位,但是二人随后又宣布,将两人剩下的股份锁定 3 年。同时将投票权全部委托给雷军,由此,雷军直接或间接控制金山共 22.89％ 的股份,在金山拥有绝对控制权,至少在 3 年内,对腾讯在金山的控制力形成了制约。

　　腾讯近期的"散钱"行为,颇有些撒豆成兵的希冀。但是,对于金山软件和金山网络的投资,却是目前最大的一笔投资,已经不能用撒豆成兵来形容,而算得上望子成龙了。腾讯未来是否会进一步入主金山软件,目前尚难定论,但是,对于金山网络而言,腾讯的后续投入肯定会加大。一是因为金山网络是"金山系"中最具互联网基因、最具活力的公司。二是因为有了金山网络在正面战场顽强阻击奇虎 360,360 就很难腾出手来再搞 IM(此前有消息称,360 正在向 IM 领域进军),如此一来,腾讯的 QQ 大可安枕无忧。换言之,腾讯对金山网络的希望,能否战胜 360 并不重要,只要能拖住 360 的后腿就可以了。

　　但是,从目前再度爆发的 3Q 大战来看,金山网络还无法完全担当挡箭牌的作用。360 之于腾讯,依旧是如鲠在喉。

参 考 文 献

[1]　腾讯公布 2011 年第四季度及全年业绩
[2]　Shapiro,Carl(卡尔 • 夏皮罗)& Varian,Hal(哈尔 • 瓦瑞安)*Information Rules A Strategic Guide to the Network Economy*
[3]　tencent. com
[4]　CNNIC. 中国互联网络发展状况统计报告 2011
[5]　赵慧玲《移动互联网的现状与发展方向探索》
[6]　沈晶歆《移动互联网关键技术及典型业务产品研究》

从"新闻超市"到"精品资讯"

——以腾讯新闻为例看新闻网站的转型

王 薇

从腾讯"新闻百科"到"网易数读",再到新浪最新推出的"图穷币现",精品新闻、图说新闻的大趋势已经形成。这是读图时代的进化,如何为用户提供更优质的使用体验,将文字转换成图表、图片,原本花费三五分钟时间阅读的文章,或者一个庞杂的逻辑关系,用一张图表现,从而使用户一目了然,只花费几秒钟时间即可。由这些变化,可以看到,资讯类网站正在经历由"新闻超市"到"精品资讯"的转型。

内容生产转向信息可视化(信息图表——流媒体)

调研发现,首先腾讯近来对此投入很多人力物力,如"十八大报道"进程中推出的"十八大后各地大员的变动"图解,用一张图呈现,地图、头像、些许文字,编辑出文案,设计出图,效率非常高,通常情况下两天到三天即可推出一期。

其次是流媒体内容。如美国大选期间策划了 20 天的图表呈现文案,每日一图,大选结束后将 20 张图做成流媒体,效果可谓非凡,1 小时内点击超过 240 万。

版面设置打破传统"新闻超市"理念,走"精品路线"。

2012 年进行的腾讯首页改版是理念的突破。不再走"新闻超市"的传统理念,更多转向引导网友接受生产者认为值得一看的新闻,以及原创、整合等深度内容的进化,通过网页、手机、微信、APP 等多传播渠道,不断创新文字、视频、图片、栏目。

现在已经不存在什么真正意义上的"原创"了,一条新闻出来马上铺天盖地,大家都有,一个新形式出来,很快就会有各种模仿、跟进。比如"今日话题",作为腾讯的精品栏目,在网上可以找到上千个跟进的类似栏目。比如娱乐频道怎么做,娱乐新闻大家都追得到,就做娱评,做深度的娱乐,把逻辑关系摆清楚,让网友完全不用动脑,只看就可以了。比如腾讯科技,改版后只给网友呈现20条精品稿件,花费更多的精力在深加工和产品策划上。所以,媒体的竞争核心仍然是内容的进化,技术手段谁都可以模仿、创造。

满足受众"个性化需求",给网友更多的个人选择空间

新媒体发展到现在,Web 产品还是 App,产品层出不穷,海量信息下满足网友的个性化需求非常有必要。比如财经专栏的自选股、体育频道的赛事定制等,培养受众习惯,这是腾讯改版的方向。

微博作为新闻事件策划的一个环节,利用话题炒作、名人对话、重大报道运营等手段,不断扩大影响。微博作为自媒体正在发挥越来越不可估量的作用,在大事件传播中,扮演了不可或缺的角色,而这也是腾讯当前非常注重的一个环节。

创造 3 亿用户神话的背后：
微信引发新媒体变革

祁亚楠

【摘要】 微信作为一种全新的移动社交工具，不仅改变了人们的沟通方式，更引发媒体变革。本文从微信的起源说起，介绍微信的诞生过程，分析微信用户数量在两年内突破 3 亿的原因。笔者结合在传统媒体及互联网公司的实践经验，阐述微信对传统媒体及自媒体造成冲击这一现象，梳理多种媒体形态在微信公众平台的运营方法。

【关键词】 微信 公众平台 新媒体

作为一款超过 3 亿人使用的手机应用，由腾讯公司出品的微信已经成为移动互联网时代最炙手可热的移动互联网产品，腾讯公司也因此被外界认为抢到了移动互联网的第一张"船票"。

的确，微信作为一种全新的社交工具，不仅改变了人们的沟通方式，更引发媒体变革。微信兴起之后，传统媒体开始逐步向微信新媒体平台迁徙，自媒体新生群体也百花齐放。

一、微信的起源

（一）了解微信

打开微信官网，我们可以看到这样的文字介绍：一款跨平台的通信工具。支持单人、多人参与。通过手机网络发送语音、图片、视频和文字。

因此，了解微信，抓住一个关键词"通信工具"及四个功能点"发送语音、图片、视频、文字"即可。

微信的起源，得从互联网公司腾讯说起。自 1999 年 2 月腾讯推出 OICQ（2000 年正式改名为"腾讯 QQ"）起，几乎每一个中国人的电脑桌面上都有一个企鹅标志，这款产品作为腾讯的当家产品，活跃互联网十余年。与此同时，近年来只要有新的互联网产品出现，腾讯便快速跟进，成为了当之无愧的"中国最大的互联网企业"。了解了这个背景，就会发现腾讯的业务线几乎涉及所有互联网产品。而微信是腾讯帝国众多产品中的其中一款。

2010—2011 年，台湾出现利用语音交流、分享的通信产品 Talklbox，大陆也出现手机端免费即时通信工具"米聊"。与此同时，腾讯内部有广州研发中心、移动 QQ 等三个部门在研发类似产品。这三个部门中的其中一个，就是腾讯广州研发中心产品经理张小龙（Allen Zhang）及其团队。

用创新工场 CEO 李开复的话说，"张小龙是一个低调的中国互联网老兵"。张小龙 1996 年独立开发了电子邮件客户端 Foxmail。此后，他开发了很多产品，同时从一个超级开发者转变为超级产品经理。他现在被视为中国最优秀的产品经理和创新者之一，颇似杰克·多西（Jack Dorsey，Twitter 创始人）和玛丽莎·梅尔（Marissa Mayer，雅虎新任 CEO，原谷歌高管）在美国的地位。

2010 年，张小龙及其团队基于手机端的特性做了一些适配，创造出微信。微信团队打败了移动 QQ，从腾讯公司内部脱颖而出，最终获得了公司资源倾斜。

（二）微信的发展阶段

在原支付宝首席用户体验规划师白鸦（真名朱宁）看来，微信发展经历了以下几个阶段，我们以图表展示。

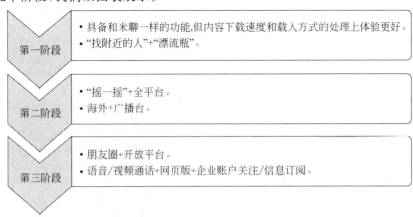

图 1　微信的发展阶段（2010—2012 年）

在业内人士看来,微信已经以其高效的产品迭代速度搭建起了一个创新的基础生态链,至于下一步微信的发展走向如何,我们只能在使用过程中逐步总结。这值得庆幸,因为我们正在亲身经历一个新产品的变革。

二、微信迅速火起的原因

微信创新吗?盘点其功能,每一个都很难说是创新。但整合之后,却带来了创新的体验。大家在使用微信时,总看见人们将手机放在唇边讲话,而非置于耳旁。这是因为他们在用微信的即按即说功能。微信改变了中国人沟通的方式。

据腾讯 2013 年 1 月 24 日发布的数据,微信自 2011 年 1 月 21 日首次发布以来,在不到两年的时间里积累了 3 亿用户,这些用户主要在中国。

为什么微信可以迅速火起,我们试着从以下两个核心原因来判断和分析。

(一)简洁、有趣的产品哲学

张小龙的核心产品哲学是:用极致的简洁和有趣来打动用户。他说:"互联网产品需要超越满足用户需求。它们需要满足用户的欲望。"他还说,"形式有趣的时候,形式就重于功能。"因此,微信尽管和 Whatsapp 和 Kik 等产品有很多相似之处,但却有很多简单有趣的功能:即按即说、摇一摇、漂流瓶、群聊、二维码、会员卡等。这些简单、易用且有趣的特性,让微信的用户数以不可思议的速度增长,并成为了中国移动互联网事实上的社交图谱。

(二)两个关键的产品创新点

我们将这两个关键的产品点归纳为"摇一摇"和"关系链"。摇一摇是微信口碑的起源,而腾讯强大的关系链是微信壮大的基础。

1. 摇一摇是口碑的起源

微信的经典之作在于摇一摇的功能,正是由于此功能引爆了大家的兴趣点,同时也为广大用户之间进行口碑传播提供了基础。

事实上,这确实是一个无与伦比的创新。因为该设计从单纯的大家习以为常的触摸中走出来,通过一种实际有效的动作来促成功能的实现。

当前,摇一摇功能已经成为了诸多移动互联网应用的必备神器。

2．关系链是微信壮大的基础

依托腾讯 QQ 强大的关系链，微信迅速地传播和吸引到了海量的用户。同时，在 QQ 海量好友的基础上又进行了相对有效的过滤，让微博好友升级为密友，而不仅仅是泛好友。

这是无法避免的事实，也是微信能够在腾讯平台上诞生并壮大的重要原因之一。

三、微信公众平台引发新媒体变革

2012 年，一位名叫"蟹妖"的网友在活动中请教过张小龙关于公众平台的一些想法，并发布到网上。对于公众平台，张小龙的答复是"我特别希望，微信能帮助到个人，让个人能发光。一个人只要有一点点想法，就可以有 100 个读者。哪怕一个盲人，只要有一技之长比如按摩，也能通过微信找到他的 100 个顾客而生存下去。那么这个盲人，也可以有自己的品牌、粉丝群、客户"。

这可以被看作微信团队做公众平台的初衷。

事实上，一言以蔽之，微信公众平台就是解决用户获取内容信息的问题，同时发掘自身的商业模式。

的确，在碎片化阅读时代，手持设备成为人们获取轻量资讯的最佳载体。精准、着眼细分人群的微信公众服务也逐步通过各种方式进入普通人的视野。人们期待更精致的内容，微信公众号改变的是传播方式，也是细分媒体的生态。

（一）传统媒体向微信迁徙

微信用户超过 3 亿，传统媒体要怎样分一杯羹？首先要说明的是，对于媒体而言，微信令媒体回归了"单向传播"的年代。

1．迁徙之路

在传统媒体时代，以广播电视、报纸、杂志为代表的媒体自豪于受众面覆盖之广，而微博时代的到来，使得媒体在新媒体传播上小试牛刀。在传统媒体的官网微博上，媒体的一举一动是所有受众都可以看见的，且与读者进行多向的关系互动，同时产生二次开发内容。但在微信上，媒体回归了私密环境。

很难说这是否为媒体愿意看到的现象，但至少在当前微信当道的大环境下，媒体愿意先开启公众账号，使得自己多出一个新媒体运营平台。

以央视新闻为例，一向被认作"保守"的央视新闻已经于 2013 年 4 月 1 日开启了微信公众账号，并前所未有地在新闻节目结束时由主持人播报"请关注我们的官方微信账号"。

中央电视台主持人欧阳夏丹在首条微信中表示，今后将每天通过微信为大家带来新鲜好看的新闻资讯。[①] 央视开启微信公众账号，意在使得品牌基因得到延展，在用声音唤起用户的回忆和联系的同时，顺利将受众转移到移动端。

图 2 "央视新闻"微信公众账号界面

2. 传统媒体的微信运营之道

传统媒体如何运营微信公众账号？这一问题目前有很多从业人员正在探讨。笔者认为，对传统媒体而言，在微信公众账号上的最重要价值即拓展订阅模式，满足用户高质量的资讯需求。

首先，传统媒体多具有权威性和媒体公信力，基于此，许多传统用户会转移到移动端，这些用户不经主动开拓便可成为微信公众账号的关注者；其次，用户订阅传统媒体的微信公众账号，意在第一时间获取更加权威的第一手信息。

在这个过程中，用户不用去主动查找新闻，而是订阅，从而被动接受。这意味着新闻的质量非常重要，决定了媒体给用户的印象。用户希望在这里获得比自己更专业、更全面的视角、观点，因此，原始事实要经过整合再输出，争取将"一对一"的传播优势最大化。

（二）微信催生自媒体

在当前媒体定义广义化的语境下，精英媒体机构一统天下的时代已经过去。从 UGC(用户创造内容)到自媒体，只要你拥有话语权、拥有信息，你自己就是一个媒体，能吸引到关注你信息的人来关注你，随之产生影响力。

从互联网时代的 BBS、博客再到移动互联网时代的微博、微信，这些产品帮助很多个人成就了各行各业的自媒体。微信作为一个好的自媒体发布，吸引数

① 刘华宾."央视新闻"微信正式上线. 东方网. 2013 年 4 月 1 日，http://sh. eastday. com/m/20130401/u1a7296071. html.

家自媒体入驻。

1. 什么样的人可以做自媒体？

要将自媒体做好并坚持运营不是件容易的事情。一般而言，资深行业人士、资深产品玩家、资深媒体人士、资深观察人士比较容易长期运营微信自媒体。

因为他们浸淫行业数年，熟悉细分领域的最新动向及基本背景，有极充分的文章素材，可以保持对自媒体受众的最新信息输送。

2. 自媒体在微信平台上的运作路线——精英化

实际上，微信本身平台的规定和形态，注定了在微信上生存的自媒体必须精英化。

首先，微信公众平台规定，每天只能发布 1～3 条信息，不像博客和微博，可以无限制发送，因此选题"精英化"；其次，用户在移动设备上没有太多耐心浏览过长的文章，因此要求内容"精英化"；最后，自媒体平台现在已经聚集了数百个自媒体公众账号，对用户而言，经常浏览的为 3～5 个，这使得读者在选择上"精英化"。

以韩寒的微信公众账号"一个·韩寒"（微信号：one_hanhan）为例。这是一个由原《独唱团》团队捉刀，"一个"不光登录应用市场，还登录微信账号——每天不会推太多东西，只有一篇文章。"一个"在内容上显得更纯粹，而且文章内容高质量。

（三）微信，广播媒体的机会

对于广播媒体来说，微信具有天然亲近感。因为微信是以语音和文字传输为主的社交化移动工具，广播媒体可以将电台的互动模式转移到微信上来，以语音信息为载体，搭建与听众沟通的平台。

1. 广播和微信有天然亲近感

语音信息，是微信产品中一个强大且富有新意的信息呈现功能。在微信平台上，声音信息简化了短时沟通的方式，更提供了用户与媒介便捷沟通的桥梁。

目前，已有许多广播电台主持人或品牌节目在微信公众平台上开通账号，如上海东方广播公司将 Love Radio 的三档节目《阿彦和他的朋友们》、《早安新发现》和《最爱 K 歌》开通微信公众平台账号，这使得他们与听众的距离拉到最近。当用户感受到手机那端主持人的"私人交流感"，他（她）对 DJ 以及节目的忠诚度会大幅上升。

2. 广播媒体如何运营微信公众账号

当前,用户关注微信公众账号的方式,更多的是通过各个微信公众账号的运营者,以及媒体推荐、朋友推荐等口碑传播。广播媒体有着精准的用户群体,可以通过传统节目捆绑式宣传、自有渠道落地宣传等方式,不断推荐跨界内容,覆盖不断更新的用户群。

这种跨界优质内容的传播是一种双赢策略,一来用户可以获取更多有价值的内容;二来为广播媒体和微信的生态带来积极作用。

总之,目前从腾讯内部来看,以张小龙及微信团队为代表的人,他们本着"不打扰用户"的原则,希望营造一个更为沉静的平台,所以迟迟未开通微信公众账号官方目录渠道。因此,我们在微博上常看到的公众账号"互推"现象,暂时未在微信公众平台上出现。

这一现象对微信用户而言,保证了使用环境的优质及用户体验的良好,但是如此严格把关公众媒体的生态,也让优质账号很难被发现,媒体运营时遭遇天然阻力。因此,广播媒体乃至所有微信公众平台账号运营者,在运营时都需要扮演"把关人"角色,保证用户体验的良好,也维护自身口碑。

参 考 文 献

[1] 冷风:《微信用户猛增 马化腾拿到移动互联网第一张船票》,IT 商业新闻网,2012 年 12 月 22 日,http://news.itxinwen.com/internet/inland/2012/1222/467101.html。

[2] 自媒体(We the Media):互联网时代的网络术语,意指在网络技术;特别是 Web 2.0 的环境下,由于博客、微博、共享协作平台、社交网络的兴起,使每个人都具有媒体、传媒的功能。

[3] 引用自微信官方页面,http://weixin.qq.com/。

[4] WhatsApp 是一款跨平台应用程序,用于智能手机之间的通信。

[5] Kik 即手机通信录的社交软件,可基于本地通信录直接建立与联系人的连接,并在此基础上实现免费短信聊天、来电大头贴、个人状态同步等功能。

[6] 《微信为什么要做公众平台,走媒体化路线?》,知乎网,2012 年 10 月 14 日,http://www.zhihu.com/question/20428898/answer/15396582。

个案解剖：腾讯第 19 届世界杯报道研究

宋梦圆

【摘要】 互联网作为继报纸、广播、电视三大传统媒体之后的"第四媒体"，在传播体育赛事方面发挥着越来越重要的作用。腾讯网是中国目前最大的互联网综合服务提供商之一，在第 19 届足球世界杯期间凭借成功的营销策略，对世界杯足球赛进行了精彩报道，深受广大网民的喜爱。论文采用文献资料法、专家访谈法、实地调查法等研究方法，对腾讯网第 19 届足球世界杯期间营销策略进行了研究，总结了腾讯网第 19 届足球世界杯营销策略的可取之处并提出一些建议。

【关键词】 腾讯网　足球　世界杯　营销策略

1　前　　言

互联网作为继报纸、广播、电视三大传统媒体之后的"第四媒体"在传播体育赛事方面发挥着越来越重要的作用。但与此同时，也加剧了媒体间的竞争。在这种竞争中，营销策略的制定和实施显得尤为关键。

腾讯公司成立于 1998 年 11 月，是目前中国最大的互联网综合服务提供商之一，腾讯网（www.QQ.com）是集新闻信息、互动社区、娱乐产品和基础服务为一体的大型综合门户网站，它通过强大、实时的新闻报道和全面深入的信息资讯服务，为数以亿计的互联网用户提供全方位的便捷服务和富有创意的网络新体验。

2010 年 6 月第 19 届足球世界杯在南非开战，为此，腾讯网对视频直播进行了诸多产品的创新，最终在中国四大门户网站中脱颖而出。在影响力、满意度、独家权威性、创新性、网络广告、视频覆盖率、流量、报道速度、互动性、新闻量共十项核心指标上均位列门户第一[①]（参见表 1～表 4）。

---

① Comscore、易观国际、清华大学媒介调查实验室。数据统计时间：2010 年 6 月 11 日至 7 月 12 日。

表 1　各网站影响力调查情况

影响力/%	用户覆盖率	用户忠诚度	网站影响力	用户喜欢网站
腾讯	83	41	68	41
新浪	71	26	58	23
搜狐	46	7	40	8
网易	48	8	33	8

表 2　各网站满意度调查情况

满意度/%	赛事数据库	报道内容	页面视觉	总体体验
腾讯	52	54	51	41
新浪	41	42	37	32
搜狐	42	45	41	38
网易	26	28	26	22

表 3　各网站权威性调查情况

权威性/人	专访国际球星	国内球星	娱乐文化名人
腾讯	149	44	50
新浪	60	8	19
搜狐	35	12	16
网易	29	3	3

表 4　各网站创新性调查情况

创新/%	微博参与度	竞猜参与度	直播实时聊天参与
腾讯	56	61	56
新浪	54	44	49
搜狐	27	32	32
网易	29	27	24

本文以腾讯网为研究对象，研究了 2010 年第 19 届足球世界杯时腾讯网的营销策略。研究采用了文献资料法、专家访谈法、实地调查法等研究方法，从理论与实践相结合的角度对腾讯网在 2010 年第 19 届足球世界杯期间所运用的营销策略进行较为深入的探讨。

2 文献综述

根据笔者所查阅的文献资料，国外对网络营销问题的研究主要集中在网络营销的作用、网络营销模式和网络营销收益三个方面，国内对网络营销问题的研究主要集中在网络媒体营销作用、网络媒体竞争力和网络媒体营销策略几个方面，具体如下：

郑蔚雯通过分析美国网络媒体在线广告经营状况，认为目前美国在线广告效益下滑，移动广告效益逐步攀升；并提出借鉴新兴媒体的发展现状，寻找美国网络媒体未来的经营模式，探寻网络媒体除在线广告以外的收入来源形式的相关建议①。

赵晶晶通过分析政治、经济、社会和技术等外部环境对网络媒体带来的影响，提出了决定网络媒体盈利模式的五种竞争力，并指出了"政府政策"对中国网络媒体的作用②。

温瑾分析了网络媒体的差异化问题，认为差异化的核心是形形色色的网民，从表面看，网络媒体向不同的网民提供的是同一种产品和服务，但网民所得到的信息和服务可能是完全不同的东西。如何让这种"差异"成为网络媒体的制胜武器，该文提出了一些具体的建议③。

综上所述，国内外对网络媒体和网络营销有大量理论和实证的研究，研究重点各有差异，研究对此文均有借鉴意义。网络媒体营销有共性，单个门户网站营销有其独特性，应加以区别对待，以腾讯网为研究对象围绕第 19 届足球世界杯而展开的营销研究尚属空白，因此，本文的研究在一定程度上为营销理论的研究提供了翔实的案例，也对腾讯网络营销有重要的指导意义。

3 研究对象与研究方法

3.1 研究对象

本文以腾讯网为研究对象，研究了腾讯网在第 19 届足球世界杯期间所采

---

① 郑蔚雯. 2010 美国网络媒体发展报告. 新闻实践，2010(7).
② 赵晶晶. 略论中国网络媒体竞争力及盈利模式. 重庆大学，2006(6).
③ 温瑾. 网络媒体差异化营销策略. 中国传媒科技，2002(12).

取的营销策略。

3.2 研究方法

3.2.1 文献资料法

3.2.2 专家访谈法

3.2.3 实地调查法

4 分析与讨论

4.1 相关概念界定

4.1.1 营销策略

营销策略是指企业以顾客需要为出发点,根据经验获得顾客需求量以及购买力的信息、商业界的期望值,有计划地组织各项经营活动,通过相互协调一致的产品策略、价格策略、渠道策略和促销策略,为顾客提供满意的商品和服务而实现企业目标的过程。

4.1.2 网络媒体

网络媒体有广义和狭义之分。广义上,网络媒体是指一切通过互联网发布信息的平台。狭义上,网络媒体是指基于互联网传播数据技术、表现界面并经过一定专业编辑系统加工制作、主要以发布新闻及与新闻有关的信息为主的综合信息发布平台[①]。

4.2 腾讯网第 19 届足球世界杯营销的主要策略

腾讯网第 19 届足球世界杯期间,运用的营销策略主要有三种,即准确的产品定位策略、差异化营销策略和产品创新策略。

---

① 周世林.当今网络媒体营利模式探究.社会科学论坛:学术研究卷,2007.

4.2.1 产品定位策略

产品定位是指公司为建立适合消费者心目中特定地位的产品，所采取的产品策略以及产品营销组合的活动。腾讯网第 19 届足球世界杯营销的成功首先得益于其正确的产品定位。腾讯网的产品定位依据主要有两点：一是网民的偏好；二是腾讯网的优势。

1. 根据网民的需求进行准确的产品定位

要进行准确的产品定位，首先需要了解消费者的需求。腾讯网一直致力于对用户需求的研究，2006 年就在公司范围内开始推广用户研究工作（Customer Experience）。研究结果显示，网民的需求集中于以下几点。

（1）真实性。对于网络媒体来说，真实性是最基本的准则。这就需要网络媒体有真实、充分、权威的新闻素材和来源。

（2）独家性。网民最想在第一时间了解到新鲜的独家资讯。这就需要网络媒体有独特的视角和独家的报道渠道。

（3）便利性。在服务的提供方面，便利、全方位、清晰的网站浏览模式是网民所追求的，这就需要网络媒体在设置页面板块时要考虑到广大网友便利性的要求和使用感受。

（4）富有创意。富有创意的网络产品能够满足网友追求新奇的感受和乐趣的要求，这就需要网络媒体在产品研发时不仅要推陈出新，更要把网友的感受和需求作为首要的依据。

根据网民上述的需求，腾讯网在第 19 届足球世界杯期间的产品定位是：充分利用腾讯网集新闻信息、互动社区、娱乐产品和基础服务为一体的大型综合门户网站的优势，通过各种方式，及时、准确、独特、清晰地向广大网民呈现赛事情况。由于准确把握了网民的需求，并紧紧围绕网民的需求进行产品定位，因此可以提供高质量的服务。

2. 根据腾讯网的优势推出符合网民需求的产品

（1）以四大平台服务于网友

腾讯以"为用户提供一站式在线生活服务"作为自己的战略目标，并基于此完成了业务布局，构建了 QQ.com、QQ IM、QZone、SOSO 四大平台，形成中国规模最大的网络社区。

首先，腾讯网（QQ.com）作为中国浏览量最大的中文门户网站，世界杯期间在腾讯首页及所有频道都增设了世界杯入口和世界杯专区。腾讯网凭借自身多平台互动的优势及时发布与世界杯相关的各种信息,从而为广大网友提供了一个全面、权威、主流的信息平台。

其次,腾讯即时通信软件 QQ IM 能够即时高效地把信息传达给用户。QQ客户端的迷你首页(All in one,AIO)及 QQ 的弹出窗口(TIPS)将南非世界杯赛场的最新资讯以最快速度推送给用户,让用户在第一时间感受到前方赛场的精彩实况。

再次,QZone 即 QQ 空间,一直以来它以高自由度和创意性的展示受到广大 QQ 用户的喜爱。世界杯期间 QZone 添加世界杯的应用模块,在该模块中QQ 用户们参与竞猜支持自己喜欢的球队。

最后,腾讯网的搜索引擎搜搜 SOSO 在世界杯期间也为广大网民观看比赛提供了很大的便利。球迷可以通过搜索了解比赛赛程、相关新闻和最新动态,让网民在看世界杯的同时真正了解世界杯。

通过 QQ. com、QQ IM、QZone、SOSO 四大平台的互动,不仅满足了广大网民及时、全面地了解世界杯资讯的需求,还满足了用户的主场在线体验。

(2) 技术性强、内容丰富、多位权威人士参与

在网络媒体日益同质化的今天专业性是媒体生存必须追寻的标准,腾讯网在此次世界杯大战中凸显了主流媒体的专业特质,这些特质具体体现在技术性强、内容丰富、具有权威性。腾讯与国外专业公司进行合作,从英国引进专业Prozone 数据,并独家创新出数据分析大师,占据了高端的媒体传播技术;在内容方面,腾讯网在世界杯页面首页比较明显的位置标注了报道入口,方便网友直接点击进入;同时腾讯网在世界杯期间延续奥运会金牌的 tips 通道,该通道会在 10 秒之内将赛场的重要信息传给 QQ 用户,24 小时为广大网友提供最新鲜、最快捷的报道;同时腾讯网与国际足联官方图片社合作,全程直播 64 场比赛高清图片,供球迷即时观赏。

就权威性而言,世界杯期间,腾讯网邀请到的权威人士数量位居四大门户之首,腾讯网的访谈对象有国内外体育明星。签约明星的存在大大增强了腾讯话语权的权威性。腾讯签约的评论员详见表 5。

(3) 联手中国网络电视台,打造一流视频体验

在世界杯期间,由于广大网友无法亲临现场,不能清晰、直观地观看到 64场赛事。腾讯网考虑到了广大用户的这一实际需求,联手中国网络电视台,成

为唯一一家被授权对南非世界杯进行报道的机构，并拥有对南非世界杯的独家网络视频直播权，这是中国媒体第一次对世界杯进行全程的网络视频直播。据调查，有 52％的网友选择腾讯网世界杯视频直播观看了比赛。

表 5　腾讯签约的评论员

签约评论员	
阿根廷王子——雷东多	国家队少帅——高洪波
足坛语言大师——陈亦明	国家队出场次数最多——李明
甲 A 黄金一代——马明宇	中国头号前锋——韩鹏
亚足联主席——张吉龙	首个体育金话筒——刘建宏
妙语连珠快嘴——段暄	足球教父——朱广沪
世界冠军球员——卡伦布	

（4）微博茶馆，满足用户互动需要

微博在国内外逐步兴起，这对网友的世界杯体验来说是一次全新的变革，腾讯前方记者团亲赴比赛现场，用手机和互联网即时发回赛场资讯和球星轶事，用户只要上线腾讯微博，就可以收听自己喜欢的球队并关注球星最新动态。

（5）组织独家探营团队，为网友提供赛前独家报道

从 2010 年 3 月份开始，腾讯网组织了一个 15 人的团队，发起了"五大洲国家队独家探营"活动。团队人员兼具语言、体育、新闻等优势，是国内首个国际性世界杯报道行动团队。探营团队足迹遍布全球五大洲 32 个国家，采访了百余名知名球星、教练以及官员，介绍了 40 余座足球赛场，报道新闻总量高达1 200 余条。这种"捷足先登"的营销策略不仅使腾讯网在南非足球世界杯的报道中抢占了先机，而且使广大球迷提前分享了新鲜、即时、权威的世界杯备战资讯。

4.2.2　形象差异化策略

差异化策略的核心是追求产品的不可替代性，这种不可替代性能够给企业带来巨大的盈利空间。在第 19 届足球世界杯期间，腾讯网的差异化营销主要体现为形象的差异化。

1. 独家签约国际巨星作为形象代言人

第 19 届足球世界杯腾讯网特别邀请了国际足坛巨星梅西和卡卡作为形象

代言人,这在国内尚属首例。在世界杯期间,两人的肖像、图片、音频和视频等资料为腾讯网独家所有,国内的其他媒体(包括中央电视台)无权擅自使用他们两人的资料进行相关宣传,这使得腾讯网占据了第一时间的有利条件,及时、迅速地向广大网友传播两人的进球情况、赛场花絮、战绩、赛场图片、比赛视频等。

2. 独家签约国家队主帅开设评球专栏

第19届足球世界杯期间,腾讯网特别邀请了国足主帅高洪波开设《高洪波专栏》。比赛期间,高洪波每天都在腾讯世界杯《高洪波专栏》发表评论,他以深厚的技战术素养和丰富的实战经验,对双方的技战术打法进行解读,并对各支球队的比赛前景进行预测。专业性的评论满足了腾讯网球迷更好地解读世界杯的需求。

3. 独家特邀文化音乐名人关注世界杯

世界杯赛事期间,腾讯网是唯一一家特约文化作家去南非看球评球的门户网站。腾讯网邀请了阿来、余华和池莉三位文化名人前往南非看球,他们以一种非专业球迷的身份,通过独特的文化视角,在腾讯博客中解读南非世界杯的点点滴滴。三位文化名人的博客让广大球迷体验到了一种非竞技、非比赛的足球文化,给腾讯的网友带来了一场与众不同的精神文化享受。

4. 体育明星加盟腾讯微博

在世界杯期间,腾讯网邀请了许多体育界的知名人士,如体操明星陈一冰、女子蹦床冠军何雯娜、中国"飞人"刘翔、篮球明星李楠等,他们都在腾讯微博上发表博文支持自己喜爱的球队,并与网友一起聊球、评球。中国体育明星的加盟,为腾讯微博带来了显著的明星效应,吸引了更多的腾讯用户。

4.2.3 产品创新策略

1. 传播模式的创新

Web 2.0时代网络媒体对于世界杯的角逐更多地体现在传播手段和用户使用方式变化层面。为更好地进行传播,吸引更多用户,网络媒体除了内容创新之外,形式创新也是关键一环。第19届足球世界杯期间,腾讯网的创新变为其独居特色的"微博+视频"直播模式。具体分析如下:

第一,腾讯网联手CNTV通过在线同步视频第一时间直播第19届世界杯64场比赛,保证了比赛传播的时效性。此外,腾讯网在世界杯直播视窗开设专栏进行微博同步直播。微博作为一种最新的实时通信系统,把互联网和移动通信联系在一起,使得网友和网站的互动性大大增强,网友不再被动地接收资讯,而是可以进行自我表达、宣泄及与他人交流,大大增强了用户的参与感。

第二,基于 QQ 强大的用户基础,使 QQ 成为世界杯频道的导入机制,流量大幅度增加。QQ 客户端的 AIO(即 All in one,迷你首页)即时将世界杯赛场的最新动态推送给用户,让用户在第一时间了解世界杯的最新动态。腾讯网 TIPS 窗口的弹出,让广大 QQ 用户即时了解到世界杯赛场的重要资讯,腾讯这种独创的"IM＋门户＋微博"的"秒互动"模式不仅给广大用户带来了全新的观看体验和参与乐趣,而且变革了老门户网站的传播模式和互动方式,极大地增强了腾讯世界杯报道的影响力。

2. 产品的创新

产品创新指产品的使用价值有别于过去的产品,新产品能更好地满足市场不断变化的需求。腾讯网在世界杯期间进行的产品创新主要有时间轴、数据分析大师、竞猜产品等。

(1) 时间轴

时间轴指通过互联网技术,依据时间顺序,把一方面或多方面的事件串联起来,形成相对完整的记录体系,再运用图文的形式呈现给用户。与电视转播相比,网络能满足广大网友随时查看世界杯的赛况和进程的需求,因此,四大门户网站(腾讯、新浪、搜狐、网易)都顺势推出了时间轴,腾讯在这方面尤为成功。四大门户网站时间轴功能比较情况见表 6。

表 6　四大门户网站时间轴功能比较

网站名称	内　容	差　异
腾讯	进球、红黄牌、换人射门、控球率	准确显示交战双方在比赛时的进球、换人和红黄牌等这些主要内容,同时还能表现射门、控球率等内容;将即时数据作为时间轴的重要补充,帮助球迷快速获取比赛的各种信息,全面掌握比赛的赛况
新浪	进球、红黄牌、换人	体现交战双方比赛时的进球、换人和红黄牌的发生时间,但无法显示关联的信息和画面
搜狐	进球、红黄牌、换人	比赛精确到每一分钟,但是交战双方在比赛时的进球、换人和红黄牌等这些主要内容显示得不够突出,模糊了时间轴的核心用处
网易	进球、红黄牌、换人	只能体现交战双方的进球、换人和红黄牌各项所发生的时间

（2）数据分析大师

世界杯期间的评球、论球是球迷关注的热点之一，而评球、论球离不开数据的支持。为满足球迷评球、论球的需求，腾讯网引进了国际足联数据库供应商——英国著名体育分析公司 ProZone 的主页数据分析系统，打造了"数据分析大师"，成为国内唯一一家拥有此项数据系统的网络媒体。在世界杯期间，数据分析大师凭借强大的数据分析能力，为广大网友评球论球提供了翔实的数据资料。

（3）竞猜产品

第 19 届足球世界杯期间，腾讯网推出了以押分、自动计算实时赔率为基础的竞猜产品。竞猜产品包括三种：第一种竞主要针对每场比赛竞猜，如胜负平、谁先晋级、总进球数等；第二种是邀请刘建宏、段暄两位著名足球评论家参与竞猜，球迷在竞猜的同时既可以以足球名家的预测为参考，也可以与他们的预测一决高下；第三种是牵手五羊丰田推出丰厚奖品，每场比赛竞猜积分前三名的球迷将获得一辆由五羊本田提供的摩托车，在此期间，参与竞猜的网友每天以几十万的速度暴增。

4.3 腾讯网第 19 届足球世界杯营销策略的启示

4.3.1 满足网民需求

从腾讯网第 19 届世界杯可以看出，正确的产品定位在腾讯网的营销过程中发挥着十分重要的作用。世界杯期间，腾讯网根据对用户价值的深入了解，适时推出了一系列满足用户需求的产品，得到了广大用户的认可。

4.3.2 进行差异化营销

在世界杯的营销过程中，腾讯网通过产品和形象两个方面的差异化策略取得了良好效果。但是笔者认为，单纯地从产品和形象两个方面进行差异化是不够的，这种效果比较分散，达不到整合优势。腾讯网在以后的营销过程中，应该以打造品牌栏目为目标，将需要进行差异化的各个方面进行资源的整合，重视整体品牌栏目的创建和打造。

4.3.3 提升员工创新素养

通过第 19 届足球世界杯赛事的营销可以看出，腾讯网在产品和技术的创新方面表现突出。通过这次世界杯的报道和赛事营销,笔者发现,腾讯网的员工除了要掌握基本的编辑知识以外,还应加强自身的创新素养,不仅应对本栏目正在或是即将进行的赛事了如指掌;而且要了解赛事中如何调动网友的积极性,策划出怎样的报道方案进行预热宣传以吸引网友的关注;并且在专题制作时考虑到怎样的设计图案、怎样的标题会吸引网友的注意力,提高网友的点击率。这些都是一个合格编辑应努力的方向。

4.3.4 重视微博营销

2010 年是"微博的时代"。微博在新媒体的报道中已经占据很重要的位置,微博的发展水平已成为鉴定主流媒体特性的一个重要因素。腾讯微博于 2010 年 3 月份上线,在世界杯的直播报道中发挥了巨大的作用。相对于微博成熟的门户网站而言,腾讯微博起步较晚,负责该栏目的组成人员较少,体育微博在腾讯网占的比重小,在整个频道中没有引起足够的重视。随着微博的发展和普及,笔者认为,腾讯管理层应给予微博高度的重视。

5 结论与建议

5.1 结论

通过对腾讯网第 19 届足球世界杯期间营销策略的研究,得出以下结论:

第一,充分的营销调研是腾讯网网络营销取胜的重要前提。

第二,腾讯网准确的市场定位是成功的关键。

第三,腾讯网第 19 届足球世界杯期间提供的高质量服务产品较好地迎合了网民需求。

第四,腾讯网大胆的创新助其在网络营销中取胜。

5.2 建议

尽管腾讯网第 19 届足球世界杯赛事的营销取得了巨大的成功,但腾讯网在体育赛事营销中仍有若干需要解决的问题,因此,笔者还要为腾讯网在体育赛事方面提出若干建议:第一,关注员工职业培训;第二,营销创新激励机制;第三,重视腾讯微博的营销作用;第四,加强营销管理。

第9章　全球最大市值公司苹果的发展模式

宋　青

苹果股份有限公司(Apple Inc.)注册成立于 1977 年 1 月,总部位于美国加利福尼亚州硅谷的核心地带——库比提诺,现有约 63 300 名员工,其核心业务为电子科技产品,既为全球第一大手机生产商,也是全球主要的 PC 厂商之一。

2011 年 8 月 10 日,苹果公司市值超过埃克森美孚,成为全球市值最高的上市公司。2012 年 2 月底,苹果市值在派息预期的刺激下大涨①,一举突破 5 000 亿美元关口。目前,苹果的市值已达到 5 460.76 亿美元②,与市值排名第二位的埃克森美孚之间的差距较大。苹果现有近千亿美元的现金储备已经超过了美国财政部的现金储备,可谓"富可敌国"。

自 1977 年 1 月成立以来,苹果公司由最初一家专营个人电脑硬件和软件开发的美国本土企业,逐步发展到提供个人电脑系列、播放器系列、智能手机以及所提供产品的配套产品及配套软件的跨国公司,取得的业绩令世人瞩目。在《商业周刊》列出的全球最伟大公司中,苹果排名第一。《财富》杂志称苹果前任 CEO 乔布斯为"过去十年最伟大的 CEO"。

9.1　创始人及创业史

9.1.1　创始人

谁都不会想到,一位 21 岁的辍学青年,与童年好友在自家车库开办的一个不起眼的小计算机公司,居然在 36 年后成为了世界上价值最高的科技公司。

回顾苹果前任 CEO 史蒂文·保罗·乔布斯(Steven Paul Jobs)的传奇一生,不禁让人唏嘘。

---

① 派息:股市用语,股票前一日收盘价减去上市公司发放的股息称为派息。
② 截至 2012 年 6 月 30 日。

　　乔布斯曾 8 次登上《时代周刊》封面,一生在若干独立的技术产业中样样做得风生水起。1977 年推出的 Apple Ⅱ 开启了 PC 时代;21 世纪初,苹果通过 iPod 和 iTunes 使合法数字音乐成为主流;2007 年推出的 iPhone 颠覆了传统手机产业。除了技术产业,乔布斯还在美国好莱坞影视圈大展手脚。1995 年,乔布斯的皮克斯工作室制作的全球首部全长度电脑技术动画电影《玩具总动员》引领了 3D 动画领域的新潮流。

　　"求知若饥,虚心若愚"(Stay Hungry,Stay Foolish)是乔布斯于 2005 年在斯坦福大学毕业典礼上演讲最深入人心的一句话。即使时运不济、疾病缠身,乔布斯从未停止过创新的脚步,矢志不渝地实践着优化人类生活体验的终极梦想。

表 1　苹果前任 CEO 乔布斯大事记

时间	年龄	大　事　记
1955 年		出生在美国加利福尼亚旧金山
1972 年	17 岁	高中毕业后进入里德学院(Reed)读书,但很快辍学
1974 年	19 岁	同好友沃兹·尼亚克(Steve Wozniak)一起为硅谷知名电子公司阿塔里(Atari)设计视频游戏
1976 年	21 岁	时年 21 岁的乔布斯和 26 岁的沃兹·尼亚克在位于加利福尼亚库比提诺的乔布斯家的车库里用 1 250 美元办起了苹果电脑公司(Apple Computer),设计出了首款基于 ROM 的单一主板计算机——苹果一(Apple Ⅰ),售价 666 美元
1977 年	22 岁	苹果公司正式注册成立,被"咬了一口"的苹果标志诞生。风险投资家马克把乔布斯和沃兹·尼亚克的资产估计为全公司股份的 2/3,而他自己投资 9.1 万美元,获得了苹果公司 1/3 的股份。同年 4 月,首款畅销 PC——苹果二(Apple Ⅱ)问世,配置塑料外壳、键盘和彩色显卡。同年,Apple Ⅱ 登上《时代》杂志封面
1980 年	25 岁	12 月 12 日,苹果公司首次公开发行股票(IPO),以每股 22 美元的价格公开发行 460 万股,集资 1.01 亿美元。公司市值为 17.78 亿美元。乔布斯作为苹果最大的股东,拥有净资产达到 2.17 亿美元
1983 年	28 岁	乔布斯推出以自己女儿名字命名,用户界面更友好、更直观的 Lisa 操作系统和廉价版 Macintosh。招聘百事可乐前总裁约翰·斯库里(John Sculley)出任苹果新总裁兼 CEO
1984 年	29 岁	第一台一体机 Macintosh 面市
1985 年	30 岁	在斯库里和苹果董事会的压力下,乔布斯辞职,获 1.5 亿美元。乔布斯随后开始创建 NeXT Software 公司。同年 2 月,乔布斯获得里根总统颁发的国家技术大奖(National Medal of Technology)

时间	年龄	大 事 记
1986 年	31 岁	乔布斯花费 1 000 万美元收购皮克斯动画工作室（Pixar Animation Studios），该工作室制作出第一部全长度计算机动画电影《玩具总动员》
1995 年	40 岁	皮克斯动画工作室上市，发行 600 万股，每股发行价格区间为 12～14 美元。同年，苹果因市场份额萎缩、无法满足消费者需求，利润骤降 48%
1996 年	41 岁	乔布斯将 NeXT 公司以逾 4 亿美元出售给苹果，获 1.75 亿美元现金和股票，返回苹果担任顾问
1997 年	42 岁	乔布斯出任苹果临时 CEO。他简化苹果生产线，把公司正在开发的 15 种产品缩减到 4 种。与微软结盟，同意 MS Office 入驻 iMac PC，成为《时代周刊》的封面人物
1998 年	43 岁	乔布斯推出有着水果色、水滴形状塑料外壳的 iMac 计算机，iMac 成为当时美国最畅销的个人计算机，苹果公司的硬件业务得以重振
1999 年	44 岁	苹果发布 iBook 笔记本和功能强大的 G4 台式机
2000 年	45 岁	乔布斯正式成为苹果 CEO。距 1985 年乔布斯从苹果辞去公职已经时隔 15 年
2001 年	46 岁	苹果发布 Titanium Powerbook 笔记本，推出 iTunes 软件和 iPod 播放器
2003 年	48 岁	乔布斯推出 30 厘米、43 厘米厚的 PowerBooks，预装 Safar 浏览器和 iLife 软件包，包含 iPhoto、iMovie 和 iDVD 软件。同年 4 月，iTunes 商店上线
2005 年	50 岁	乔布斯在斯坦福大学毕业典礼上做了著名的主题演讲，谈论了自己的胰腺癌诊断过程及寻找最喜爱的工作等话题
2006 年	51 岁	迪士尼以 74 美元的价格收购皮克斯，乔布斯成为迪士尼最大股东
2007 年	52 岁	苹果计算机公司正式更名为苹果公司（Apple Inc.）。6 个月后，苹果销售首款 iPhone 智能手机和 iPod Touch。自此，智能手机市场的原有格局完全被打破
2008 年	53 岁	苹果推出当时最薄的笔记本电脑——1.9 厘米厚的 MacBook Air。6 个月后，苹果推出 iPhone 3G
2009 年	54 岁	金融风暴后，业界经营一片惨淡，苹果公司却仍稳居《福布斯》全球高绩效公司榜单。2009 年，他被《财富》杂志评选为近十年美国最佳 CEO，同年当选《时代周刊》年度风云人物之一
2010 年	55 岁	苹果推出 iPad 平板电脑，年底销量超 1 500 万部。iPad 发布一个月后，苹果市值达到 2 220 亿美元，超过微软，成为价值最高的科技公司
2011 年	56 岁	乔布斯发布 iPad 2、iCloud。辞任苹果 CEO，出任董事长；蒂姆·库克接任苹果 CEO。2011 年 10 月 5 日，乔布斯辞世，巨星陨落

9.1.2 创业史

如果将苹果的发展史按照史蒂夫·乔布斯与其分分合合的过程大致可以

分为以下三个阶段。

1. 苹果的创业上升期（1976—1984 年）

1976 年 4 月 1 日，21 岁的乔布斯和他的 26 岁的朋友沃兹、41 岁的同事罗纳德·韦恩（Ronald Wayne）签署了长达 10 页的合同，创立了苹果电脑公司，股权比例依次为 45％、45％ 和 10％。公司成立前几天，迫于偿还公司债务的压力，韦恩决定退出。乔布斯用 800 美元买下他 10％的股份。

公司成立不久，乔布斯和沃兹在位于加利福尼亚库比提诺的乔布斯家的车库里，用 1 250 美元设计开发了首款基于 ROM 的单一主板个人计算机——苹果一（Apple Ⅰ），售价 666 美元。同年，苹果的软件操作系统 Macox（相当于微软的视窗系统）也被开发出来。苹果当年营业额高达 20 万美元，出乎公司创建者的意料。

由于前景乐观，公司很快又得到了风险投资者麦克·马库拉（Mike Markkula）的进一步支持。当时马库拉任董事长，乔布斯任副董事长，沃兹为研究与发展的副经理。此后两年，在 100 万美元创业资金的支持下，苹果二（Apple Ⅱ）和苹果三（Apple Ⅲ）相继发布，首次定义了个人电脑的基本要素：硬盘驱动器、显示器和键盘。

1980 年 12 月 12 日，苹果公司首次公开发行股票（IPO），以每股 22 美元的价格公开发行 460 万股，集资 1.01 亿美元，创造了美国当时 IPO 的最高纪录。公司市值为 17.78 亿美元，为 1956 年福特公司上市以来最大规模的 IPO。

乔布斯作为苹果最大的股东，持股比例为 15％，其个人身家因苹果的上市而超过 2 亿美元。第二大股东马库拉 70 万股价值也超过 2 亿美元，马库拉 4 年前投资的 9.1 万美元增值了 2 200 多倍。沃兹的 400 万股价值则超过 1 亿美元。苹果 40 多位员工一夜之间从普通职员变成百万富翁。当时，苹果创造的百万富翁超过了此前历史上的任何公司。

1982 年，苹果销售额达到 5.83 亿美元，仅仅用了 5 年时间，苹果就成为《福布斯》500 家大企业之一。1983 年，以乔布斯女儿名字命名的 Apple Lisa 数据库和 Apple Lie 发布。1984 年，苹果又推出了划时代的图形界面的鼻祖产品 Macintosh。20 世纪 80 年代，苹果成为当时历史上发展最快的公司，并进入《财富》杂志"全球 500 强"榜单。

2. 苹果的发展滞涨期（1985—1996 年）

1985 年春，苹果开始陷入困境，第一季度甚至出现亏损。此时，作为创始人之一的乔布斯也在新任苹果 CEO 斯库里和董事会的压力下宣布辞职。[①]

从 1986 年到 1996 年这十年间,苹果由于涉足过多领域,市场定位落后(主要集中在商用电脑,而低估了家用电脑市场的发展潜力),新的软硬件产品开发上未能获得突破,苹果一度陷入困境。由于操作系统兼容问题,以及价格居高不下、太故步自封又不灵活面对市场等原因,苹果被后起之秀的微软等公司赶上。苹果在这十年内换过 3 任 CEO,年销售额却从 110 亿美元缩减至 70 亿美元。

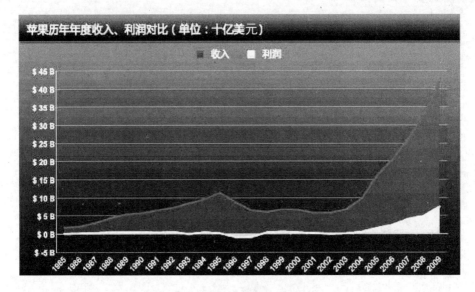

图 1　苹果历年年度收入、利润对比(1985—2009 年)

(图表来源:沃尔夫勒姆研究公司搜索引擎 WolframAlpha)

从"苹果历年年度收入、利润对比图表"中可以清晰看出苹果在 20 世纪 90 年代是如何磕磕绊绊走过来的。公司的收入直到 1995 年还保持上升势头,但利润却未跟上,尔后收入开始迅速下滑,甚至一度开始亏损。

1996 年,苹果的销售收入下降了 17 亿美元,但其库存成品的价值却高达 7

---

　　①　辞职后,乔布斯用所获的 1.5 亿美元创建了 NeXT Software 公司。在此期间,乔布斯做了两件大事为回归苹果奠定了基础。第一件大事是收购皮克斯动画工作室。乔布斯于 1986 年花费 1 000 万美元收购卢卡斯电影公司的图形艺术部门——皮克斯动画工作室(Pixar Animation Studios),该工作室制作出第一部全长度计算机动画电影《玩具总动员》。1995 年,皮克斯上市时,乔布斯大赚一把,2006 年将之出售给迪士尼。第二件大事是以目标为导向的软件开发模式。NeXT 为其软件操作系统选择了这一开发模式,较乔布斯离开后的苹果操作系统开发模式更先进、更便捷。

亿美元,产品库存周转率不到 13 次(同年,戴尔公司的产品库存周转率高达 41 次)。股价跌到每股 13 美元。

1997 年,苹果在 PC 市场的占有率从原来的 20％下降到了 8％,被排除在六大 PC 公司行列之外。7 月 9 日,苹果股价仅为 3.19 美元,跌到 12 年中的最低点。苹果一度走到了破产的边缘。

在这十年间,唯一亮眼的是 1990 年苹果推出的手提电脑 Power Book 取得了不小的成功,从而标志着苹果进入了个人电子消费领域。

3. 苹果的战略转型期(1997 年至今)

1997 年,乔布斯将 NeXT 公司以逾 4 亿美元出售给苹果,获 1.75 亿美元现金和股票,并返回苹果担任顾问。1997 年,乔布斯重新掌管苹果后,开始战略转型:①缩短战线。把正在开发的 15 种产品缩减到 4 种,裁掉一部分人员,节省营运费用。减少产品生产的零部件备用数量以及半成品数量。通过对客户直销,准确预测市场需求,降低公司的成品库存。②发扬苹果的特色。苹果素以消费市场作为目标,上任伊始便着手开发适合家庭使用的 iMac。③开拓销售渠道。让 CompUSA 成为苹果在美国全国的专卖商,使 iMac 机销量大增。④重组公司的供应商关系,形成一个更紧密的产品生产合作价值链条。调整结盟力量,同夙敌微软和解。苹果将微软 IE 浏览器集成到苹果操作系统中,取得微软 1.5 亿美元投资(微软购买了 1.5 亿美元苹果股票),微软将继续为苹果开发软件,从而减低了公司研发共赢成本;同时收回了对兼容厂家的技术使用许可,将原先庞大的供应商的数量减少至一个较小的核心群体。

1998 年上半年一体电脑 iMac 面世取得成功,苹果扭亏为盈。公司的业绩出现了快速的增长。2000 年 1 月,乔布斯在 MacWorld 大会上发布了操作系统 iMac OSX。同时,乔布斯宣布出任常任 CEO,并相继推出 iPod 和苹果零售店。2007 年,"苹果电脑公司"改名为"苹果公司",表明苹果公司正由一家电脑制造商转变成消费电子产品供应商,并推出了 iPhone 和 iPod Touch。2008 年,苹果发布当时最薄的笔记本电脑 MacBook Air。2008 年,苹果公司推出 3G iPhone 和 App Store。2009 年金融风暴后,业界经营一片惨淡,苹果公司却仍稳居《福布斯》全球高绩效公司榜单。2010 年,苹果推出 iPad。

回顾 21 世纪第一个 10 年,总裁乔布斯重返公司后,借力几款明星产品使销售额迅速增长,终于走出了 20 世纪 90 年代经历的低谷,公司利润率持续处于行业内高端水平。

2011 年 3 月 2 日,苹果公司推出 iPad 2 系列产品。8 月 25 日,乔布斯卸任 CEO,由首席运营官蒂姆·库克(Tim Cook)接任 CEO。[①] 10 月 5 日,苹果公司推出 iPhone 4S、iOS 5、iCloud。同时发布 iPhone 4 8G 版。第二天,即 2011 年 10 月 6 日,苹果公司宣布该公司前 CEO 史蒂夫·乔布斯去世,享年 56 岁,天才陨落。

2012 年 3 月,苹果公司在美国芳草地艺术中心发布第三代 iPad,定名为"全新 iPad"(The New iPad)。

2012 年 6 月,在苹果电脑全球研发者大会(WWDC)上,苹果发布采用视网膜屏技术的新款 MacBook Pro。

9.2 产品及服务

目前,苹果公司已经在全球 12 个国家营业,并计划在 2012 年新增 32 家零售店。1993 年,苹果电脑公司正式进入中国市场。目前苹果公司的 6 家中国总代理、近 200 家代理商和 70 多家专卖店遍布中国各大城市。

苹果所推出的产品更是受到全球范围消费者的青睐,甚至有很多忠实粉丝乘飞机专程赶往产品发售专卖店外彻夜排队守候,只为第一时间购买到任何一件与苹果公司有关的产品。iPhone、iPad 等苹果产品已然成为了现代年轻人最为时尚的随身携带的"数字伴侣"。

从 1977 年 1 月成立以来,苹果公司由最初一家专营个人电脑硬件和软件开发的美国本土企业,逐步发展到今天业务包括提供个人电脑系列、播放器系列、智能手机以及所提供产品的配套产品及配套软件的跨国公司,取得的业绩令世人瞩目。

个人电脑 iMac、iPod+iTunes、iPhone、iPad 以及 iOS 等专业软件可以算得上苹果发展历史上各时段的"明星"产品。苹果凭借 iPod 和 iTunes 在线商店引领了数字音乐革命,而 iPhone 和 App Store 则赋予了移动手机新的意义,平板电脑 iPad 将定义未来的移动媒体和计算设备。

---

① 蒂姆·库克,苹果现任首席执行官。1998 年加盟苹果,主管苹果的电脑制造业务。2004 年被提拔为首席运营官,一直是乔布斯的左膀右臂,负责主持股东大会和华尔街分析师会议。

表 2　苹果主要产品业务分类

苹果产品	硬件产品						软件	
	电脑			播放器系列 iPod	智能手机 iPhone	配件及外设产品	操作系统	应用软件
	台式电脑	便携电脑	平板电脑					
专业市场	Power iMac G 系列	Power Book G 系列	iPad 1、iPad 2、The New iPad	Apple TV、iPod Classic、iPod Nano、iPod Shuffle、iPod Touch	iPhone 1、iPhone 2、iPhone 3、iPhone 4、iPhone4S	音频和扬声器、线缆、鼠标和键盘、背包和保护壳、便携式装备等	iOS、iMac iOS、OSX 系统	iTunes、iWork、iLife
消费者市场	iMac 系列	iBook 系列						

表 3　苹果明星产品时间表

时间

（2001年9月，iTunes音乐商店推出）（2001年10月，iPod上市）（2004年年底，苹果公司与摩托罗拉合作开发可以运用iTunes的手机）（2007年6月，iPhone上市）（2008年3月，苹果公司发行iPhone应用程序开发工具包）（2008年7月，App Store+5千余程序推出）（2010年4月 ipad发售）

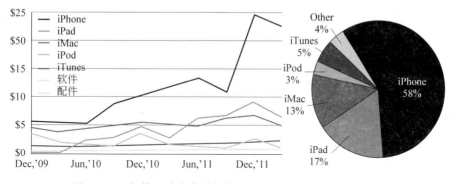

图 2　2012 年第二季度苹果各产品/服务贡献收入（10 亿美元）

从苹果 2012 年第二季度公布的苹果各产品或服务所贡献的收入来看[①]，iPhone 仍是苹果的主要收入增长点，占总收入的 58％。其次是 iPad 和 iMac。

---

①　2012 年 4 月 25 日，苹果公布的公司第二季度财报（财季，非自然季度）。

9.2.1　iMac——精美的工业设计杰作

1998 年 5 月 6 日,乔布斯向世人宣布了他重回苹果以来的第一件大作,这就是 iMac 的推出。iMac 是针对消费者和教育市场的一体化苹果 Macintosh 电脑系列。第一部 iMac 的售价为 1 299 美元(按照当年汇价约为人民币 10 392 元)。在正式发售之前,苹果公司就已经收到 15 万台的订单。投放市场一年之后,销量达到了近 200 万台,成为当时最畅销的台式计算机,也成为了历史上销售最快的个人电脑,并且使苹果电脑的市场份额翻了一番,达到 11.2%。iMac 一登场就立刻让困境中的苹果公司重新走上正轨,挽救了苹果,并使苹果走出了衰落期,让苹果公司从 1997 年的亏损 8.78 亿美元变成了 1998 年的盈利 4.14 亿美元。

1998年iMac G3　2002年iMac G4　2004年iMac G5　2007年iMac Core Duo　2011年iMac Sandy Bridge

图 3　iMac 的设计

iMac 的设计可以说是具有颠覆性的:技术方面采用一体化设计,放弃苹果桌面总线 ADB、引入当时尚未普及的通用串行总线 USB,再比如集成 Modem 和以太网连接,使其比 Windows PC 更容易联网;另外,其奇特的弧面造型、半透明圆形鼠标等设计给当时非常单调的计算机领域带来了苹果风格的工业设计理念,重新定义了个人电脑的外貌,并迅速成为一种时尚象征。iMac 被消费者视为"一件精美的艺术品",被业界称为"一次工业设计的胜利"。

此后,iMac 外观不断创新变化,网友戏称 1998 年版 iMac G3 为"软糖",2002 年版 iMac G4 为"台灯",2004 年版 iMac G5 为"相框"。由于 iMac 在设计上的独特之处和出众的易用性,使它几乎连年荣获工业设计奖项。从现代生活方式上来看,iMac 更是成功地提高了数字化产品与人的亲和力。

苹果于 2011 年推出的 iMac Sandy Bridge 保留了时尚的铝制和玻璃外观,搭载四核 Intel Core i5 和 i7 处理器、全新 AMD 图形处理器、Thunderbolt 传输技术以及 FaceTime HD 高清摄像头。与前代 2007 年 iMac Core Duo 相比,新款 iMac 内核速度提升了 1.7 倍,图形处理速度则提升了足足 3 倍之多。

截至 2012 年 6 月,苹果 iMac 现有 6 600 万用户。据苹果最新 2012 第二财季数据显示,本财季共售出 400 万台 iMac,同比增长 7%。按照产品划分,苹果第二财季来自 iMac 台式计算机的营收为 15.63 亿美元,比去年同期的 14.41 亿美元增长 8%。

9.2.2　iPod＋ iTunes ＋iTunes Store——引领数字音乐革命

| iPod TV | iPod Classic | iPod Nano | iPod Shuffle | iPod Touch |

图 4　iPod 产品

2001 年,苹果公司推出了有别于传统电脑的新产品 iPod,数码音乐播放器的发布改变了人们听音乐的方式。

iPod 不同于以往的 MP3,其播放器容量高达 10G～160GB,可存放 2 500～10 000 首 MP3 歌曲,它还有完善的管理程序和创新的操作方式,外观也独具创意,是苹果少数能横跨 PC 和 iMac 平台的硬件产品之一。除了 MP3 播放,iPod 还可以作为高速移动硬盘使用,可以显示联系人、日历和任务,以及阅读纯文本电子书和聆听有声电子书以及播客。

iPod 外观时尚,制造工艺精湛,深受市场欢迎。在 2004 年度全球便携式音乐播放器市场上,苹果 iPod 播放器占有超过 60% 以上的份额。2005 年,苹果公司的销售超过 3 000 万台。同年,苹果还推出了一款数字媒体播放应用程序 iTunes。iTunes 是供 iMac 和 PC 使用的一款免费应用软件,能管理、播放数字音乐和视频。同时,iTunes 也是一个功能强劲的独创性数据库,它可以对上万首歌曲进行分类,并可以在短时间内搜索到特定曲目。

苹果公司是第一个说服环球等五大唱片企业在这种付费下载音乐服务合同上签字的企业。除去五大企业 75% 的音乐版权市场占有率,还有 1/4 版权掌握在独立唱片业者受众手中,苹果公司也积极与有潜力的独立歌手和团体合作,丰富已有曲库。2003 年 6 月,苹果推出 iTunes 音乐商店(iTunes Store),这是第一个将版权音乐集成联网的商业平台。苹果将 iPod、iTunes 分销平台和 iTunes Store 联合在一起。音乐发烧友可以在 iTunes Store 以 99 美分的价格下载歌曲并烧制成 CD 或者转制到其 MP3 播放器。iTunes Store 在开门第一天就卖出了 100 万首歌曲。

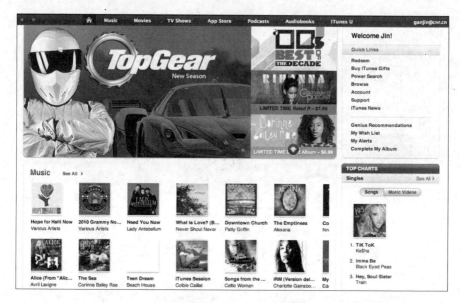

图 5　苹果 iTunes Store 界面

在做好内容平台建设之后,苹果公司就顺理成章地推出了其音乐播放器终端产品 iPod 及其派生出来的一系列产品如 iPod Classic、iPod Nano、iPod Shuffle 等,现如今 iPod 在某些场合已经成为 MP3、MP4 的代名词了;在 iPod 的热销之下,苹果公司对 iPod 不断更新换代提升性能,同时不断充实 iTunes 的内容服务,从最初的音乐播放到视频播放,再到播客下载以及游戏下载。

由于 iTunes 只支持 iPod 作为播放终端,所以苹果在这里形成了一个垄断的良性循环的产业链。因为 iTunes 的存在,能够让更多人更方便地下载和整理音乐,从而大大促进了 iPod 的销售,并让 iPod 和其他音乐播放器区分开来,短时间内占领了近 90% 的市场。一边是内容服务,一边是终端销售,互相促进。之前,苹果只是一家产品公司。利用 iPod+iTunes+iTunes Store 的组合,苹果开创了一个全新的商业模式——将硬件、软件和服务融为一体。

2003—2006 年,iPod+iTunes+iTunes Store 组合为苹果公司创收近 100 亿美元,几乎占到公司总收入的一半。2011 年年底,苹果 iTunes Store 已成为全球第一大唱片销售渠道。曲库达到 2 000 万首,总下载量 160 亿首;iPods 销售量达到 3 亿台。与此对比,索尼随身听 30 年才卖了 2.2 亿部。

截至 2012 年 6 月,iTunes 账号共注册有 4 亿个。据苹果最新 2012 第二财季数据显示,本财季共售出 770 万部 iPod,同比下滑 15%;来自 iPod 的营收为 12.07 亿美元,比去年同期的 16.00 亿美元下滑 25%。

9.2.3　iPhone＋App Store——重新定义智能终端生态链

2007 年,苹果公司推出 iPhone,销量极佳,一跃成为智能手机市场上利润最高的公司,全球原有智能手机市场格局瓦解。

iPhone 是一部 4 频段的 GSM 制式手机,是结合照相手机、个人数码助理以及无线通信设备的掌上设备。支持无线上网、电邮、移动通话、短信、网络浏览以及其他的无线通信服务。iPhone 没有键盘,而是创新地引入了多点触摸(Multi-touch)触摸屏界面。iPhone 还包括了 iPod 的媒体播放功能和为了移动设备修改后的 iMac OS X 操作系统,以及 800 万像素的摄像头。此外,设备内置有重力感应器,iPhone 4 有三轴陀螺仪(三轴方向重力感应器),能依照用户水平或垂直的持用方式,自动调整屏幕显示方向。并且内置了光感器,支持根据当前光线强度调整屏幕亮度。简言之,iPhone 将三大功能集于一身:移动电话、宽屏 iPod 和上网装置。

2008 年,效仿"iPod＋iTunes＋iTunes Store"模式,苹果公司推出针对 iPhone 的 App Store[①],并和 iTunes 无缝连接。2009 年,App Store 获得爆炸式增长,消费电子行业被改变,"移动互联"开始由概念变成现实。苹果重新制定了手机的"游戏规则":出色的工业设计、友好的界面和极尽丰富的应用程序,建立了用户、开发者、苹果公司三方共赢的商业模式。而在这个产业链中,苹果掌握 App Store 的开发与管理权,是平台的主要掌控者,从而迫使诺基亚等公司从规则制定者沦为跟随者的一员。在其整体战略上,iPhone 和 App Store 的组合也意味着苹果也已经开始从纯粹的消费电子产品终端生产商向以终端为基础的综合性内容服务提供商转变,并通过 App Store 增加终端产品 iPhone 的产品溢价,从而实现以 iPhone 提升苹果公司收益。据统计,苹果公司每卖出一台

①　App Store 即 application store,通常理解为应用商店。App Store 是一个由苹果公司为 iPhone 和 iPod Touch、iPad 以及 iMac 创建的服务,允许用户从 iTunes Store 或 iMac app store 浏览和下载一些为 iPhone SDK 或 iMac 开发的应用程序。用户可以购买或免费试用,让该应用程序直接下载到 iPhone 或 iPod Touch、iPad、iMac。其中包含游戏、日历、翻译程式、图库,以及许多实用的软件。App Store 从 iPhone 和 iPod Touch、iPad 以及 iMac 的应用程序商店都是相同的名称。

iPhone,就独占 58.5％的利润。

图 6　App Store 界面

2011 年 2 月,苹果公司打破诺基亚连续 15 年销售量第一的地位,成为全球第一大手机生产商。同年 10 月,苹果发布 iPhone 4S[①],该产品创下上市三天售出 170 万部的纪录。同年 11 月,全球最大手机制造商诺基亚再度下调利润预期,股价跌至 12 年来最低点,诺基亚因亏损惨重而不得不从法兰克福证券交易所退市。

由下图可见 iPhone 相当微妙的进化节奏。iPhone 在 2007 年首发时并没有3G 网络,最大的存储量为 8GB。一年以后,苹果将 iPhone 的存储量扩展为 16GB,并增加了 3G 网络以及 GPS 导航系统,并开设了 App Store。此后的一年里,苹果为 iPhone 更换了更快的处理器,增加改良的摄像机并将存储量扩展为 32GB。

---

① iPhone 4S 中的"S"指的是 Speed 速度;而又适逢苹果公司创始人史蒂夫·乔布斯的逝世,于是舆论将其称为"iPhone for Steven"。

历代iPhone对比

产品名称	第五代：iPhone 4S	第四代：iPhone 4	第三代：iPhone 3GS	第二代：iPhone 3G	第一代：iPhone
发布时间	2011年10月	2010年6月	2009年08月	2008年07月	2007年6月
合约价	16GB 199美元,32GB 299 美元,64GB 399 美元	8GB 99 美元	16GB 199美元, 32GB 299美元	8GB 199美元,16GB 299美元	4GB 499美元,8GB 599美元
处理器	双核A5处理器1GHz	苹果A4 Cortex-A9核心处理器1GHz	ARM Cortex A8 620MHz	412MHz	412 MHz
屏幕	3.5英寸640×960像素LED背光电容屏330ppi	3.5英寸640×960像素LED背光电容屏330ppi	3.5英寸 320×480像素电容屏165ppi	3.5英寸 320×480像素电容屏165ppi	3.5英寸 320×480像素电容屏165ppi
方向感应	加速度计、数字罗盘、陀螺仪	加速度计、数字罗盘、陀螺仪	方向感应器、距离感应器、环境光线感应器	无	无
FaceTime视频通话	是	是	是	否	否
SIM卡	Micro SIM	Micro SIM	标准SIM	标准SIM	标准SIM
3轴陀螺仪	有	有	无	无	无
距离感应器	有	有	有	有	有
加速感应器	有	有	有	有	有
机身闪存	16GB/32GB/64GB	16GB/32GB	8GB/16GB/32GB	8GB/16GB	4GB/8GB/16GB
机身尺寸	115.2×58.6×9.3 mm	115.2×58.6×9.3 mm	115.5×62.1×12.3mm	115.5×62.1×12.3mm	115×61×11.6mm
主摄像头	800万AF,带闪光灯,f/2.4 光圈	500万像素AF,带闪光灯	315万像素(支持自动对焦)	200万像素(支持微距)	200万像素
次摄像头	VGA 30fps	VGA	无	无	无
视频拍摄	1080p 30fps,可选iMovie	720p 30fps,可选 iMovie	支持VGA分辨率	不支持	不支持
机身重量	140克	137克	135克	133克	135克
网络制式	CDMA/WCDMA/HSDPA/GSM/EDGE	WCDMA/HSDPA/GSM/EDGE	WCDMA/HSDPA/GSM/EDGE	WCDMA/HSDPA/GSM/EDGE	GSM/GPRS/EDGE(不支持3G)
WiFi	802.11b/g/n	802.11b/g/n	802.11b/g	802.11b/g.	802.11b/g
续航时间	3G通话最长达8小时 2G 14 小时 3G数据最长6小时 WiFi数据最长9小时 音频播放最长40小时 视频播放最长10小时	3G通话最长7小时, 2G 14小时 WiFi数据最长10 小时 音频播放最长40小时 视频播放最长10小时	音乐播放时间：30小时 视频播放时间：10小时 网络使用时间：5小时	音乐播放时间：24小时 视频播放时间：7小时 网络使用时间：5小时	音乐播放时间：24小时 视频播放时间：7小时 网络使用时间：6小时

图 7　苹果历代 iPhone 数据资料

如果要问目前国内哪一款手机最为畅销？北京三里屯苹果零售店前排队购买的忠实粉丝及“黄牛党”告诉我们,应当非 iPhone 4S 莫属。虽然 iPhone 样式没有改变,但在其功能上新款的 iPhone 4S 已完全更新并取代了最初的 iPhone。

据市场研究公司 comScore 最新公布的分析数据显示,苹果 iPhone 在 2012 年第一季度占美国智能手机市场份额的 30.7％,占美国整个手机市场份额的 14％。

截至 2012 年 6 月,在苹果 App Store 中共有应用 65 万,总下载量达到 300 亿次。据苹果最新 2012 第二财季数据显示,本财季共售出 3 510 万部 iPhone,同比增长 88％;来自 iPhone 和相关产品及服务的营收为 226.90 亿美元,比去年同期的 122.98 亿美元增长 85％;苹果公司的业绩增长,主要得益于 iPhone 手机的销售增长,尤其是受 iPhone 4S 的热销推动。

图 8　iPhone 4S 特色介绍

9.2.4　iPad——电子阅读器终结者

iPad 是苹果公司于 2010 年发布的一款平板电脑,定位介于苹果的智能手机 iPhone 和笔记本电脑产品之间,通体只有四个按键,与 iPhone 布局一样,提供浏览互联网、收发电子邮件、观看电子书、播放音频或视频等功能。与 iPod 和 iPhone 一样,用 iPad 收听音乐,也需要通过 iTunes 下载。另外,iPad 的另一个盈利点还在于其在 iBooks 上销售的正版电子书。

2010 年推出的 iPad 系列在一年内销量为 1 500 万台,占据平板电脑 90% 以上的市场份额。苹果引导平板电脑行业成为主流,颠覆了传统的电子阅读市场。

2011 年 3 月,苹果推出了更加轻薄、前后带有摄像头并且价格更便宜(499 美元)的 iPad 2。2011 年,iPad 平板电脑销量累计已经超过 5 500 万台,iPad 及其相关产品的销售额达到 204 亿美元,比上年暴增 311%。2012 年 2 月,苹果超过惠普,成为全球最大 PC 厂商。2012 年 3 月,苹果发布了第三代

图 9　iPad 产品

The New iPad。新的 iPad 最重要的是提高了网络速度,支持 4G LTE 的网络。新 iPad 还使用了一款被称为视网膜屏幕的显示屏,其像素是 iPad 2 的 4 倍,并于 2012 年 7 月 20 日正式在中国大陆上市销售。

联网数据中心(IDC)公布的 2012 年第一季度数据统计,iPad 的市场份额已上升至 68%。据苹果 2012 第二财季数据显示,该财季共售出 1 180 万部 iPad,同比增长 151%;来自 iPad 及相关产品和服务的营收为 65.90 亿美元,比去年同期的 28.36 亿美元增长 132%。截至 2012 年 6 月,苹果应用程序数量达到 65 万款,而其中 22.5 万来自 iPad 应用。

此消彼长,iPad 市场份额增加意味着 Android 平板市场份额下滑,后者的市场占有率已从 2011 年的 38.7% 降至 2012 年的 36.5%。特别是亚马逊的 Kindle Fire 平板,出货量由 2011 年第四季度的 480 万美元骤降至 75 万美元。

在国内,苹果 iPad 的问世令中国的一家上市公司——汉王科技不堪一击。自 2010 年以来,国内电子书市场受到 iPad 平板电脑等相关产品的冲击,导致电子阅读企业对"汉王电纸书"等产品价格进行了大幅下调,相关企业收入和毛利出现较大幅度下降。汉王电纸书因 iPad 的冲击而出现滞销。2011 年,汉王科技实现营业收入 5.33 亿元,较上年同期减少 56.90%;归属于上市公司股东的净亏损为 4.34 亿元。至 2012 年 2 月 29 日,汉王科技已经连续五个季度亏损。

9.2.5　苹果产品零售店——体验营销的生动解放

2001 年,苹果公司自己所开设专卖店苹果零售店(Apple Store),集合了购买、维修和服务体验。不仅零售所有的苹果产品,还可以进行用户体验,通过这种体验模式与消费者亲密接触,让大家真切感受到苹果创意的文化和生活方式。全球苹果零售店都采用三种材料——不锈钢、玻璃和纳维亚模板来加以装饰,店面都统一的开阔、敞亮、通风。一直以来,其简约、时尚的独特设计堪称现代设计的典范。

苹果零售店一般都选址在购物中心或商业区,让苹果产品更贴近人民的生活。为了尽可能地贴近更多的消费者,扩大"苹果迷"以外消费者对苹果产品的认知,苹果零售店精心设计了呈现"数字生活中枢"的用户体验场——"天才吧"(Genius Bar)。在这里,用户可以任意试用所有苹果产品,为顾客解答各类问题或者进行产品维修,以及提供一对一的服务项目。

目前,超过 1/5 的苹果电脑都是从苹果零售店买走的,由于苹果零售店不

图 10　上海浦东带有"玻璃螺旋楼梯"的苹果零售店

需要与第三方利润分成,所以与其他零售店相较,苹果在零售店获得的利润是最高的。2007 年 3 月,苹果零售店甚至被美国《财富》杂志评为"全美最佳零售商店"。据统计,2011 年,每日约有 4 万人造访国内北京和上海的苹果商店。

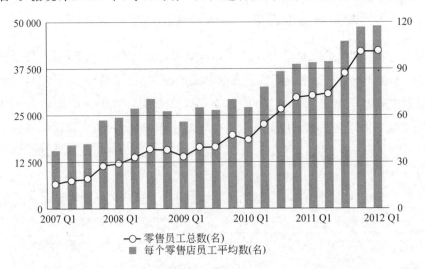

图 11　全球苹果零售店员工人数(2007—2012 年)

(© asymco.com)

截至 2012 年 6 月,全球苹果零售店共有 361 家,员工 42 200 名,全球已有两亿多人次到零售店把玩或者购买各类产品。截至 2012 年第一季度,苹果全球每个零售店员工数量平均为 117 名。现有 3/4 的苹果分店都开设在美国以外。

零售店里除了放在桌上的供顾客摆弄的设备外,其他地方基本上都是空的。这正是苹果零售店的奥秘所在,零售店的设计以能同时满足最多的顾客在零售店体验产品为重要标准。苹果零售店里的员工并没有销售量的压力,因此也没有销售提成,因此顾客来到店里后也并不会受到店里员工极力催促购买的压力,但零售店营业额却从未因此被影响过。Apple Store 作为全球 IT 界的首家产品专卖店,为体验营销做出了生动的解放,也成为国际零售商店扩张的成功案例之一。

9.3　品牌塑造

随着 iPod/iTunes 以及 iPhone 等产品与服务相继推向市场,乔布斯成功地打造了苹果文化的品牌形象:设计、科技、创造力和高端的时尚文化,成为全球业界、消费者关注的热点。被咬了一口的苹果 LOGO 和以"i"打头的苹果品牌共生产品也已在全球广为人知。一方面,苹果公司商业模式的成功成就了Apple 这一知名品牌;另一方面,苹果也可利用其品牌优势,不断缩短产品生命周期,推动产品更新换代,带动产品的热销和利润回报。

由知名媒体评测机构"世界品牌实验室"(World Brand Lab)编制的 2011年度(第八届)《世界品牌 500 强》排行榜显示,苹果击败脸谱(Facebook),从2010 年的第二位跃居第一位,成为全球最具品牌价值的企业。脸谱退居第二,谷歌位居第三。

9.3.1　品牌标识发展历程

判断一个品牌标识是否成功,首先应该判断该标识是否能够准确地表达企业的理念和品牌的核心价值。36 年来,苹果标识的每一次变化都体现了其核心产品的变革历程。

1976 年,苹果联合创始人之一的罗纳德·韦恩用钢笔描画出了苹果的第一个品牌标识,其设计灵感来自牛顿在苹果树下进行思考而发现了万有引力定

图12　在国内,网易等公司每人一台苹果电脑

| 1976年 | 1977年 | 1997年 | 1997年 | 2001年 | 2007年 | 2012年 |

图13　苹果标识变迁

律,意味着苹果也想要效仿牛顿致力于科技创新。

第二年,乔布斯需要发布他的 Apple Ⅱ 新产品,然而原来的标识显然过于复杂,标志很难应用在新产品上。Apple Ⅱ 采用全新塑胶外壳材质,同时采用了彩色屏幕。这个时候需要一个能够具备简单应用、风格独特的品牌标识,从而帮助消费者记忆,提高辨认度。乔布斯委托 Regis McKenna 广告设计公司为苹果公司设计一个全新的标识。被咬掉一口的苹果造型很特别,彩色条纹充满了亲和力。

也许正意味着苹果公司的理念:是只有不完美才能促使去追求完美,不断进步。

1997 年,乔布斯重返苹果、重整公司,将品牌定位为"简单、整洁、明确",在新产品 iMac 上应用了全新的半透明塑胶质感、更为立体时尚的新标识。

2001 年,苹果标识变为透明的,主要目的是配合首次被推出市场的 iMac OSX 系统而改变的。这次苹果的品牌核心价值从电脑转变为电脑系统,苹果标识也跟随了系统的界面风格变化,采用透明质感。

2007 年,苹果为了配合推出引入 Multi-touch 触摸屏幕技术的 iPhone 手机,改为采用玻璃质感的标识,从而带来了一种全新的用户体验。

在 2012 年 3 月的苹果 The New iPad 发布会上,苹果又推出了最新彩色品牌标识。从彩色回归到彩色,苹果标志在设计上的一次回归,彩色的晕染渐变给人带来一种千变万化的感觉,使标识更富有质感和艺术气息。也许是在向苹果前任 CEO 乔布斯致敬,也许是代表了 The New iPad 选用了更为惊艳的高分辨率视网膜屏,也许是苹果下一个产品的发展方向。

9.3.2　CEO 谈品牌

苹果前任 CEO 乔布斯生前的演讲很多,比如在斯坦福大学的毕业演讲和众多产品发布会上的讲话等,但对于苹果品牌进行诠释的段子却很少。对苹果品牌建构定位描述最详细的应该是乔布斯于 1997 年在美国苹果总部库比提诺为员工做的一次为时 7 分钟的演讲。

当时,乔布斯刚刚重返苹果、面临公司整顿的局面。公司的产品种类繁冗,品牌定位不甚明晰。乔布斯在演讲中明确指出:"苹果的品牌形象应该得到重塑。品牌形象应准确地传达公司的核心理念(Identify Our Core),并且这种核心理念应该是苹果所特有的,是与众不同的,那就是'清晰、简单、准确、持久'。这个世界是嘈杂的,所以只有不同凡'想'(Think Different),才能创新制胜。只有简单化和清晰化的人或机构,才能准确地传达自己的信息,并且改变这个世界。"

不久,苹果的品牌标识也变成了简单的具有半透明塑胶质感、更为立体时尚的新标识;广告立意也从单纯地宣传苹果的运行速度多么快、组件多么好,向表达"苹果可以改变世界"的更高理念出发了。新标识准确地传达了苹果产品与众不同的核心理念,为以后苹果的飞速发展奠定了品牌形象基础。

以下是本章作者翻译的关于乔布斯建构苹果品牌的演讲原文:

"对我来说,营销就是价值。这是个复杂的世界,我们很少有机会让人们轻易记住我们。所以我们要十分清楚我们想要让他们记住我们什么。

现在的苹果,幸运的是,已经是世界上无数知名品牌中的一员,可以比肩'耐克'、'可口可乐'、'索尼'……是众多伟大品牌之一。不仅是在美国,范围可以扩展到全世界。但是就算是一个伟大的品牌也需要投资,以确保其价值和活

图 14　苹果广告宣传

力。最近几年，苹果品牌显然正在被人们所忽视，我们需要把它引入正轨。

我们需要做的不是谈及速度和费用，不是组件和兆赫，更不是我们为什么要比微软的 Windows 有优势。

乳制品行业努力了 20 年才让我们相信牛奶对人体有益。虽然这是一个谎言（笑声）。他们曾经到处宣传牛奶，但是销量却下滑了。当他们开展 Got Milk 宣传活动后①，销量开始猛增。Got Milk 活动宣传的并不是产品。事实上，该活动聚焦的是如果牛奶不存在时的危机状态。

最好的例子莫过于为全球市场提供了最好工作机会之一的公司——耐克。依稀记得，耐克曾经卖的商品是——他们卖的是鞋！但是如果你再仔细想想的话，你会觉得其实耐克不只是一家卖鞋的公司。在他们的广告中，正如你所了解的一样，他们从没有谈到过他们的产品，甚至没有告诉你为什么他们的气垫鞋要比'锐步'的好。那么他们在广告中传达了什么呢？他们给伟大的运动员和运动项目以荣誉。这就是他们。足以说明他们是一个怎样的公司。

苹果在广告宣传上花了一大笔钱……这点你从来都不知道。所以，当我来到这儿，苹果刚刚解了代理商，现在一共有 23 家代理商在竞争这个位子……你知道……我们得选择一个为我们以后的 4 年负责的代理。刚刚与我们解约的是 Chiat/Day 广告公司，该公司非常幸运能有幸和我们共事这么多年，同时

---

① "Got Milk?"是美国 Body By Milk 发起的一项公益活动，该活动总会邀请一些有影响力的娱乐界、体育界的明星拍摄长了"牛奶胡子"的照片，向大众宣传喝牛奶的好处。Got Milk 系列广告通过强大明星阵营的演出，将喝牛奶这么一件让人会感到厌烦的事情保持了新鲜度和时尚感——人们是没有办法做一件落伍的事情的。同时又通过所有明星牛奶胡子的形象表达了一致的品牌传播标识。

也制作了一些非常成功的商业广告作品。但是回溯到 8 年前,我们在工作中经常被问及的问题却是:'我们的消费者想知道苹果是谁? 它究竟代表着什么? 在这个世界上究竟哪一个领域才最适合我们?'

其实我们并不仅仅是为人们制作'电脑盒子'来让他们完成工作任务……尽管我们也这么做了。我们应该在某些方面比别人做得更好。苹果应该不止仅限于此。苹果的核心是,我们相信热情的人们能够把世界改造得更好。这就是我们所坚信的。我们有机会与这些人共事。我们有机会与像你一样的人一起工作,和微软的规划者、消费者一起。我们相信,在这个世界上,人们能变得越来越好。这些坚信于改变世界的人是有能力改变这个世界的,实际上他们也做到了这一点。

所以我们在若干年后的首次品牌营销活动就应该回到它的核心价值。很多东西都已经改变了。现在市场形势也和十年前的已经完全不同了。苹果和苹果的定位也改变了。相信我,产品、分销策略和生产方式……这些也都完全不同了。当然我们也明白这一点。但是价值,核心价值,这些东西却不应被改变。苹果所坚信的核心理念应该与今天苹果所代表的真实形象如出一辙。

所以我们想找到一种特定的方式来进行交流。我们现在拥有的一些东西令我非常感动。改变世界的人是光荣的。一些人还活着,一些人已经不在了。但是你会发现,他们都使用过一台 iMac 电脑。

所以我们的宣传活动的主题应该是'不同凡想'(Think Different),以纪念一些不同凡响和推动世界向前发展的人们。这就是我们。只有这句口号才可以真正触及公司的灵魂。"[1]

9.4　创 新 模 式

根据美国《商业周刊》发布的"最具创新能力公司排行榜",苹果从 2006 年开始,已经连续 6 年高踞最具创新能力企业榜首。

乔布斯有句经典名言:"领袖和跟风者的区别就在于创新"。30 多年来,基于"不同凡想"、"Switch"(变革)等核心价值观,苹果从未停止过不断创新、追求

---

① 本章作者翻译自 Matt McKee, Learning from Steve Jobs' Core Valus, *Roar Blog*, November 9, 2010, http://www.roar.pro/learning-from-steve-jobs-core-values/.

完美的脚步。美国《新闻周刊》认为,乔布斯是一个创新者,他不仅仅创造了让公司赚钱的各种产品,同时也改变了个人电脑、音乐、好莱坞影视等多种产业,同时也改变了人们的生活方式、看待技术的方式、听音乐的方式、交流的方式,对艺术、设计和创造的看法等诸多方面。苹果与其他计算机公司的最大区别也许就在于苹果一直设法嫁接艺术与科学,让冰冷的技术与消费者亲密接触,并反过来深远影响其他产业。

乔布斯在接受《时代》杂志采访时曾经自豪地说:"我们是唯一一家掌握全部设备的公司——硬件、软件、操作系统。我们能够为用户体验负全部的责任。"

现在,苹果早已不再只是一家产品公司,而是集产品、内容和平台于一体的科技公司。苹果这种匠心独具的模式设计对于消费者的意义在于:它赋予消费者最大的自由度和随意性,使消费者可以充分享受科技进步的成果;同时,它为消费者提供的是一种全新的、包括技术层面和社会生活层面的关联价值。

9.4.1 硬件＋软件＋内容:商业模式创新

做电脑,苹果不一定是戴尔的对手;做软件,苹果不一定是微软的对手;做音乐,苹果更不一定是 EMI(世界最大唱片公司)的对手。但是,如果把三者结合起来,做"硬件＋软件＋内容",那它们都不是苹果的对手。

从技术上来看,MP3 不是苹果的发明,网络音乐下载技术也非苹果首创,苹果更不负责音乐制作。苹果创新性在于它实现了产品与内容的完美整合,从而为消费者创造了一种前所未有的时尚体验。现在苹果已同时掌握了无线芯片技术、软件操作平台和产品工艺设计,这让它能最合理控制产品换代的节奏。

苹果通过利用"iPod ＋iTunes"的组合,开创了一个全新的商业模式——将硬件、软件和服务融为一体,颠覆了传统唱片产业;"iPhone＋App Store"让传统手机生产商坐卧不宁;而"iPad＋App Store"则让个人电脑产生了革命性的影响。

苹果公司通过打通上、下游产业链,将制造厂商、影视媒体、运营商、实体分销厂商、网络营销商、软件开发商等整合起来,利用合作伙伴的资源支持,形成自身的营销网络,为消费者提供更优质的服务,实现全产业链的共赢。

除了商业模式整合之外,苹果对软件开发者的激励机制是导致其成功的又一个重要因素。苹果将自己简单的产品线做到极致,并没有在一个产品类型中开发太多的型号,这样易于形成强大的用户黏性。同时,苹果还通过降低门槛费用、提供快捷的软件检测服务等手段来吸引开发者,使它的技术一直可以走在前端。

苹果控制着产业链的每个环节,包括硬件、软件、内容、渠道等,采用"端到端"模式,改变了传统的终端厂商只能通过制造终端来获取利润的固定模式,奠定了苹果在产业价值链中的主导地位。在移动互联网产业价值链中,苹果使终端厂商越来越受到重视,影响力也越来越大。运营商在与其合作中逐渐沦为弱势地位,被抽走了将近三成的利润,而其创造的"移动互联网=智能终端+应用服务"的模式也被运营商所默认。

9.4.2　文化—产品—用户—品牌:用户体验创新

简洁的设计、友好的用户界面、方便的使用场景、高雅的外观和舒适尊贵的持有感……苹果能够取得成功的另外一个重要原因就是满足了消费者的个性化需求,甚至连以"i"为首字母命名的系列产品名字也旨在满足用户的个人需求。

乔布斯在 iPod 产品发布会上这样描述苹果产品的创新研发过程:"现在我们大家只看到 iPod 操作便捷的滑轮式触摸技术,但不为人知的是,只是 iPod 上的一个按钮,我们就做了 21 个方案、84 000 次测试和 57 次的改进以满足用户的个性体验。"苹果的所有创新都基于对顾客的了解和认知,以消费者在已有产品上得不到满足的需求为研发和改进的基础,通过创新和技术工艺进步不断对产品更新换代。同时,优越的用户体验,又可以确保顾客的满意度和忠诚度,扩大客户群,成功地实现了"文化—产品—品牌—口碑"之间的良性循环。

早期苹果 Macintosh 电脑系列的推出,首次颠覆了传统计算机单纯黑白文本界面及 DOS 命令行输入的呆板模式,取而代之的是以色彩鲜艳的图形用户界面,灵活轻巧的鼠标取代了传统键盘上的上下左右方向键,多任务、多窗口面向对象编程的界面,极大优化了用户体验。

苹果 iTunes 音乐商店是第一个将版权音乐集成联网的商业平台。用户可以在 iTunes 上对上百万首歌曲进行个性分类,按音乐"类型"、"歌手"、"专辑名称"选项等来编组播放清单,并在短时间内锁定曲目,极大优化了数字音乐播放器的用户体验。另外,iTunes 在音乐发行方集成了 EMI、SONY 等主要版权音乐发行方,同时因为支持用户购买单曲,很大程度上降低了购买版权音乐的门槛,将付费数字音乐推向主流。在此之前,数字音乐几乎只能通过非法的文件分享进行传播,人们并没有下载付费的习惯。而 iTunes 以及大受欢迎的 iPod 的出现,一举解决了这个难题。可以说,苹果在十几年前就赢得了数字音乐市场先机,积累了大量的用户。

iPod 和 iTunes 的集成使用户音乐资源与播放器之间的传输实现了"即插即用"。用户除了可以用信用卡到 iTunes 音乐商店购买超过上百万首音乐以外,也可随意将 iTunes 数据库里的音乐刻录成光盘或分享给另外的计算机或 iPod。从使用体验来看,iTunes+iPod 实现了简单和易操作,同时赋予消费者"史无前例的权力"——自由和随意。

近年来,广为流行的 iPhone、iPad 均采取了圆角矩形的外观、无缝机身、光滑的金刚玻璃及滑动指令模式,其潮流的外观设计、强大的功能展现及创新型的应用集成,对目标人群具有强烈的吸引力。

在 iPad 身上,处处都透露着苹果对用户的体验与服务的展望。iPad 的亮丽 9.7 英寸 LED 背光显示屏采用 IPS 技术,能以 178°超宽视角呈现生动、清晰的图像和颜色。另外,iPad 还包含有 12 种新一代多点触控应用程序。每个应用程序均能以纵向和横向模式运行,当翻转时,会自动进行动画试图切换。在 iPad 的大屏幕和接近全尺寸的虚拟软件上,用户也可以自由地阅读与发送电子邮件。值得注意的是,The New iPad 只有 0.37 英寸厚,1.44 镑重,更加方便用户携带。

iPhone 则尽量给用户"做减法",尽量减少操作流程,使用户摆脱传统机械的烦琐按键操作,在用户体验方面做了巨大的升级:革命性地取消了数字键,在整个面板上只留一个按钮,操作上却采用多点触摸技术,翻屏阅读,只要手指向上一拉,下面的内容就可拖上来。两根手指同时拉伸即可上网搜阅信息、放大图片;最大限度地扩展视屏的尺寸,手机竖放和横放的显示方式不尽相同,让用户觉得手机也能随着自己的变化而变化;最新版 iPhone 4S 同时支持 36 种语言,苹果应用各类最新科技成果,从细节入手,把每一个细节的用户体验都争取做到完美。

在看上去朴实无华的苹果专卖店的"天才吧"桌架上,恰到好处地摆放着各种苹果产品。这些产品装有各种音乐、电影和游戏的软件,开机不需任何密码,任何光顾的客人都可以在店内任意摆弄,免费上网。销售员的职责也不是传统意义上的推销、销售产品,他们更主要的任务不是销售,而是回答顾客的提问。同时,零售店还会举办各种讲座,包括苹果产品使用的入门辅导到数码摄影、音乐和影片制作知识的讲解等。在维修时,苹果公司也创新性地安排顾客与维修人员面对面地进行问题检修。苹果公司将展示、体验因素都融入销售和售后终端中,一方面,使用户在触摸中体验科技的非凡,感受产品的人性化;另一方面,也促使越来越多的顾客更直接、有效、深入地了解苹果,体验苹果带给他们的独特的享受,以一种不同寻常的方式,提高顾客满意度和忠诚度,稳固和推进了用户价值创新的收益。

9.5　全球网络传播特点及趋势:云端下的苹果

随着媒体形态和传播形式的爆发性增长,传统的媒介体系已被打破,迎来了"云"时代。云计算、云储存、云平台、云思想等一个个"云"概念被苹果、谷歌、Facebook、亚马逊和微软等科技公司纷纷提出来,并立即投入到研究和应用当中。

9.5.1　苹果云服务传播特点

2011 年 6 月 6 日,苹果前任 CEO 乔布斯抱病主持全球开发者大会(WWDC)正式发表云端服务 iCloud、iOS 5[①]以及 OSX Lion。乔布斯将 iCloud 称为苹果的"下一个伟大远见"、"将终结以个人电脑运算为核心的时代"。乔布斯介绍说,成千上万的用户将大量照片、音乐和文件存储在 iPod、iPhone 和 iPad 中,iCloud 将使用户不必再通过手动的方式同步这些移动设备或电脑。"我们已解决了在不同设备之间进行同步的困难,并将个人电脑简单化了。今后,个人电脑将仅是一部机器,而云服务将成为数字生活的核心。"

图 15　iCloud 标识

2012 年 2 月 5 日,苹果现任 CEO 库克在与花旗分析师开会时特别强调了 iCloud 的重要战略价值,他认为 iCloud 的重要性足以与乔布斯在 2001 年提出的"数字中心"战略相比。苹果在过去十年所做的一切工作都是在数字中心战

---

① 苹果 iOS 是由苹果公司开发的手持设备操作系统。2012 年 2 月,iOS 应用总量达到 552 247 个,其中游戏应用最多,达到 95 324 个,比重为 17.26%;书籍类以 60 604 个排在第二,比重为 10.97%;娱乐应用排在第三,总量为 56 998 个,比重为 10.32%。截至 2012 年 6 月,在 iOS 用户中,更新到 iOS 5 的已经占到 80%。Twitter 整合到 iOS 5 中后,Twitter iOS 用户数增长了 2 倍。有 100 亿条 Tweets 发送自 iOS 5,Twitter 上所有照片中有将近一半来自 iOS 5。

略的指导下完成的。iCloud 所服务的用户数量目前已经达到 8 500 万人。[①]

图 16　iCloud 可以同步的应用显示

苹果云服务是免费向苹果用户开放的。只要保持网络状态,将 iPhone、iPad 或 iPod Touch 更新到 iOS 5,iCloud 服务即可让现有苹果 iMac、iPad、iPhone、iPod Touch 等所有设备无缝对接,实现信息和数据共享,并保持实时更新。

图 17　中国联通平台苹果 iCloud 服务界面

<hr />

① 子聪.中国市场潜力巨大 iCloud 极具战略意义.赛迪网. http://it. sohu. com/20120205/ n333755582. shtml.

由上图 iCloud 界面可以看到邮件、通信录、日历、提醒事项、书签、备忘录、照片流、账户信息等功能。当用户对使用苹果 iOS 系统的移动设备进行充电时，用户的文档、购买的音乐、应用程序、照相簿和系统设置等都会被系统自动进行云端备份，再自动推送到用户的智能手机、平板电脑和台式机等所有苹果设备上。iCloud 服务特色在于，一方面可以让文件保存在云计算中心；另一方面又具备自动同步功能，省去了用户下载到本地设备的麻烦。

iCloud 主要功能如下。

（1）自动备份：通过 WiFi 等无线网络，实现每天自动备份。备份的内容包括音乐、照片、视频、应用程序和书籍等。

（2）云端文档：在 iWork 等程序上创建的文档，可以自动同步到云端，修改记录也能同步。开发者也能利用 iCloud API 给自己的程序添加云同步功能。

（3）云端照片：任何设备的照片都能自动同步到云端。iCloud 可以保存最近 30 天的照片，iOS 设备可以保存最新 1 000 张照片，而 iMac 和 PC 可以保存所有照片。另外，此功能也支持 Apple TV。[①]

（4）云端 iTunes：购买的音乐可以在任一相同 Apple ID 的设备上多次下载。

（5）5GB 空间：免费空间是 5GB，可以保存邮件、文档、备份数据等。iTunes 音乐不占用空间。

（6）Mobile Me 邮箱免费：me. com 邮件免费，支持推送，不含广告。

（7）iTunes Match：通过扫描用户收藏的音乐库（包括 1 800 万首歌曲），能够发现用户并非通过苹果购买的音乐。如果 iTunes Match 发现苹果 Music Store 库中存在匹配音乐，苹果就会向用户提供同等质量的基于云的版本，但前提是用户须是 iTunes Match 的付费用户。该服务年费为 24.99 美元。

9.5.2　全球云服务传播特点及趋势：搭平台者得天下

自从谷歌推出“云计算”以来，全球 IT 行业的各大厂商无一例外都卷入了一场“云中的战争”。IBM 推出“蓝云计划”，EMC 推出“云存储”……Facebook、亚马逊和微软等公司也就软件、硬件和互联网服务聚合展开激烈竞争，其战争

---

① Apple TV 是一款由苹果公司所设计、营销和销售的数字多媒体机。它用来播放 Macintosh 或 Windows 算机中 iTunes 里的多媒体文件，并将其由高分辨率宽屏幕电视机播出。Apple TV 可以让 PC 和 iPod 中的相片、视频和音乐无线传输到电视之中高清晰度播出，人们可以轻易在家中享受数字体验。

核心是数据平台控制。在"云"之战中,各大巨头都时时牢记一个原则:搭平台者得天下。认为只有存储最有价值的数据、创建最有价值的平台,才会在云服务领域最终胜出。

相较而言,IBM、微软等品牌进入云计算领域较早,云服务基础较好。其云服务主要针对大中型企业,专业性很强。尤其是微软的操作系统和服务器软件在世界范围内得到了广泛普及,云服务的号召力较强;而谷歌则有着良好的用户基础,与产业链下游一直保持着良好的互动与合作关系。用户使用的谷歌在线产品已经与谷歌云服务融合为一体,两者结合的紧密度较高。

与以上企业相比,苹果的云服务显然具备得天独厚的平台优势:苹果推出的是从购买、云存储到流媒体播放的一站式服务。业界人士普遍认为,苹果在推广 iCloud 的时候会更容易一些,而 IBM、微软等企业则首先要解决自己的商业模式转型问题。因为 IBM、微软的现有产品都是孤立的,在实施云计算以后,IBM 和微软都面临着产品与服务捆绑、节约成本、信息安全等多种问题;另外,相较于谷歌和亚马逊的云端音乐服务,苹果的 iCloud 功能更显强大,比如推出专门整合 iCloud 的 iOS 5,并配有"扫描配对"(scan and match)功能,用户可以在任意设备上存储拥有四大唱片公司版权的 iTunes 音乐。

不过,也有专家指出了苹果公司云服务的短板。比如,有分析认为,苹果推出的各种联网服务只能在该公司的产品上使用,将用户局限在了一个封闭的系统之中。这虽有助于 iPhone、iPad 等苹果产品在销售竞争中获得明显优势,但若苹果的对手开发出能与不同平台兼容的服务,则苹果很可能会在竞争中处于劣势。

9.6　相　关　链　接

9.6.1　股市走势:苹果成为全球市值最大的公司

1. 苹果业绩增长情况

近些年,在业绩增长和盈利方面,苹果公司可以说是"完胜"其他高科技企业。2011 年 10 月 26 日,苹果公司公布了 2011 财年[①]业绩,苹果公司实现净收入 1 082 亿美元,净利润为 259 亿美元。而 2010 财年的净收入才为 652 亿美

---

①　截至 2011 年 9 月 24 日。

元,净利润为 140 亿美元,增长近一倍。

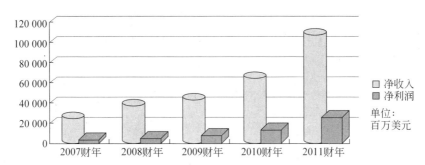

图 18　苹果自 2007 财年以来的业绩增长情况

2012 年 1 月 25 日,苹果公司公布了 2012 财年第一季度(即截至 2011 年 12 月 31 日的前三个月)业绩,苹果公司实现净收入 463 亿美元,净利润 30.64 亿美元。这表明,乔布斯之后的苹果公司依然增长强劲。

2. 苹果市值增长情况

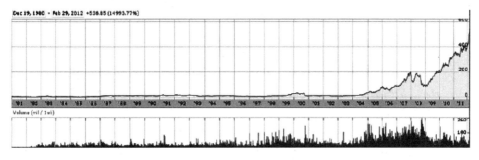

图 19　苹果自 1980 年上市以来的股价(截至 2012 年 2 月 29 日)

从苹果公司自 1980 年上市以来的股价走势图可以看出,苹果公司的股价有三波明显的上涨行情,第一波是自乔布斯 1996 年年底回归苹果后至 2000 年互联网泡沫止;第二波是自 2003 年到 2007 年;第三波是 2009 年以来,苹果股价在 iPad 和 iPhone 的刺激下,一路屡创历史新高。

苹果电脑公司股票曾在 1987 年、2000 年和 2005 年三次实施 1:2 股票拆细。每一次 1:2 股票拆细意味着投资者所拥有的一股股票变成了两股,其效果相当于我国资本市场上的每 10 股转增 10 股,最后变成了 20 股。经过三次拆细,苹果 IPO 价格相当于 2.75 美元/股。

2009 年 6 月苹果市值超越谷歌,2010 年 3 月超越沃尔玛,2010 年 5 月超越微软,

2011 年 8 月超越埃克森美孚,成为全球市值最高的上市公司,市值 3 371.8 亿美元。

标准普尔资深指数分析师霍华德·斯利福布莱特(Howard Silverblatt)表示,苹果公司跃居全球市值第一是一个时代的象征,美国最高市值公司一般能反映出消费者的需求,并且表明其公司产品的强劲竞争力。

2011 年,在纳斯达克 100 指数中,苹果权重高达 17%,2012 年以来股价上涨给纳斯达克 100 指数涨幅带来的贡献度更高达 35.3%。如果剔除苹果,纳斯达克 100 指数年内涨幅将从 19%收窄至 12.4%。资料显示,微软、甲骨文、谷歌、英特尔、思科五大公司对指数的合计贡献度尚不及苹果一家,其中,Alexa 排名第一的谷歌贡献度为负。

2012 年 2 月 29 日,苹果市值在派息预期的刺激下大涨,股价达 542.44 美元,市值一举突破 5 000 亿美元大关,达到 5 057.5 亿美元。[①]

如果与中国的公司市值相比,苹果 5 000 亿美元的市值相当于中国石油与中国工商银行的总和,也相当于 2.5 个中国移动。[②] 此外,苹果公司的 5 000 亿美元市值还高于波兰、比利时、瑞典、沙特、中国台湾地区的 GDP。

2012 年 4 月 10 日,苹果市值"疯长"到 6 004 亿美元。在此之前,只有微软一家公司的市值曾经达到过这个水平。但好景不长,由于 4 月 16 日苹果以及 5 家图书出版巨头受到反垄断诉讼,其股价又跌回到了 6 000 亿美元以下。

目前,苹果的市值为 5 460.7 亿美元[③],与市值排名第二位的埃克森美孚差距较大。

9.6.2 中美政要不约而同呼唤乔布斯

1. 美国总统奥巴马呼唤乔布斯

(1)奥巴马:乔布斯是美国最伟大的创新者之一。

2011 年 10 月 5 日,苹果公司宣布该公司前首席执行官史蒂夫·乔布斯去世。当日,美国总统奥巴马对乔布斯的逝世表示哀悼,并称赞说,乔布斯是"美

---

① 2012 年 2 月 29 日,埃克森美孚的市值约为 4 110 亿美元,微软的市值约为 2 670 亿美元,通用电气的市值约为 2 000 亿美元。曾经超过 5 000 亿美元市值的企业有微软、埃克森美孚、思科、英特尔以及通用电气,现在苹果也超过了。2007 年由于油价大涨,埃克森美孚市值超 5 000 亿美元。1999 年互联网泡沫时,微软、思科与通用电气也超过了 5 000 亿美元。曾经微软市值还超过了 6 000 亿美元。

② 2011 年 12 月底,中国市值最大的三家公司的市值依次为:中国石油 2 768 亿美元,中国工商银行 2 282 亿美元,中国移动 1 961 亿美元。

③ 截至 2012 年 6 月 30 日。

国最伟大的创新者之一,他勇于与众不同地思考,敢于相信自己能够改变世界,并用自己的才华付诸实施"。

奥巴马当天在一份声明中说:"乔布斯让电脑个人化,把互联网装到我们的口袋里。在一个首席执行官(CEO)不胜枚举的时代,乔布斯5日的辞世所引起的关注是少有的。一个渐行渐远的瘦削身影,以创新产品影响了几代人的生活,乔布斯是美国最伟大的创新者之一。

"他在自己的车库创建了世界最成功的公司之一,证明了美国独创力的精神所在。他开创了个人电脑时代并将互联网装进我们的口袋,不仅让人们感受到信息革命,还让信息革命直观而有趣。他将自己的才华转化为讲故事,为数百万孩子和成人带来了快乐。乔布斯喜欢说自己把每天都当作最后一天来过。由于他做到了这点,所以他改变了我们的生活,重新定义了整个行业,并获得了人类史上最罕见的成就之一——改变了我们每个人看世界的方式。

"世界失去了一位有远见的人。而对乔布斯成功最高的致敬莫过于,世界很多人是通过他发明的一个产品得知他辞世的消息的。我和米歇尔[①]向乔布斯的妻子劳伦、家人以及所有爱他的人送上我们的沉思与祈祷。"[②]

(2) 奥巴马:将支持渴望成为下一个乔布斯的企业家。

2012年1月25日,奥巴马在《国情咨文》中多次表示要利用科技来帮助美国恢复经济,美国应该支持那些渴望成为下一个乔布斯的企业家。

奥巴马说:"要确保经济长期稳定发展,我们要激励人才和这个国家每一个人的聪明才智。这意味着女性应与男性同工同酬,意味着我们应该支持每一个想工作的人,以及任何一位冒险家和渴望成为下一个乔布斯的企业家。"[③]

2. 我国国务院总理温家宝、国务院副总理李克强呼唤乔布斯

(1) 2011年12月18日至19日,我国时任中共中央政治局常委、国务院总理温家宝在江苏考察期间提出,研究成果必须实现产业化,鼓励银行支持实体经济,并提出中国也要有"乔布斯"。

温家宝说:"我们的政策应该更加放手,为企业的科技创新、开拓寻找市场

---

① 奥巴马妻子.

② 任海军. 奥巴马:乔布斯是美国最伟大的创新者之一. 新华网. 2011年10月,http://tech.ifeng.com/it/special/jobsdie/content-2/detail_2011_10/06/9661680_0.shtml?_from_ralated.

③ 张磊. 奥巴马:美国应该支持可能成为下一个乔布斯的人. 凤凰网. 2012年1月,htstp://tech.ifeng.com/it/detail_2012_01/25/12141846_0.shtml?_from_ralated.

创造更有利的条件。要认真落实鼓励和引导民间投资的'新 36 条'意见,鼓励民间投资进入铁路、市政、金融、能源和教育、医疗等领域。

"银行应该看得远一点,银行利润要建立在企业发展的基础上。如果没有企业长期稳定的发展,绝不会有银行长期稳定的利润。银行、企业应当是利益共同体,在促进企业发展中为自己争取长远发展空间,这应该成为银行的指导思想。金融机构要同企业更好地联系,金融家应当是企业家,不能把企业当成唐僧肉,而应该是伙伴关系。

"研究成果必须实现产业化。如果成果获奖摆在那里,就只是一个花瓶。科技人员的创新和发明需要企业的支持。中国要有'乔布斯',要有占领世界市场的像苹果一样的产品。"①

(2) 2012 年 1 月 12 日,温家宝再次在北京人民大会堂召开的外国专家座谈会上表示"中国也能培养出像乔布斯那样的人"。

温家宝:"说到哈利·波特的聪明,我脑子里盘旋的另外一个人就是乔布斯。我曾经对中国学生说,中国也能培养出像乔布斯那样的人,这除了需要独立思考和自由思想之外,还需要广博的知识和国际的交流。"②

(3) 2012 年 3 月 4 日,时任中共中央政治局常委、国务院副总理李克强参加全国政协十一届五次会议无党派、社科组委员联组讨论,以乔布斯为例,鼓励科技创新。

李克强指出:"中国经济平稳较快发展,最大的活力在于科技创新。今天我进来第一个见到的是袁隆平先生,他的团队已实现百亩 920 公斤产量,是个奇迹啊。我叫他袁先生,是因为在学校里,对有权威、德高望重的老师称先生。

"我翻了翻《乔布斯传》,其中很有意思,他(乔布斯)对科技固然很钻研,最喜欢的是艺术。科技创新和人文精神、人文理念不可分。像苹果的各种款式电脑、手机、iPad、iPod 到处都卖,营销占领了很大的市场,为年轻人所喜爱。"

李克强最后强调应以乔布斯为例,鼓励科技创新。③

---

① 温家宝:鼓励银行支持实体经济 中国要有"乔布斯".中新社.2011 年 12 月 20 日,http://news.china.com.cn/rollnews/2011-12/20/content_11856726.htm.

② 侯艳.国务院总理温家宝昨天和外国专家亲切座谈.中国广播网.2012 年 1 月 13 日,http://news.cntv.cn/20120115/104376.shtml.

③ 李克强.我翻了翻《乔布斯传》,其中很有意思.中新社.2012 年 3 月 6 日,http://www.cutv.com/2012lianghui/a/a/2012-3-6/1330997708368.shtml.

苹果 Apple 模式对我国新闻传播业的冲击

匡文波①

1 什么是 Apple 模式？

1.1 Apple 模式的巨大成功

从 2010 年开始，Apple 模式在全球取得了巨大成功。苹果在不到 4 年时间里，从被市场边缘化的电脑企业，一跃成为全球利润最高的手机企业和最大的平板电脑企业。

2011 年第一季度，苹果公司 iPhone 手机收入达到了 119 亿美元，第一次超越诺基亚，成为全球最大手机厂商，成为按营业收入和利润计算的全球最大手机生产商。而诺基亚同期的销售额为 94 亿美元。苹果的手机产品只有 iPhone 系列，2011 年第一季度 iPhone 手机的销售量是 1 860 万部；而诺基亚同期的手机的销售量是 1.085 亿部，但是苹果领导了高端智能手机市场。

诺基亚发布的 2011 财年第二季度财报，净营收达 92.75 亿欧元（约合 132.4 亿美元），同比下滑约 7%；净亏损 3.68 亿欧元（约合 5.24 亿美元），而 2010 年同期盈利 2.27 亿欧元。2011 年第二季度数据显示，诺基亚智能手机销量为 1 670 万部，而苹果同期 iPhone 销量则达到了 2 030 万部。诺基亚当季共出货 8 850 万部手机，而 2010 年同期为 1.11 亿部。甚至有人认为，面对苹果、谷歌的围追堵截，诺基亚难逃 2012 年倒闭的命运。

在中国国内市场，继 2011 年 8 月失去冠军位、9 月失去亚军位后，曾连续多月蝉联冠军的诺基亚 C5-03 在 10 月最受用户关注的十五大手机产品排行榜上被挤出了前三甲的位置，位居第四，且关注比例与前三甲产品差距明显。从上榜产品数量看，也能看出诺基亚日趋下滑的状态，10 月诺基亚仍然只有三款产

---

① 匡文波(1968—   )：中国人民大学新闻学院教授、博士生导师，中国人民大学新闻与社会发展研究中心研究员，国家社科基金重大项目课题"网络文化建设研究"子课题特聘专家。

品上榜,而 HTC 则有四款产品入围。

诺基亚目前的最大症结在于:高端旗舰产品的缺乏,其被寄予厚望的 N8 和 N9 销售惨淡;诺基亚只能依靠中低端产品占领市场,但是这种策略对于诺基亚这样的跨国企业来说不合时宜,成为其市场发展的最大障碍。

1.2 Apple 与 Nokia 业绩反差的根源

Apple 与 Nokia 业绩反差的根源在于 Apple 将手机视为电脑,诺基亚将手机依然视为移动电话。Apple 手机率先走上了智能化、电脑化、娱乐化的道路,远远把传统的手机制造企业甩在了后面。

此外,欧洲的高福利社会制度造成的低效率,北欧最为严重。诺基亚作为北欧企业,自然也不例外。

1.3 苹果模式的核心

苹果盈利模式的核心可以概括为:"高价的硬件+苹果网上商店。"前者带来巨额的硬件销售利润;而后者通过信用卡支付、直接从苹果网上商店付费下载电子书、软件、游戏、视频等数字化信息,从而获得持续的利润。

苹果的硬件销售利润丰厚。据英国《每日邮报》2011 年 11 月 12 日报道,在苹果英国官网上标价 499 英镑(约合 5 085.09 元人民币)的 iPhone 4S,其成本价仅 112.89 英镑(约合 1 150 元人民币)。

在苹果模式的产业链中,由于低价出让土地给富士康等代工企业,中国只是获得微薄的劳动力收入,却把苹果产品生产过程的严重污染留给了中国。以苹果手机为例,参与生产零件的日本、德国和韩国分别能得到相当于批发价 34%、17%和 13%的分成,但负责组装的中国据称只能拿到 3.6%的分成。在现行的贸易统计方式下,整部手机的 178.96 美元(约 228.84 新元)批发价却因中国是最后组装国,而都记在中国的出口账目上,导致"统计在中国、利润在外国"的偏差。[①]

此外,Apple 封闭系统造成了基于技术的市场垄断。诺基亚、摩托罗拉、Google、微软的网上商店无法获取高额的垄断利润,因为 Android(安卓)、塞班(Symbian)、Windows Mobile 是开放系统。但是,封闭系统是"双刃剑",当年

---

① 中国组装苹果手机只分成 3.6%,《人民日报》,2011-10-21.

WPS 失败的深刻教训就在于 WPS 的排他策略。

1.4　苹果模式在中国没有根基

苹果相关软件在国外卖得好,是因为在美国一般游戏都卖得很贵。目前在美国由于严格的知识产权保护,一般电脑游戏每个需 40~50 美元,掌上游戏软件也需要 20~30 美元。现在苹果是以每个几美元来卖游戏,薄利多销,又没有盗版,销售额当然可以支撑开发商的投入。

国内严重的盗版问题已经让开发者和用户陷入双输的局面。国内用户没有付费习惯,再加上用户基础不大,让不少企业竹篮打水一场空。大量应用软件只要好用,很快就被破解。

此外,移动支付手段亦成商家的制约。

2　Apple 模式：给新闻出版业带来希望还是危机？

坦率地说,Apple 模式给新闻出版业带来的危机多于希望。

2.1　苹果模式加速纸质媒体的消亡

手机媒体的壮大,尤其是苹果模式的兴起,加速了纸质媒体的消亡速度。

有人认为,传统的纸质媒体有其自身的优势,如便于携带,直观性强,阅读方便。果真如此吗? 这种观点忽略了一个重要的事实,即纸的信息存储的密度大大低于新媒体,新媒体体积小、容量大、存储密度极高;事实上,在信息量相同的情况下,新媒体远比纸质媒体更容易携带。一张重量只有几克的 DVD 光盘可以存储 4.7GB 的信息,相当于 $4.7 \times 1\,024 \times 1\,024 \times 1\,024 = 5\,046\,586\,572.8$ 字节(Byte),即可以存储 2 523 293 286 个汉字。若以一本书平均 20 万字计算,一张 DVD 光盘可以存储 12 616 册图书。

在各类媒体的权威性、真实性上,我们需要具体对象具体分析。新媒体发布信息的迅速性与深刻性之间并没有必然的矛盾关系。只要存在利益驱动,无论是新媒体还是传统媒体,都可能发表假新闻。事实上,在一些突发与敏感事件的报道方面,新媒体比传统媒体具有更高的即时性、客观性与真实性,例如手机所拍摄的画面就具有很高的真实性、准确性。

有人认为,纸质媒体不需要专门的阅读工具,价格便宜、阅读成本低。但是,我们认为,在社会总成本方面,纸质媒体远不如新媒体经济。新媒体的传播省去了制版、印刷、装订、投递等工序,不仅省掉了印刷、发行的费用,而且避免了纸张的开支,使总的成本大大降低了。纸质媒体消耗了大量的森林资源,同时在纸张生产过程也造成了严重污染。随着技术的发展,电脑、手机等数字技术产品的价格越来越低;而森林资源会越来越稀缺和珍贵,纸质媒体会越来越昂贵。

有人认为,人类对纸质媒体的依赖、依恋及其千百年来形成的线性阅读的习惯,不可能在一朝一夕就彻底改变。纸质媒体伴随着人们跨越了近两千年的风雨历程,人们已经习惯于它,并且对其充满了感情。实际上,感情与习惯是可以改变的。而且目前并没有科学权威的医学对比数据可以证明,纸质媒体对读者身体健康的负面影响小于新媒体。

新媒体的最大优势之一是信息存储密度极高、单位信息存储成本极低,因此,可以用极低的成本迅速对数字信息进行大量的复制,作为备份,以防不测。而这是纸质媒体无法做到的。

有人认为,纸质媒体具有美感。笔者要问,难道新款的电脑如 iPad、手机 iPhone 不也具有高科技、人性化的美感吗?

新媒体在不断进步与完善,存在的不足也正在被迅速地逐一克服;相反,千年历史的纸质媒体已经没有技术飞跃的可能。新媒体的许多功能是纸质媒体永远不可能具备的,尤其是高速便捷的检索功能与知识聚类功能。

随着电脑的掌上化、第三代手机技术的普及,手机正在成为重要的新媒体,使得纸质媒体所具有的便携性等优势完全丧失,手机媒体加速埋葬了纸质媒体。

在美国,随着智能手机如 iPhone、iPad、Kindle 等手持阅读终端的流行,纸质媒体破产的案例越来越多。美国《基督教科学箴言报》从 2009 年 4 月起开始停止出版纸质日报,这是美国主流大报中第一家完全以网络版代替纸媒的全国性报纸。2009 年 2 月 26 日,离 150 岁生日还有 55 天的科罗拉多州最负盛名的《落基山新闻报》宣布关闭;3 月 16 日,具有 146 年历史的《西雅图邮报》决定停刊,以后只通过网络的形式发行电子报;密歇根市拥有 174 年历史的《安娜堡新闻报》也于 7 月出版其最后一期印刷版报纸。2010 年 9 月,美国最大的报纸《纽约时报》公司董事长亚瑟·苏兹伯格表示,《纽约时报》将停止推出印刷版,主要通过网络版来吸引读者和拓展收入来源。

2.2 内容服务商弱势地位更为严峻

今后,传统媒体将逐步演化为提供各种新闻信息的内容服务商。但是,在新媒体的产业链中,技术巨头如苹果、渠道之王如亚马逊、移动运营商如中国移动,始终是市场的强者。作为内容服务商的传统媒体始终是弱势群体。

以目前流行的彩信报为例,目前通行的做法是彩信报用户每月通过交通信费的方式缴纳 3 元钱,但是作为提供新闻内容的报社一般只能拿到 1 元钱。

Apple 模式进一步掠夺传统新闻出版业日益微博的利润,从而使得传统媒体及内容服务商的弱势地位更为严峻。在美国,Apple 公司要拿走报社 30％的利润。

2011 年 2 月 16 日苹果推出订阅功能,就像 App Store 里其他应用程序一样,苹果将收取 30％的费用。美国时代公司因无法接受苹果 30％的分成,刚推出的《Sports Illustrated》网络版没有包含 iPad 版或 iPhone 版。这 30％的提成无疑提高了媒体付费模式的风险并加大了成本,媒体不堪压力会将其中一部分转嫁给读者,使得本来就不愿付费的读者更快地逃离。

国内受众有长时间的网络免费使用习惯;普通受众的支付意愿低、对收费存在抵触情绪;媒体本身内容同质化程度高,付费内容与免费之间的可替代性高,受众当然会选择免费;版权保护意识淡薄,盗版、转载是常态,"免费是理所当然的"思维模式相当普及,所以潜在用户较难转化为忠实用户;新闻业界保持公正、客观的职业素养和从业理念尚待加强,且资本实力抵抗不过苹果等巨头,所以可能会因实际利益而被资本操控。

2.3 Apple 是出版社吗?

Apple 公司目前不仅已经是市值最高的电脑巨头,2011 年还击败诺基亚成为了全球销售额最大的手机制造龙头企业;而且事实上也成为了全球最大的电子出版社。

电子图书由于可以节约印刷和发行成本,而且不需要考虑头疼的印刷数量问题,所以具有成本优势。一般作者将书稿给传统的出版社,作者的版税为 7％～10％;而将书稿给 Apple 公司,作者能够获得付费下载收入的 1/3。

在美国,一些为商业化写作的畅销书作家,已经开始直接将书稿给 Apple、Amazon 等公司,以便他们直接将书稿制作成可在苹果网上商店下载的电子图书,或制作成 Kindle 格式,供 Amazon Kindle 阅读器阅读。在国内,也有畅销书作家直接将书稿给中国移动手机出版基地的苗头。

2.4 Apple 模式挑战中国新媒体管理政策

中国是一个新媒体管理严格的国家,但是,新媒体是没有国界的。Apple 并未获得任何中国政府部门的许可或审批就向中国用户销售游戏、软件、电子图书。Apple 模式直接挑战了中国政府对新媒体的管理体系。

总之,Apple 模式给新闻出版业带来的诸多挑战,需要我们及时采取策略应对。

第10章　全球电子商务网站鼻祖
亚马逊的发展模式

杨春阳　杨　曦　任　睿　杨富江

10.1　创业史及创始人

Amazon.com：电子商务的鼻祖——亚马逊公司(纳斯达克代码：AMZN)是全球最大的电子商务网站,是目前美国最大网络电子商务公司,同时也是一家财富500强公司。亚马逊总部位于美国华盛顿州的西雅图市,它创立于1995年,一开始只经营网络的数据销售业务,目前已成为全球商品品种最多的网上零售商和全球第二大互联网公司。它的营业收入高达480亿美元,市值为1 110亿美元,每月的访客量超过1亿人。

在亚马逊公司名下,包括了 Alexa Internet、a9 和互联网电影数据库(Internet Movie Database,IMDB)三家子公司。亚马逊及其他销售商为客户提供数百万种独特的全新、翻新及二手商品,如图书、影视、音乐和游戏、数码下载、电子和电脑、家居园艺用品、玩具、婴幼儿用品、食品、服饰、鞋类和珠宝、健康和个人护理用品、体育及户外用品、玩具、汽车及工业产品等。

在不到 20 年的时间里,亚马逊成就了一个西雅图神话,它是世界上最大的在线零售商、物流大佬、云计算先驱、数字内容平台、客服和用户评论的指向标,甚至酝酿了颇有革新性质的电子阅读器。未来,亚马逊将作为互联网巨头代名词而存在,此外,还会在多个不同的领域继续迎战其他竞争者。在不到 20 年的时间里,亚马逊成就了一个西雅图神话,它是世界上最大的在线零售商、物流大佬、云计算先驱、数字内容平台、客服和用户评论的指向标,甚至酝酿了颇有革新性质的电子阅读器。未来,亚马逊将作为互联网巨头代名词而存在,此外,还会在多个不同的领域继续迎战其他竞争者。

1965 年,亚马逊 CEO——贝索斯出生于美国新墨西哥州,他是一个私生子。1968 年,母亲带着 3 岁的他嫁给了迈克·贝索斯——一个古巴移民。贝索斯跟随母亲进入了这个家庭,并用了继父的姓。贝索斯是幸运的,虽然他不是迈克的亲生儿子,但他们的感情却胜过许多亲生父子。贝索斯在家中是长子,他还有一个弟弟和妹妹,一家人其乐融融。

贝索斯4岁时第一次来到外祖父在得克萨斯州小镇康德拉(Cotulla)的农场。这座农场占地面积2.5万英亩(约合1万公顷),地处得克萨斯州西南部,堪称一个世外桃源,到处长满了豆科灌木和橡树,白尾鹿、野火鸡、白鸽、野猪和野羊等野生动物时不时窜出来。

贝索斯的外祖父名叫劳伦斯·佩雷斯顿·吉斯(Lawrence Preston Gise),曾经是一位火箭专家,当时已退休回乡,享受简单、惬意的田园生活,他想与孙子一起分享这种快乐生活。在度过16岁生日以前,贝索斯每年夏天都会在外祖父的农场度过。

在农场,贝索斯学会了一些农活,比如打扫牛圈、安装水管等。一天,外祖父弄来一台旧推土机,履带已经脱落,修理起来十分困难,因为要将500磅(约合226公斤)重的齿轮从引擎上卸下。俗话说,"世上无难事,只怕有心人",在贝索斯的帮助下,外祖父自己动手,造了台小型起重机。

贝索斯说:"在农村你要学会的一件事就是如何自力更生。一切事情都要自己动手做。这种自立是你可以学习的东西,外祖父是我的榜样:如果有东西坏了,就要自己动手修好。要做成一些你以前从未接触过的事情,那么就必须顽强和专注,顽强和专注到别人或许认为不合情理的地步。"

1986年,这个优秀的年轻人在美国名校普林斯顿大学取得了电子工程学和计算机系双重学士学位,很快就进入纽约一家新成立的高科技公司。两年后,贝索斯跳槽到一家纽约银行家信托公司,管理价值2 500亿美元资产的电脑系统。又是一个两年之后,他成为了这家银行家信托公司有史以来最年轻的副总裁,那时他不过25岁。

但贝索斯并不为自己的成就满足,他还在继续前进。1990年,他看准了对冲基金的前途,便投身到华尔街的热潮之中,为一家知名券商服务,并成功地替公司建立为数庞大、运作巧妙的对冲基金,并在1992年成为该公司最年轻的资深副总裁。在这里,他工作了4年,时间比以往都久了一点。

20世纪90年代初期,是对冲基金最火热的时候。那时候,它是风险极大,回报也极高的金融投机行业,而工作人员的收入也是天文数字,但在大家羡慕贝索斯有先见之明的时候,有高薪的时候,1994年,出乎所有人的意料,贝索斯又辞职了。

因为他又瞄准了一个更新、更有潜力的行业,那就是信息技术,互联网! 当时西雅图的微软已经逐渐长大了,早已厌倦了华尔街金融生涯的贝索斯希望自己像微软一样,在 IT 行业取得成功,做网络浪尖上的弄潮儿! 他说:"将来当我年届八旬回首往事时,我不会因为今天离开华尔街而后悔;但我会因为没有抓住互联网迅猛发展的大好机遇而后悔。"

离开华尔街之后,贝索斯开车在街上游荡。他在想自己应该做些什么,靠什么来创业呢? 一天,他在开车途中,浏览车窗外琳琅满目的店面,无意间一个书店映入眼帘,一个点子浮上了他的脑海:为什么不办一个网上书店,用崭新的方法销售图书和 CD 光盘呢? 在互联网兴起的年代,有贝索斯这样想法的人也许成千上万,但或许去实践的人就少而又少了。

贝索斯想办一个网上书店,但是最初的启动资金在哪里,虽然自己这些年也有些积蓄,但离创业基金还很遥远,他想到了自己的父母。当时他的父母有30 万美元的养老金。当贝索斯向父母说明了他的用意后,父母只商量了一会儿,就把钱交给了儿子,并说道:"我们对互联网不了解,更不知道什么是电子商务,但我们了解、相信你——我们的儿子!"

1994 年夏天,贝索斯辞去了金融服务公司 D.E 副总裁的工作,与妻子麦凯奇(Mackenzie)来到西雅图,用 30 万美元的启动资金,在西雅图郊区租来的房子的车库中,创建了全美第一家网络零售公司,抓住互联网爆炸式增长的机遇,创立了亚马逊。亚马逊最初叫 Cadabra,由于与"cadaver"(英文"尸体"的意思)谐音,让不少人总是会错意,于是,贝索斯以地球上孕育最多种生物的亚马孙河重新命名——AMAZON.com(亚马逊公司),正式打开了它的"虚拟商务大门",是希望它能成为出版界中名副其实的"亚马逊"。

亚马逊的第一处办公地位于贝尔维尤郊外,共有三个卧室,月租 890 美元。贝索斯之所以选择在那里办公,部分原因是它有一个车库。这样,他就可以对外宣传说,亚马逊将像惠普等硅谷传奇企业一样,从车库开始一步步走向成功。实际上,车库后来被改造成娱乐室,而贝索斯或许认为它可以"功成身退"了。

1995 年 7 月 16 日,亚马逊网站正式上线,虽然当时无数创业者涌入互联网淘金,但竞争对手尚未创建强大的商务网站。后来,贝索斯将公司办公地搬到某个工业区,那个地方有一个针具交换项目和一个已经关门的当铺。亚马逊的办公地共计 1 100 平方英尺(约合 102 平方米),位于二层,还有 400 平方英尺

(约合 37 平方米)的地下室用做仓库。

办公桌是用木门锯开后制作的,仓库则可以临时存放数百本书。由于折扣高达 10%～30%,亚马逊网站刚一上线,便开始接到订单。最初,每天订单数大约只有 6 个。一位程序设计人员给电脑上设了个程序,每次一接到订单钟就会响。一开始员工还觉得挺新鲜,但不久便厌烦了,于是将程序关掉。

从创业开始,在华尔街投资公司工作多年的贝索斯就表现出了在融资和财务管理上的超凡能力。在公司起步阶段,为了让亚马逊在传统书店如林的竞争压力中站稳脚跟,贝索斯充分利用了他对于网络的理解和网上技术优势,花了 1 年的时间来建设网站和设立数据库。

具有"人性化"的界面是贝索斯等对电脑软件的一个改造,舒适的视觉效果,方便的选取服务,当然还有 110 万册的可选书目。而在设立数据库方面,他更是小心谨慎,光软件测试,就花了 3 个月。时间证明了贝索斯的做法极其正确。

在亚马逊网站上线三天后,贝索斯收到了雅虎联合创始人杨致远发来的一封电子邮件。贝索斯后来回忆:"杨致远写道:'我们觉得你的网站创意非常棒,你们希望我们将它放在推荐(What's Cool)页面中吗?'我们考虑了一下,虽然感觉就像从消防水龙带里喝水一样,但我们仍决定接受他的提议。"

雅虎将亚马逊放到其推荐名单中,随后亚马逊收到的订单开始飙升。到一周结束时,亚马逊获得了价值 1.2 万美元的订单。此时,亚马逊团队处理订单的速度已很难跟上订单增长速度,那一周,亚马逊仅仅出货价值 846 美元的图书。而接下来的一周,订单量升至 1.5 万美元,而出货的图书价值 7 000 美元。

创立的最初几周,亚马逊员工都要加班到第二天凌晨 2 点至凌晨 3 点,将图书打包、写上地址并发货。贝索斯一度忘了订购包装台,员工只好跪在冰冷的水泥地上将书包装。贝索斯后来在一次演讲中回忆,在员工们一连几小时跪在地上打包装后,他对一个名叫尼古拉斯·洛夫乔伊(Nicholas Lovejoy)的员工说,"他们应该绑上护膝"。

贝索斯说:"他看了看我,好像我是火星人。"洛夫乔伊的表情分明是在说,去买些台子吧。贝索斯称:"我当时想这是我有生以来听到的最明智的建议。"尽管由于外行,走了许多弯路,但亚马逊业务增长迅速。到那一年的 10 月份,亚马逊每日订单量达到 100 本书。不到一年时间,就实现了每小时订单量 100 本书的目标。

从一开始,亚马逊就面临着许许多多的挑战,其中最强大的就是来自传统巨人巴诺书店的竞争。即使不想与之争夺市场也不得不面对,因为巴诺书店决不允许一个凭空产生的、"虚幻生存"的对手夺取了自己的市场。从另一个方面来说,这是一场传统与现代的争夺。

首先,亚马逊是最便宜的书店之一,它天天都在打折,几乎是举世最大的折扣者,有高达 30 万种以上的书目可以进行购买折扣优惠。的确,它不像传统的书店经营,少了中间商抽成剥削,促使亚马逊销售的书籍或其他商品,有着较为平实的价格。当然也有另外少数的几家书店价格更便宜,但差价很小。因为最便宜并不是最重要的,重要的是这里的便宜书又多又方便,所以顾客甚至不愿再为了一点小小的差价去别处寻找,而只选择了亚马逊。

还有它远远比传统书店更方便快捷的服务、更全的书目。在亚马逊网上购书,因为有强大的技术支持,一般 3 秒钟之内就可得到回应,大大节省了顾客的时间。相对于巴诺书店最多只能有 25 万种不同的书目,而在网络上,亚马逊却可以拿出 250 万册的书目来。贝索斯说:如果有机会把亚马逊所提供的目录以书面的方式印制出来的话,大概相当于 7 本纽约市电话簿的分量。

速度也同样表现在库存货物的更新上。亚马逊除了 200 册的畅销书种外,几乎不存在库存。但即使是这个库存,亚马逊更新的频率还是让人吃惊。有个数据显示,亚马逊每年更换库存达 150 次之多,而巴诺则不过 3～4 次。这个数据不仅表现了亚马逊的速度,也表现了它的销量。

贝索斯是互联网上货真价实的革新者。亚马逊目前拥有 3 万个"委托机构",这些"委托机构"在各自的网站上,为亚马逊推出的书籍进行推荐工作。当上网的访客在它们的网站上以点选的方式购买推荐的书籍时,这些"关系机构"可以向亚马逊抽取 15％的佣金。这个创意,现在已被广泛地仿用。

同时,贝索斯还协助定义了一个以购物网站为中心的互联网社区。这个社区的编辑内容每天都会更新,同时还提供了"读者书评"和"续写小说"的服务,他是第一个在网络上采用这种方式的人,仅这两项小创新,至少为亚马逊增加了近 40 万名的顾客。

但贝索斯还要不断快速扩充,简单地说,也就是"大,还要再大"这几个字。他的经营已经不仅仅限于书籍了,他要建立一个最大的网络购物中心。

1998 年 3 月,亚马逊开通了儿童书店,虽然这时的亚马逊,已经是网上最大最出名的书店了;但同样具有偏执狂特征的贝索斯,继续以他的理论引导着亚马逊向更远的目标发展。6 月份,亚马逊音乐商店开张;7 月,与 Intuit 个人理财网站及精选桌面软件合作;10 月,打进欧洲大陆市场;11 月,加售录像带与其他礼品;次年 2 月,买下药店网站股权,并投资药店网站;3 月,投资宠物网站,同期成立网络拍卖站;5 月,投资家庭用品网站;2000 年 1 月,与网络快运公司达成了一项价值 6 000 万美元的合作协议,使用户订购的商品在一小时之内能送上门。

在这个过程中,亚马逊完成了从纯网上书店向一个网上零售商的转变,在这组数据的背后,人们看到的就是不断地扩张、扩张,而在这个阶段,亚马逊的股票价格共上升了 50 多倍,公司市值最高时达到 200 亿美元。

当所有人都还不知道"电子商务"是什么东西,还在讨论"电子商务"的时候,贝索斯已经用自己的行动证实了什么是电子商务。"亚马逊"是网络上第一个电子商务品牌。1995 年 7 月,亚马逊还只是个小网站,但到了 2000 年 1 月,亚马逊的市价总值已经达到了 210 亿美元,是老对手巴诺的 8 倍。5 年不到的时间,亚马逊以惊人的成长速度创造了一个网络神话。

10.2　创 新 模 式

亚马逊公司的创新,绝不是一种简单的、初级的创新。它是基于信息技术基础上的可贸易服务,代表了全球新的商业模式和未来商业发展趋势。与传统商业模式相比,亚马逊的模式代表着当今先进实用的前沿技术,开辟了一种全新的服务理念和服务领域。从商业模式来看,它创造了一种业态的突破,实现了跨越式的发展。根据预测,10 年后,全球服务中的可贸易比重会从现在的20％多,增加到 50％多。服务可贸易规模也将成为全球贸易的新推动引擎,比如外包、远程服务、知识产权传递等。美国是这一趋势的主导者。[①]

10.2.1　经营销售创新模式

亚马逊书店的营销活动在其网页中体现得最为充分。亚马逊书店在营销方面的投资也令人注目:现在,亚马逊书店每收入 1 美元就要拿出 24 美分搞营销、拉顾客,而传统的零售商店则仅花 4 美分就够了。

贝索斯从一开始就非常注重亚马逊产品的实用性。亚马逊推出的新功能

---

① 财经国家周刊.2012(13).

往往简单易用,如颇富争议的"一键购买"(1-Click)。一家法律期刊曾将"一键购买"称为"非独创性软件专利中最值得纪念的例证"。它禁止其他网络零售商使用"一键购买"选项,除非向亚马逊支付版税。

有一次,一位老太太曾给亚马逊发了一封邮件,说她非常喜欢从亚马逊网站上买书,但由于书的包装太难打开,每次都要让侄子帮她打开包装。于是,贝索斯对图书包装进行了重新设计,令其更容易打开。

贝索斯还在不断改进网站的质量。2008 年 6 月,亚马逊申请了一项名为"动作输入识别机制"的专利,利用这项技术,客户只需在计算机、Kindle 或手机前点点头就能实现自动购买产品。业内人士戏称它为"一点头即购买"(1-Nod)专利。

2011 年 12 月,业界传言亚马逊申请了一项新技术专利,该技术可帮助用户在使用购物网站时,拒绝接收不想要的礼物。亚马逊举例说,如果"米尔德里德姨妈"(Aunt Mildred)有给人送不喜欢礼物的习惯,那么用户可以利用新技术,将不想要的礼物转换成其他物品。

这样,当一些好心的亲戚要寄礼物过来时,用户便可以进行追踪,如果找到更合意的,可以在出货前改变订单。这不只对礼物收件人有好处,也对亚马逊有利,同时可以给其节省数百万美元的费用。而贝索斯就是这项专利的发明者。

总之,亚马逊独特的创新模式带给我们的启示很多,其中最重要的一点就是物流在电子商务发展中起着至关重要的作用。有人将亚马逊的快速发展称为"亚马逊神话",如果中国的电子商务企业在经营发展中能将物流作为企业的发展战略,合理地规划企业的物流系统,制定正确的物流目标,有效地进行物流的组织和运作,那么对中国的电子商务企业来讲,亚马逊神话将不再遥远。[①]

10.2.2　售前售后服务创新模式

1. 搜索引擎

一家书店,如果将其所有书籍和音像产品都一一列出,是没有必要而且对用户来说也是很不方便的。因此,设置搜索引擎和导航器以方便用户的购买就成为书店的一项必不可少的技术措施。在这一点上,亚马逊书店的主页就做得

---

① 部分文字来源:美国著名记者理查德·勃兰特(Richard L. Brandt)《一点通:杰夫·贝索斯和亚马逊崛起》(One Click: Jeff Bezos and the Rise of Amazon. com)。

很不错,它提供了各种各样的全方位的搜索方式,有对书名的搜索、对主题的搜索、对关键字的搜索和对作者的搜索,同时还提供了一系列的如畅销书目、得奖音乐、最卖座的影片等的导航器,而且在书店的任何一个页面中都提供了这样的搜索装置,方便用户进行搜索,引导用户进行选购。这实际上也是一种技术服务,归结为售前服务中的一种。

2. 顾客的技术问题解答

除了搜索服务之外,书店还提供了对顾客的常见技术问题的解答这项服务。例如,公司专门提供了一个FAQ(Frequently Asked Questions)页面,回答用户经常提出的一些问题。例如,如何进行网上的电子支付? 对于运输费用顾客需要支付多少? 如何订购脱销书? 等等。而且,如果你个人有特殊问题,公司还会专门为你解答。

3. 用户反馈

亚马逊书店的网点提供了电子邮件、调查表等获取用户对其商务站点的反馈。用户反馈既是售后服务,也是经营销售中的市场分析和预测的依据。电子邮件中往往有顾客对商品的意见和建议。书店一方面解决用户的意见,这实际上是一种售后服务活动;另一方面也可以从电子邮件中获取大量有用的市场信息,常常可以作为指导今后公司各项经营策略的基础,这实际上是一种市场分析和预测活动。另外,它也经常邀请用户在网上填写一些调查表,并用一些免费软件、礼品或是某项服务来鼓励用户发来反馈的电子邮件。

4. 读者论坛

亚马逊书店的网点还提供了一个类似于BBS的读者论坛,这个服务项目的作用是很大的。企业商务站点中开设读者论坛的主要目的是吸引客户了解市场动态和引导消费市场。在读者论坛中可以开展热门话题讨论。以一些热门话题,甚至是极端话题引起公众兴趣,引导和刺激消费市场。同时,可以开办网上俱乐部,通过俱乐部稳定原有的客户群,吸引新的客户群。通过对公众话题和兴趣的分析把握市场需求动向,从而经销用户感兴趣的书籍和音像产品。

10.2.3 物流促销创新模式

全球最大的网上书店——亚马逊网上书店是在 2002 年年底开始盈利的,这是全球电子商务发展的一个重要转折点。亚马逊网上书店自 1995 年 7 月在美国开业以来,经历了 7 年的发展历程。到 2002 年年底全球已有 220 个国家的 4 000 万网民在亚马逊书店购买了商品,亚马逊为消费者提供的商品总数已达到 40 多万种。

随着近几年来在电子商务发展受挫,众多电子商务公司纷纷倒地落马、折戟的时候,亚马逊却顽强地活了下来并脱颖而出,还创造了令人振奋的业绩:2002 年第三季度的净销售额达 8.51 亿美元,比上年同期增长了 33.2%;2002 年前三个季度的净销售额达 25.04 亿美元,比上年同期增长了 24.8%。虽然2002 年前三个季度还没有盈利,但净亏损额为 1.52 亿美元,比上年同期减少了73.4%,2002 年第四季度的销售额为 14.3 亿美元,实现净利润 300 万美元,是第二个盈利的季度。亚马逊的扭亏为盈无疑是对 B2C 电子商务公司模式的巨大鼓舞。

2011 年,亚马逊来自服务方面的收入为 60.7 亿美元,占总营收的比重为12.6%。虽然规模不大,但上述服务贡献的利润率要远高于商品零售,未来在亚马逊利润提升方面将起到重要作用,是什么成就了亚马逊今天的业绩? 亚马逊的快速发展说明了什么? 是被许多人称为是电子商务发展"瓶颈"和最大障碍的物流拯救了亚马逊,是物流创造了亚马逊今天的业绩?

1. 开创新的物流促销战略

在电子商务举步维艰的日子里,亚马逊推出了创新、大胆的促销策略为顾客提供免费的送货服务,并且不断降低免费送货服务的门槛。到目前为止,亚马逊已经三次采取此种促销手段。前两次免费送货服务的门槛分别为 99 美元和 49 美元,2002 年 8 月亚马逊又将免费送货的门槛降低一半,开始对购物总价超过 25 美元的顾客实行免费送货服务,以此来促进销售业务的增长。免费送货极大地激发了人们的消费热情,使那些对电子商务心存疑虑、担心网上购物价格昂贵的网民们迅速加入亚马逊消费者的行列,从而使亚马逊的客户群扩大到了 4 000 万人。由此产生了巨大的经济效益:2002 年第三季度书籍、音乐和影视产品的销量较上年同期增长了 17%。物流对销售的促进和影响作用,"物流是企业竞争的工具"在亚马逊的经营实践中得到了最好的诠释。

很多年来,网上购物价格昂贵的现实是使消费者摒弃电子商务而坚持选择实体商店购物的主要因素,也是导致电子商务公司失去顾客、经营失败的重要原因。在电子商务经营处于"高天滚滚寒流急"的危难时刻,亚马逊独辟蹊径,大胆地将物流作为促销手段,薄利多销、低价竞争,以物流的代价去占领市场,招徕顾客,扩大市场份额。显然此项策略是正确的,因为抓住了问题的实质。

据某市场调查公司最近一项消费者调查显示,网上顾客认为,在节假日期间送货费折扣的吸引力远远超过其他任何促销手段。同时这一策略也被证实是成功的,自 2001 年以来,亚马逊把在线商品的价格普遍降低了 10％左右,从而使其客户群达到了 4 000 万人次,其中通过网上消费的达 3 000 万人次左右。为此,亚马逊创始人贝索斯得以对外自信地宣称:"或许消费者还会前往实体商店购物,但绝对不会是因为价格的原因。"当然这项经营策略也是有风险的。因为如果不能消化由此产生的成本,转移沉重的财务负担,则将功亏一篑。

2. 开源节流是促销成功的重要保障

亚马逊盈利的秘诀在于给顾客提供的大额购买折扣及免费送货服务。然而此种促销策略也是一柄"双刃剑":在增加销售的同时产生巨大的成本。如何消化由此而带来的成本呢? 亚马逊的做法是在财务管理上不遗余力地削减成本:减少开支、裁减人员,使用先进便捷的订单处理系统降低错误率,整合送货和节约库存成本……通过降低物流成本,相当于以较少的促销成本获得更大的销售收益,再将之回馈于消费者,以此来争取更多的顾客,形成有效的良性循环。当然这对亚马逊的成本控制能力和物流系统都提出了很高的要求。

此外,亚马逊在节流的同时也积极寻找新的利润增长点,比如为其他商户在网上出售新旧商品和与众多商家合作,向亚马逊的客户出售这些商家的品牌产品,从中收取佣金。使亚马逊的客户可以一站式地购买众多商家的品牌、商品以及原有的书籍、音乐制品和其他产品,既向客户提供了更多的商品,又以其多样化选择和商品信息吸引众多消费者前来购物,同时自己又不增加额外的库存风险,可谓一举多得。这些有效的开源节流措施是亚马逊低价促销成功的重要保证。

3. 完善的物流系统是生存与发展的命脉

电子商务是以现代信息技术和计算机网络为基础进行的商品和服务交易,具有交易虚拟化、透明化、成本低、效率高的特点。在电子商务中,信息流、商流、资金流的活动都可以通过计算机在网上完成,唯独物流要经过实实在在的运作过程,无法像信息流、资金流那样被虚拟化。因此,作为电子商务组成部分的物流便成为决定电子商务效益的关键因素。在电子商务中,如果物流滞后、效率低、质量差,则电子商务经济、方便、快捷的优势就不复存在。所以完善的物流系统是决定电子商务生存与发展的命脉。分析众多电子商务企业经营失败的原因,在很大程度上是缘于物流上的失败。而亚马逊的成功也正是得益于其在物流上的成功。亚马逊虽然是一个电子商务公司,但它的物流系统十分完善,一点也不逊色于实体公司。由于有完善、优化的物流系统作为保障,它才能将物流作为促销的手段,并有能力严格地控制物流成本和有效地进行物流过程的组织运作。在这些方面亚马逊有以下许多独到之处。

(1)在配送模式的选择上采取外包的方式

在电子商务中亚马逊将其国内的配送业务委托给美国邮政和 UPS,将国际物流委托给国际海运公司等专业物流公司,自己则集中精力去发展主营和核心业务。这样可以减少投资,降低经营风险,又能充分利用专业物流公司的优势,节约物流成本。

(2)将库存控制在最低水平,实行零库存

亚马逊通过与供应商建立良好的合作关系,实现了对库存的有效控制。亚马逊公司的库存图书很少,维持库存的只有 200 种最受欢迎的畅销书。一般情况下,亚马逊是在顾客买书下了订单后,才从出版商那里进货。购书者以信用卡向亚马逊公司支付书款,而亚马逊却在图书售出 46 天后才向出版商付款,这就使得它的资金周转比传统书店要顺畅得多。由于保持了低库存,亚马逊的库存周转速度很快,并且从 2001 年以来越来越快。2002 年第三季度库存平均周转次数达到 19.4 次,而世界第一大零售企业沃尔玛的库存周转次数也不过在 7次左右。

(3)降低退货比率

虽然亚马逊经营的商品种类很多,但由于对商品品种选择适当,价格合理,商品质量和配送服务等能满足顾客需要,所以保持了很低的退货比率。传统书店的退书率一般为 25%,高的可达 40%,而亚马逊的退书率只有 0.25%,远远低于传统的零售书店。极低的退货比率不仅减少了企业的退货成本,也保持了较高的顾客服务水平并取得良好的商业信誉。

(4)为邮局发送商品提供便利,减少送货成本

在送货中,亚马逊采取一种被称为"邮政注入"的技术减少送货成本。所谓"邮政注入"就是使用自己的货车或由独立的承运人将整卡车的订购商品从亚马逊的仓库送到当地邮局的库房,再由邮局向顾客送货。这样就可以免除邮局对商品的处理程序和步骤,为邮局发送商品提供便利条件,也为自己节省了资金。据一家与亚马逊合作的送货公司估计,靠此种"邮政注入"方式节省的资金

相当于头等邮件普通价格的 5％～17％,十分可观。

(5) 根据不同商品类别建立不同的配送中心

亚马逊的配送中心按商品类别设立,不同的商品由不同的配送中心进行配送。这样做有利于提高配送中心的专业化作业程度,使作业组织简单化、规范化,既能提高配送中心作业的效率,又可降低配送中心的管理和运转费用。

(6) 采取"组合包装"技术,扩大运输批量

当顾客在亚马逊的网站上确认订单后,就可以立即看到亚马逊销售系统根据顾客所订商品发出的是否有现货,以及选择的发运方式、估计的发货日期和送货日期等信息。如前所述,亚马逊根据商品类别建立不同配送中心,所以顾客订购的不同商品是从位于美国不同地点的不同的配送中心发出的。由于亚马逊的配送中心只保持少量的库存,所以在接到顾客订货后,亚马逊需要查询配送中心的库存,如果配送中心没有现货,就要向供应商订货。因此会造成同一张订单上商品有的可以立即发货,有的则需要等待。为了节省顾客等待的时间,亚马逊建议顾客在订货时不要将需要等待的商品和有现货的商品放在同一张订单中。这样在发运时,承运人就可以将来自不同顾客、相同类别,而且配送中心也有现货的商品配装在同一货车内发运,从而缩短顾客订货后的等待时间,也扩大了运输批量,提高运输效率,降低运输成本。

(7) 完善的发货条款

完善的发货条款、灵活多样的送货方式及精确合理的收费标准体现出亚马逊配送管理的科学化与规范化。

亚马逊的发货条款非常完善,在其网站上,顾客可以得到以下信息:拍卖商品的发运、送货时间的估算、免费的超级节约发运、店内拣货、需要特殊装卸和搬运的商品,包装物的回收、发运的特殊要求、发运费率、发运限制、订货跟踪等。

(8) 多种可供选择的送货方式和送货期限

亚马逊为顾客提供了多种可供选择的送货方式和送货期限。在送货方式上有以陆运和海运为基本运输方式的"标准送货",也有空运方式。送货期限上,根据目的地是国内还是国外的不同,以及所订的商品是否有现货而采用标准送货、2 日送货和 1 日送货等。根据送货方式和送货期限及商品品类的不同,采取不同的收费标准,有按固定费率收取的批次费,也有按件数收取的件数费,亦有按重量收取的费用。

　　所有这些都表明亚马逊配送管理上的科学化、法制化和运作组织上的规范化、精细化,为顾客提供了方便、周到、灵活的配送服务,满足了消费者多样化需求。亚马逊以其低廉的价格、便利的服务在顾客心中树立起良好的形象,增加了顾客的信任度,并增强了其对未来发展的信心。

10.2.4　别出心裁激励员工

　　这一成绩是在亚马逊未作任何商业广告的情况下完成的:亚马逊上线第一年几乎没打任何广告,完全依赖于顾客的口口相传。但有一个例外:贝索斯曾经租用了几块环绕巴诺(Barnes & Noble)连锁书店的移动广告牌,上面写着:"不能找到你想要购买的书吗?"问题下面列出了亚马逊网址。

　　虽然亚马逊客服中心后来被贝索斯称为"亚马逊的基石",但起步阶段曾遭遇不少挑战,第一封顾客来信就是由贝索斯亲自回复的。到 1999 年,亚马逊客服部门人员总数达到 500 人,他们挤在狭小的办公空间,解答顾客提出的各种问题。

　　亚马逊客服代表普遍学历高但待遇低,在图书销售上没有任何经验。仅有少数属于专业人士,他们个个饱览群书,可以在大量主题中找到顾客需要的图书。他们每小时的薪酬介于 10 美元至 13 美元之间,但有可能得到升职,获得公司股票期权。在他们当中,最好的客服代表每分钟可以回复十多封电子邮件,而每分钟回复邮件速度低于 7 封的客服代表往往被解雇。

　　据一位客服经理回忆,有一次,一名客服代表 10 天内处理邮件速度低于标准,贝索斯打电话过问此事。这名员工告诉贝索斯,她已经发挥了自己的最大潜力了,于是,贝索斯想出了一个办法:客服代表在某个周末的 2 天时间内进行比赛,看一看哪个人处理的顾客邮件数量最多。

　　在 48 小时内,除了正常工作时间之外,每个人还至少工作了 10 个小时。每回复 1 000 条信息,就可以获得 200 美元现金奖励。最终,亚马逊客服部门通过这种方式处理完此前积压的客户信息。

10.2.5　全新团队概念

　　在亚马逊创立初期,贝索斯还让员工每周挑选出 20 本最奇怪的书目,并提供奖励。这些书目包括:《怎么用训练海豚的技术来训练金鱼》(*Training Goldfish Using Dolphin Training Techniques*)、《如何建设自己的国家》(*How to Start Your Own Country*)、《没有朋友的人生》(*Life Without Friends*)。

贝索斯在早期做出的另一个颇具争议的决定是，允许用户在亚马逊网站上发表书评，无论是正面的，还是负面的。竞争对手则无法理解一家图书经销商为何要这样做。贝索斯说，在亚马逊上线几周后，"我收到了一些好心人的来信，他们说我可能不懂自己的业务。你卖东西赚钱，为何要让负面的评论出现在你自己的网站上呢？但我们认为，如果我们能帮助用户做出正确的选择，那么就能卖出更多的东西。"

随着时间的推移，贝索斯独具特色的管理方式开始形成。贝索斯并非总是一个"好 CEO"：他既能激励和说服员工，也能因达不到他的要求痛斥员工一顿，令他们心里不舒服；他既能从大处着眼，也会因微不足道的小事而分心；他性格古怪、挑剔，但为人睿智。

据一位亚马逊前高管回忆，有一次，几位部门经理说员工彼此之间应该加强沟通，但贝索斯马上站起身来，大声说："不行，加强交流是件可怕的事情。"贝索斯希望建立一家管理松散、甚至于无组织的企业，让独立的创意在与集体智慧的较量中占得上风。他还提出了"两个比萨团队"（two-pizza team）概念，意思是说：任何团队都应足够小，两个比萨就能吃饱。

10.3　产品及服务

贝索斯一开始就计划好了做一个全品类电商，图书只是亚马逊进入电商领域的切入点，规模化发展是早晚的事。IPO 资金到位后，亚马逊由此具备了扩张的资本。亚马逊的品类扩张是有序有节奏的，扩张最猛的阶段集中在上市后的两三年，每一年都会有一两个重点扩张品类，当新进入的品类经营逐渐进入正轨时，再去向另一个品类突击。

1998 年，亚马逊引进了和图书最为接近的品类——CD 音像制品，并收购互联网电影资讯网 IMDb.com，延伸至影视资讯和互动社区功能；1999 年，亚马逊进入在线拍卖、宠物商店、家居、玩具、ZShop 等领域；2000 年，电子消费品销量领先于亚马逊其他品类，健康美容及厨具商店上线，并推出平台业务 Marketplace；2001 年新添加软件下载和母婴商店；2002 年推服饰商店，收购在线音乐商店的竞争对手 CD Now；2005—2006 年，珠宝首饰店取得了惊人的销量增速；2007 年发布 Kindle 阅读器，并重点发展 MP3 音乐下载商店，以及和影视集团逐渐建立合作关系，发展流媒体业务；2009 年收购 Zappos；2010 年宣布入股美国第二大团购网站 Livingsocial……

伴随有序的扩张,亚马逊订单量和销售额增速迅猛。如今,亚马逊所经营的品类甚至超越零售巨头沃尔玛,原因是电子商务平台能够极大地满足用户长尾需求,尤其当大量商家进驻 Marketplace,有效地补充了亚马逊网站的商品选择。2011 财年,沃尔玛净销售额高达 4 438 亿美元,几乎十倍于亚马逊的 480 亿美元。但对比两家巨头的增速,亚马逊近期的表现则更为出色。2000 年之前,由于基数较小,以及处于加速扩张阶段,亚马逊的净营收保持了两位数的增长,除 2001 年、2005 年、2008 年营收同比大幅下滑外,其他年份增速基本保持在 30% 以上,2011 年增速达 40%;对比沃尔玛,由于基数较大,营收增速远低于亚马逊,最近 4 年沃尔玛的增速均低于 10%,2011 财年仅为 5.9%。

这里强调一下亚马逊"撒手锏"推荐系统。你浏览过什么类型的商品,将什么商品放入收藏夹以及购物车,给哪些商品打过高分……根据对这些有用信息的跟踪,亚马逊推荐系统可以算出顾客可能喜欢的商品,推荐用户继续购买行为。亚马逊推荐行为贯穿于你浏览、挑选、结算的整个过程,用户消费行为越多,亚马逊推送给你的选择越精准,反过来刺激用户重复消费欲望。

规模化发展、效率提升,亚马逊运营费用占比下降到较稳定的值,仓储物流费用占比保持在 9% 左右,技术及内容费用率在 5% 左右,市场营销费用率在 3% 上下,行政管理费用占比不超过 2%。亚马逊从 2003 年开始全面实现盈利。

亚马逊 2012 年第二季度的季报显示,亚马逊来自服务领域(包括亚马逊的云计算等技术、信息服务业务)的净毛利高达 17.5 亿美元,超越了来自零售的 15.9 亿美元。尽管亚马逊在所有人眼中依然是全球最大的在线零售商,但是它的业务属性里已经开始有了更多"服务商"特质,并且正在成为其新的利润增长点。而这种"服务"特质所带来的收益和净利润,明显要高于依靠零售所带来的收益和净利润。

(1) 产品策略

亚马逊书店根据所售商品的种类不同,分为三大类:书籍(BOOK)、音乐(MUSIC)和影视产品(VIDEO),每一类都设置了专门的页面。同时,在各个页面中也很容易看到其他几个页面的内容和消息,它将书店中不同的商品进行分类,并对不同的电子商品实行不同的营销对策和促销手段。

(2) 定价策略

亚马逊书店采用了折扣价格策略。所谓折扣策略是指企业为了刺激消费者增加购买,在商品原价格上给以一定的回扣。它通过扩大销量来弥补折扣费用和增加利润。亚马逊书店对大多数商品都给予了相当数量的回扣。例如,在音乐类商品中,书店承诺:"You'll enjoy everyday savings of up to 40% on CDs,including up to 30% off Amazon. com's 100 best-sellong CDs(对 CD 类给 40% 的折扣,其中包括对畅销 CD 的 30% 的回扣)。"

根据资料显示,亚马逊已经获取了网上讨价还价的专利技术。根据亚马逊的讨价还价系统,买家和卖家可以相互报价,直到双方对价格都满意为止。这和我们在北京秀水街购买一副太阳镜,与摊主讨价还价没多大差别,唯一的差别就是避免了双方见面的尴尬问题。同时,亚马逊提出了一个独特的等级系统。它将同时为买家和卖家服务。系统的评分主要取决于平均收盘价。这种独特的等级系统能够很容易区分哪些订单是虚假的。至于亚马逊什么时候推出这个网上讨价还价系统,现在还不能确定。这已经不是第一次网上出现类似的系统了。无论购买用户在哪里,只要卖家提供拍卖的物品中有这个功能,买家就可以竞价。

(3)促销策略

亚马逊常见的促销方式,也即企业和顾客以及公众沟通的工具主要有四种。它们分别是广告、人员推销、公共关系和营业推广。在亚马逊书店的网页中,除了人员推销外,其余部分都有体现。

为了提升重复购买率,吸引用户重复购买,亚马逊在用户选购、下单、支付、配送,到评论、甚至退货退款的整个过程都十分贴近用户。不仅如此,线上零售同时又具备了许多实体店不能满足的需求,包括更丰富的选择、详尽的介绍、方便的检索功能,低于实体店的折扣、评论参考以及强大的推荐系统。这些服务让人随时感知亚马逊独特的商业品位。

逛亚马逊书店的享受,并不一定在于是否有足够的钱来买想要的书,而在于挑选书的过程。手里捧着书,看着精美的封面,读着简介往往是购书的一大乐趣。在亚马逊书店的主页上,除了不能直接捧到书外,逛书店的种种乐趣并不会减少。精美的多媒体图片、明了的内容简介和权威人士的书评,使人有身临其境的感觉。

亚马逊主页上广告的位置也很合理,首先是当天的最佳书,而后是最近的畅销书介绍,还有读书俱乐部的推荐书,以及著名作者的近期书籍等。不仅在亚马逊书店的网页上有大量的多媒体广告,而且在其他相关网络站点上,也经常可以看到它的广告。例如,在 Yahoo! 上搜索书籍网站时,就可以看到亚马逊书店的广告。

亚马逊书店的广告还有一大特点,就是它的动态实时性。每天都更换的广告版面,使得顾客能够了解到最新的出版物和最权威的评论。不但广告每天更换,还可以从 "Chech out the Amazon. com Hot 100. Updated hourly" 中读到每小时都在更换的消息。

亚马逊书店千方百计地推销自己的网点,不断寻求合作伙伴(associate)。由于有许多合作伙伴和中间商,从而使得顾客进入其网点的方便程度和购物机会都大大增加,它甚至慷慨地做出了如下的承诺:只要你成为亚马逊书店的合作伙伴,那么由贵网点售出的书,不管是否达到一定的配额,亚马逊书店将支付给你 15% 的介绍费。

这是其他合作型伙伴关系中很少见的。目前,亚马逊书店的合作伙伴已经有很多,从其网页上的下面这段话 "In fact, five of the six most visited Web sites are already Amazon. com Associates. Yahoo! And Excite are marketing products from their Web sites. So are AOL. com, Geocities, Netscape, and tens of thousands of other sites both large and small." 中,我们可以得知:包括 Yahoo! 和 Excie 在内的五个最经常被访问的站点已经成为亚马逊书店的合作伙伴。

亚马逊书店专门设置了一个 gift 页面,为大人和小孩都准备了各式各样的礼物。这实际上是价值活动中促销策略的营业推广活动。它通过向各个年龄层的顾客提供购物券或者精美小礼品,来吸引顾客长期购买本商店的商品。另外,亚马逊书店还为长期购买其商品的顾客给予优惠,这也是一种营业推广的措施。

亚马逊书店专门的礼品页面,为网上购物的顾客(包括大人和小孩)提供小礼品,这既属于一种营业推广活动,也属于一种公共关系活动;再就是做好企业和公众之间的信息沟通。它虚心听取、搜集各类公众以及有关中间商对本企业和其商品、服务的反映,并向他们和企业的内部职工提供企业的情况,经常沟通信息;公司还专门为首次上书店网的顾客提供一个页面,为顾客提供各种网上使用办法的说明,帮助顾客尽快熟悉。

10.4　CEO 谈品牌

杰夫·贝索斯：亚马逊网络服务的价值不可否认

杰夫·贝索斯在他的母校——普林斯顿的一次演讲时说："我们人类,尽管踥步前行,却终将令自己大吃一惊。我们能够想方设法制造清洁能源,也能够一个原子一个原子地组装微型机械,使之穿过细胞壁,然后修复细胞。在未来几年,我们不仅会合成生命,还会按说明书驱动它们。我相信你们甚至会看到我们理解人类的大脑,儒勒·凡尔纳、马克·吐温、伽利略、牛顿——所有那些充满好奇之心的人都希望能够活到现在。作为文明人,我们会拥有如此之多的天赋,就像是坐在我面前的你们,每一个生命个体都拥有许多独特的天赋。"

杰夫·贝索斯在上一个财政年度给公司股东写了一封标题为"发明的力量"的信,信里写道："发明有不同方式不同规模,最根本最具变革性的发明通常都能推动他人释放自己的创造力,追求自己的梦想,这正是 AWS、亚马逊物流、KDP 的宗旨。有了 AWS、FBA、KDP,我们正在创造更强大的自我服务平台,让成千上万的人大胆尝试,要不这些服务就变得不可能或者不切实际。这些具有创新意义的大规模平台不是零和,它们创造的是双赢游戏,为开发者、企业家、客户、作者、读者带来巨大价值的东西。

"亚马逊正在走向未来,这些根本的具有变革性的创新为成千上万的作者、企业家、开发商创造了价值。发明将成为亚马逊的第二本质。在我看来,亚马逊创新的步伐还在加快,我相信你们也会感到激动,我对我们的整个团队感到无比自豪,并为领导着这么一支团队感到无比荣幸。"

在这封给股东的信里,贝索斯提到以下这些借助亚马逊的创新平台而获得成功的动人事例。

五年前,我们本来快要宕机而且不知道如何恢复,但现在,由于亚马逊持续的创新,我们可以提供最好的技术并能持续发展。"这是音乐共享网站BandPage CTO Christopher Tholen 所说的一段话,他这段关于 AWS 如何快速可靠地帮助提升计算能力这个关键需求的评论不是假想,因为 BandPage 现在已帮助 50 万支乐队及歌手与数千万粉丝建立联系。

我从 2011 年 4 月开始在亚马逊卖餐盒,到 6 月,我们就成了亚马逊最大的餐盒销售商,每天能接到 50～75 个订单,8～9 月是我们最忙的时候,因为新的销售高峰开始了,我们每天能接到 300 个订单,有时甚至 500 个。我现在也是通过亚马逊完成订单,这让我的生活变得更容易。另外,当我的客户发现他们通过注册 Prime 会员能获得免费送货之后,午餐盒的销售数量开始疯长。"这是 EasyLunchboxes 的妈妈企业家 Kelly Lester 所说的一段话。

当时我跌跌撞撞地进来,打开了另一个全新的世界。那时候我家有一千多本书,我在想,我要尝试卖书,然后就开始卖出一些,接着就越卖越多,然后发现自己做的这个决定是多么有趣,我都不想再找别的工作了,我没有老板,我有旗子,有什么比这更好的呢? 我们一起工作,我们一起去找书,这是一种效果很好的团队努力。我们每月能卖出大约 700 本书,我们每月向亚马逊提供的 800～900 本书中,就有 700 本被卖出去,如果没有亚马逊处理物流和客服,我和妻子大概就得每天背着大包小包跑邮局或者其他地方,有了亚马逊处理这部分,我们的生活变得更简单。这是个很棒的项目,我喜欢,亚马逊提供书籍甚至送货,还有什么比这更好的呢?"这是 RJF Books and More 创始人 Bob Frank 所说的一段话,当初他在经济衰退时期被迫下岗,现在和妻子正开心地游走在凤凰城和明尼阿波利斯之间,还觉得自己的寻书过程就像寻宝。

因为 Kindle Direct Publishing,我一个月从亚马逊那里得到的版税比从传统出版业那里一年得到的还多。过去我会担心我的钱是不是够花,确实也有好几个月不够花,但现在我已经有存款了,甚至还可以考虑休假,已经好几年没有享受过这种生活了,亚马逊真正给了我空间自由发挥。之前我会被归类到某个风格,虽然我也想写点别的书,但是不能,现在我可以了,我自己管理自己的事业,和亚马逊就像合作关系,他们了解这个行业并且改变了出版面貌,于读者于作者都有利,选择权在我们自己手里。"这是 *Daddy's Home* 作者 A. K. Alexander 所说的一段话,这本书是 3 月 Kindle 电子书 Top 100 之一。

我不知道 2010 年 3 月,也就是我决定通过 KDP 出版电子书的那月将是我生命中的定义时刻。不到一年,我每月收入已经足够让我辞去现在的工作全心全意投入写作。通过 KDP 出版图书改变的不只是生活,还有经济、个性、情感及创造力。能在家写作,可以与家人待在一起,我可以写任何我想写的东西,没有传统出版商营销委员会对我的作品每个细节胡乱指责、肆意篡改,这种方式让我变成一个更强的作者,更多产的作者,最重要的是,一个更快乐的作者。亚马逊与 KDP 让出版世界充满了创造力,给了像我这样的作者实现梦想的机会,我对此感激不尽。"这是恐怖小说作者 Blake Crouch 所说的一段话,他著有多部恐怖小说,包括 Kindle 畅销书 *Run*。

亚马逊给我们这些作者机会将自己的作品带到读者面前,改变了我们的生活。在一年多点的时间里,我通过 Kindle 卖出了将近 25 万本书籍,并且怀揣更大更好的梦想。在我卖出的书籍当中,有四本都成为畅销书,进入 Kindle 电子书销售 Top 100,而且还有代理商、国外销售人员、两个电影制片人找我谈合作,《洛杉矶时报》、《华尔街日报》、《PC 杂志》都对我进行了报道,最近还接受了《今日美国》的采访。最让我激动的是,现在所有作者都有将自己作品带给读者的机会,无须穿越障碍。作者与读者都有更多选择,出版界正在快速变化,我打算享受这个过程的每一分钟"。这是多本 Kindle 畅销书作者 Theresa Ragan 所说的一段话,他写的畅销书包括 *Abducted*。

年过六十,又经历经济衰退,我和妻子发现收入选择非常有限。能在 KDP 出版书籍是我的一个终身梦想,也是我们解决经济困难的唯一机会。出版后几个月,KDP 完全改变了我们的生活,让我们这种上了年纪的非小说类作者像畅销小说家一样,开启了全新的事业。在这里毫无保留地呼吁大家抓住机遇,利用好 KDP 出版,这里没有风险,只有无限的潜力。"这是 Kindle 畅销书 *Hunter: A Thriller* 的作者 Robert Bidinotto 所说的一段话。

我借助 KDP 踢飞了所有传统守门人,你能体会那种感觉吗?经过如此长时间、为争取每一个读者而进行艰难奋斗之后的感觉,现在,我的书籍,包括 *Nobody* 等书居然受到那些从未受到过我书籍影响的读者的欢迎。"这是 Kindle 畅销书作者 Creston Mapes 所说的一段话。[①]

亚马逊的 AWS 已发展到 30 个不同服务,拥有成千上万的客户,包括大大小小的企业、个人开发商。作为 AWS 最早的服务之一,Simple Storage Service 或者说 S3 现在拥有 9 000 亿个数据对象,每天都会新增上 10 亿的数据对象。S3 一般每秒能处理 20 万个交易,最多能每秒处理 100 万个交易。所有 AWS 服务都是按需服务,能从根本上将资本支出变成一种变量成本。AWS 也是自助服务:你无须进行谈判签署协议,也无须与销售人员打交道,你只需要阅读在线文件即可开始。

---

① 亚马逊出版业务 Kindle Direct Publishing 简称 KDP;亚马逊网络服务简称 AWS;亚马逊物流简称 FBA。

　　Fulfillment by Amazon 为卖家送出了上千万件产品,如果卖家使用 FBA,他们的商品就享有 Prime、Super Saver 送货服务,以及亚马逊还退货服务与客户服务。FBA 本身是自助式的,买家可以通过亚马逊卖家中心简单管理库存。对于那些对技术要求高的客户,亚马逊还提供一系列 API,以便他们能使用我们的全球物流中心网络,就像一个大型计算机辅助设备。

　　杰夫·贝索斯强调:"这些平台的自助特性的目的在于,有一点非常重要但不是很明显:就算一个好心的守门人员也会有创新的脚步,如果一个平台是自助式的,就算不可能的 idea 也可以进行尝试,因为没有专家守门员告诉你,这不可能实现。你可以想象,或许许多多这些不可能最终都变成了可能,社会能从这种多样化中受益。"

　　贝索斯说:"我们并不喜欢'剃须刀和剃须刀片'的商业模式,即硬件亏本出售,再通过销售内容来牟利。我们也不喜欢其他的商业模式,即虽然可以通过卖硬件赚很多钱,因为我们的模式着眼于长远的发展。我们的模式只是我们的模式,虽然这也并不是什么新鲜事物,但我们从公司创办之初就秉持这种做生意的态度。在我看来,要么你的业务同消费者的需求一致,要么你的业务超前于消费者的理解范畴。当你有选择的时候,你还是应该尽量同消费者保持一致。有时,你必须更加有耐心才行,这是从长远看问题所应有的态度。但是,如果你只是一个短期投资者,你会表示还是先赚到钱再说吧。这也就是为什么我不认为我们的这一模式是错误的原因。"

　　《哈佛商业评论》决心探究一下亚马逊的战略制定过程,看看它究竟有哪些与众不同之处。这究竟是归功于创始人兼 CEO 杰夫·贝索斯的一己之力,还是公司的组织能力? 为此,《哈佛商业评论》主编托马斯·斯图尔特和高级编辑朱莉娅·柯比对贝索斯进行了两次采访。

　　面对《哈弗商业评论》的问题,贝索斯是这样回答的:以恒久不变的事物为基础来制定战略是大有帮助的。人们常常爱问的一个问题是:"未来 5～10 年内,哪些东西会发生改变?"但很少有人问:"未来 5～10 年内,哪些事情是不会改变的?"亚马逊公司总是在设法找出这些不变的东西,因为你今天为它们投入的一切,到 10 年后仍然会为你带来可观的收成。而如果你的战略以那些暂时性的东西为基础,比如说你的竞争对手是谁,现在有哪些可用的技术等,由于它们都是瞬息万变的,所以你的战略也就不得不跟着迅速改变。

　　并且,贝索斯认为,不变的事情大多和客户消费习惯有关。消费者希望可供选择的产品种类丰富、价格便宜,以及送货及时。而且,这些消费需求在今后10年也不会变化太快。因此,亚马逊网站采取的是客户中心型战略,这种战略在快速变迁的环境中更容易奏效,原因有二。第一,较其他东西而言,客户需求的变化要慢一些,假定你对需求的判断是正确的。第二,紧密跟随战略在快速变化的环境中恐怕不那么好用。跟随战略的价值在于:你不必尝试所有的路,因为有些路是不通的。你可以先让小一点的竞争对手去打头阵,等他们找到成功之路后,你就能坐享其成,大获全胜。如果你跟得够紧,竞争环境的变化也够慢,那么这种不当出头鸟的战略不会让你有太大损失。但是,在如今的网络时代,互联网和网络技术瞬息万变,所以还是以客户为中心的方式更为有效。

10.5　全球传播网络特点、趋势及启示

亚马逊正在不断与上游影视集团合作,丰富流媒体内容库,目前提供超过1.8万部电影、电视节目。近期同 Xbox 360 达成合作,使用户可以通过 Xbox 360、PlayStation 3、iMac、PC 以及电视机机顶盒等多种设备点播订阅流媒体视频服务。同时,流媒体服务已通过收购 LOVEFiLM 扩展至欧洲。

流媒体和 AWS 业务增长的同时,也加重了亚马逊公司相关内容购买和技术成本。2010 年、2011 年、2012 年 Q1、2012 年 Q2,亚马逊技术和内容费用占营收比重一直在上升,分别为 5.07%、6.05%、7.2%、8.4%。同时,公司的资本开支增大,2012 年 Q2 为 6.57 亿美元,预计 Q3 资本开支继续增大至 8 亿美元至 9 亿美元,主要用于支持 AWS 等技术投入和物流基础设施建设。亚马逊 2012 年新设立了 6 个配送中心,并计划 2012 年晚些时候,再设立 12 个配送中心。此外,公司自有现金流随之减少,投资回报率也由 2011 年同期的 21% 降至 11%。

10.5.1　相关链接

亚马逊中国帮助中心——新闻中心:http://www.amazon.cn/gp/press/ref=ft_pr

10.5.2　IPO 文件、股市走势

美国评级机构 The Street Ratings 将亚马逊股票评级定为"持有"(Hold),称该公司在多个领域中表现强劲,如营收稳健增长、运营现金流表现良好及股

价表现稳定等。但与此同时,亚马逊每股收益增长无力、净利润表现恶化、股本回报率令人失望,则导致其股价承压。亚马逊在 2012 年第二季度毛利润从 2011 年同期的 24.1％上升至 26.1％,超出华尔街分析师平均预期。

美国历史上,很少有企业能像亚马逊一样给其竞争对手带来极具破坏性的影响。亚马逊是一家资金运作良好且高品质的运营商。大胆的技术创新,有远见的管理团队,以及适合的资本市场,都让亚马逊为自己的业务发展成功筑起一道相当宽的护城河。虽然市场对亚马逊将继续抬高自己强势的竞争地位并未持有强烈的怀疑态度,但是,该公司股票的吸引力却是微不足道的。对于那些愿意做空的机构投资者来说,在股市起伏较大时,找到做空亚马逊合适的进场点,利用杠杆卖 call 做空,或许能够大赚。但对于长期投资者,亚马逊没有任何安全边际可言。

在过去 10 年内,亚马逊股价上涨 20％。就目前的实际情况来看,该公司的股价还会继续上行。即便在早些年,亚马逊所创造的持续高利润和沃尔玛曾经创造的也是不相上下。单从数据上来看,6％～8％的税前利润,远比亚马逊盘旋在 4％的税前利润更具吸引力。此外,即便在当前这种极度困难的零售环境下,沃尔玛的营业利润率(企业的营业利润与营业收入的比率)始终介于 5.8％～6％。亚马逊当前的市值已经接近 1 200 亿美元。在 2002 年至 2011 年,该公司累计净利润仅为 48 亿美元。在线销售获得的税收优惠,过去令亚马逊受益,但未来将成为不确定因素。

亚马逊拥有爆炸式的营收增长,同时企业服务和技术服务将拉动公司利润率上升。虽然许多分析师并不是超级看好亚马逊的业务增长,但是,该公司的股价确实能够反映出乐观情绪非常高昂。

可以说,亚马逊是在线零售行业的"杀手"。诸如电器零售商百思买(Best Buy Co.,Inc.)、电子产品卖场电路城(Circuit City)、连锁书店 Borders 和连锁书店运营商 Barnes & Noble Inc. 之类的企业已经发现,现代消费者不但对价格敏感,对购物的便利程度也很敏感。在这两点上,亚马逊都有绝对的优势。毫不夸张地说,不管是在价格,还是在便利程度上,亚马逊都是"大哥大"。

亚马逊的企业业务非常有吸引力,并且很可能会比其在线零售业务增长率更强劲。有分析指出,企业业务实质上允许任何种类的业务有权使用亚马逊技术基础设施。不过,投资者并不是非常看好亚马逊数字消费业务。在这一问题上,亚马逊唯一的竞争优势就是它的数字生态系统。虽然平板电脑 Kindle 生产线,让消费者对亚马逊的能力再一次刮目相看,但是,亚马逊并不能因此减少对改善和拓展在线零售业务的资金支出。去年以来,亚马逊召开新品发布会,发布了全新 Kindle Fire HD 平板电脑,受到广泛好评。第一代 Kindle Fire 并没有改变行业的状况,但是,毫无疑问自此之后情况发生了改变。即使苹果并没有损失客户,但随着亚马逊扩大整个市场的规模,苹果的市场份额将降低。通过向每一位可能的客户提供一款平板电脑,亚马逊将掌控超过 22% 的美国平板电脑市场份额。

亚马逊的每股盈余增长,并没有给投资者留下非常深刻的印象。分析人士预测,2013 年,亚马逊的每股盈利为 2.97 美元。眼下,亚马逊想要快速占领全球市场,就必须增加资本支出,而此举可能会人为地拉低该公司的利润率。此外,越来越多的公司开始减少股票发行规模,同时给股东们发放固定的派息。显然,亚马逊也不会是个"例外"。

如果将亚马逊未来 10 年内的每股盈余增长界定在 7%、10% 和 20%,那么,每股盈余的具体值将会是多少? 即便是每股盈余增长 20%,亚马逊 2023 年的每股盈余增长也只是 2013 年的 10 倍而已。这并不能引起所有投资者的兴趣。对于散户投资者而言,将亚马逊的股票定为在"太难"估值的范围内,是一种非常明智的决定。实事求是地讲,亚马逊股票的短期表现是不太可能被准确预测的。

10.6 专 家 点 评

贝索斯将一个看似毫不相干的引擎,即亚马逊网络服务,塞进亚马逊的发动机中。在不足 10 年的时间段内,贝索斯让亚马逊的股价飙升 1500%。毫无疑问,新引擎的出现,会给企业带来豪华壮丽的结果。不过,唯一能效仿苹果和亚马逊的途径,就是创造出足以在一个漫长的时间段内单纯侧重于整体企业营收的新型盈利引擎,这就意味着只能是"一次一个"。

—— 乔弗瑞·默尔(Geoffrey Moore):Lithium Technologies 公司董事会成员

2011 年亚马逊的营业额是 480 亿美元,成长速度在 40% 以上。而美国另外几家传统零售企业状况则不太好。亚马逊最厉害的是还抢了沃尔玛的生意,因为对消费者来说,不管什么消费模式,他就看货品是不是丰富,价格是不是便宜,体验是不是好。到美国随便进入一个线下店,左右前后四个方向随便抓 500 个产品,你会发现这些产品 50%～60% 线上都有卖。亚马逊真的做到了产品极大丰富,价格非常实惠。

——《电子商务论坛》:翱翔

虽然中国的电子商务领域短期内难以出现类似亚马逊这样的高度重视用户体验、拥有强大物流基础和雄厚技术实力的企业,但从借助互联网信息技术对传统商业活动进行变革,并构建出相对完整生态系统的角度考虑,阿里巴巴集团与 Amazon 有些近似。也许中国市场永远不会出现具有与 Amazon 一样 DNA 的企业,但是并不意味着中国市场永远不会出现与 Amazon 一样伟大的公司。深入洞察信息技术发展的趋势,不断创新,永远把用户利益放在首位的企业,必将会获得长足的发展。

——艾瑞咨询高级分析师:苏会燕

在杰夫·贝索斯的眼中,"世界上有两种公司:一种努力让顾客多花钱,一种努力让顾客少花钱。两种思路都能行得通。但亚马逊无疑属于后者。"亚马逊坐拥超过 2 200 万部的影音、应用、游戏和出版物,即使硬件设备价格低廉,也完全可以依靠低价硬件与内容贩卖相结合的方式满足数量庞大的消费者,并获得盈利。但这种模式在成熟的美国市场可以获得巨大的成功,放到中国则未必。

——《中国贸易报》2012 年 9 月 13 日

同样网购一本约瑟夫·休格曼的《文案训练手册》,记者从打开页面到完成付款,在亚马逊购书花费的时间是 70 分钟,在当当网则历时 35 分钟。这不是说亚马逊的购书服务不方便,而是它实在有太多分散注意力的设置了。你的每一次走神,亚马逊都在悄悄制造一个新的消费机会。而当当网,它对"这一次"的消费完成行为要更执着。另一个直观的体验来自网店本身的印象。和当当网相比,亚马逊的网页主题感很强,偏重图书和数码产品,像专卖店。而当当网卖的东西种类多,更像个庞大的百货公司。

——MONEY 记者:王丹丹

亚马逊在中国做得不温不火,大约是因为水土不服。亚马逊这个平台,我为什么要推荐给商家,那是因为亚马逊毕竟是个国际平台,而且入驻完全免费。虽然说佣金有点高,但是毕竟是卖后才产生的,所以可以不计较。

——我是电商民工

亚马逊将大笔的资金都投资在公司的未来发展上了，这是亚马逊一贯的作风。上市公司应该尽自己最大努力保证公司具有长远的发展，使股东利益最大化，这已成为业内信条。而亚马逊在这方面堪称典范，它现在依然是全世界增长最快的公司之一。

——百分点科技

亚马逊也要进入社交游戏市场了，这可不仅仅是 Zynga 和 Facebook 的坏消息。亚马逊的崛起已经几乎毁灭了独立音乐零售商和小书店等行业。哪怕是较大的连锁书店，也无力与亚马逊正面抗衡。毋庸赘言，亚马逊的这一业务还是全新的，尚未被证明的，因此现在还不能说他们将像之前在书籍和电影领域一样，在这里也建立起统治性的地位。社交游戏市场还在开发之中，现在还不是预测最终赢家的时候。

——*MarketWatch* 专栏作家：辛奈尔(John Shinal)

循步渐进，逐步踏实是亚马逊中国的特色。市场上的竞争对手可能各具特色，但我们的低价策略是基于所有具备库存保证的商品。我们已在各个领域与众多知名品牌建立了直供关系，从而夯实了在选品、价格、货源等方面的优势。亚马逊在中国已拥有 12 大运营中心，总面积超过 50 万平方米。这是亚马逊除美国本土之外最大运营网络。未来，亚马逊中国运营中心总面积将有大幅增长。

——亚马逊中国 CEO：王汉华

亚马逊之所以要打造自己的平板是为了更好地销售公司的数字产品，比如说 MP3 音乐、电影、电视节目、应用程序和游戏。由于这家公司所提供的数字内容非常丰富，消费者也很乐意通过信用卡支付来购买自己喜欢的内容。随着时间的积累，亚马逊在移动平台上站稳了脚跟，并在一定程度上挑战苹果、Google、微软和 Facebook。

——http://www.leiphone.com/0724-ce6093-yamaxunyexin.html

一个未来世界强国的互联网如何发出
影响世界的强音

课题组①

【摘要】 互联网对世界产生巨大影响,不仅改变了全球传播秩序,而且改变了人类的思想观念和生活方式。西方网络巨头垄断全球网络话语权,对我国构成巨大的压力。伴随中国互联网步入良性发展繁荣阶段,网络媒体已具备面向全球传播的影响力。中国和平崛起发展模式迫切需要与之相适应的一流国际话语表述模式和良好国际网络舆论环境。一个和平崛起的大国互联网如何发出影响世界的强音?必须积极营造与中国崛起相称的良性舆论环境,创新中国特色的中国互联网传播体系,未雨绸缪,抢占下一代网络舆论制高点。

【关键词】 全球化 网络媒体 舆论导向

互联网是 20 世纪最伟大的发明之一。人类在不断创造丰富互联网应用的同时,不断创新的互联网也正在改变人类的命运。

信息技术的高度发展,全球范围内信息资源的充分开发和总量的扩张,使世界信息量爆炸式增长。截至 2010 年年底,全球网站数量为 2.55 亿个,全球网民突破 20 亿人,全球手机注册用户达到 53 亿户,移动互联网用户 9.4 亿户,3G 注册用户 9.4 亿户,手机在全球人口中的普及率达到 90%,预计 2015 年每个人皆可享受移动服务。

我国现有网页数量达到 600 亿个,IP 地址 2.78 亿个,域名总数 866 万个,网站数量 191 万个。据工信部 2010 年年底统计数据,中国电话用户数已达到 11.5 亿人,中国手机用户达到 8.5 亿人,截至 2010 年 12 月,中国网民规模达到 4.57 亿人,中国互联网的普及率达到 34.3%,已经超过 30% 的世界平均普及率。2010 年,中国网络视频用户规模达到 2.839 8 亿,使用率 62.1%。

---

① 执笔人伍刚,此文被收入国务院新闻办公室、中国外文局主办首届对外传播理论研讨会论文集。

与此同时,中国经济总量在 2005 年超过英国,2007 年超过德国,2010 年超过日本。英国《经济学家》预言中国 2019 年超过美国。

面对无边无际的信息海洋,作为一个未来世界强国的互联网媒体工作者,如何适应这个急速变革的时代?如何把握网络媒体规律,驾驭、运用网络媒体,在全球网络化舆论传播语境中发出有影响的世界强音?

谁掌握了核心竞争力引擎,谁就掌握了敲开未来之门的金钥匙!建设一流的国际传播能力,才能形成面向全球传播的绝对优势。

一、全球网络舆论语境中呈现西强我弱局面

(一)西方媒体垄断互联网语境话语权

据统计,全球讲英语的人口达 17 亿,说英语的国家国内生产总值占全球的40%,全世界一半以上的科技书刊和译著都用英语,全球开设国际广播电台的86 个国家中,只有 8 个国家没有英语广播,开设中文广播的只有 20 个国家,互联网上 80%以上的网页是英文的,中文网页只占 12%。

2009 年以政府禁令为由切断其他国家的即时通信服务的微软"MSN 切断门"在业界掀起轩然大波。5 月 30 日,微软官方网站宣布将不能为古巴、朝鲜、叙利亚、苏丹和伊朗 5 国用户提供 MSN 接入服务,原因是这些国家被美国政府列入了禁止提供授权软件服务的被制裁国家。目前,古巴政府已第一时间对微软公司切断古巴的 MSN 网络服务进行了严厉的批评。

针对微软的这一举措,除古巴外,叙利亚、伊朗等国家都纷纷抗议,也引起了各界的广泛讨论,在互联网"舆论阵地"上掀起了全国网民热议的浪潮。

今天的国际舆论和国际传播被美国主导,只要谁不服从美国的领导,谁就会被认为是美国的敌人,谁就会遭到美国控制的全球新闻传播系统和媒介平台的群起而攻之。或者是呼吁实施经济制裁,或者煽动民族、宗教事件,或者是以人权为借口在国际上孤立你。

现在全球 80%以上的网上信息和 95%以上的服务信息由美国提供。全球具有较大影响的媒体,如 CNN、《纽约时报》、《华盛顿邮报》、《华尔街日报》、《今日美国》等许多新闻网站,不论从访问量到访问人群方面均可称上"世界最有影响力的新闻网站"。西方大国利用其在互联网上信息传播中的支配地位对别国

进行文化渗透,甚至可以称其为"文化侵略"。

在信息社会,国际政治和社会政治生活事件被嵌入计算机信息网络之中,信息强国控制信息,左右国际舆论"一边倒",易使正义蒙冤受屈。

(二)境外资本纷纷入主中国互联网门户企业,给网络监管提出严峻挑战

据不完全统计,目前我国每天新增网站近3 000家,其中大部分是体制外的商业网站,再加之外资大量进入我国互联网企业,增加了网络监管的难度。

中国B2B研究中心2009年对外发布的《中国互联网外资控制调查报告》(以下简称报告)指出,外资过去十年在促进中国互联网普及的同时,也逐步从资本层面控制了中国互联网产业各个领域。该报告提醒说,如果互联网产业的主流由外资控制,其影响力不亚于一个国家的军队由外国势力操纵,引发的种种潜在后果将十分严重。

此前,国务院研究发展中心发表的一份研究报告也指出,在中国已开放的产业中,每个产业排名前5位的企业几乎都由外资控制;在中国28个主要产业中,外资在21个产业中拥有多数资产控制权。这其中也包括新兴的互联网产业。

报告显示,目前中国具有代表性的16家上市互联网企业有14家在美国上市,仅有2家在香港上市,外资在国内互联网"上下通吃",以试图控制整个产业链。以电子商务来讲,无论是B2B、B2C、C2C等领域,还是各个分支应用领域,均有外资高强度参与,也形成了实际的全程控制。

从"微软关闭五国MSN事件"可以看出外资控制中国互联网的潜在危害,并批判了此前"互联网是没有国界的"认识误区。

(三)美国等组建网络战司令部引发全球网络霸权争夺战

自互联网诞生以来,美国掌握着互联网的主动脉。不仅各个国家和地区的通信支干线都要经过美国主干线,美国还掌握着全球互联网13台域名根服务器中的10台,只要在根服务器上屏蔽国家域名,就可以让一个国家在网络上瞬间"消失"。

网络领域的军备竞赛已经悄悄拉开了序幕,各大国纷纷加大对网络战争的研究,制定网络安全战略,组建网络作战部队,甚至成立网络战司令部,争夺网

络空间的霸权。

美国国防部部长盖茨 2009 年 6 月 23 日正式下令组建网络战司令部,网络战司令部成为与空军作战司令部、太空司令部平级的单位,由一名四星上将领导。美国在网络战方面拥有绝对优势。

英国、日本、俄罗斯、法国、德国、印度、朝鲜等国家闻风而动,都已建立成编制的网络战部队,韩国也准备成立网络战司令部。

2009 年 10 月 5 日,国际电信联盟秘书长哈马德·图雷(Hamadoun Touré)说:"下一次世界大战可能爆发于互联网上,而这种非传统战争也很难通过传统的外交途径解决,因为在网络上没有所谓的超级大国,任何一位公民都相当于超级大国。"在这场虚拟战争中,通过"僵尸网络"大军,几乎每个人都可能拥有超级力量,这点从近期发生的大量拒绝服务攻击中即可略窥一斑。

(四)我国境内网络视听节目服务单位引进、播出境外影视作品呈现巨大的文化贸易逆差,西方发达国家凭借经济和科技优势,通过网络影视作品对我进行思想文化渗透,我国信息文化安全存在巨大隐患

中国已经连续多年保持对外贸易顺差,但是,包括网络影视作品在内的文化产业方面处于绝对贸易逆差状态,我国境内网络视听节目服务单位引进、传播境外影视作品发展总体比例严重失衡。据 2010 年 8 月统计,国内 18 家网站传播的电影作品总数约 13 953 部,其中海外电影作品 9 320 部,占全部电影作品的 66.8%;电视剧作品总数约 9 396 部,海外电视剧作品 3 700 部,占全部电视作品的 39.4%。

西方敌对势力利用网络多媒体技术传播优势,加紧通过网络影视作品对我进行思想文化渗透,制造和扩散反华舆论,对我进行遏制和渗透,严重威胁国家文化信息安全。

二、营造与中国崛起相称的国际一流网络媒体舆论迫在眉睫

西班牙《国家报》2011 年 1 月 22 日评论:"美国不仅将中国看作主要投资者,还要依靠中国的廉价商品来维持美国人的生活质量。换句话说,毫无疑问,中国已成为美国梦不可缺的支柱。中国已超过世界银行,成为全球最大的债

主。美国及其欧洲盟友现在都无法阻止中国的发展方向。"

中国已经是一个媒体大国,在媒体消费者的数量上全球遥遥领先。据专家统计,中国传媒产业 2004 年的规模为 2 100 多亿元,而到了 2008 年,这一数字已经达到 4 200 多亿元,5 年增长一倍。

(一)中国网络媒体已具备向全球传播的影响力

自 2001 年以来,中央重点新闻网站的访问量以平均每月递增 12% 的速度上升。一些地方重点新闻网站如千龙网、东方网、南方网、红网等访问量平均增长了 9 倍。到 2007 年年底,腾讯、百度、阿里巴巴市值先后超过 100 亿美元。中国互联网企业跻身全球最大互联网企业之列。截至 2009 年 9 月,中国百度名列全球网站十强行列,腾讯、新浪进入全球网站二十强行列,超过 CNN、BBC 等西方传媒巨头网上排名。搜狐、网易、淘宝、优酷、开心网等进入全球网站百强。新华网、人民网、央视网等多家重点新闻网站进入了全球新闻网站的百强行列。

目前,全国具有从事互联网新闻信息服务业务资质的网站达到 196 家,中央新闻网站影响力日益扩大,地方重点新闻网站积极做大做强,成为网络新闻传播的重要力量。2008 年,中央和地方重点新闻网站提供了 85% 以上的网上时政类新闻信息,中央重点新闻网站日均页面访问量达到 3.8 亿,比 2007 年增长 63%。在北京奥运会、抗震救灾等重大主题宣传中,中央重点新闻网站吸引了 85% 以上的网民。在引领网上舆论中发挥了主阵地、主渠道作用。

中央重点新闻网站超过 30% 的访问量来自海外 180 多个国家和地区。网络媒体已成为对外说明中国,展示中国形象的重要窗口。

(二)中国和平崛起迫切需要良好国际网络舆论环境

中国备受全球瞩目,建设与中国综合国力相称、有国际影响力的一流国际媒体迫在眉睫。正如美国国务卿希拉里·克林顿就中华人民共和国成立 60 周年发表声明所言:"近 30 年来,中国经历了非凡的经济转型,千百万人民因此摆脱了贫困。这的确是具有历史意义的成就。"

2009 年 5 月 14 日,百度董事长兼首席执行官李彦宏在海南三亚举行的第四届联盟峰会上表示,互联网将成为全球经济的下一个驱动力,而中国由于其庞大的网民数量和上网需求,有望成为全球互联网的中心。

三、一个未来世界强国的互联网如何发出影响世界的强音

（一）用全球化视角建树全球公认的标准语话体系

在融入现代国际社会过程中，公众对于透明的理解已经上升到基本权利的高度。在全球通和全球互联网基础上的电子网络地球村，需要我们用全球化视角建树全球公认的标准话语体系。中国的互联网新闻传播必须与国际接轨，同时又要成为一个思想创造者，用西方听得懂的语言去阐释自己的东西，以此与西方交流对话，打造自己的软实力。

（二）一个世界、多种声音：创新中国特色的中国互联网传播体系

以互联网为核心技术平台的新媒体将传播视野带入全球，参与新媒体传播就必须有全球视野、参与全球对话、进入全球信息互动反馈体系。

网上最常用的 10 种语言分别为英文（29.4％）、中文（18.9％）、西文（8.5％）、日文（6.4％）、法文（4.7％）、德文（4.2％）、阿文（4.1％）、葡文（4.0％）、朝（韩）文（2.4％）、意大利文（2.4％）。其中使用英文的网民占全世界使用英文人口的 21.1％，这一比例自 2000 年年底至今增加 203.5％。使用中文的网民这一比例为 20.2％，比 2000 年年底增长了 755.1％，是网上最流行十大语言中增长第二快的，低于阿文的 2063.7％，但高于位于第三葡文的 668％。不过，使用阿文的网民占全世界使用阿文人口的 16.8％。

现代中国需要一种能容纳全球化，容纳和谐世界价值观的民族主义，这是一个大国软实力的文化基础。

（三）未雨绸缪，抢占下一代网络舆论制高点

未来网络将对社会经济、科技教育发展，乃至国防政治都将起到决定性的影响。

1. 传感网掀起第三次信息浪潮

目前互联网已成为国家主要经济支柱之一，由于其连接的是虚拟信息空间，因此只关系到人与人之间的信息互联。

手机网连接人际世界，互联网连接虚拟世界，传感网连接物理世界——一

张靠无数微小的传感器节点协同感知、自治组网的大网正在全球范围悄然铺开，人类有了遥感万物的 IT 手段。传感网因其更大的产业空间将会成为国家的经济命脉，由于连接的是现实物理世界，其规模将会比互联网更大。

2009 年 8 月 7 日，时任总理温家宝考察中科院无锡高新微纳传感网工程技术研发中心后，指示"尽快建立中国的传感信息中心，或者叫'感知中国'中心"。

到 2020 年，物物互联业务与现有人人互联业务之比将达到 30∶1，下一个万亿级信息产业将是物物互联。

专家预测 10 年内传感网就可能大规模普及。让感知信息在无处不在的无线网络覆盖各个地方，利用云计算等技术及时对海量信息进行处理，真正达到了人与人的沟通和物与物的沟通。

2．未雨绸缪应对下一代 IPv6 网络新趋势

2009 年 7 月，互联网调查公司 Forrester Research 公布报告称，到 2013 年，全球网民数量将达到 22 亿，中国、美国、印度、日本和巴西网民数将位于全球前五位。其中亚洲网民数量将占到 43％，而中国网民将占到全球的 17％，互联网规模稳居世界第一位。

下一代互联网正成为新的战略制高点，目前全球新一代互联网 IPv6 的流量带宽只有 10Gbps，中国已拥有全球约 50％的 IPv6 流量，第二位是日本。中国和日本加起来大约有 90％的全球 IPv6 流量，韩国 2％～3％，欧洲 2％～3％，美国 2％。

可以预见的是，未来人们上网速度会更快，会有更多装置具有上网功能，上网界面也会多样化。

3．积极探索高速移动互联网传播规律

联合国前秘书长安南在 2005 年一份报告指出，世界正进入人类历史上第二个"迁徙时代"，全球共有 19.1 亿移民，表面上的人口迁徙加剧了人类劳务、技术、经济乃至文化、思想的迁徙，与此同时发生的是，人类信息传播方式的迁徙，全球互联网偕经济全球化将人类带入一个新传播时代。

无线城市、3G 技术，带来了人们随时随地随取所需的新的媒体平台的时代。随着数字化的发展，记者开始成为多媒体、全媒体移动记者，出去采访能摄影、写文章、拍视频，发到网站上，放到电子阅读器上，编发到报纸、手机上。

技术革命带来了传播的时空变化，原来是日报，现在是秒报、秒台，互动多元传播，对传统传播的时空全面解构。对此，我们必须积极应对，未雨绸缪，从源头、渠道、终端做好充分准备！

（四）充分适应网络巨变时代，做好信息海洋的领航者

一位伟大的哲人曾经说过，只有最充分地适应时代的人，才能勇立潮头、成为时代的领航人，引领时代。

截至 2010 年 9 月，Flickr 网站托管的图片数量为 50 亿张，YouTube 网站每天视频浏览量 20 亿次，Twitter 2010 年发送的信息为 250 亿条。2010 年年底 Facebook 用户超过 6 亿，Facebook 网站视频每月浏览量超过 20 亿次，用户平均每月共享 250 亿条信息。使用移动 Facebook 服务的有 1 亿用户。

与此同时，世界第三大市值门户网站腾讯同时在线、微博"广播"人数超过 1 亿，这在中国互联网发展史上是一个里程碑，也是人类进入互联网时代以来，全世界首次单一应用同时在线人数突破 1 亿。中国网络电视台完成 5 个海外镜像站点一期工程建设，利用境外内容分享平台发布我电视节目。中央电视台已建成七大中心记者站、50 个海外记者站，初步形成覆盖全球的新闻采编网络，国际频道新闻自采率、首发量、首播率大幅提高，覆盖美国、法国、俄罗斯等 141 个国家和地区，海外落地用户超过 1.6 亿。国际在线网上广播语种累计达 61 种。

伴随中国发展成为世界第二大经济体，中国已拥有世界最大的通信网络、最多的网络用户。中国固定电话用户、移动手机用户、互联网用户等多项指标皆跃居世界前列。

敏锐地把握下一代网络运行规律，善于担当新一代网络的导航者，我们有理由相信，中国互联网在未来世界网络舆论体系构建中占据重要一极！

在美上市中国传媒公司分析

课题组[①]

  自 1992 年第一家中国公司(华晨汽车)赴美上市开始,中国公司赴美上市的历史已有近 20 年。从最初的互联网公司"一枝独秀",到近年来互联网、教育、生物制药、新能源、文化传媒等企业"百花齐放",中国公司赴美上市走过了一段不平凡的历程。

  随着近期"人人"、"奇虎 360"以及"凤凰新媒体"等中国概念股在美国资本市场的纷纷上市,中国公司尤其是以科技、传媒、通信为代表的所谓"TMT"概念股赴美似乎又掀起了一轮热潮。

  在这段历程中,优酷、凤凰新媒体、酷 6、博纳影业等传媒文化类企业的上市更成为热点和亮点之一,这不仅是由于这轮传媒文化类企业上市的密度前所未有,更由于传媒文化类企业的特殊性,而使得它们的上市备受关注。

一、中国传媒公司赴美上市的几个阶段

  本文所述的"传媒"是个比较宽泛的概念,包括传统的纸质媒体、广播电视媒体以及各种形式的新媒体(互联网、手机、户外等)。在这个范围内,中国传媒公司赴美上市的历程大致可分为四个阶段,每个阶段具有不同背景,呈现出不同特征。

  第一阶段(1999—2003 年):以新浪、搜狐等为首的互联网公司引领了赴美上市的潮流(表 1)。

  1999 年 7 月 14 日,中国证监会发布《关于企业申请境外上市有关问题的通知》,对境外上市公司的条件、申报材料和申请流程做出规定。同一天,中国第一家互联网公司中华网在美国纳斯达克上市,挂牌当日,股价由 20 美元飙升到 67.2 美元。3 天后,股价涨至 137 美元。中华网的上市成功刺激了更多的互联网公司赴美

---

  ① 执笔人为团中央网络影视中心杨雷萍。

上市,2000 年 4 月 6 日,新浪网在纳斯达克上市,6 月网易上市,7 月搜狐上市。

表 1 中国传媒公司赴美上市的第一阶段

序号	媒体名称	上市时间	上市地点	股票代码	行业/概念
1	中华网(CDC Corporation)	1999-07-13	Nasdaq	CHINA	互联网门户
2	新浪(Sina Corporation)	2000-04-13	Nasdaq	SINA	互联网门户
3	搜狐(Sohu. com,Inc.)	2000-07-12	Nasdaq	SOHU	互联网门户
4	网易(Netease. com, Inc.)	2000-06-30	Nasdaq	NTES	互联网门户

不过,几大互联网公司上市之后不久,互联网泡沫破裂,三家门户网站表现平平,甚至跌破发行价面临退市之忧。

第二阶段(2003—2006 年):恢复和快速发展阶段(表 2)。

表 2 中国传媒公司赴美上市的第二阶段

序号	媒体名称	上市时间	上市地点	股票代码	行业/概念
	搜 索				
1	百度(Baidu, Inc.)	2005-08-05	Nasdaq	BIDU	搜索
	无线增值服务				
2	掌上灵通(Linktone Ltd.)	2004-03-04	Nasdaq	LTON	无线增值服务
3	空中网(Kong Zhong Corporation)	2004-07-09	Nasdaq	KONG	无线增值服务
	网络游戏				
4	盛大网络(Shanda Interactive Entertainment Limited)	2004-05-14	Nasdaq	SNDA	网络游戏
5	九城网(Ninetowns Internet Technology Group Company Limited)	2004-12-03	Nasdaq	NINE	网络游戏
6	第九城市(The 9 Limited)	2004-12-15	Nasdaq	NCTY	网络游戏
	互联网专业服务				
7	携程网(Ctrip. com International, Ltd.)	2003-12-09	Nasdaq	CTRP	互联网专业服务
8	前程无忧(51job, Inc.)	2004-09-29	Nasdaq	JOBS	互联网专业服务
9	金融界网站(China Finance Online Co. Limited)	2004-10-15	Nasdaq	JRJC	互联网专业服务
10	艺龙网(eLong, Inc.)	2004-10-28	Nasdaq	LONG	互联网专业服务

在经历了网络泡沫破灭的洗礼之后,互联网的发展开始从"门户时代"进入"搜索时代"。互联网公司的盈利模式不断清晰,各种创新的网络服务及应用也层出不穷。

在这一阶段,具有代表性的商业网站以及盈利模式有:

百度——搜索模式

盛大、九城——网络游戏

空中网、掌上灵通——无线增值服务

携程网、前程无忧、金融界——互联网专业服务

第三阶段(2006—2009年):海外上市的高峰阶段(表3)。

表3 中国传媒公司赴美上市的第三阶段

序号	媒 体 名 称	上市时间	上市地点	股票代码	行业/概念
	网 络 游 戏				
1	完美时空(Perfect World Co.,Ltd.)	2007-07-26	Nasdaq	PWRD	网络游戏
2	巨人网络(Giant Interactive Group Inc.)	2007-11-01	NYSE	GA	网络游戏
3	畅游(Changyou.com Limited)	2009-04-02	Nasdaq	CYOU	网络游戏
4	盛大游戏(Shanda Games Limited)(分拆上市)	2009-09-25	Nasdaq	GAME	网络游戏
5	中华网软件(CDC Software Corporation)	2009-08-06	Nasdaq	CDCS	软件及服务
	传 媒 文 化				
6	分众传媒(Focus Media Holding Limited)	2005-07-13	Nasdaq	FMCN	传媒/广告
7	橡果国际(Xiangguo International, Inc.)	2007-05-03	NYSE	ATV	广告/零售
8	航美传媒(Air Media Group Inc.)	2007-11-07	Nasdaq	AMCN	传媒/广告
9	华视传媒(Vision China Media, Inc.)	2007-12-06	Nasdaq	VISN	传媒/广告
10	广而告之(China Mass Media Corp.)	2009-08-25	NYSE	CMM	传媒/广告
	教 育				
11	弘成教育(China Edu. Corporation)	2007-12-11	Nasdaq	CEDU	教育
12	双威教育(China Cast Education Corporation)	2007-10-29	Nasdaq	CAST	教育

续表

序号	媒 体 名 称	上市时间	上市地点	股票代码	行业/概念
教 育					
13	正保远程教育（China Distance Education Holdings Limited）	2008-07-30	NYSE	DL	教育
14	中国教育集团（China Education Alliance Inc.）	2009-07-20	Nasdaq	CEU	教育

2005 年年底,国家外汇管理局发布了《国家外汇管理局关于境内居民通过境外特殊目的公司融资及返程投资外汇管理有关问题的通知》(75 号文),解放了民营企业境外上市的渠道。2006 年,中国企业海外融资取得突破性进展,共有 86 家中国企业奔赴海外资本市场。2007 年全球大牛市,赴美上市的中国概念股近 50 家。但是,随着 2008 年金融危机的到来,这一中国企业海外上市的高峰阶段也随之结束。

在这一阶段,赴美上市的公司不再局限于某几个行业,互联网、教育、生物制药、新能源等企业纷纷登陆海外资本市场。网络游戏、专业信息服务等互联网领域的业务及盈利模式更趋成熟和清晰。传媒文化企业登陆海外资本市场,更成为这一时期赴美上市的亮点之一。

这一时期赴美上市的主要传媒企业有:

巨人网络、完美时空——网络游戏

分众传媒、广而告之、华视传媒——传媒文化

第四阶段(2010—2011 年):赴美上市的新高潮阶段(表 4)。

表 4　中国传媒公司赴美上市的第四阶段

序号	媒 体 名 称	上市时间	上市地点	股票代码	行业/概念
网 络 视 频					
1	酷 6（Ku6 Media Co., Ltd., 原名华友世纪）	2010-08-17	Nasdaq	KUTV	网络视频
2	优酷（Youku.com Inc.）	2010-12-08	NYSE	YOKU	网络视频
3	土豆（Tudou Holdings Limited）	2011-04-29 提交申请	—	TUDO	网络视频

序号	媒体名称	上市时间	上市地点	股票代码	行业/概念
传媒文化					
4	博纳影业(Bona Film Group Limited)	2010-12-09	Nasdaq	BONA	传媒/电影
5	昌荣传播(Charm Communications Inc.)	2010-05-05	Nasdaq	CHRM	传媒/广告
6	凤凰新媒体（Phoenix New Media Limited）	2011-05-12	NYSE	FENG	传媒文化
教　育					
7	安博教育（Ambow Education Holding Ltd.）	2010-08-05	NYSE	AMBO	教育
8	环球天下（Global Education & Technology Group Ltd.）	2010-10-08	Nasdaq	GEDU	教育
9	学而思(TAL Education Group)	2010-10-20	NYSE	XRS	教育
10	学大教育(Xueda Education Group)	2010-11-02	NYSE	XUE	教育
网　络　社　区					
11	人人(Renren Inc.)(原名千橡集团)	2011-05-04	NYSE	RENN	网络社区
互联网专业服务					
12	搜房网(Sou Fun Holdings Limited)	2010-09-17	NYSE	SFUN	互联网专业服务
13	易车网(Bit Auto Holdings Limited)	2010-11-17	NYSE	BITA	互联网专业服务
14	当当网(E-Commerce China Dangdang Inc.)	2010-12-08	NYSE	DANG	互联网专业服务
15	世纪佳缘(Jiayuan.com International Ltd.)	2011-05-11	Nasdaq	DATE	互联网专业服务
网　络　安　全					
16	奇虎360(QIHOO 360 Technology Co.,Ltd.)	2011-03-30	NYSE	QIHU	网络安全
网　络　游　戏					
17	联游网络（China CGame，Inc.）（由 CAEI(大华建设)更名而来）	2011-03-30	Nasdaq	CCGM	网络游戏

经历了 2008—2009 年的金融危机之后,全球经济进入复苏阶段。进入 2010 年之后,掀起了被称为"史上最密集"的中国互联网企业赴美 IPO 热潮。

这一阶段的中国企业上市呈现出以下几个特点:

赴美上市地点由早期的 Nasdaq,转到了 NYSE。

互联网的发展进入"网络社区(SNS)时代",其他更多的互联网应用也不断出现和兴起,人人网(网络社区)、优酷(网络视频)、奇虎 360(网络安全)等更多新的互联网业务模式得到了资本市场的承认。

新东方、学大教育、安博教育等"教育"概念成为海外资本热捧的题材之一。

以凤凰新媒体为代表的传媒文化企业海外上市成为这一时期的热点和亮点之一。

二、在美上市传媒公司运营绩效分析

"中国概念"在美国股市大热,但针对"中国概念"股的信任危机也频频不断,这里面既有对中国企业的财务和法律制度的怀疑,也有对中国股盈利能力、运营能力的怀疑,甚至有对企业盈利模式的不信任,诸多交集,使得中国概念股在美市的表现颇为复杂。

我们选取几只有代表性的在美上市传媒股(表 5),试做一分析。

表 5　在美上市中国传媒公司主要财务指标

序号	名　称	股价(2011/08/10,美元)	市值(2011/08/10,美元)	2011 年 Q2 营业收入/百万美元	2011 年 Q2 净利润/百万美元
		搜　索			
1	百度	140.79	490.6 亿	528.46	253.14
		三大门户网站			
2	新浪	96.18	63.4 亿	100.21	15.01
3	搜狐	74.66	28.5 亿	198.70	44.26
4	网易	45.03	58.6 亿	229.06	112.61
		无线增值、移动互联网			
5	空中网	4.24	1.6 亿	40.13	0.46
		媒体/广告/文化			
6	分众传媒	28.24	41.0 亿	158.77	20.55
7	昌荣传播	11.98	4.7 亿	67.28	10.80
8	凤凰新媒体	8.55	6.5 亿	26.23	−89.92
9	博纳影业	3.86	2.3 亿	16.74	−0.88
10	航美传媒	2.32	1.5 亿	61.35	−3.90

续表

序号	名 称	股价(2011/08/10,美元)	市值(2011/08/10,美元)	2011年Q2营业收入/百万美元	2011年Q2净利润/百万美元
	媒体/广告/文化				
11	华视传媒	2.16	1.8亿	45.03	−0.52
12	广而告之	1.3	3 360.0万	8.22	1.27
	网络视频				
13	优酷	21.32	22.5亿	30.61	−4.35
14	酷6	1.97	6 858.0万	6.56	−10.85
	网络社区				
15	人人	7.24	28.4亿	20.55	−2.60

从表5可以看出：

(一)百度"江湖老大"的地位更加稳固

百度业绩稳定,成为股价最高、市值最大[①]、季度营业收入和净利润都最高的公司,这与Google退出中国大陆市场后,百度一家独大的市场状况有关。

近期,百度还进行了一系列搜索业务之外的投资、并购和业务尝试,显示其继续发展、扩展的野心。从2010年至今,百度与达芙妮联手建耀点100,与日本乐天建立乐酷天,投资装修家居电子商务网站齐家网,与鞋业巨头百丽建立优购网,未来3～5年在河南省投资上亿元助中小企业发展电子商务。2011年6月,百度还投入3.06亿元巨资去哪儿网,涉足在线旅游;近日,由于土豆网IPO受挫,又有传闻百度将收购土豆网,涉足网络视频。

(二)三大门户网站的市场地位很难撼动

与1999年上市之初,互联网泡沫破灭、股价一路狂跌,甚至面临摘牌危险时的"惨状"相比,如今三大门户网站的"江湖地位"已经稳稳地树立起来了。

如果我们分析一下新浪、搜狐、网易2010年的经营状况(表6～表8),则可以看出更多。

---

① 2011年3月24日,百度报收于132.58美元,其市值达到了460.7亿美元,超过了腾讯控股(HKG:0700)前一日收盘时的市值,成为中国互联网企业市值最大的公司。

表 6 新浪 2010 年经营状况

名称	净营收	广告营收	非广告营收	2010 年业绩亮点	2010 年投资
新浪	4.026 亿美元（较上年度增长 12%）	2.908 亿美元（较上年度增长 28%）	1.118 亿美元（较上年度减少 14%）	网络广告业务利润和盈利能力显著增长；新浪微博成为中国最大和最有影响力的社交媒体平台	2011 年 2 月 28 日，新浪达成了一项购股协议，将 Ever Keen 购买"麦考林"7 700 万股普通股

表 7 搜狐 2010 年经营状况

名称	总收入	品牌广告收入	在线游戏业务收入	搜索业务收入	无线业务收入	净利润	最近业务进展
搜狐	6.128 亿美元，较 2009 年度增长 19%	2.118 亿美元，较 2009 年度增长 20%	3.271 亿美元，较 2009 年度增长 22%	1 860 万美元，较 2009 年度增长 120%	5 230 万美元，较 2009 年度下降 14%	非美国通用会计准则净利润为 2.268 亿美元，较 2009 年度增长 15%；美国通用会计准则净利润为 1.393 亿美元，与 2009 年度持平	2010 年 12 月 3 日《三界奇缘》开启公测；2011 年 1 月，畅游收购上海晶茂文化传播有限公司及其相关晶茂（晶茂）剩余 50%股权，晶茂的财务报表将从 2011 年 2 月 1 日起合并到畅游的财务报表中

表 8 网易 2010 年经营状况

名称	总收入	广告服务收入	在线游戏业务收入	无线增值服务及其他业务收入	毛利润	净利润
网易	57 亿元人民币（8.58 亿美元）	6.33 亿元人民币（9 590 万美元）	49 亿元人民币（7.49 亿美元）	8 210 万元人民币（1 240 万美元）	37 亿元人民币（5.62 亿美元）（增长主要来自于在线游戏和广告收入的增长）	22 亿元人民币（3.39 亿美元）

从以上可以看出：

（1）三大门户网站均突破了以广告作为主要收入来源的早期互联网盈利模式，搜狐、网易的在线游戏收入、无线增值服务均已经超过广告服务收入，收入来源呈现出多元化的特点，这显示出比较良性的业务及盈利模式。

（2）在三大门户网站中，新浪的"门户"特性明显，业务模式也相对单一（投资麦考林，可谓新浪的一个新尝试）；搜狐、网易的业务门类则相对丰富。

（3）与百度、腾讯、阿里巴巴等互联网"强人"频频出招，行业巨头开始做天使投资人的景象相比，三大门户网站则相对安静，未进行太多的投资、并购业务，对其他领域的涉足较少。

（三）传统媒体的体量仍然较小，经营情况欠佳

与百度、新浪、搜狐等这些互联网媒体相比，分众传媒（户外）、昌荣传播（广告）、博纳影业（电影）、航美传媒（广告）、广而告之（广告）等这些传媒媒体的体量仍然较小，不仅市值与互联网媒体存在着两位数与三位数的差别，而且在营业收入、净利润等关键财务指标上的表现也欠佳，其中，博纳影业、华视传媒、航美传媒的净利润还为负数，显示出其经营能力有待提升。

在传媒板块中，需要特别提到的是凤凰新媒体，这一被誉为"全球范围内第一家从传统媒体分拆出来的新媒体业务在全球主流的交易所上市的公司"，上市之时打出了"媒体融合"的概念来吸引投资者。上市2个多月以来（凤凰新媒体（FENG）于2011年5月12日在美国纽交所上市），其经营业绩并不能令人满意，其财报显示，2011年第二季度净亏损8 992万美元。

（四）网络视频领域的盘整期还远未到来

被称为"中国网络视频行业第一品牌"的优酷，于2010年12月8日在美国纽交所上市。优酷2010年财报显示，与其他视频网站相比，其市场领先优势进一步扩大，在收入继续增长的同时，带宽及版权购买等各项投入也继续加大，仍然未能实现盈利。

但资本市场对于公司价值的衡量指标不仅仅只有"经营业绩"这一项，在净利润为负的情况下，优酷通过资本市场募集大量资金，通过持续加大投入来提高竞争门槛、扩大市场份额、确保市场领先地位，因为只有占据行业第一的企业及其投资者才可为公司长远发展而不顾忌短期利益。

目前,网络视频领域已经分化为两个阵营:以新浪、凤凰为代表的门户派和以优酷、土豆为代表的 UGC 派。而随着奇艺烧尽一期投资、酷 6 接连人事变动、影视剧价格一涨再涨,视频业盈利的问题再次凸显。在面对愈来愈大的财务压力时,视频网站又找到了一个新的热点来探索盈利可能——依照各家不同叫法,它们是微视频、微电影或者短片、短视频。这可谓网络视频领域出现的"新情况",因此,网络视频行业可以说还处在一个早期发展的阶段,盘整期还远未到来。

三、两地上市热潮的丰富折射

在大洋彼岸掀起"中国概念"上市热潮的同时,内地资本市场上传媒企业的改制上市也可谓"捷报频传"。

近两年,随着传媒文化企业改制的深入,传媒企业涌起了一波上市潮。在 2010 年我国 A 股资本市场 IPO 上市的文化传媒企业就有 9 家,分别是华策影视、天船文化、中南传媒、皖新传媒、蓝色光标、华谊嘉信、乐视网、数码视讯和省广股份。之前还有新华传媒借壳"华联超市"(2006 年)、辽宁出版集团的"出版传媒"登陆 A 股(2007 年 12 月 21 日)、安徽出版集团"时代出版"借壳"科大创新"、江西出版集团借壳"鑫新股份",等等。进入 2011 年,又有浙报集团借壳"ST 白猫"上市成功、长江出版集团借壳"ST 源发"……预计近两年,还将会有 10 家以上传媒企业首发或者借壳登陆资本市场。

表 9 出版发行企业的密集上市

序号	媒体名称	上市/重组时间	上市地点	股票代码	上市方式
1	新华传媒	2006	上交所	600825	借壳"华联超市"
2	新华文轩	2007-05-30	香港联交所主板	00811	直接上市
3	出版传媒	2007-12-21	上交所	601999	直接上市
4	时代出版	2008-11-05	上交所	600551	借壳"科大创新"
5	江西出版集团	2009-08-18	上交所	600373	借壳"鑫新股份"
6	中南传媒	2010-10-28	上交所	601098	直接上市
7	长江出版集团	2011-03-15	上交所	600757	借壳"ST 源发"

通过内外两地上市热潮的对比,我们发现:

(1) 新媒体热衷海外上市,传统媒体内地扎堆。

这一现象主要是由内地和海外资本市场具有不同的上市条件所造成的。中国证监会对于首次公开发行股票并上市规定了一系列的条件,比如在主板上市,需要满足最近 3 个会计年度净利润均为正数且累计超过人民币 3 000 万元、最近 3 个会计年度经营活动产生的现金流量净额累计超过人民币 5 000 万元;或者最近 3 个会计年度营业收入累计超过人民币 3 亿元等条件,对于新媒体公司来说,将很难达到这些指标。

而美国 NASDAQ 市场的条件要低一些,一般要求有形资产净值在 500 万美元以上,或最近一年税前净利在 75 万美元以上,或最近三年其中两年税前收入在 75 万美元以上,或公司资本市值(Market Capitalization)在 5 000 万美元以上。

(2) 改制上市是制度变革的突出反映。

文化体制改革的过程实际上是一个制度变迁的过程,如何对传媒文化企业进行定位(是事业还是企业?),如何处理与传媒文化企业密切相关的"三大关系"(传媒机构与政府的关系、传媒机构与市场的关系、传媒机构内部员工之间的关系),是文化体制改革的核心和重点。

传媒文化企业转企改制、实现上市本身并不是目的,而是要以改制上市为手段,对传媒文化企业的运行机制、管理体制等进行变革,采用新的方式来自发形成或人为设计新的人流、物流、资金流、资源流的系统和方式。

内地传媒文化企业的热潮,反映出国家进行文化体制改革的决心,也表明:采用新的运行模式和管理机制,对于传媒文化类机构来说,已经成为不可逃避的必然要求。

关于建设世界一流互联网传播强国的若干思考

——中美互联网国际传播力对比研究

课题组①

【摘要】 中美同为世界互联网大国，美国是世界互联网技术领先的网络传播强国，中国正试图从世界网民用户第一大国向深度应用强国转型，本文试图对比研究中美互联网国际传播力现状和特点，得出中国互联网强化核心竞争力、追赶美国互联网、提升国际传播力的若干对策建议。

【关键词】 中美 互联网 国际传播力

中国是世界网络人口最多的互联网大国，美国是世界网络技术最发达的互联网强国。中国互联网亟待由大变强——正努力从一个网民大国发展为有全球影响力的网络传播强国，美国互联网正在全球范围内由强变大——一直谋求构建与美国在全球利益一致的全球网络舆论场。本文试图比较中美两国互联网发展的现状、规律、特点，从中得出一些启示性结论。

一、井喷增长与渐进渗透：中美互联网信息化发展轨迹

美国于 20 世纪 60 年代发明阿帕网，中国 20 世纪 90 年代全面接入全球互联网，中国几乎与美国同步开展互联网商业运用。

截至 2005 年年底，根据美国 eMarketer 公司发布的最新报告，全球互联网用户总数超过 10 亿人，美国网民最多，达 1.75 亿人。同年 12 月 31 日，中国上网用户总数为 1.11 亿人，其中宽带上网人数达到 6 430 万人，中国网民数和宽带上网人数均位居世界第二。同年发布《2005 年中国互联网络信息资源数量调查报告》显示，中文网页总数猛增，CN 域名注册量升至全球第六。

---

① 伍刚执笔，此文被国务院新闻办、中国外文局主办的第二届对外传播理论研讨会评为优秀论文。

三年后,2008 年 7 月 26 日,美国《纽约时报》记者戴维·巴博萨发表文章指出:中国网民数量达到 2.53 亿人,超过美国成为世界最大的互联网市场。

2008 年中国网民 2.53 亿人,占中国总人口的 19%,同时,据尼尔森公司的数字表明,数量为 2.2 亿的美国网民占去总人口的 70%。

艾瑞对比 2009 年中美两国数据发现,美国互联网网民普及率远高于中国水平。CNNIC 最新发布数据显示,2009 年中国的互联网网民普及率为28.9%;其中,网民普及率排名首位的为北京市,达到 65.1%,与美国的 68.9%尚有一定差距。

eMarketer 发布的数据发现,2008 年用户规模为 2.03 亿人,到 2009 年则上升至 2.11 亿人,普及率达到 68.9%,预计到 2014 年美国互联网用户规模将达到 2.51 亿人,普及率达到 77.8%。

艾瑞分析认为,随着美国互联网的不断发展,用户增长趋向平稳,说明美国互联网用户的发展已趋于成熟。

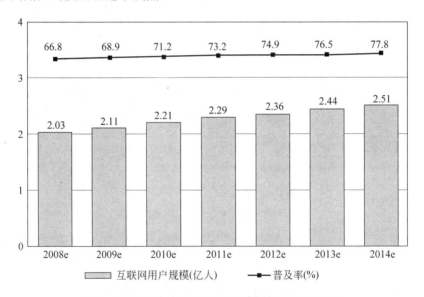

图 1　2008—2014 年美国互联网用户规模和普及率

艾瑞:http://www.iresearch.com.cn/View/120719.html

注:互联网用户是指每月至少使用一次互联网的所有年龄的用户。

(资料来源:网络调研公司 eMarketer 2010 年 2 月报告)

2011 年 7 月 12 日,中国社会科学院发布 2011 年《新媒体蓝皮书》指出,中国已成为全球新媒体用户第一大国,中国网民从 2000 年的 2 250 万人增长近

20 倍。中国手机用户 2010 年突破 8 亿人,2011 年 3 月底达到 8.9 亿人,是美国 3.03 亿手机用户的近 3 倍。

根据互联网世界数据中心 2010 年 6 月的统计,中文语种网民自 2000 年至 2010 年增长率达到 1 277%,目前仅少于美英等英语国家网民(5.37 亿人),中文作为互联网第二大语种,在互联网上的话语权大有增强。

据瑞银 2010 年《解读谷歌的全球网站 1 000 强榜》报告,中国网站在全球范围内的比重日益提高,在这份 1 000 强榜单里中国有 191 个网站入围,在总数中占 19%。

2011 年 7 月 19 日,中国互联网络信息中心(CNNIC)发布报告显示,截至 2011 年 6 月底,中国网民规模达到 4.85 亿人,最引人注目的是,在大部分娱乐类应用使用率有所下滑,商务类应用呈平缓上升的同时,微博用户数量以高达 208.9% 的增幅,从 2010 年年底的 6 311 万人爆发增长到 1.95 亿人,成为用户增长最快的互联网应用模式。

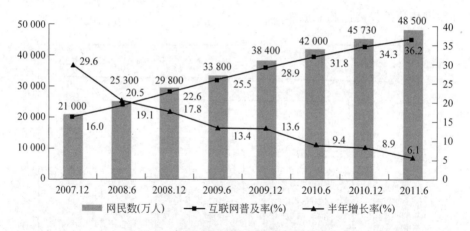

图 2　中国网民规模、增长率及普及率

(数据来源:CNNIC)

二、娱乐为主与应用至上:中美互联网商业化竞争应用对比

目前阶段中国网民更多的是网上娱乐,而美国网民则更倾向于网上办事。显然,互联网的价值在美国体现得更大,也就是互联网对美国社会的作用也就更大。这是互联网发展到较高阶段所产生的必然结果。

根据 CNNIC 2008 年 7 月发布的报告显示,我国网民使用率最高的前 6 项网络应用是网络音乐、网络新闻、即时通信、网络视频、搜索引擎和电子邮件；而美国网民使用的前 6 项应用则是电子邮件、搜索引擎、查看天气报道、网络新闻、网络购物和政府网站访问，两国网民在网络应用上的区别非常明显。

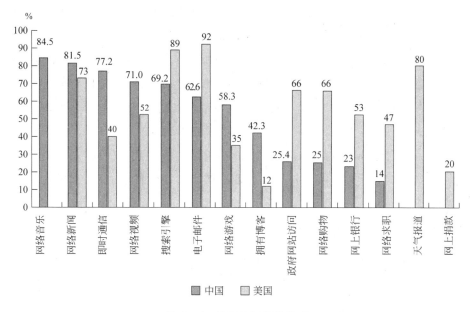

图 3　中、美网民网络使用率

注：1. 美国数据来源：www.pewinternet.org，2008 年 7 月；

　　2. 中国数据来源：CNNIC；2008 年 7 月，但政府网站访问比例为 2007 年年底数据。

以 B2C 为例，美国 2007 年 B2C 销售额约达 1 750 亿美元（不含旅游类），而同期中国却只有不足 50 亿元人民币。

中美网络应用差距的缩小，要依赖于国家发展水平、人口素质、互联网政策、技术等多方面的共同发展，需要假以时日。我们不能期待中国互联网能用十几年的发展历史达到美国 30 多年的发展水平。

2011 年 7 月 15 日，惠普实验官方博客公布研究报告，从国际视角来看新浪微博和 Twitter 的区别，研究发现，新浪微博的热门话题较多来自娱乐类内容，Twitter 的热门话题则较多来自新闻类内容。

三、虚拟世界主导权之争：中美互联网国际传播着力点

第二次世界大战后，以联合国成立为标志，形成当代国际秩序。60 多年来，

国际社会始终努力建设一个更加均衡、公正、合理的国际政治经济秩序。

但是现实总是不容乐观，全球信息传播主要呈从西方流向东方、从北方流向南方、从发达国家流向发展中国家的流通状态。

2008年奥巴马在竞选期间充分发挥了网络的威力，利用博客、短信、脸谱多管齐下，顺利入主白宫。奥巴马上台后，大力建设网络政府，其执政团队利用网络社交媒体联系基层选民，白宫开通8个不同的社交网站，奥巴马政府借助手上掌握着全世界信息通路的有利条件，成立"网络司令部"，"控制"全球范围信息流动被更具攻击性的"塑造"所取代，并在摩尔多瓦、伊朗等地初步实践，在中国大陆，则经由"谷歌撤离中国大陆"等事件得到体现。

2010年下半年，名为"震网"（Stuxnet）的蠕虫病毒袭击伊朗布什尔核电站电脑系统。这是世界上首个得到公开证实的武器级软件，一些人称它为"数字制导导弹"。

2011年，西方媒体全面推行网络渗透已经产生了影响，在目睹脸谱（Facebook）和其他社交网络在推翻突尼斯和埃及政权中的作用后，美国国务院在中东、北非等动荡地区，巧妙利用推特、脸谱等社交网络，大力推动"网络革命"。

2011年7月14日，美国国防部发布首份《网络空间行动战略》，把网络空间列为与陆、海、空、太空并列的美军"行动领域"，网络正式成为美军第五大战场。另外，美军将加强与北大西洋公约组织盟友和合作伙伴在网络空间的国际合作，构建"集体网络防御"。

2月17日，美国参议院国土安全委员会主席参议员利伯曼与参议员科林斯、卡珀联名提交了修正后的信息安全法案指出：在"禁止"总统"关闭"互联网的同时，授权总统可以宣布"信息空间的紧急状态"，在此状态下，政府可以部分接管或禁止对部分站点的访问。美国政府将"控制"全球范围信息流动作为其国家信息战略的重点，具备全面监听电话、手机、传真、电子邮件、网页浏览、即时通信等通信手段的能力，每天能够处理接近或者超过10亿次的通信。

1994年以来，我国文化产品在全球贸易中长期逆差没有得到根本改变，在全球舆论格局尤其是互联网、移动手机等新兴传媒舆论体系处于西强我弱的严峻形势下，西方利用我国文化产品在全球贸易中的逆差地位，加大利用高科技文化软实力的渗透攻势，运用意识形态和价值观等手段加速西化分化力度。

我国虽然已经成为互联网大国，但是，与美国相比，我国互联网核心技术及相关软硬件基础设施对美国依赖度程度高、原始创新能力严重不足、我国互联网对西方的传播力十分有限,面临西方列强遏制我和平崛起的巨大压力。中国网站主要靠中国网民访问,而网站黏性却远低于世界同等规模网站的平均水平,中国公司没有进入世界网络市场,外国公司也没有进入中国网络市场。

中国网民规模大而不强、传播网络应用广泛而滞后、网络媒体众多而雷同,作为世界第一网民大国急需向网络强国升级转型。

四、中国赶超美国建设互联网国际传播强国的若干建议

2010 年中国国内生产总值达到 39.8 万亿元,跃居世界第二位,国家财政收入达到 8.3 万亿元,对外贸易总额达到 2.97 万亿美元,进出口总额位居世界第二位,与此同时,我国载人航天、探月工程、超级计算机等尖端科技领域实现重大跨越,中国国际地位和影响力显著提高。

国际经验表明,一个国家人均国内生产总值达到 3 000 美元左右时,整个文化消费进入快速增长期,在中国今后 10～20 年的持续高速增长将带来文化大繁荣大发展。

(一)制度创新:打造全球网络传播巨头的良性生态环境

以互联网为代表的中国信息产业成为发展速度最快的行业之一,2007 年中国信息产业增加值占 GDP 的 7.9%,成为国民经济的重要的基础产业、支柱产业和先导产业。

中国相继出台《国家中长期科学和技术发展规划纲要(2006—2020 年)》、《国家信息化纲要(2006—2020 年)》、《2009—2020 年我国重点媒体国际传播力建设总体规划》、《文化产业振兴规划(2009—2011 年)》、《国务院推进三网融合的总体方案(2010—2015 年)》。中国十二五规划(2011—2015 年)提出推动新一代信息技术等战略性新兴产业,重点发展新一代移动通信、下一代互联网、三网融合、物联网、云计算、集成电路、新型显示、高端软件、高端服务器和信息服务。

中国与美国网络产业在创新、平台架构、运营、管理和技术上的差距明显。中国急需借鉴日本、韩国、美国的经验,抢占未来信息社会先导权、主导权,加快实施高速互联网等国家信息化战略,形成有利于打造全球网络传播巨头的良性

生态环境。

（二）资本引擎：建设世界一流的全球互联网国际传播力市场的加速器

中国互联网市场化落后于美国网络业，中美两国在品牌广告、搜索和购物三大网络商业模式上同样差距明显。

表 1 中美同类网站收入/用户比   单位：美元/人

门户	中国	门户	美国	美国/中国
腾讯	0.4	雅虎美国	28.7	72
新浪	1.9			15
网易	0.5			57
搜狐	2.2			13
搜索				
百度	0.04	谷歌	3.8	95
购物				
淘宝	0.022	亚马逊美国	0.997	45
		EBAY 美国	0.22	10

在全球互联网行业的激烈角逐中，美国网络市场空前繁荣。2011 年 4 月 13 日，美国互联网广告局发布报告，2010 年全美网络广告达到 260 亿美元，较 2009 年增长 15％。

信息网络技术革命推动中国网络媒体纷纷在美国上市，截至 2010 年 8 月 30 日，在纳斯达克上市的中国科技网络企业公司增至 44 家，总市值近 400 亿美元，在香港上市的互联网企业 6 家。2010 年 12 月当当网和优酷网在美国纽约交易所上市。2011 年 3 月 24 日，在美国纳斯达克上市的百度股价报收于 132.58 美元，其市值达到 460.7 亿美元，百度市值仅次于 Google 的 1 871.64 亿美元和亚马逊的 745.59 亿美元，位列全球第三。

中国移动 2011 年 3 月 17 日公布了 2010 年全年业绩数据显示，中国移动 2010 年营收达 4 852 亿元人民币，同比增长 7.3％，净利润达 1 196 亿元，同比增长 3.9％。折算成每天的平均数，每天营收 13.3 亿元，每天净利润 3.28 亿元。

（三）未雨绸缪：抢占未来互联网传播平台制高点

下一代互联网正成为新的战略制高点，美国、加拿大、欧盟、日本等发达国家相继启动了下一代互联网研究计划，在新一轮产业技术和国家竞争中赢得主动，以谋求更大的经济利益和战略意义。

2011 年 2 月，全球现行互联网 IPv4 地址总库完全耗尽，IPv4 地址资源时代已经结束。CNNIC 最新调查显示，截至 2011 年 6 月底，我国 IPv4 地址数量为 3.32 亿，IPv4 地址实现最后增长，较 2010 年年底增加了 19.4%。五大区域地址分配机构（RIR）的分库，将在 2011—2015 年相继耗尽，全球 IPv4 地址将真正地枯竭。

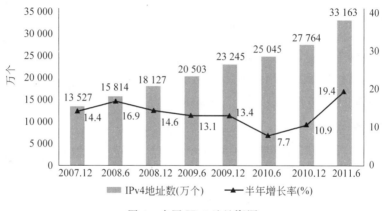

图 4　中国 IPv4 地址资源

由于我国 IPv6 发展起步较晚，IPv6 地址资源拥有数量远落后于巴西、美国、日本、德国等国家，只占全球 IPv6 地址资源的 0.29%，全球排名第 15 位。

当前，各国已加快 IPv6 的部署，中国对 IPv6 的重视程度还需要提升，发展 IPv6 还缺乏国家层面的规划。需要从大众理念、执行层面和国家政策等多种角度实施向 IPv6 过渡的国家行动计划，针对下一代互联网发展的国产设备采购进行政策优惠，大力扶持下一代互联网相关企业的发展。

（四）建设与中国和平崛起地位相称的国际互联网舆论传播新秩序

目前全世界手机用户已达 45 亿，大大超过广播、电视和互联网用户。据预计，到 2013 年，全世界手机上网用户数量将超过使用电脑上网的用户数量，达到 17.8 亿,同时智能手机和其他能上网的手机数量将达到 18.2 部。

美国青年马克·扎克伯格用 7 年的时间建成拥有 7 亿用户的社交网络 Facebook,全球用户每月共享的信息量为 300 亿条,70% 用户为美国以外的用户。YouTube 网站每天视频浏览量 20 亿次,平均每分钟上传到 YouTube 网站上的视频时长为 35 小时。

美国的 Twitter 通过广播式的即时信息流掀起微博客革命,Twitter 在 2010 年全年发送信息多达 250 亿条,用户占全球互联网用户的 4.29%,它已经成为名副其实的全球大众媒体。

与此同时,各国跨国传媒巨头快速应对全球互联网日新月异的技术革命加速自我蜕变:英国广播公司(BBC)主动融合于新兴互联网浪潮,和 Facebook、Twitter 和 Bebo 签署协定成为合作伙伴,推出与 Twitter 和 Facebook 整合的 iPlayer 升级版(iPlayer 3.0)。传统广播电视受众可以将他们的 Facebook 好友加入 iPlayer 中,这样他们就能够更容易地分享彼此正在听或正在看的内容。另外,美国有线电视新闻网(CNN)主动融入互联网彰显无限活力,不断提升其传播力,推出 IREPORTER、播客、网络电台,并与著名的社交网络 Facebook 及移动微博客 Twitter 合作,吸引了全球不少新生代网民。

在 2011 年 2 月 17 日世界移动通信大会上,英国广播公司(BBC)未来媒体与技术中心主任埃里克·哈格斯指出,电视、广播和网络已是 BBC 的三大基本报道平台。BBC 对手机媒体给予了高度重视,并将在 2012 年伦敦奥运会报道中大量使用手机媒体。

中国经济总量在 2005 年超过英国,2007 年超过德国,在 2010 年超过日本。中国已经具备雄厚的经济物质文化基础,"十一五"期间,中国新闻出版的原创率、首发率、落地率稳步提升,我国日报总发行量居世界第一位,中国图书出版品种和总印数居世界第一位;我国电子出版物总量居世界第二位,印刷业年产值居世界第三位。中国作为一个世界广播影视大国正在向世界广播影视强国转型,重塑全新市场主体。

2010 年我国文化产业增加值已经接近 1 万亿元,仅为 GDP 的 2.5% 左右,相比于美国文化产业增加值占 GDP 的 27%,我国的文化消费需求还远未得到释放,产业发展前景广阔。

到中国共产党成立 100 年时建成惠及十几亿人口的更高水平的小康社会,到新中国成立 100 年时基本实现现代化,建成富强民主文明和谐的社会主义现代化国家。到 2020 年时使中国进入创新型国家行列,到新中国成立 100 年时使中国成为世界科技强国。

中国人均国内生产总值超过 3 000 美元、达到 4 000 美元,"十二五"期间,我国经济增长预期目标是在明显提高质量和效益的基础上年均增长 7%。按 2010 年价格计算,2015 年国内生产总值将超过 55 万亿元。

2011 年 6 月 28 日,美国《基督教科学箴言报》发表文章称,随着中国经济实力不断壮大,中国的地位已相当于 20 世纪 40 年代美国在全球的地位。美国前国务卿基辛格表示,现在中国作为美国最大的债权国,面临新的世界秩序的交替形成之际,中国的地位就如同 1947 年的美国。并且未来中国能发挥的作用也只会逐渐增强,因为重新构建全球体系也符合中国自身利益。

正如《华尔街日报》刊载的新华社社长李从军的文章指出:本着更加公平(Fairness)、更多共赢(All-win)、更大包容(Inclusion)、更强责任(Responsibility)的四大原则(即 FAIR 观念),构建国际舆论新秩序,在传播多元化与表达多样性的基础上,修补人类沟通之桥的断裂,建造一座通向未来的信息之桥。六中全会提出,加快构建技术先进、传输快捷、覆盖广泛的现代传播体系。加强国际传播能力建设,打造国际一流媒体,提高新闻信息原创率、首发率、落地率。

建设中国特色社会主义网络传播强国,既是全面提升中华民族文化软实力的重要载体,又是建设社会主义文化强国的应有之义。

本文荣获国务院新闻办公室主办的全国第二届对外传播理论研讨会优秀论文奖。

参 考 文 献

[1] 新报告:全球网民总数逾 10 亿 美国网民最多,新华网,2006 年 5 月 25 日,http://news. xinhuanet. com/newmedia/2006-05/25/content_4596297. htm。

[2] 纽约时报:中国网民数量超过美国成世界第一,中国网,2008 年 7 月 29 日。

[3] eMarketer:2009 年美国互联网网民普及率接近 70%,http://www. 199it. com/archives/20100303328. html。

[4] 艾瑞:http://www. iresearch. com. cn/View/120719. html。

[5] 新媒体蓝皮书:中国成全球新媒体用户第一大国,人民网,2011 年 7 月 12 日,http://

politics. people. com. cn/GB/1026/15135005. html。

[6] 谢文：洞中方七日 世上已千年——读瑞银报告有感，http://blog. sina. com. cn/s/blog_
513a2b800100jiln. html。

[7] 中国网：中国网民规模达 4. 85 亿 微博用户呈爆发式增长，http://news. china. com.
cn/txt/2011-07/19/content_23022015. htm。

[8] 注 1：美国数据来源：www. pewinternet. org，2008 年 7 月；注 2：中国数据来源：
CNNIC；2008 年 7 月，但政府网站访问比例为 2007 年年底数据。

[9] 王恩海：中美网络应用情况比较，http://blog. sina. com. cn/s/blog_5101b9050100btsm. html。

[10] 惠普实验室：研究发现新浪微博热门话题偏娱乐 Twitter 偏新闻，http://www.
199it. com/archives/2011071513004. html。

[11] 《华尔街日报》刊载新华社社长文章：构建国际舆论新秩序，新华网新华国际 2011 年
6 月 2 日，http://news. xinhuanet. com/world/2011-06-02/c_121485184. htm。

[12] 《网络，成为美军第五大战场》，《新华日报》2011 年 7 月 16 日，http://military. people.
com. cn/GB/1077/52985/15169752. html。

[13] 谢文：洞中方七日 世上已千年——读瑞银报告有感，http://blog. sina. com. cn/s/
blog_513a2b800100jiln. html。

[14] 授权发布：中华人民共和国国民经济和社会发展第十二个五年规划纲要，新华网，
2011 年 3 月 16 日，http://news. xinhuanet. com/politics/2011-03/16/c_121193916_2. htm。

[15] 谢文：洞中方七日 世上已千年——读瑞银报告有感，http://blog. sina. com. cn/s/
blog_513a2b800100jiln. html。

[16] 美国互联网广告局，http://www. iab. net/about_the_iab/recent_press_releases/press_
release_archive/press_release/。

[17] 中国互联网络信息中心分析师孟凡新：IPv4 耗尽，IPv6 发展滞后，2011 年 7 月 19 日，
http://blog. sina. com. cn/s/blog_5101b9050100t2cs. html。

[18] 金涛，郑柱子：第七届中国（深圳）国际文化产业博览开幕，中国广播网，2011 年 5 月
14 日，http://www. cnr. cn/dlfw/sttxs/201105/t20110514_507995044. html。

[19] 习近平：科技工作者要为加快建设创新型国家多作贡献——在中国科协第八次全国
代表大会上的祝词（2011 年 5 月 27 日），人民网、《人民日报》，2011 年 5 月 28 日，
http://politics. people. com. cn/GB/1024/14761901. html。

[20] 美媒称中国应向中东北非国家推出"中国版马歇尔计划"，环球网，2011 年 6 月 29 日，
http://world. huanqiu. com/roll/2011-06/1788876. html。

[21] 《华尔街日报》刊载新华社社长李从军文章：构建国际舆论新秩序，新华网，2011 年 6
月 2 日，http://news. xinhuanet. com/world/2011-06-02/c_121485184. htm。

后　记

　　互联网既是人类重要的生产工具,又能够基于虚拟平台创造全新的网络政治、网络经济、网络社会、网络文化。全球十大互联网公司则代表着全球信息化、数字化、网络化的趋势。

　　美国学者雷·库兹韦尔在麻省理工学院评论说,"人类创造的技术正加速发生变化,它的能量正以指数级扩张",到21世纪末,"我们会看到提前两万年的进步,或者是20世纪成就的1 000倍"。由于我们每10年发展速度提高2倍,"以现在的水平,只用25天就可能经历一个世纪之久的进步"。在本世纪末,智能技术将会"比独立的人类智慧强大数万亿倍"。

　　正如加拿大学者伊尼斯指出,评估一种文明的时候,如果是用它依赖的一种传播媒介,那就需要知道该媒介的特征有何意义。

　　中国互联网公司的发展依赖于整个中国经济体量的巨大变化。过去的30年间(1980—2010),中国占世界GDP的份额不断攀升,已经从不足5%上升到2010年的15%,新技术冲击的速度和力度在加快在加强,视频业务无论是在最发达的国家,还是在竞争激烈的中国,都已经超过图文、音频。在国内,视频广告已经占到全部广告的80%,而且愈来愈有从传统电视台向视频网站转移的趋势。

　　2012年,手机超越台式电脑成为中国排名第一位的互联网接入设备。中国互联网络信息中心(CNNIC)称,至2013年6月,中国移动上网网民数可达4.6亿,由此超越美国成为世界上最大的智能手机市场。

　　从总量上来看,2013年第一季度,中国iOS和Android用户总数超过美国,中国用户使用移动和互联网服务的时间相对于看电视的时间超过了美国。中国的数字为55%,美国为38%。

　　互联网Web 2.0技术的理念让用户能够自下而上地自主创建内容,从而颠覆传统的自上而下的信息传播等级体系。信息革命深刻影响人类社会组织和结构,世界正向扁平化合作共享联系网络发展。

　　正如互联网将全人类连接到一个分散、合作式的虚拟空间一样,新一轮工业革命正将人类连接到一个与其平行的泛大陆政治经济空间。

课题组通过对全球十大互联网公司发展模式进行系统梳理和深入分析，一方面对跨国网络巨头背后的经济实力和先进的创新技术背景和产业模型进行了深入剖析；另一方面对这些成功案例背后暗含的全球新兴网络文化的普遍规律进行了总结，希望通过了解其运作模式和经验教训，对于建设中国特色世界一流网络文化提供借鉴。

本书的创作和出版历时两年，期间课题组全体成员数易其稿，付出了巨大的努力，也在一次次的思想碰撞中获益匪浅。

今天，中国网络媒体面临着来自全球互联网的竞争。如何创新机制推动中国从一个互联网大国变成世界互联网文化强国，提升中华民族的软实力，是一个庞大而艰巨的课题，希望本书对于研究这一课题的后来者具有参考价值。

强大的媒体是衡量一个国家国际传播能力的重要标志，是建设文化强国的重要途径。本课题瞄准世界广播电视领域科技发展的前沿，选取全球十大网络传媒集团发展前沿，围绕我国广电领域全局性、战略性重大课题，围绕提升我国综合国力，切实把国际传播能力建设作为构建现代传播体系的重要内容，着力扩大对外宣传，建设全球传输覆盖网络，加强对外文化交流合作，切实增强我国国际舆论话语权，提升中华文化国际影响力。

课题组认为，经过多年发展，我国重点媒体已经具备了打造国际一流媒体的良好基础和条件，随着中国成为世界第二大经济体、作为世界广播影视大国、最大电信用户、互联网用户的大国，与国际大型传媒集团相比，我国重点媒体在制播能力、传播能力、新媒体发展能力等方面还有明显的差距，国际舆论影响力、国际事务话语权还相对较弱。必须加快研究全球信息化条件下国际网络舆论传播规律，采取有力措施，加快打造语种多、受众广、信息量大、影响力强、覆盖全球的国际一流媒体，实现我国重点媒体国际传播能力的跨越式发展，使我国主流媒体的图像、声音、文字、信息更广泛地传播到世界各地。

本课题站在互联网科技发展最前沿，及时跟踪掌握全球互联网技术最新动态，探索全球十大网络公司传播最新发展趋势，总结世界先进网络文化发展规律，努力扩大我国在国际互联网技术领域的话语权，不断增强我国互联网行业的整体实力和核心竞争力，在国际互联网格局中争取更大主动。课题组有针对性地把握全球网络技术发展新形势、全球跨国网络传媒巨头新趋势，力图为中国重点媒体尤其是新兴网络媒体提高舆论引导能力、数字化采编播能力、统筹传统媒体新兴媒体发展能力提供借鉴参考。

课题组认为,要打造与中国大国地位相称的国际一流媒体,必须立足我国媒体发展实际,充分借鉴跨国网络传媒有益经验,坚持硬件和软件并重,同步推进基础设施建设和信息内容建设。

一要借鉴世界网络传播巨头先进经验,完善中国自主创新新闻信息采集网络。

要借鉴世界一流网络传媒集团发展经验,中国要把新闻触角延伸到世界各地,提高采编播发综合业务能力,特别是能够做到现场报道、权威报道重要国际新闻事件,努力提高新闻信息原创率、首发率、落地率。

二要改变全球西强我弱的不平衡舆论格局,全面加强内容建设,提升中华民族文化软实力。

深入研究国外受众心理特点和接受习惯,贴近中国和世界发展的实际,贴近国外受众对中国信息的需求,贴近国外受众的思维习惯,利用现代传播技巧,运用国外受众听得懂、易接受的方式和语言,增强内容的吸引力和影响力。

三要应对全球网络巨头加速全球垄断趋势,尽快缩小跨国网络巨头信息输入与我国信息产品出口的贸易逆差,以新兴网络平台建设为突破口,加强中国网络传媒国际化进程,实施本土化建设。

中国要建设一流国际传播平台,逐步实现信息采集、编辑制作等业务流程的本土化运作,切实增强传播实效。同时,要扩大中国传媒面向海外传播发行、落地覆盖。在巩固传统传播方式的同时,积极利用互联网等新技术手段完善全球传输覆盖网络,扩大在境外的覆盖面。要注重培育市场化、专业化的营销主体,构建符合市场运作规律、覆盖广泛的营销体系,不断提高新闻信息产品营销能力。